Mastercam2018

数控加工实例教程

第2版

贺建群　编著
贺学农　主审

机 械 工 业 出 版 社

本书采用案例讲解形式，共4章，内容包括二维加工、三维加工、四轴加工和车削加工。每章包括2～3个典型案例，每个案例都包含零件介绍、图形绘制、工序（操作）创建、练习与思考，有的案例还有工艺分析和小结。

为便于读者学习，本书提供所有的实例源文件、部分练习文件、必要的参数方程和BMP文件，以及屏幕操作录像文件，读者可通过扫描前言中的二维码下载或者联系QQ296447532获取。

本书可作为大中专院校大机械类专业的CAM教材和培训机构的培训教材，也可作为数控加工领域专业技术人员的自学参考书。

图书在版编目（CIP）数据

Mastercam2018数控加工实例教程／贺建群编著．—2版．—北京：机械工业出版社，2018.12（2025.1重印）

ISBN 978-7-111-61316-9

Ⅰ．①M… Ⅱ．①贺… Ⅲ．①数控机床—加工—计算机辅助设计—应用软件—教材 Ⅳ．①TG659-39

中国版本图书馆CIP数据核字（2018）第249827号

机械工业出版社（北京市百万庄大街22号 邮政编码100037）

策划编辑：周国萍 责任编辑：周国萍

责任校对：张 薇 封面设计：马精明

责任印制：邓 博

北京盛通数码印刷有限公司印刷

2025年1月第2版第10次印刷

184mm×260mm・13.75印张・324千字

标准书号：ISBN 978-7-111-61316-9

定价：49.00元

电话服务 网络服务

客服电话：010-88361066 机 工 官 网：www.cmpbook.com

010-88379833 机 工 官 博：weibo.com/cmp1952

010-68326294 金 书 网：www.golden-book.com

 机工教育服务网：www.cmpedu.com

前　言

Mastercam 是美国 CNC Software 公司开发的基于 PC 平台的 CAD/CAM 软件。Mastercam 是经济有效的全方位的软件系统，是工业界及学校广泛采用的 CAD/CAM 系统。它集二维绘图、三维实体造型、曲面设计、体素拼合、数控编程、刀具路径模拟及真实感模拟等功能于一体，具有方便、直观的几何造型，提供了设计零件外形所需的理想环境，其强大稳定的造型功能可设计出复杂的曲线、曲面零件。Mastercam9.0 以上版本不仅支持中文环境，而且价位适中，对广大的中小企业来说是理想的选择。

本书内容选用 Mastercam 2018 版本，采用实例讲解形式，案例具有代表性，部分案例（如第 1 章实例 1 等）为高级数控技能考证试题。本书通过典型案例将绘图技能（巧）、工艺知识与工序（操作）创建有机地结合起来，达到融会贯通、举一反三的目的。书中盘形凸轮和圆柱凸轮加工案例将机械设计与数控加工无缝对接，可满足凸轮精密设计与制造的要求。

在案例编写过程中，最大限度地贴合生产实际，同时突出重点，简化操作，将知识、技能以最直接、简明的方式呈现给读者。

为便于读者学习，扫描下面二维码或联系 QQ296447532，可获得书中所有的实例源文件、部分练习文件、必要的参数方程和 BMP 文件，以及屏幕操作录像文件。

本书由江门职业技术学院贺建群编著，由江门利华实业有限公司贺学农主审。同时在编写过程中得到学校同仁的帮助，在此表示感谢！

本书可作为大中专院校大机械类专业的 CAM 教材和培训机构的培训教材，也可作为数控加工领域专业技术人员的自学参考书。

由于编著者水平有限，书中难免有错误和不足之处，恳请广大读者提出意见和建议。

手机扫一扫，下载赠送文件

编著者

目　录

第 1 章

二维加工

1.1 实例 1——U 形模具的加工

1.1.1 零件介绍

U 形模具如图 1-1a 所示，除底面外，其余表面均需要加工，加工后结果如图 1-1b 所示。

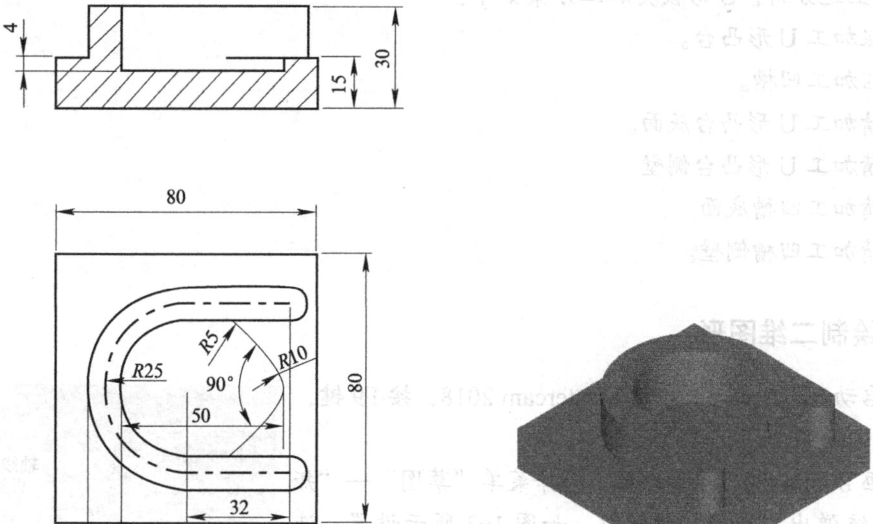

a）　　　　b）

图 1-1　U 形模具零件图

1.1.2 工艺分析

1. 零件形状和尺寸分析

该零件为一平面零件（直壁平底），长为 80mm，宽为 80mm，高为 30mm。U 形凸台高为 15mm，壁厚为 10mm；凹槽深度为 4mm，最小圆角为 *R*5mm 的圆弧。

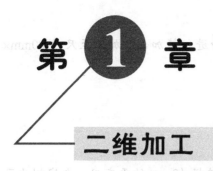

2. 毛坯尺寸

毛坯形状为长方体，可先在普通机床上对六个面进行精加工，加工至尺寸80mm×80mm×30mm。

3. 工件装夹

工件尺寸较小且单件生产，可采用平口钳找正安装。

4. 刀具选择

加工U形凸台选择ϕ12mm的平底刀，加工凹槽选择ϕ8mm的平底刀。本实例为了简略，粗、精加工使用同一把刀具，实际加工时，粗加工应用粗加工刀具，精加工应用精加工刀具。

5. 加工方案

该U形模具尺寸$10^{-0.013}_{-0.028}$公差等级为IT7级，精度要求较高，需要进行精加工。U形凸台的加工可采用外形铣削和2D挖槽两种加工方法，通常挖槽生产效率更高。凹槽则采用2D挖槽进行加工。

根据上述分析，U形模具加工方案如下：

1）粗加工U形凸台。

2）粗加工凹槽。

3）精加工U形凸台底面。

4）精加工U形凸台侧壁。

5）精加工凹槽底面。

6）精加工凹槽侧壁。

1.1.3 绘制二维图形

1）启动Mastercam。启动Mastercam 2018，按F9键，显示轴线，结果如图1-2所示。

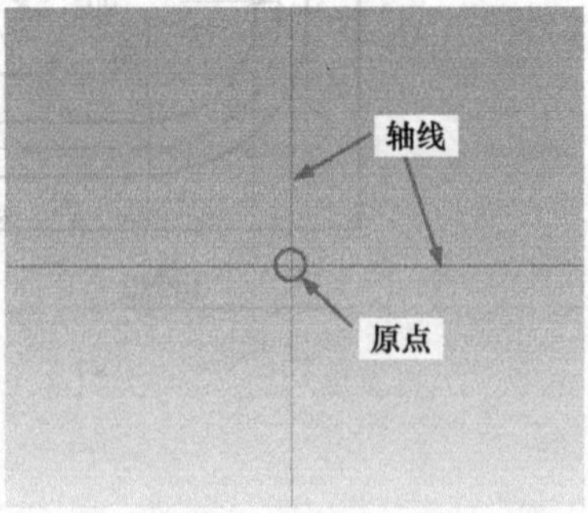

图1-2 启动Mastercam 2018

2）画80mm×80mm的矩形。选择菜单“草图”—“矩形”，系统弹出“矩形”对话框，如图1-3所示设置。选择坐标原点作为矩形基准点，单击“矩形”对话框的“确定”按钮，完成矩形的绘制，结果如图1-4所示。

3）画R25mm的圆。单击“已知点画圆”按钮已知点画圆，系统弹出“已知点画圆”对话框，如图1-5所示设置。选择坐标原点作为圆心点，单击“已知点画圆”对话框的“确定”按钮，完成圆的绘制，结果如图1-6所示。

4）补正。选择R25mm圆，单击补正按钮，系统弹出“单体补正”对话框，如图1-7所示设置，单击对话框的“确定”按钮，完成圆的双向单体补正，单击“清除颜色”按钮，结果如图1-8所示。

图 1-3 “矩形”对话框

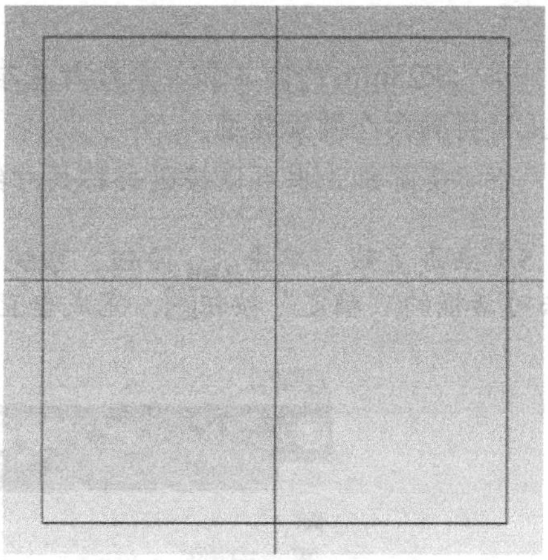

图 1-4 80mm×80mm 的矩形

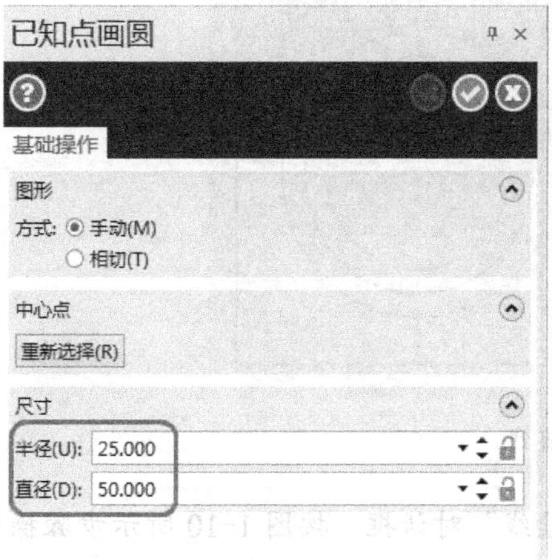

图 1-5 “已知点画圆”对话框

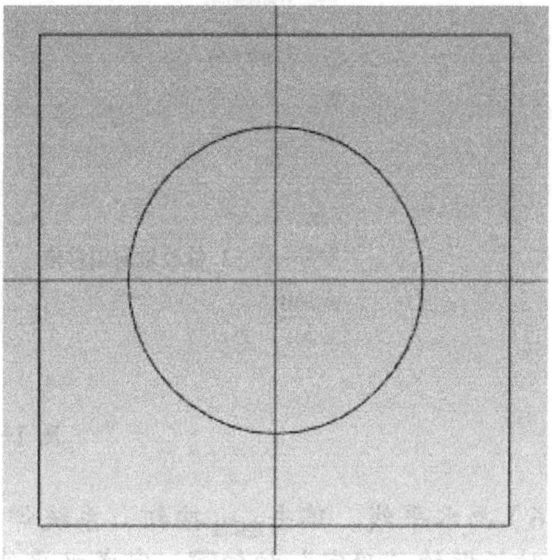

图 1-6 画 $R25$mm 圆

图 1-7 “单体补正”对话框

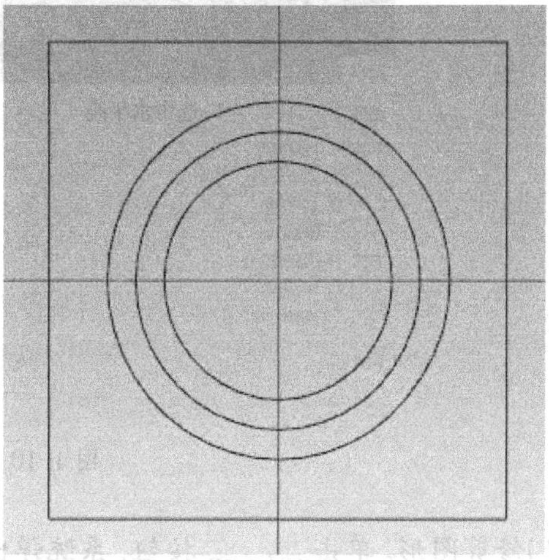

图 1-8 补正结果

说明：

✧ $R25$mm 的圆（弧）是设计基准，尺寸$10^{-0.013}_{-0.028}$中值是 9.9795，按 9.9795/2=4.98975 补正可得到两个圆弧轮廓。

✧ 实际加工也可以按照公称尺寸绘图，再修改刀具半径补偿值。

5）画垂直线。单击连续线按钮，系统弹出“连续线”对话框，按图 1-9 所示步骤操作，单击对话框的“确定”按钮，完成垂直线的绘制。

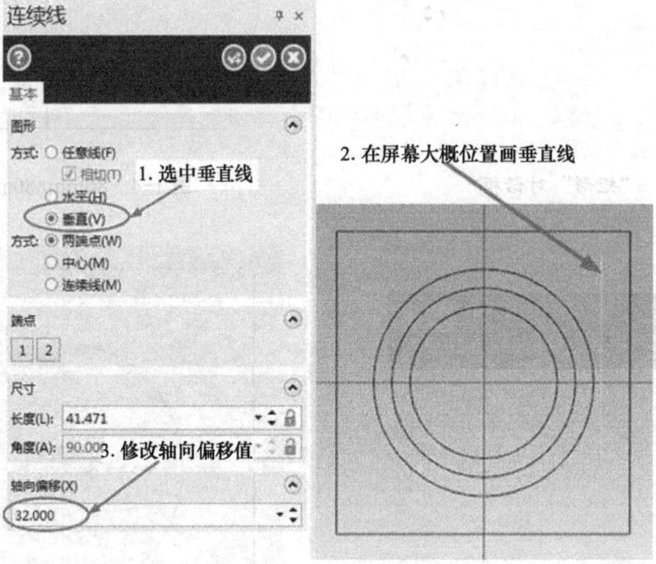

图 1-9　画垂直线

6）画水平线。单击连续线按钮，系统弹出“连续线”对话框，按图 1-10 所示步骤操作，单击对话框的“确定”按钮，完成水平线的绘制。

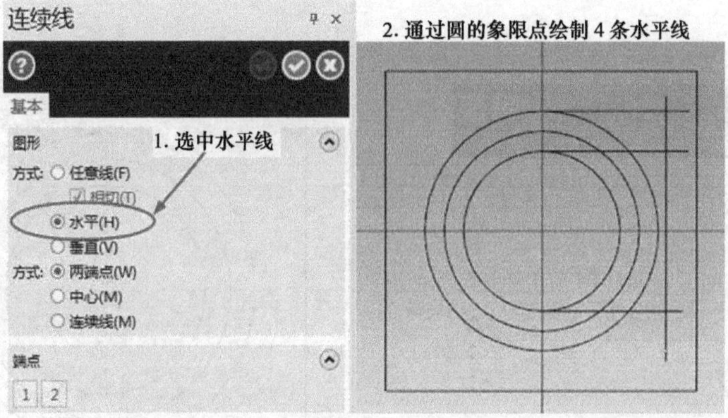

图 1-10　画水平线

7）修剪图形。单击修剪打断延伸按钮，系统弹出“修剪打断延伸”对话框，如图 1-11 所示设置，再单击图形需要修剪的部位即可，结果如图 1-12 所示。

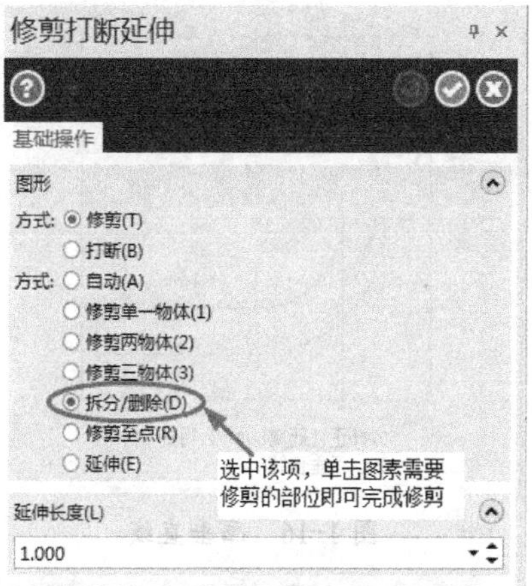

图 1-11 “修剪打断延伸”对话框

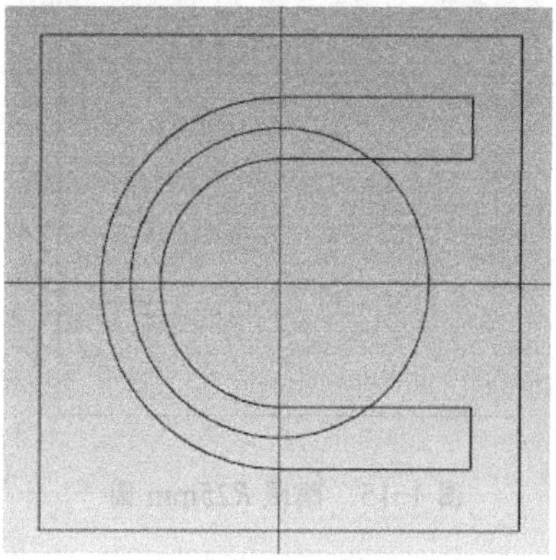

图 1-12 修剪结果

8）画圆。单击“已知点画圆”按钮，选择图 1-13 所示边的中点和端点，单击对话框的“应用”按钮，即可完成一个圆的绘制，用同样方法可以完成另一个圆的绘制，单击“确定”按钮，关闭对话框。

9）剪图形。单击修剪打断延伸按钮，系统弹出“修剪打断延伸”对话框，如图 1-11 所示设置，单击图形需要修剪的部位，结果如图 1-14 所示。

说明：

单击对话框的“应用”按钮，不会关闭对话框，以便继续绘图。

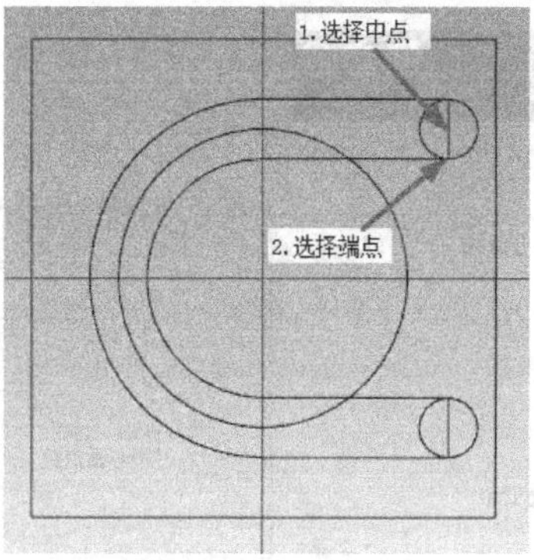

图 1-13 画圆

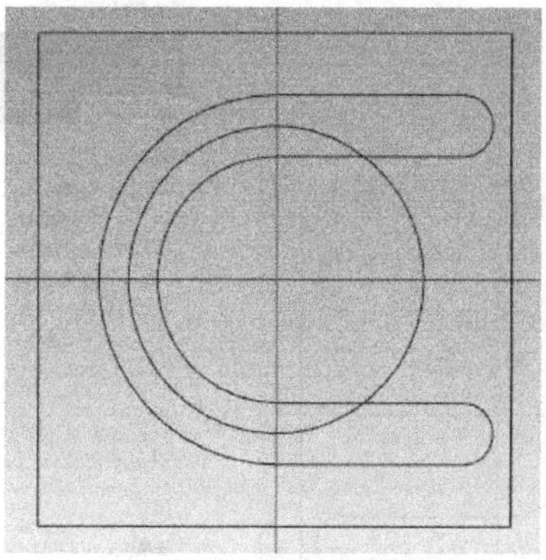

图 1-14 修剪图形

10）隐藏 R25mm 圆。选择 R25mm 圆，单击隐藏按钮，结果如图 1-15 所示。

11）画垂直线。按图 1-16 所示步骤操作，画两条垂直线。

12）画 R10mm 圆。单击切弧按钮，系统弹出“切弧”对话框，如图 1-17 所示设置，按图 1-18 所示步骤操作，即可完成一段圆弧的绘制。

13）封闭全圆和删除垂直线。选择刚才创建的切弧，单击封闭全圆按钮；选择两条垂直线，单击删除图像按钮，结果如图 1-19 所示。

14）画 135° 斜线。单击连续线按钮，系统弹出“连续线”对话框，按图 1-20 所示步骤操作，绘制一条 135° 斜线。

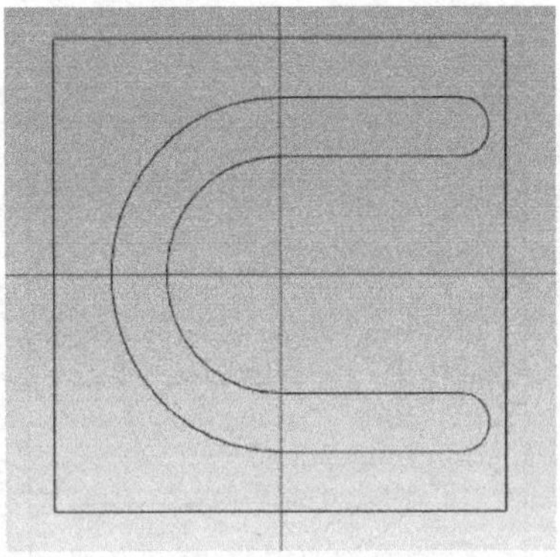

图 1-15 隐藏 *R*25mm 圆

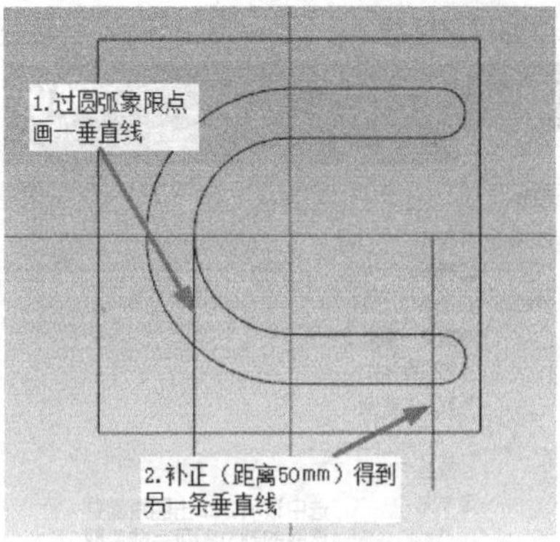

图 1-16 画垂直线

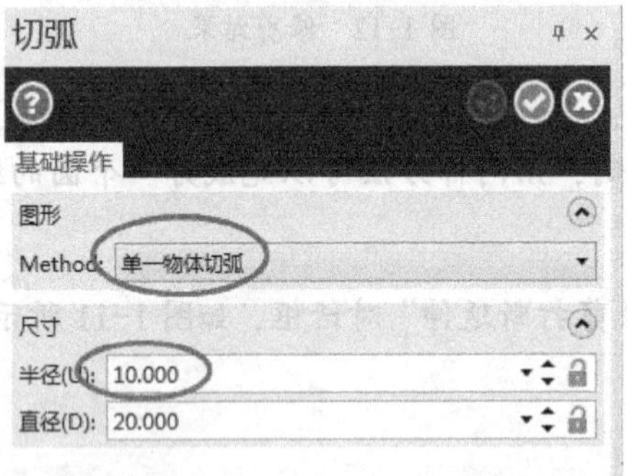

图 1-17 “切弧”对话框

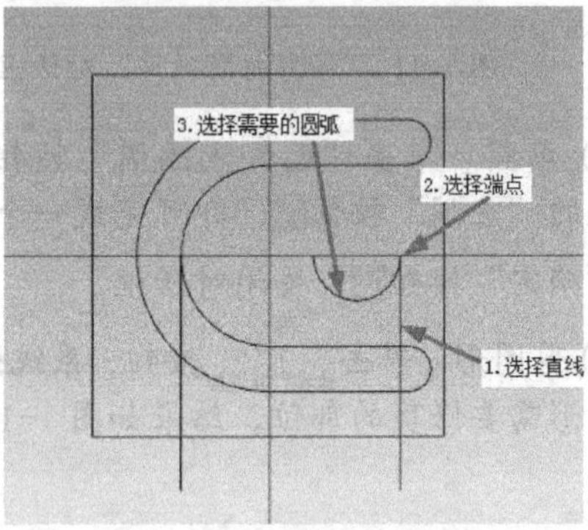

图 1-18 画切弧步骤

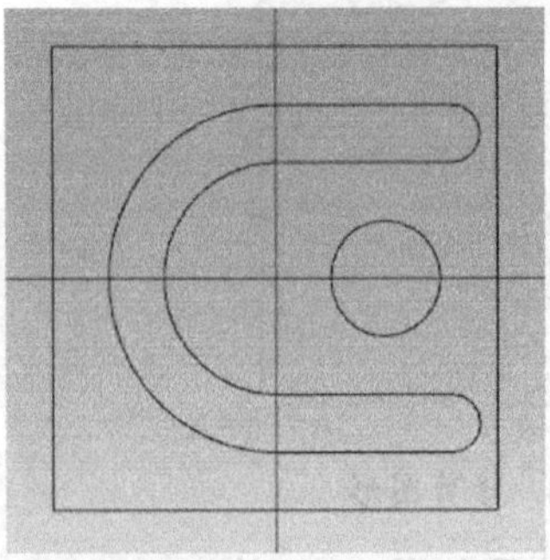

图 1-19 封闭全圆和删除垂直线

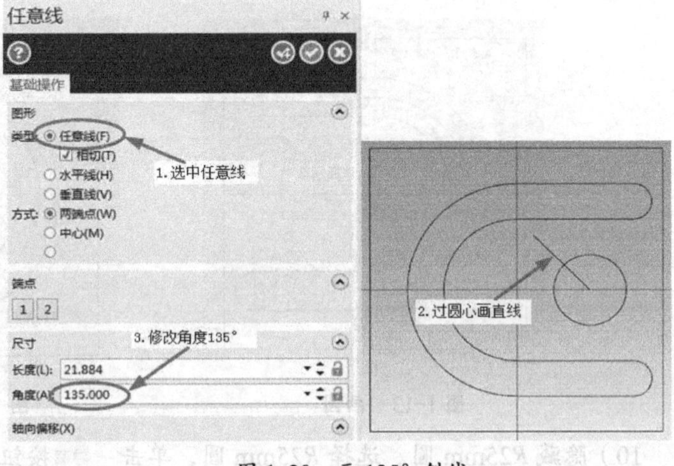

图 1-20 画 135° 斜线

15）补正。用步骤 14）的方法可以绘制另一条 225° 的斜线，单体补正（距离：10，方式：移动）后结果如图 1-21 所示。

16）修剪图形。单击 修剪打断延伸 按钮，修剪 *R*10mm 圆，结果如图 1-22 所示。

17）倒圆角。单击 倒圆角 按钮，系统弹出“倒圆角”对话框，如图 1-23 所示设置，依次选择图 1-24 所示的两条直线，单击“确定”按钮，即可完成倒圆角。用同样的方法，可以完成另一个倒圆角。

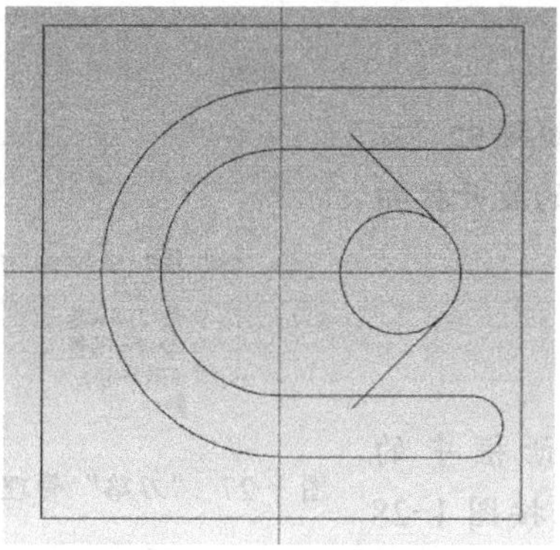

图 1-21　补正结果

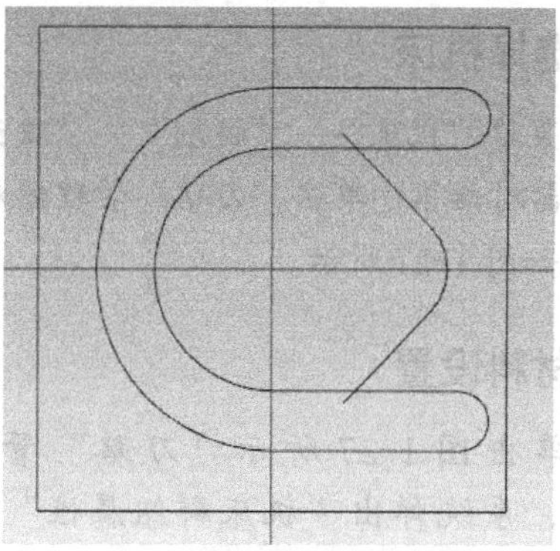

图 1-22　修剪图形

图 1-23　“倒圆角”对话框

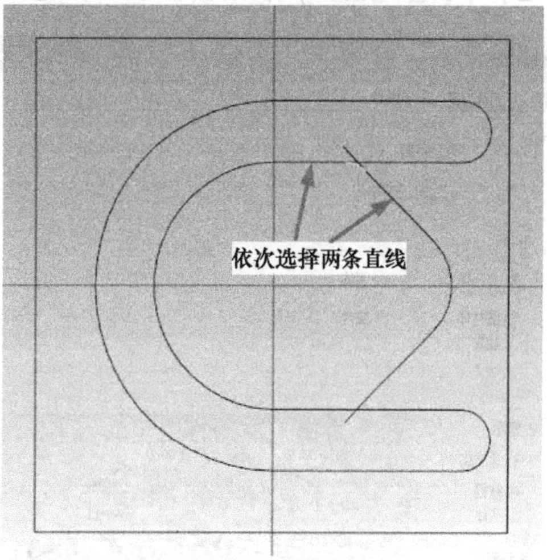

图 1-24　倒圆角

18）修剪图形。单击 修剪打断延伸 按钮，系统弹出“修剪打断延伸”对话框，如图 1-11 所示设置，再单击图形需要修剪的部位即可，结果如图 1-25 所示。

19）打断图素。单击 在交点打断 按钮，如图 1-26 所示选择直线和 $R5$mm 圆角，回车，即可将直线在交（切）点处打断。

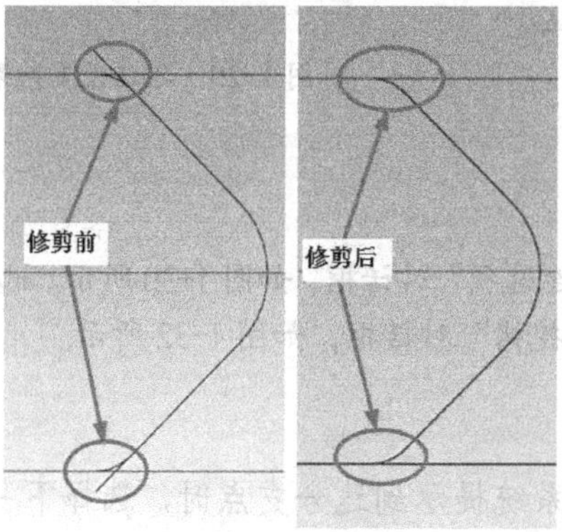

图 1-25　图形修剪

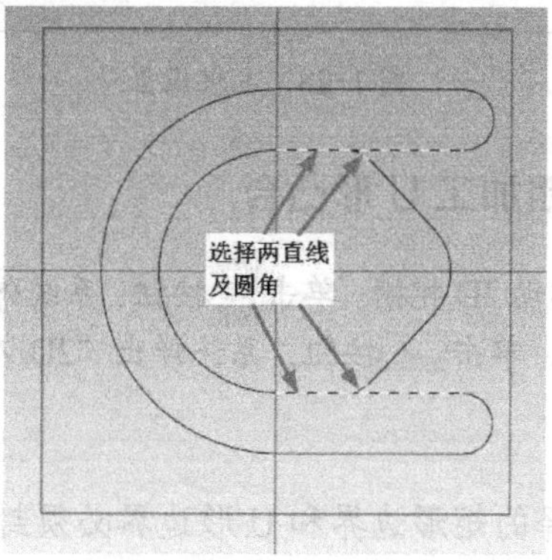

图 1-26　打断图素

1.1.4 选择机床

选择菜单“机床”—“铣削”—“默认”，系统弹出“刀路”管理器对话框，单击“刀路”管理器对话框中的展开按钮 ⊞，结果如图 1-27 所示。

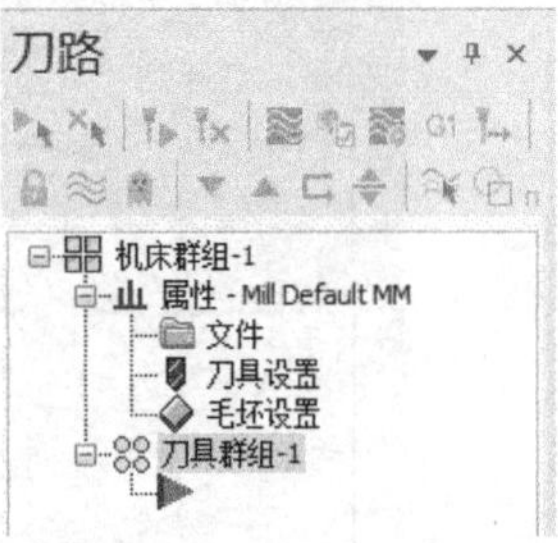

图 1-27 “刀路”管理器对话框

1.1.5 材料设置

1）单击图 1-27 所示“刀路”管理器对话框中的 毛坯设置，系统弹出“机床群组属性”对话框，按图 1-28 所示设置参数。

2）单击 ✓ 按钮，在绘图区右击，选择 等角视图(WCS)(I)，结果如图 1-29 所示。

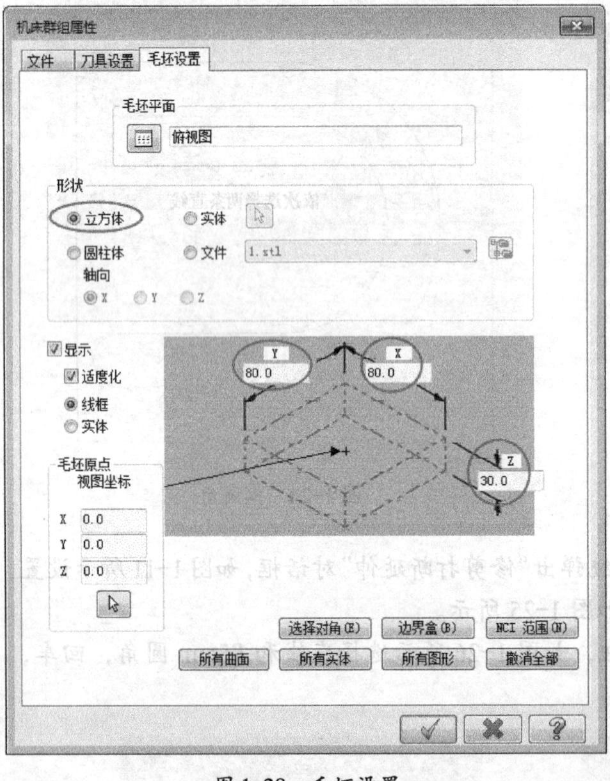

图 1-28 毛坯设置

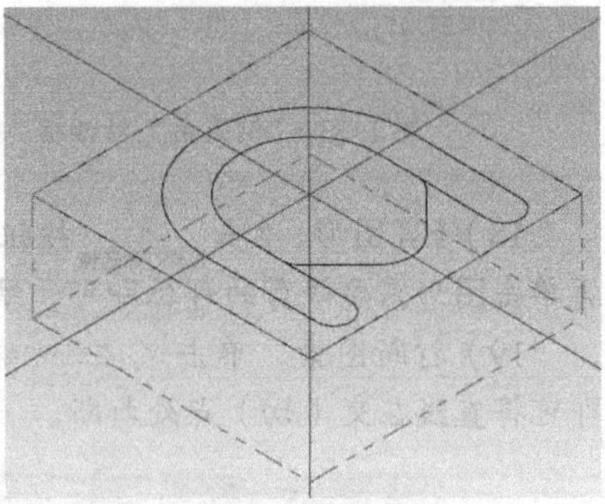

图 1-29 毛坯设置结果

1.1.6 粗加工 U 形凸台

1）启动 2D 挖槽。单击 挖槽 按钮，系统弹出“串连选项”对话框，如图 1-30 所示。选择图 1-31 所示边界，单击 ✓ 按钮，系统弹出“2D 刀路 -2D 挖槽”对话框，如图 1-32 所示。

说明：

选择的矩形边界和 U 形边界必须封闭的，系统提示到达分支点时，选择下一分支，直至封闭。

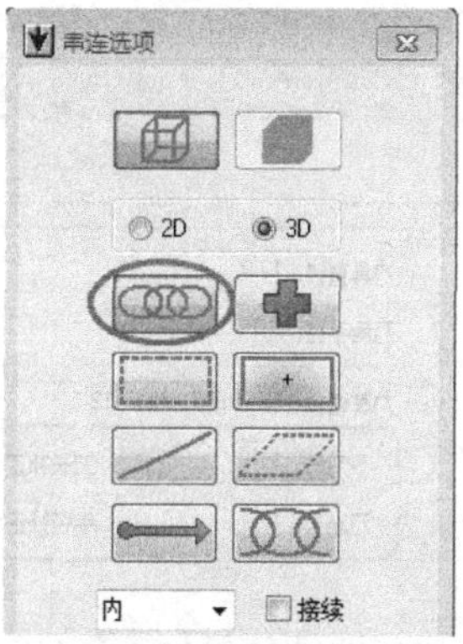

图 1-30 “串连选项”对话框

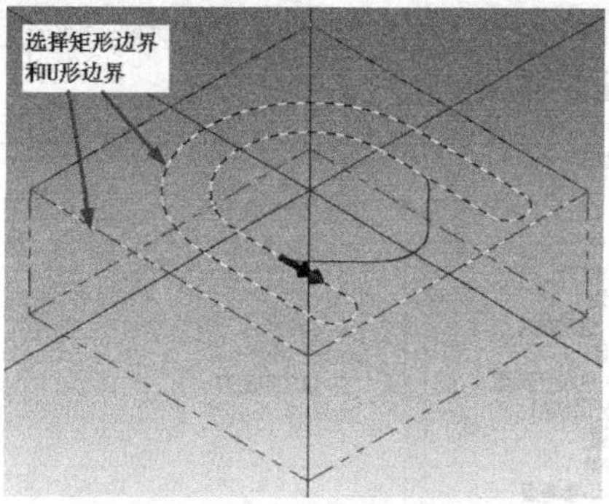

图 1-31 选择矩形和 U 形边界

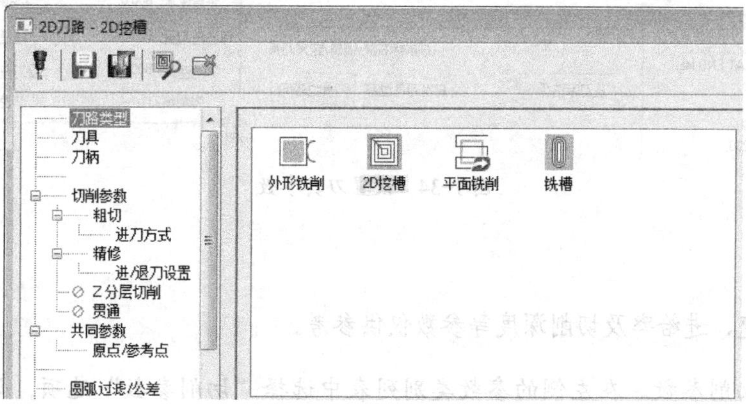

图 1-32 “2D 刀路 -2D 挖槽”对话框

2）选择刀具。单击图 1-32 参数类别列表中的“刀具”选项，单击 从刀库选择 ，单击 刀具过滤(F) ，系统弹出“刀具过滤列表设置”对话框，如图 1-33 所示，单击 全关(N) ，选择平刀，设置刀具直径 12.0，单击按钮。

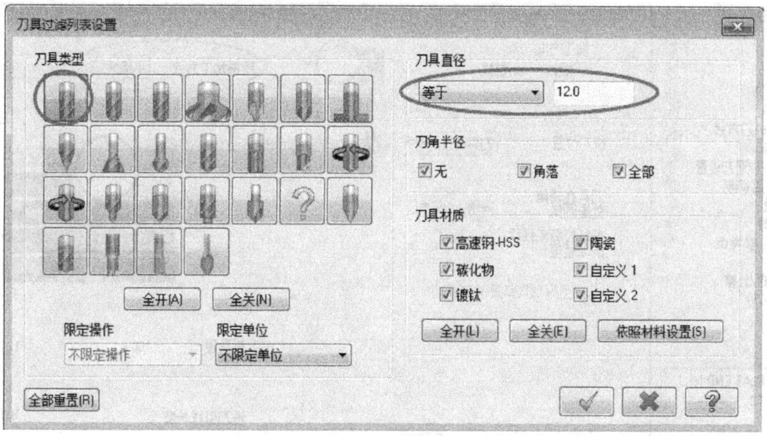

图 1-33 “刀具过滤列表设置”对话框

系统弹出“选择刀具”对话框，选择对话框中的 5-12.0 平刀，单击按钮，系统返回“2D 刀路 -2D 挖槽”对话框，如图 1-34 所示设置刀具参数。

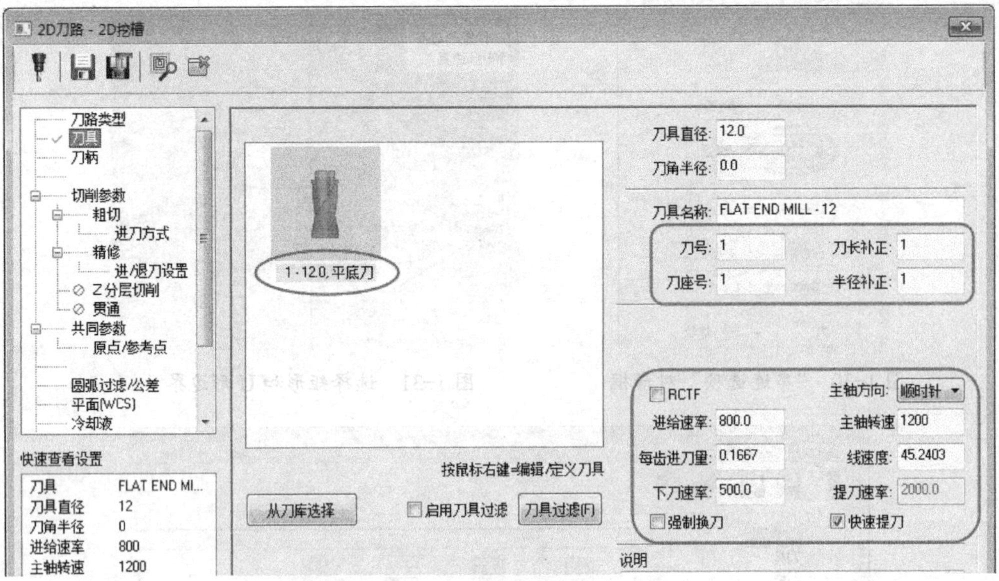

图 1-34 设置刀具参数

说明：

主轴转速、进给率及切削深度等参数仅供参考。

3）设置切削参数。在左侧的参数类别列表中选择“切削参数”选项，如图 1-35 所示设置切削参数。

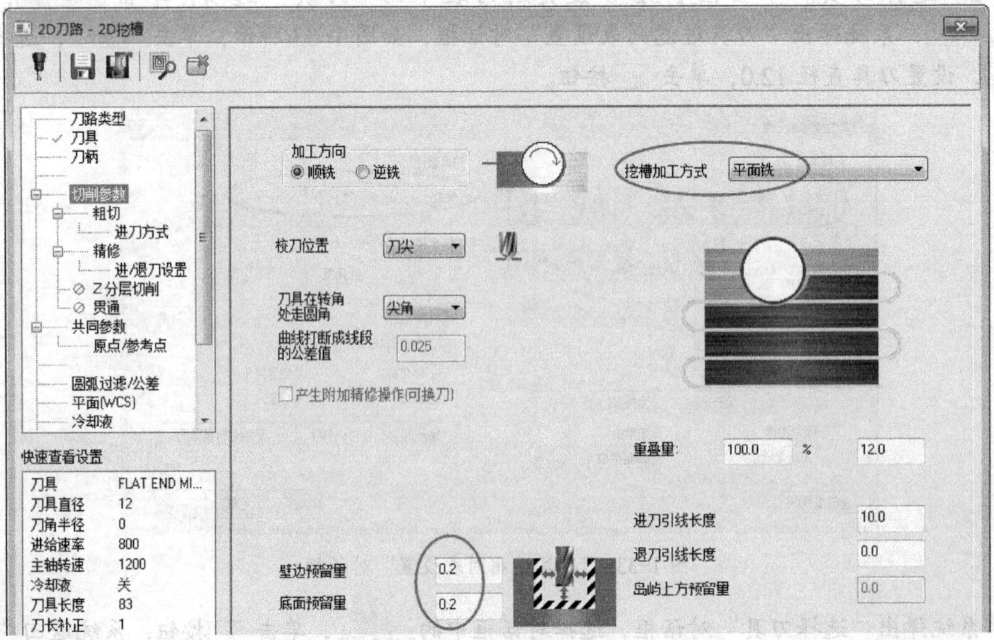

图 1-35 设置切削参数

4）设置粗切参数。在左侧的参数类别列表中选择“粗切”选项，如图 1-36 所示设置粗切参数。

5）粗切进刀方式。在左侧的参数类别列表中选择“进刀方式”选项，如图 1-37 所示设置粗切进刀参数。

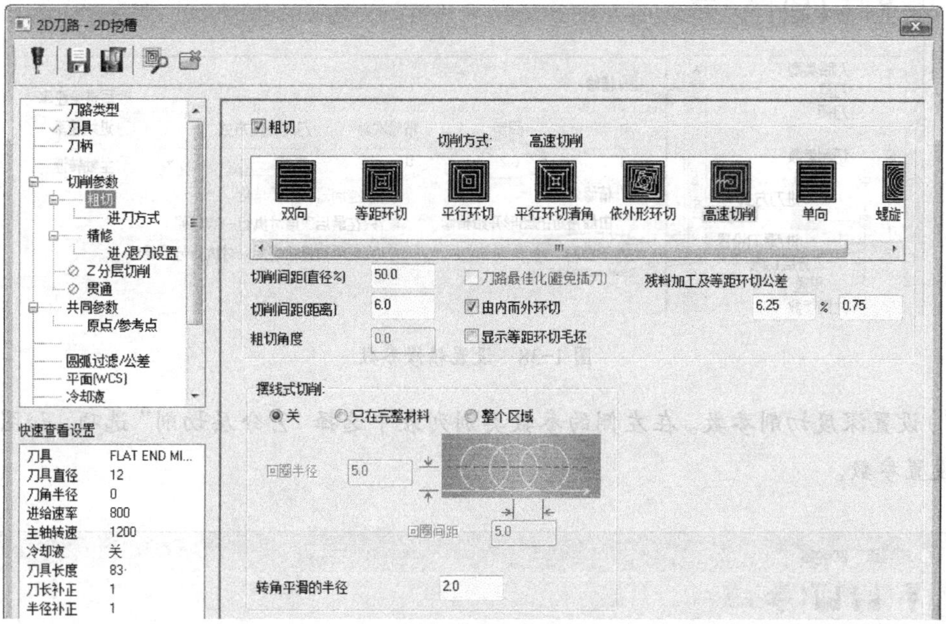

图 1-36　设置粗切参数

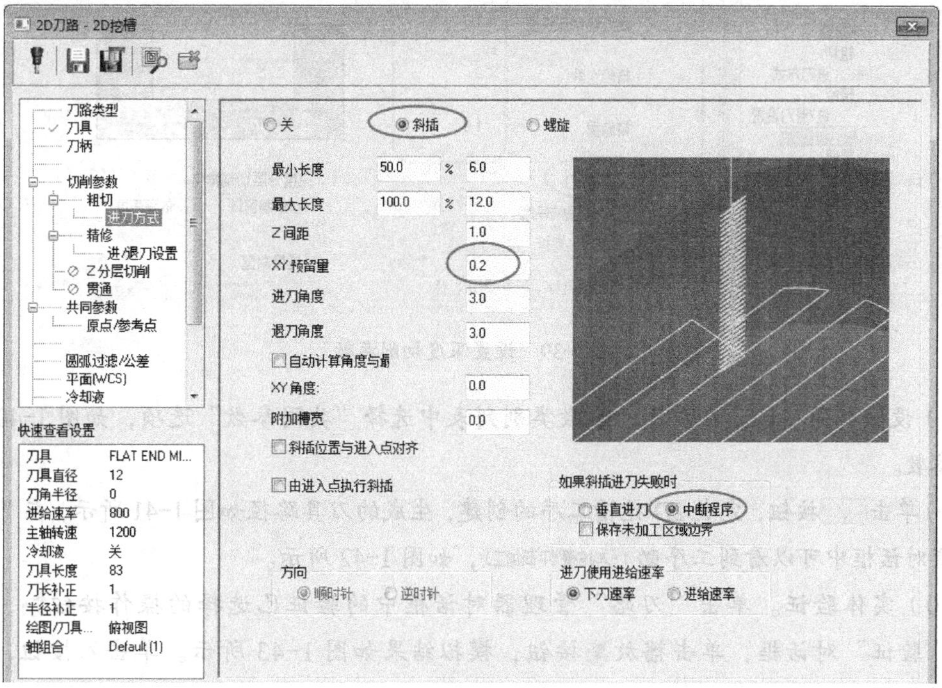

图 1-37　粗切进刀方式

6）设置精修参数。在左侧的参数类别列表中选择“精修”选项，如图 1-38 所示设置精修参数。

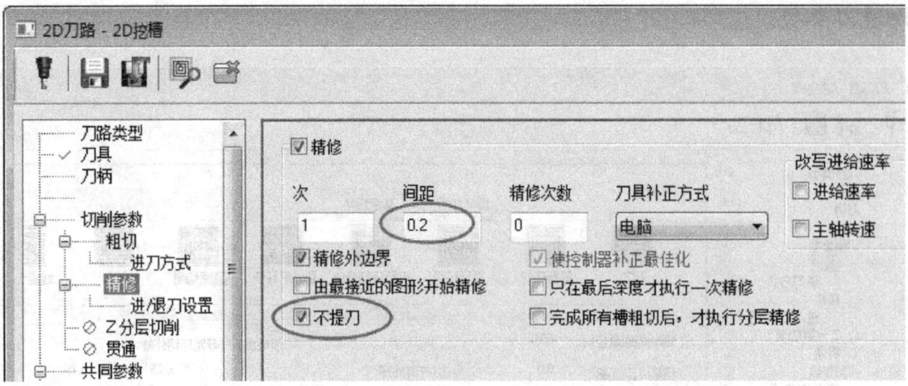

图 1-38　设置精修参数

7）设置深度切削参数。在左侧的参数类别列表中选择“Z 分层切削”选项，如图 1-39 所示设置参数。

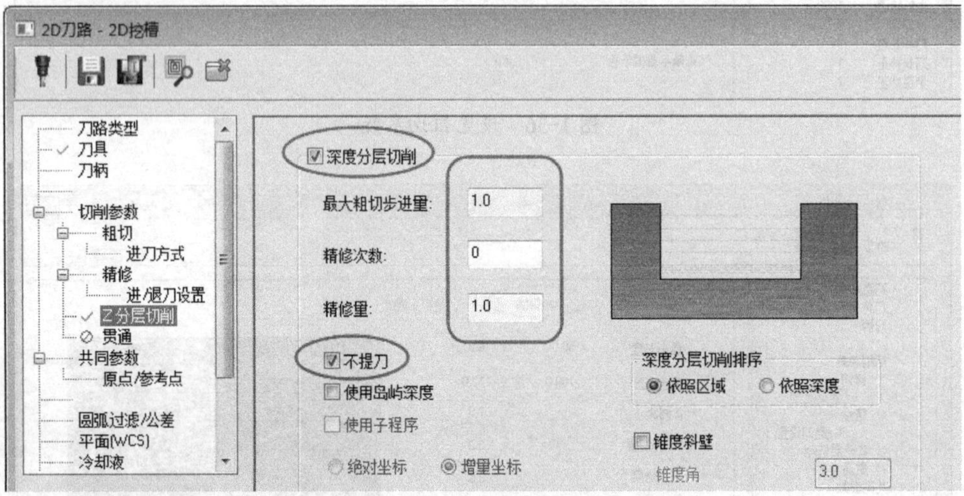

图 1-39　设置深度切削参数

8）设置共同参数。在左侧的参数类别列表中选择“共同参数”选项，如图 1-40 所示设置参数。

9）单击✔按钮，完成 2D 挖槽工序的创建，生成的刀具路径如图 1-41 所示，在“刀路”管理器对话框中可以看到工序 1 - 2D挖槽 (平面加工)，如图 1-42 所示。

10）实体验证。单击“刀路”管理器对话框中的验证已选择的操作按钮，系统弹出“验证”对话框，单击播放▶按钮，模拟结果如图 1-43 所示。单击×按钮，关闭模拟对话框。

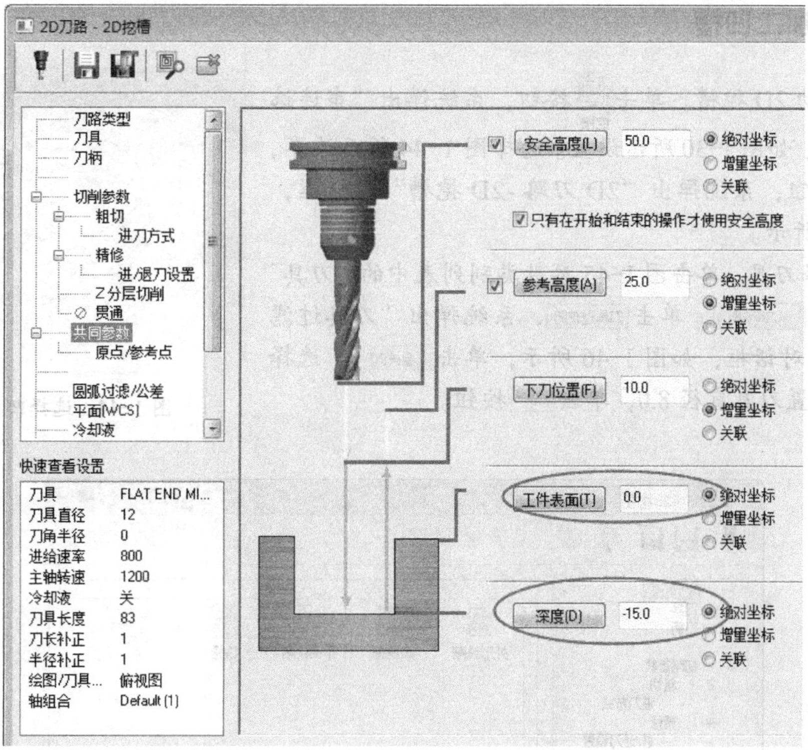

图 1-40 设置共同参数

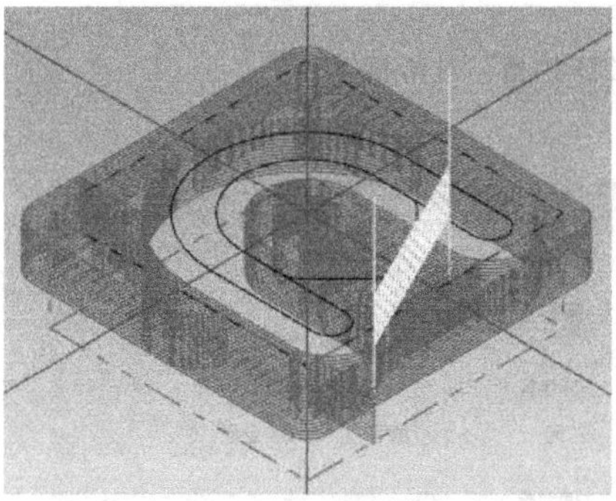

图 1-41 生成刀具路径

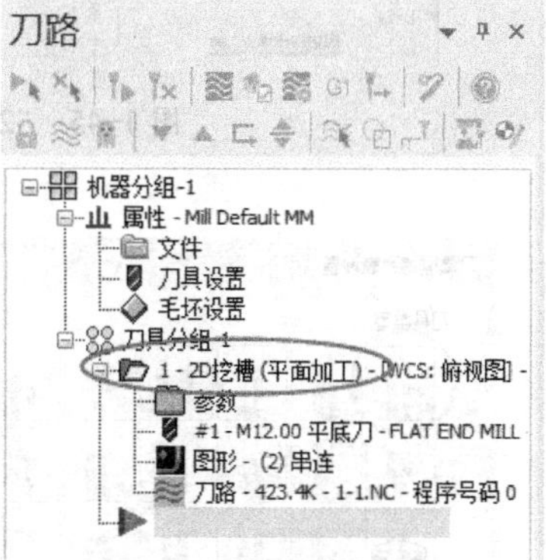

图 1-42 “刀路”管理器对话框

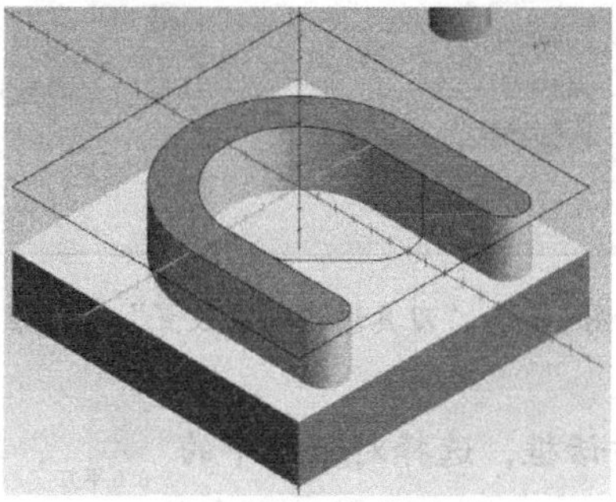

图 1-43 实体加工验证结果

1.1.7 粗加工凹槽

1）启动2D挖槽。单击挖槽按钮，系统弹出“串连选项”对话框，如图1-30所示设置。选择图1-44所示边界，单击按钮，系统弹出“2D刀路-2D挖槽”对话框，如图1-45所示。

2）选择刀具。单击图1-45参数类别列表中的“刀具”选项，单击从刀库选择，单击刀具过滤(F)，系统弹出“刀具过滤列表设置”对话框，如图1-46所示，单击全关(N)，选择平刀，设置刀具直径8.0，单击按钮。

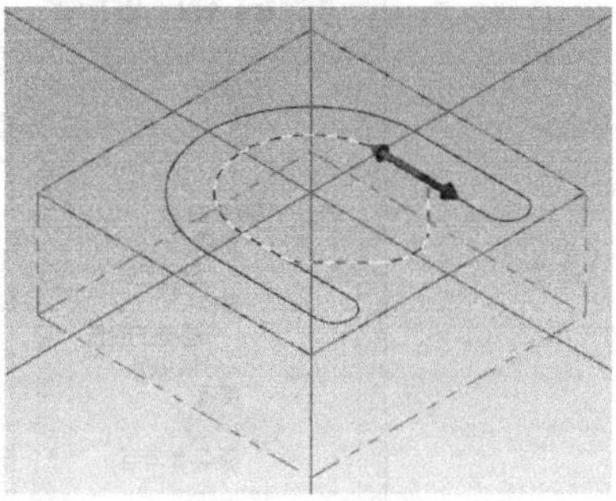

图1-44 选择凹槽边界

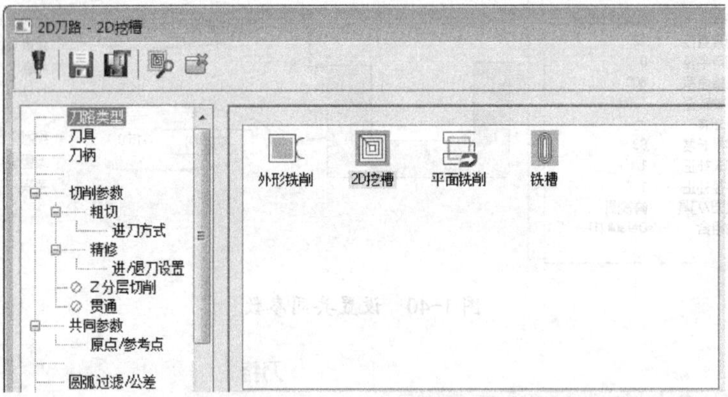

图1-45 “2D刀路-2D挖槽”对话框

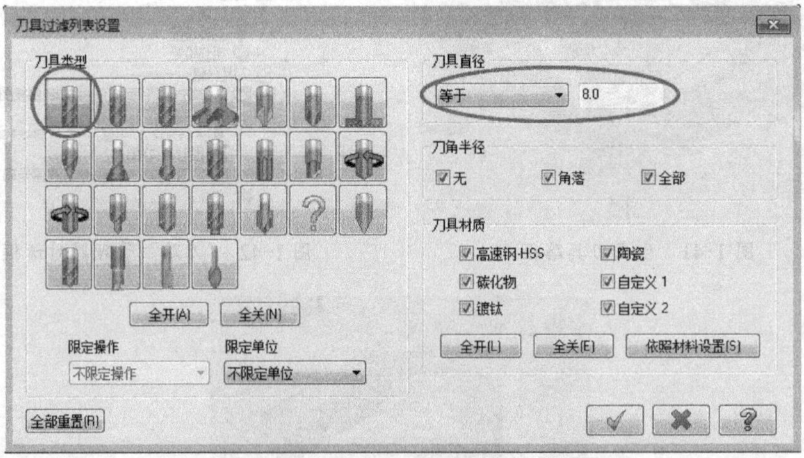

图1-46 “刀具过滤列表设置”对话框

系统弹出“选择刀具”对话框，选择对话框中的 5-8.0平刀，单击按钮，系统返回“2D刀路-2D挖槽”对话框，如图1-47所示设置刀具参数。

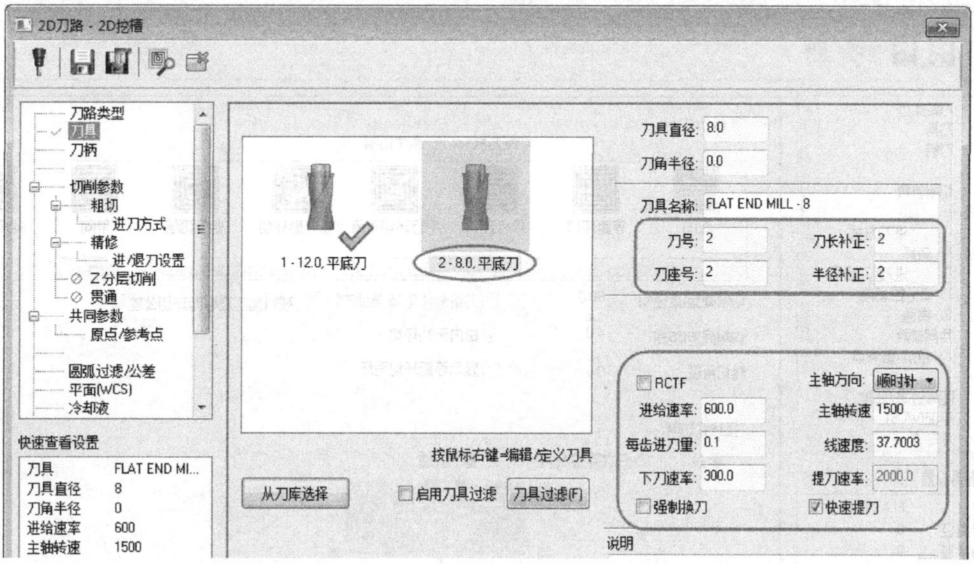

图 1-47　设置刀具参数

3）设置切削参数。在左侧的参数类别列表中选择“切削参数”选项，如图 1-48 所示设置切削参数。

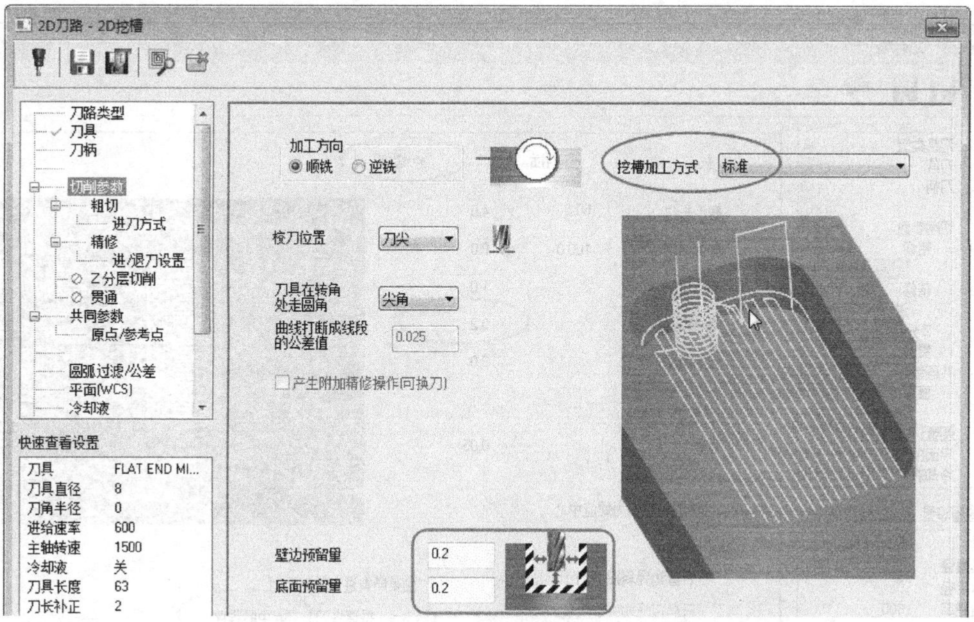

图 1-48　切削参数设置

4）设置粗切参数。在左侧的参数类别列表中选择“粗切”选项，如图 1-49 所示设置粗切参数。

5）粗切进刀方式。在左侧的参数类别列表中选择“进刀方式”选项，如图 1-50 所示设置粗切进刀参数。

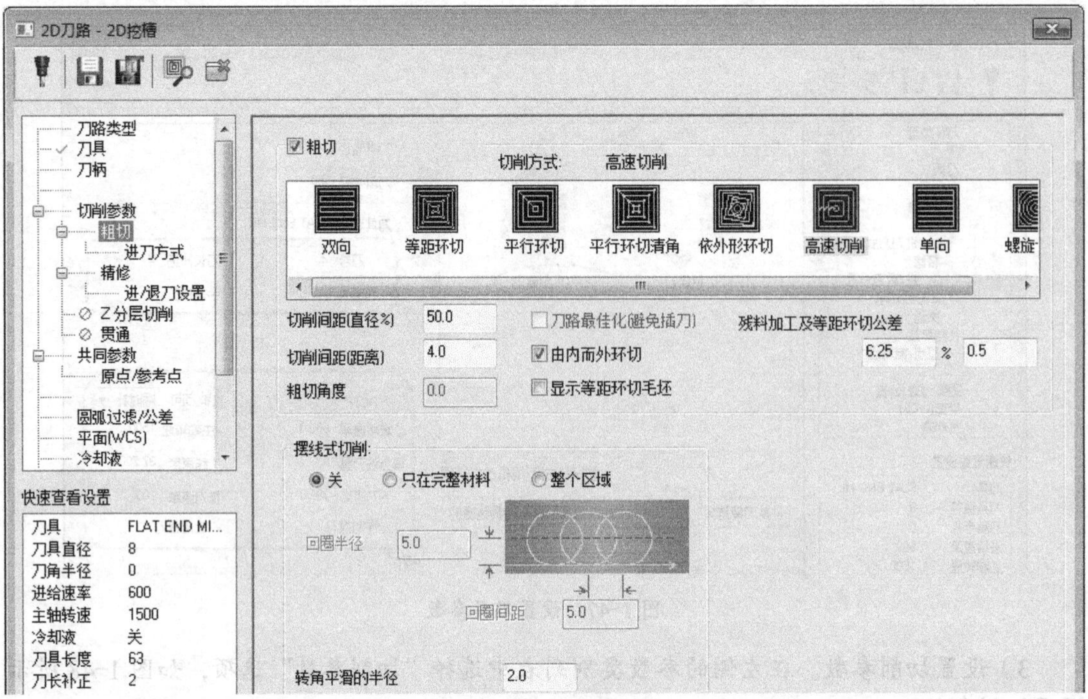

图 1-49 设置粗切参数

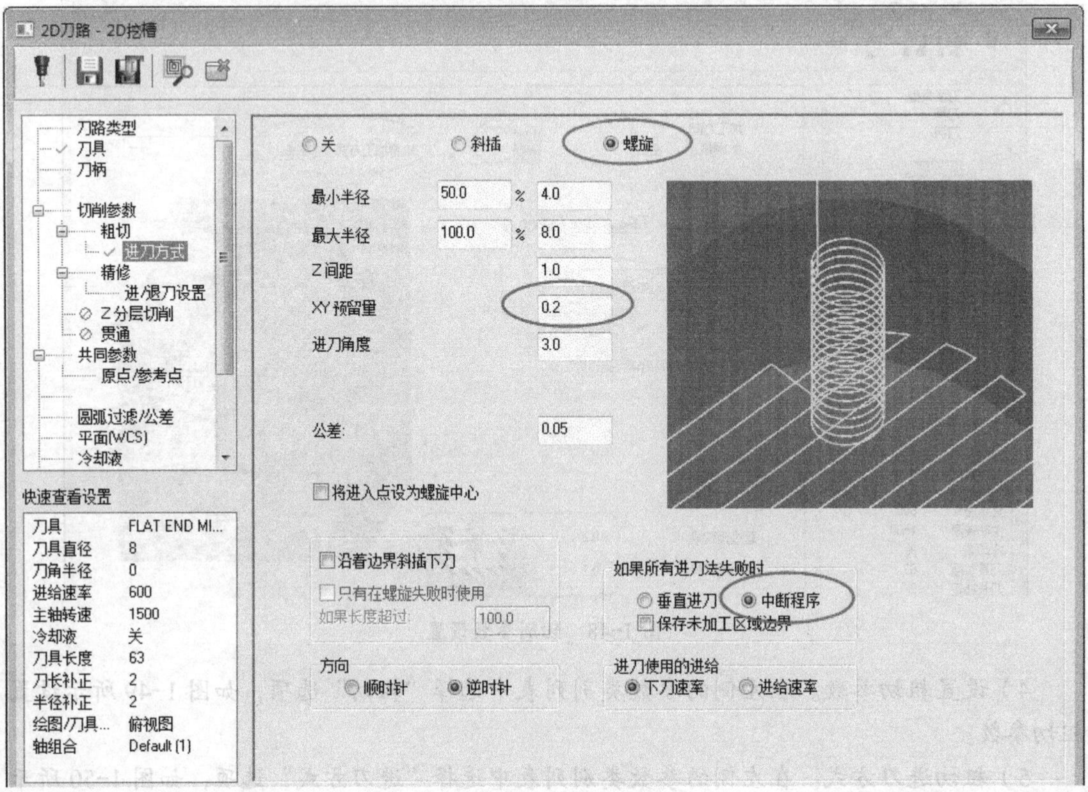

图 1-50 粗切进刀方式

6）设置精修参数。在左侧的参数类别列表中选择“精修”选项，如图 1-51 所示设置精修参数。

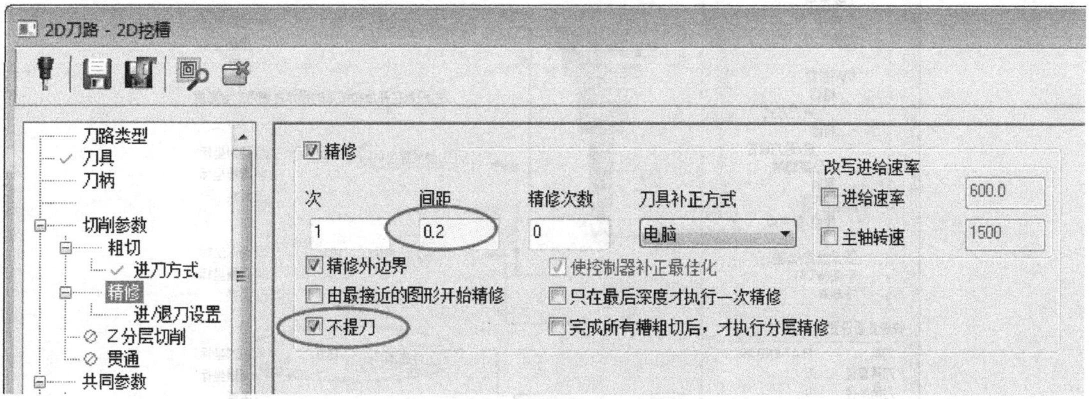

图 1-51　设置精修参数

7）设置深度切削参数。在左侧的参数类别列表中选择“Z 分层切削”选项，如图 1-52 所示设置参数。

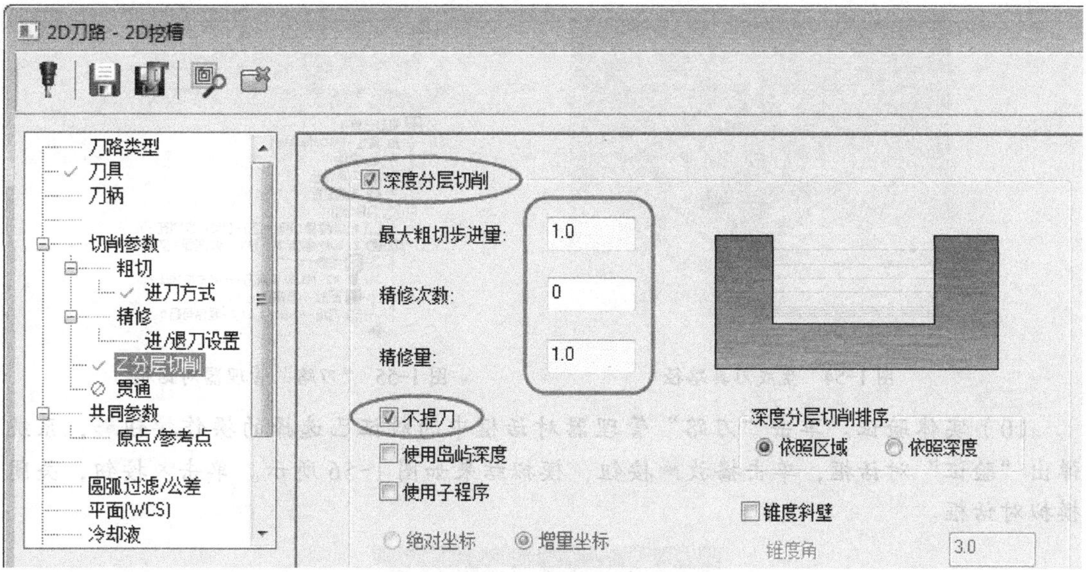

图 1-52　设置深度切削参数

8）设置共同参数。在左侧的参数类别列表中选择“共同参数”选项，如图 1-53 所示设置参数。

9）单击 ✓ 按钮，完成 2D 挖槽工序的创建，生成的刀具路径如图 1-54 所示，在“刀路”管理器对话框中可以看到工序 2 - 2D挖槽 (标准)，如图 1-55 所示。

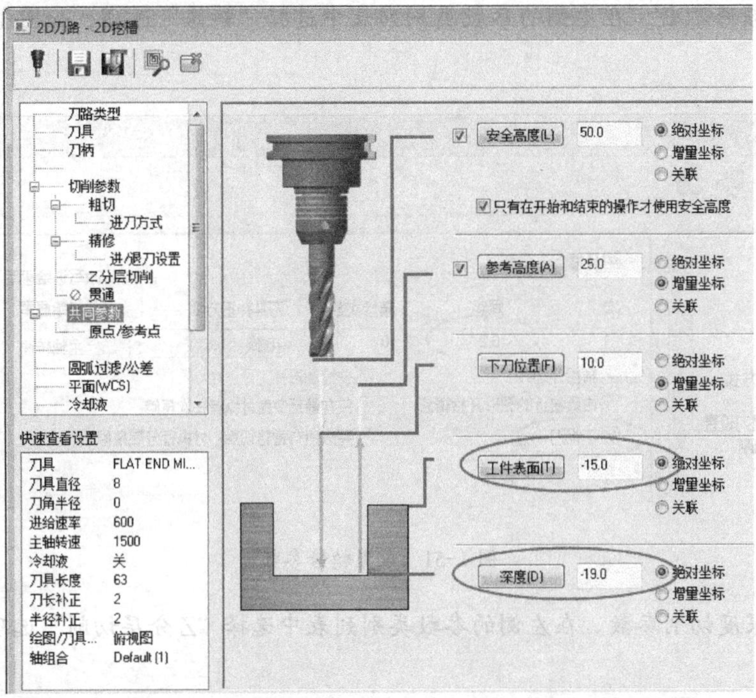

图 1-53 设置共同参数

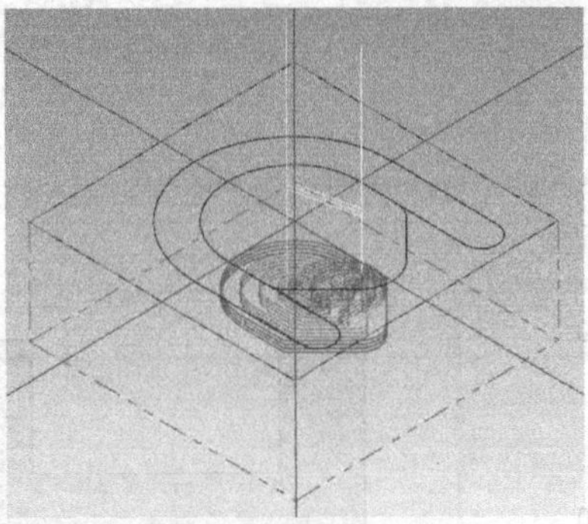

图 1-54 生成刀具路径

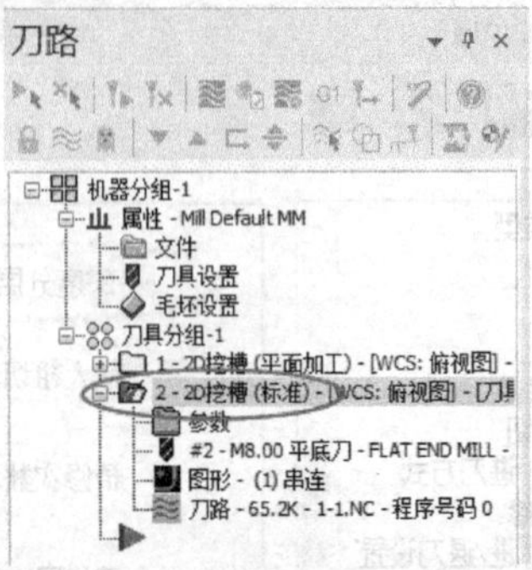

图 1-55 “刀路”管理器对话框

10）实体验证。单击“刀路”管理器对话框中的验证已选择的操作按钮，系统弹出“验证”对话框，单击播放▶按钮，模拟结果如图 1-56 所示。单击×按钮，关闭模拟对话框。

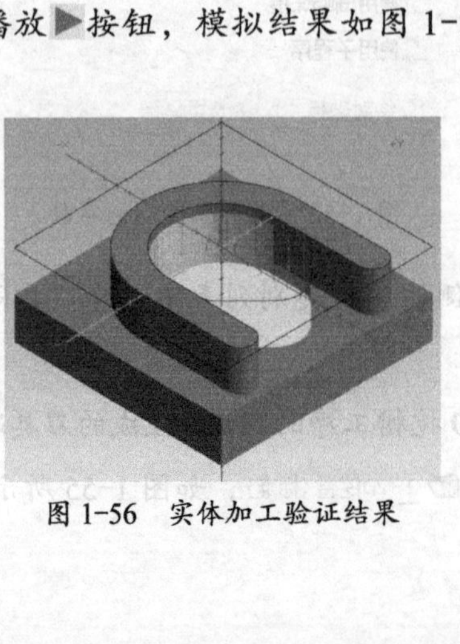

图 1-56 实体加工验证结果

1.1.8 精加工 U 形凸台底面

1）复制粗加工 U 形凸台。在“刀路”管理器对话框中复制工序 1 - 2D挖槽 (平面加工)，然后粘贴，得到工序 3 - 2D挖槽 (平面加工)，如图 1-57 所示。

2）编辑复制的工序。单击工序 3 - 2D挖槽 (平面加工) 中 参数 图标，弹出“2D 刀路 -2D 挖槽”对话框。

3）修改切削参数。在左侧的参数类别列表中选择“切削参数”选项，如图 1-58 所示修改切削参数。

4）修改深度切削参数。在左侧的参数类别列表中选择“Z 分层切削”选项，如图 1-59 所示修改参数。

5）单击 按钮，完成工序参数修改，单击重建 按钮，系统重新计算工序刀具路径，结果如图 1-60 所示。

6）实体验证。单击“刀路”管理器对话框中的验证已选择的操作按钮 ，系统弹出“验证”对话框，单击播放 按钮，模拟结果如图 1-61 所示。单击 × 按钮，关闭模拟对话框。

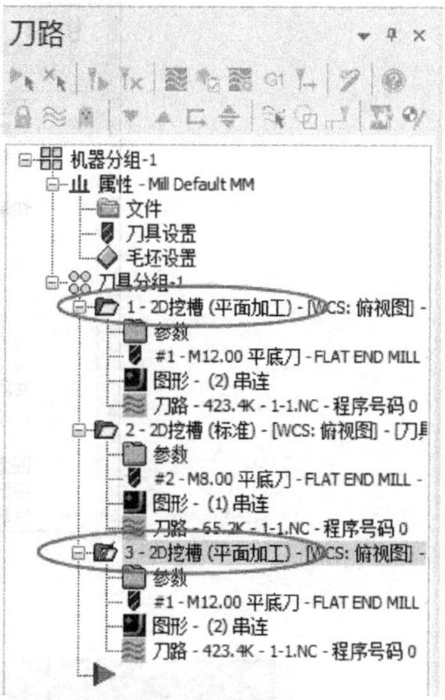

图 1-57 复制工序

说明：

单击 ≈ 按钮可显示 / 隐藏工序刀具路径。

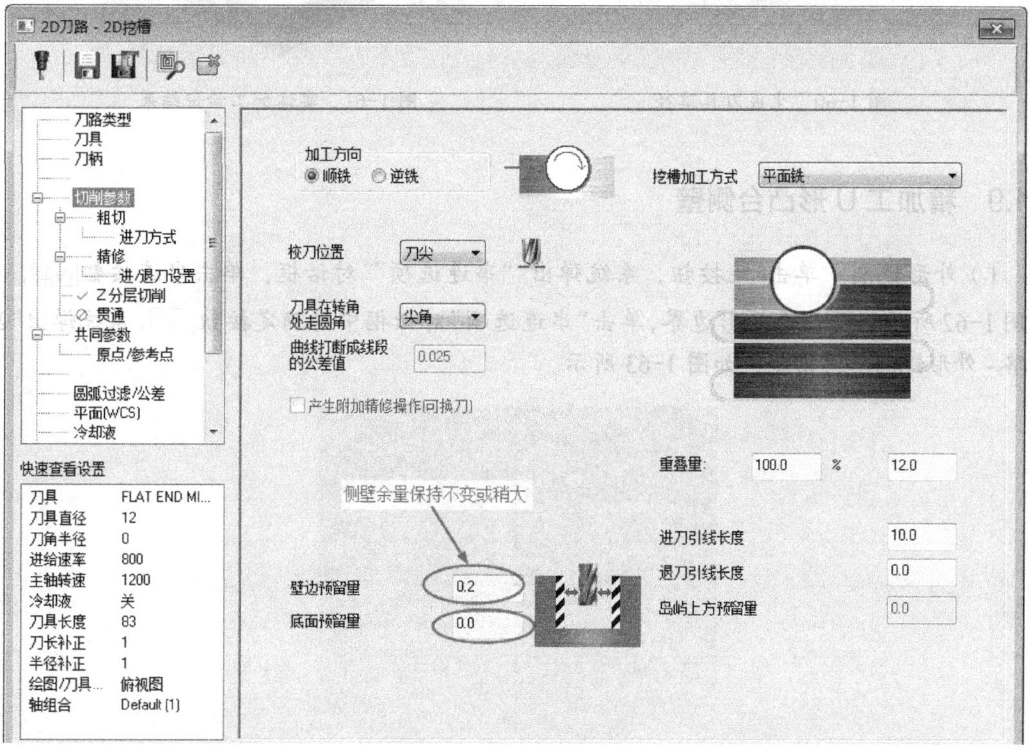

图 1-58 修改切削参数

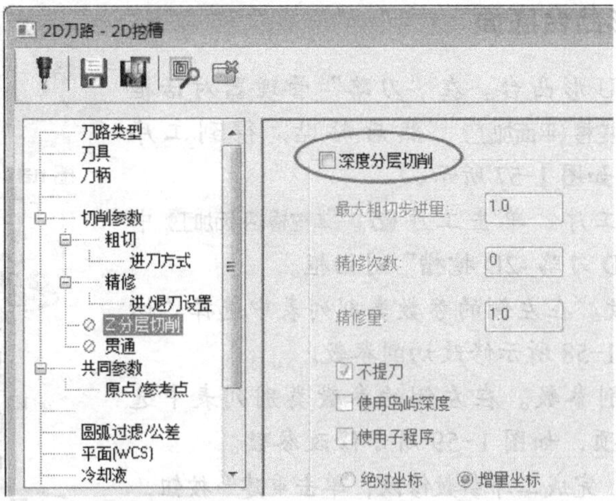

图 1-59 修改深度切削参数

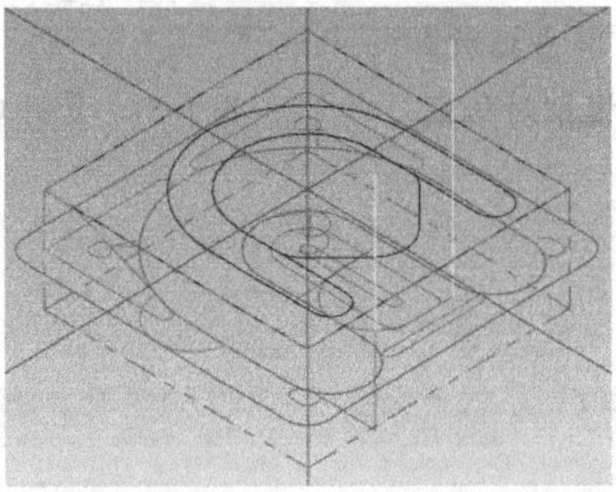

图 1-60 生成刀具路径

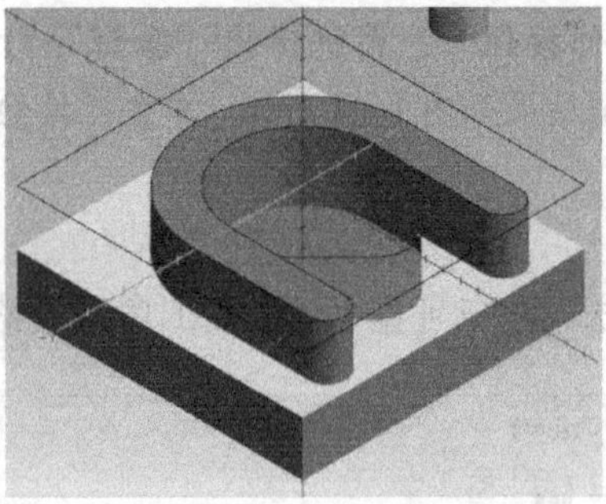

图 1-61 实体加工验证结果

1.1.9 精加工 U 形凸台侧壁

1）外形铣削。单击外形按钮，系统弹出“串连选项”对话框，单击串连按钮，选择图 1-62 所示 U 形凸台外形边界，单击“串连选项”对话框中的确定按钮，系统弹出“2D 刀路 - 外形铣削”对话框，如图 1-63 所示。

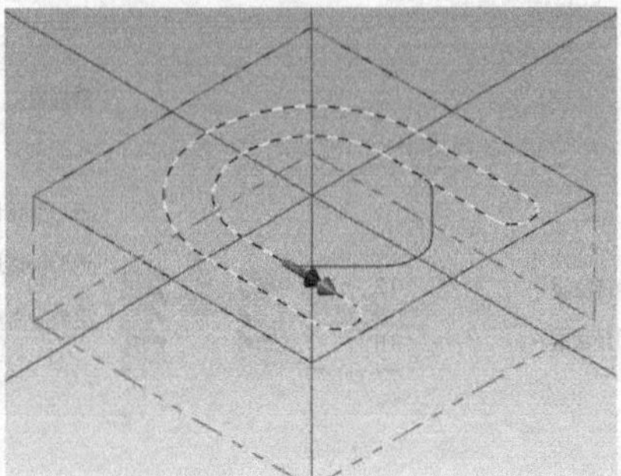

图 1-62 串连外形

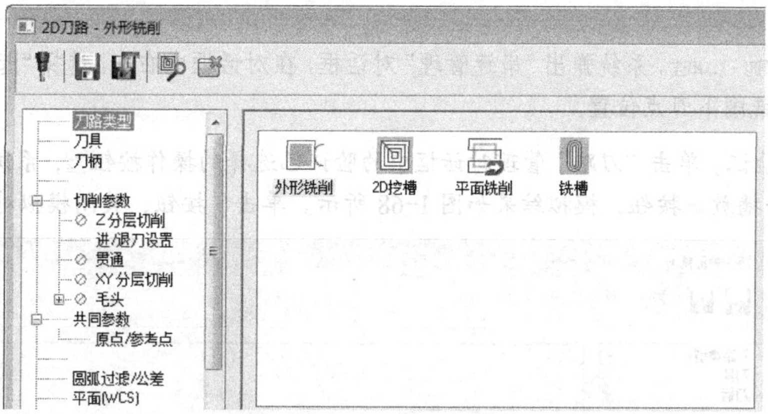

图 1-63 “2D 刀路 - 外形铣削”对话框

2）选择刀具。单击参数类别列表中的“刀具”选项，如图 1-64 所示选择刀具和设置切削参数。

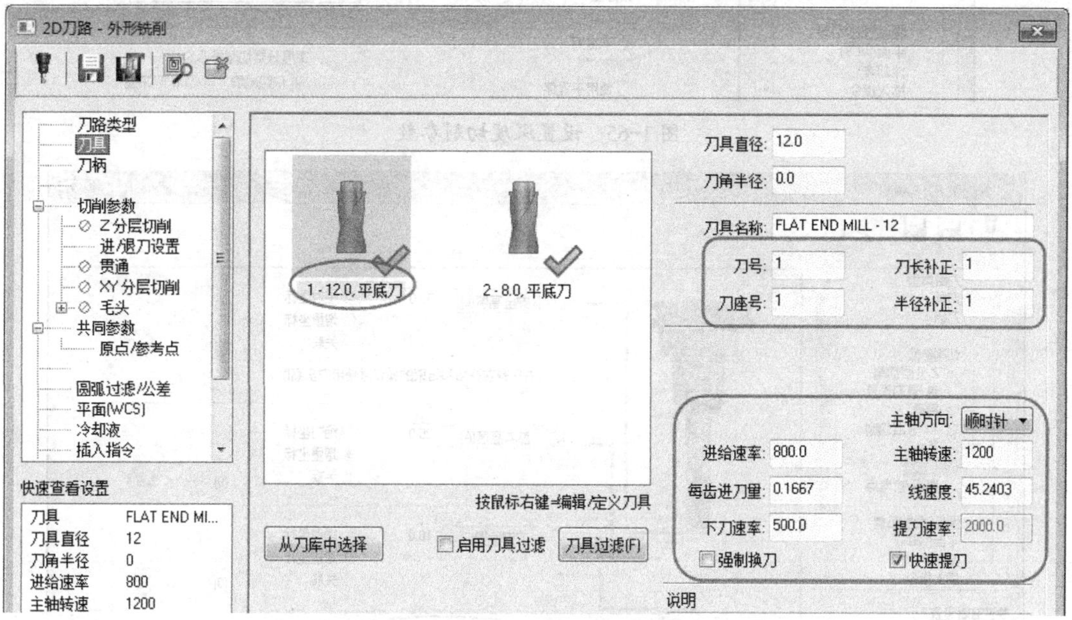

图 1-64 选择刀具和设置切削参数

3）设置深度分层切削参数。在左侧的参数类别列表中选择“Z 分层切削”选项，如图 1-65 所示设置参数。

4）设置共同参数。在左侧的参数类别列表中选择“共同参数”选项，如图 1-66 所示设置参数。

说明：

系统默认余量为 0，故“切削参数”选项未作修改。

5）单击 ✓ 按钮，完成外形铣削工序创建，生成刀具路径，如图 1-67 所示。

说明：

单击 图形 - (1) 串连，系统弹出"串连管理"对话框，在对话框中右击，选择"起始点(P)"，可改变外形铣削下刀点位置。

6）实体验证。单击"刀路"管理对话框中的验证已选择的操作按钮，系统弹出"验证"对话框，单击播放按钮，模拟结果如图1-68所示。单击×按钮，关闭模拟对话框。

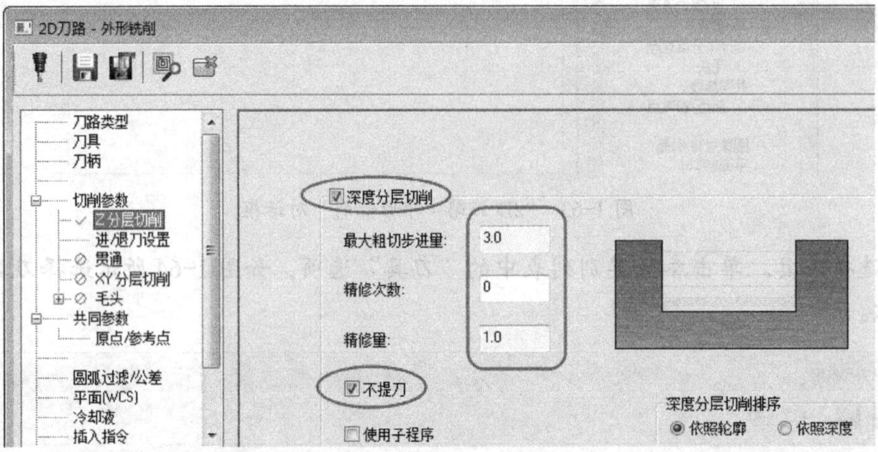

图1-65 设置深度切削参数

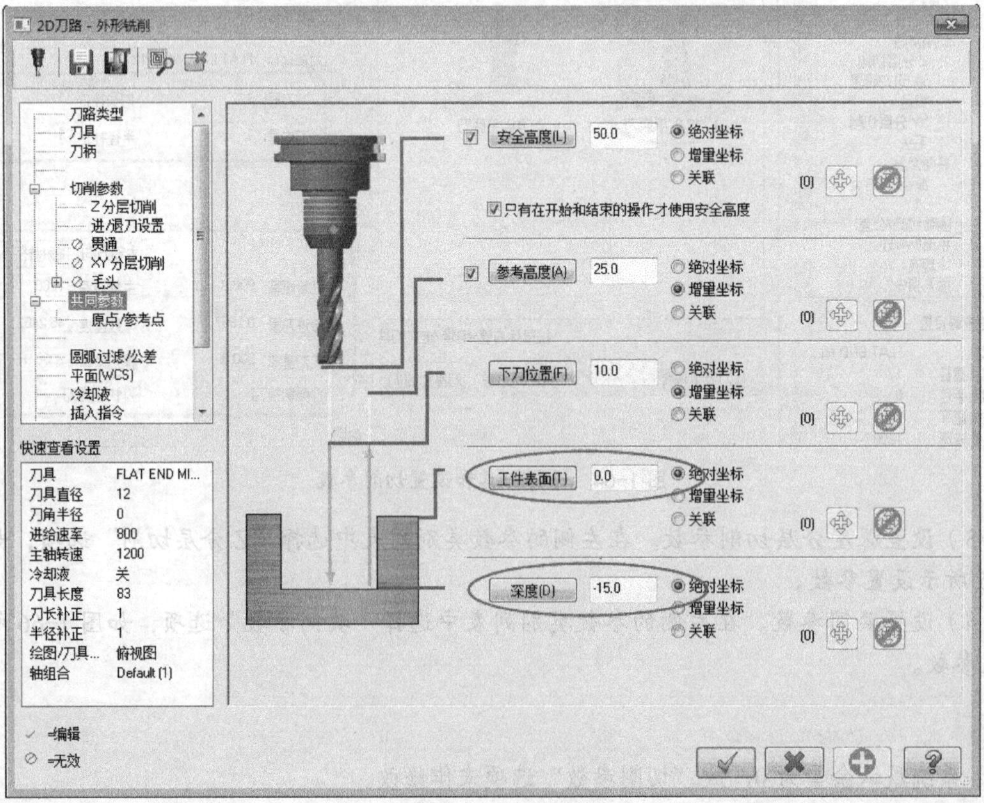

图1-66 设置共同参数

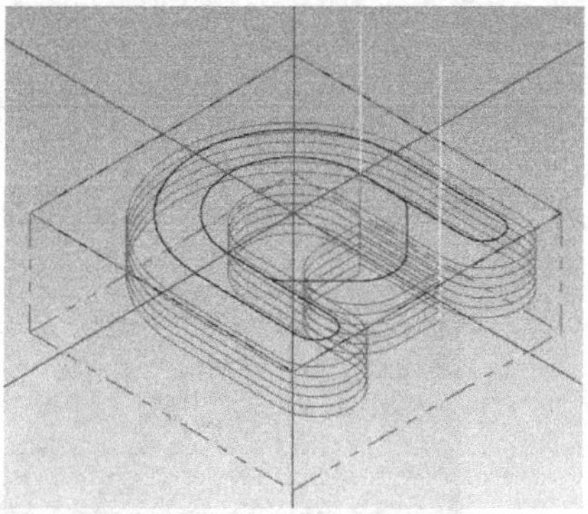

图 1-67　生成刀具路径

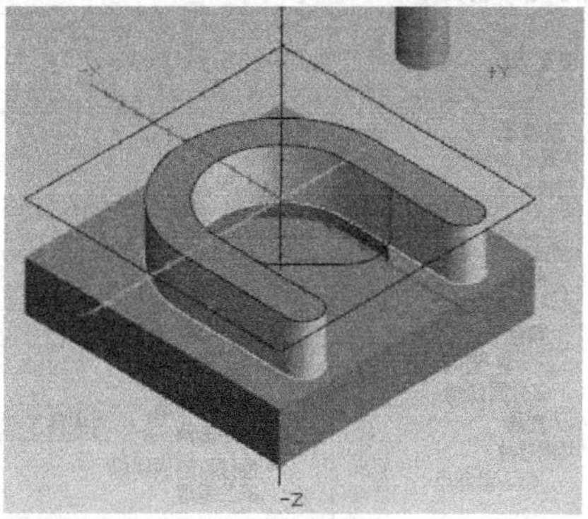

图 1-68　实体加工验证结果

1.1.10　精加工凹槽底面

1）复制粗加工凹槽工序。在“刀路”管理器对话框中复制工序 2 - 2D挖槽(标准)，然后粘贴，得到工序 5 - 2D挖槽(标准)，如图 1-69 所示。

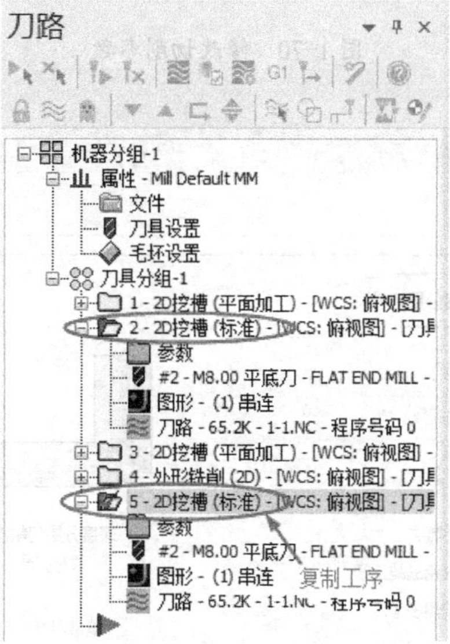

图 1-69　复制工序

2）编辑复制的工序。单击工序 5 - 2D挖槽(标准) 中 参数 图标，弹出“2D 刀路 -2D 挖槽”对话框。

① 修改切削参数。在左侧的参数类别列表中选择“切削参数”选项，如图 1-70 所示修改切削参数。

② 修改深度切削参数。在左侧的参数类别列表中选择“Z 分层切削”选项，如图 1-71 所示修改参数。

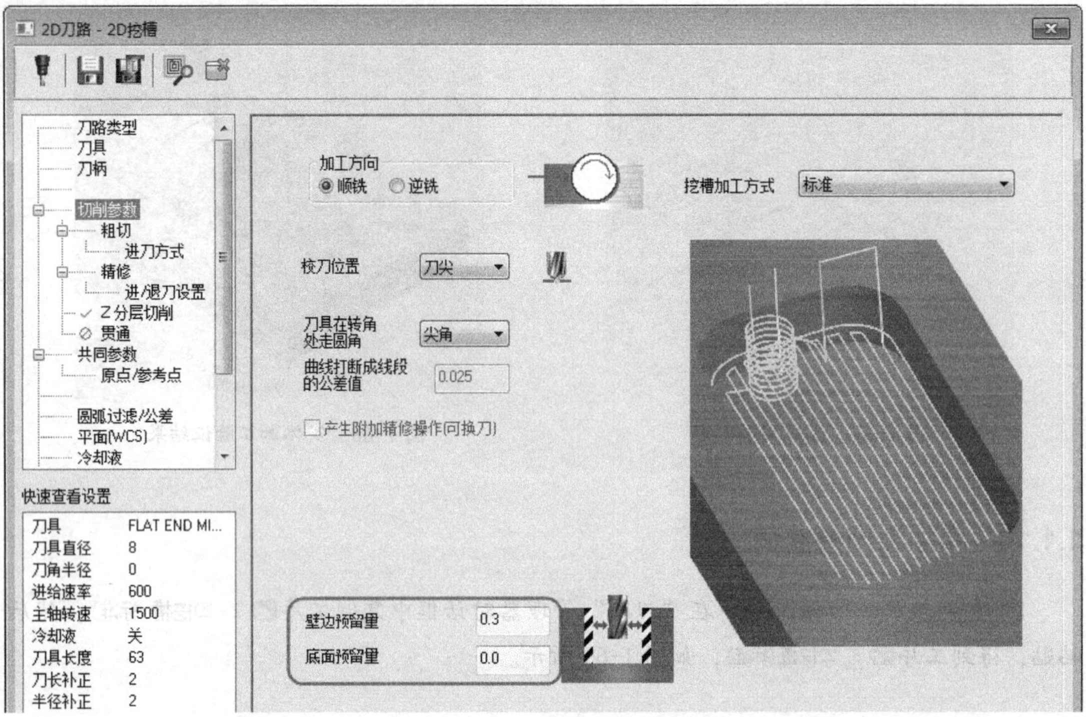

图 1-70　修改切削参数

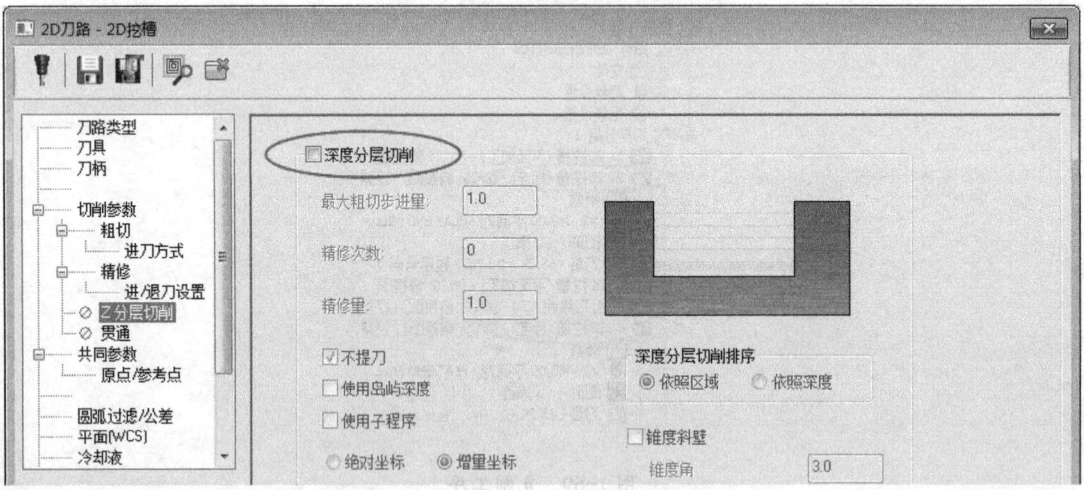

图 1-71　修改深度切削参数

3）单击 ✓ 按钮，完成工序参数修改，单击重建按钮，系统重新计算工序刀具路径，结果如图 1-72 所示。

4）实体验证。单击“刀路”管理器对话框中的验证已选择的操作按钮，系统弹出“验证”对话框，单击播放▶按钮，模拟结果如图 1-73 所示。单击×按钮，关闭模拟对话框。

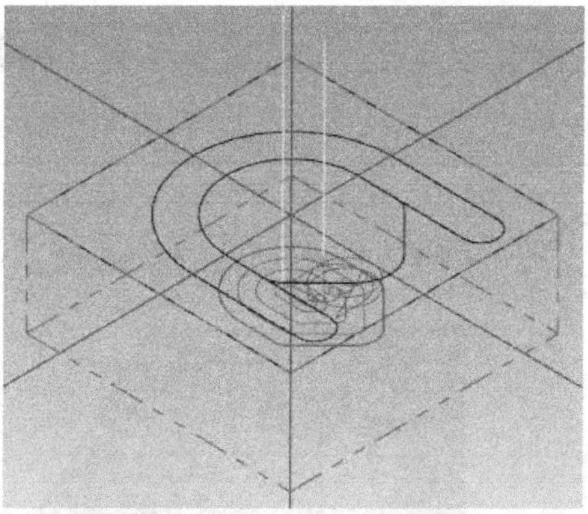

图 1-72　生成刀具路径

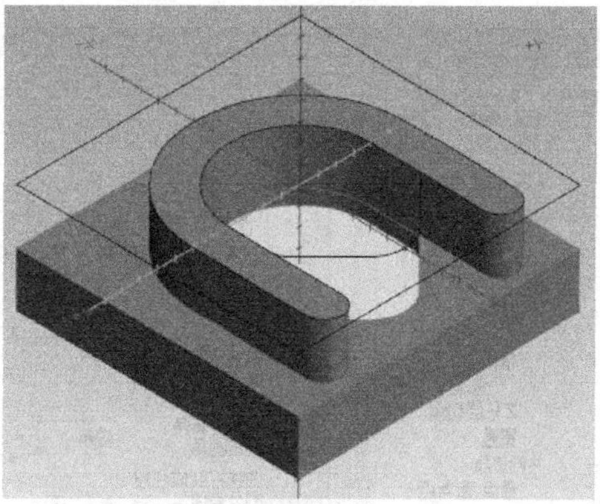

图 1-73　实体加工验证结果

1.1.11　精加工凹槽侧壁

1）复制粗加工凹槽工序。在“刀路”管理器对话框中复制工序 2 - 2D挖槽(标准)，然后粘贴，得到工序 6 - 2D挖槽(标准)，如图 1-74 所示。

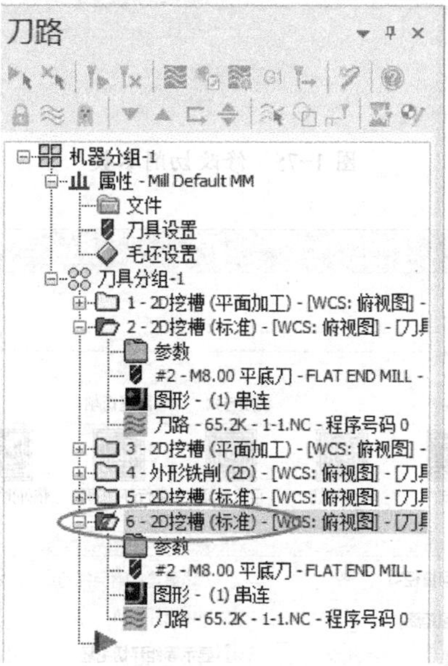

图 1-74　复制工序

2）编辑复制的工序。单击工序 6 - 2D挖槽(标准) 中 参数 图标，弹出“2D 刀路 -2D 挖槽”对话框。

①修改切削参数。在左侧的参数类别列表中选择“切削参数”选项，如图 1-75 所示修改切削参数。

②设置粗切参数。在左侧的参数类别列表中选择“粗切”选项，如图 1-76 所示设置粗切参数。

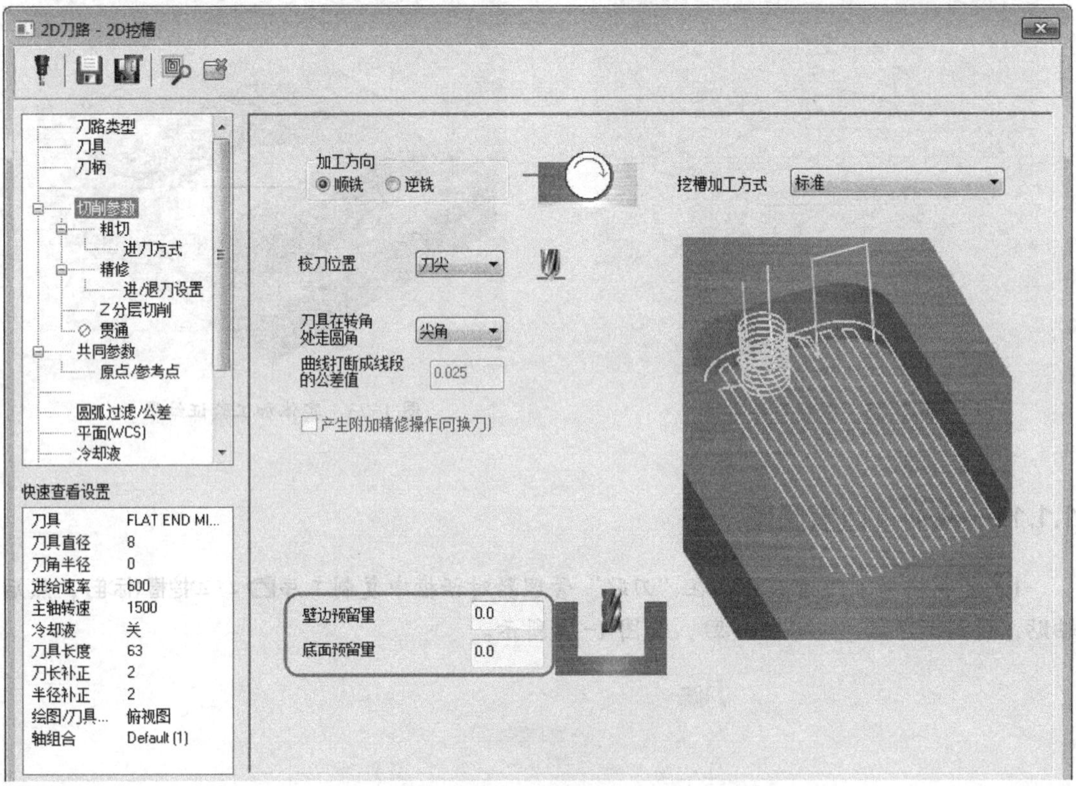

图 1-75 修改切削参数

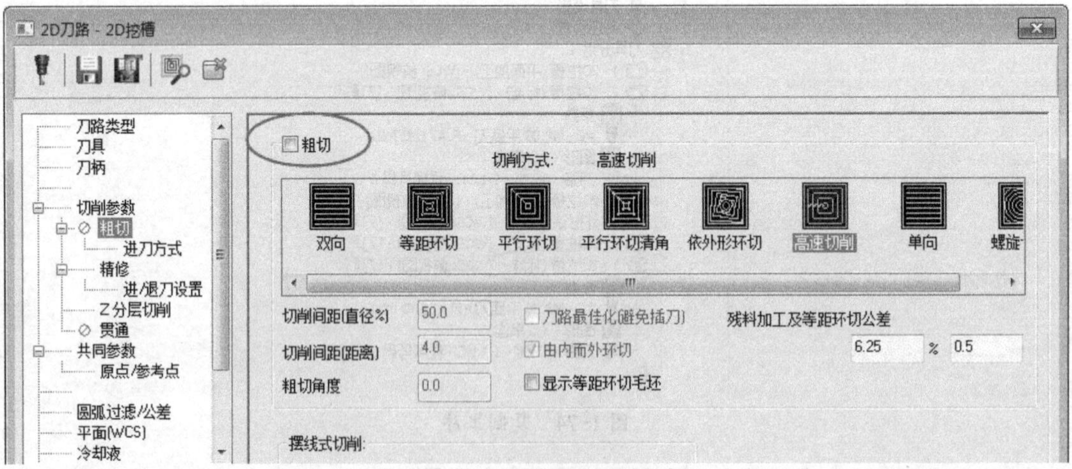

图 1-76 设置粗切参数

③修改深度切削参数。在左侧的参数类别列表中选择“Z分层切削”选项，如图 1-77 所示修改参数。

3）单击 按钮，完成工序参数修改，单击重建按钮 ，系统重新计算工序刀具路径，结果如图 1-78 所示。

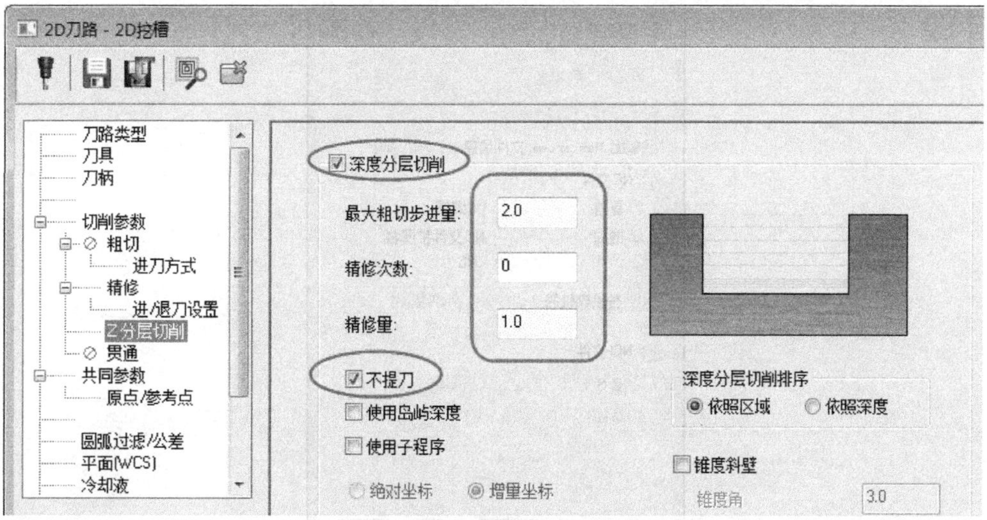

图 1-77　修改深度切削参数

4）实体验证。单击“刀路”管理器对话框中的验证已选择的操作按钮，系统弹出“验证”对话框，单击播放按钮，模拟结果如图 1-79 所示。单击×按钮，关闭模拟对话框。

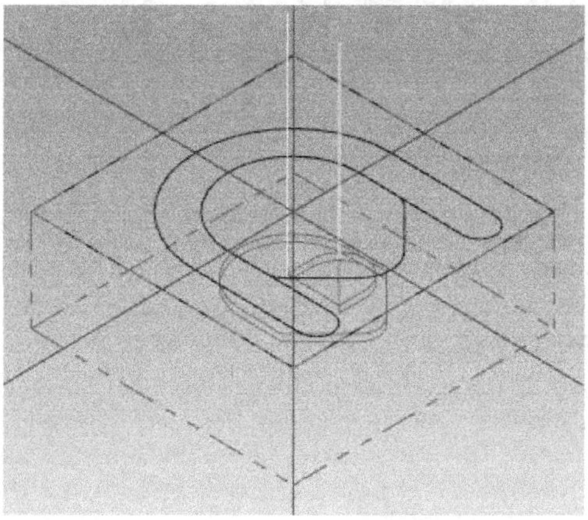

图 1-78　生成刀具路径

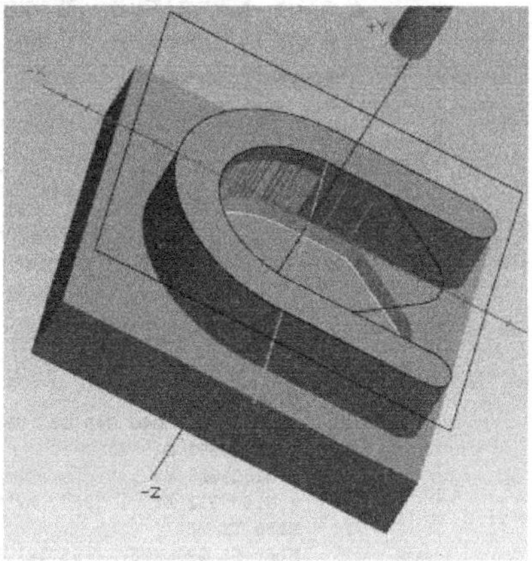

图 1-79　实体加工验证结果

1.1.12　后处理

1）在“刀路”管理器对话框中单击按钮，选择所有的工序，然后单击后处理按钮G1，弹出“后处理程序”对话框，如图 1-80 所示设置参数。

2）单击按钮，弹出“另存为”对话框，选择合适的目录后，单击保存(S)按钮，即可得到所需的 NC 代码，如图 1-81 所示。

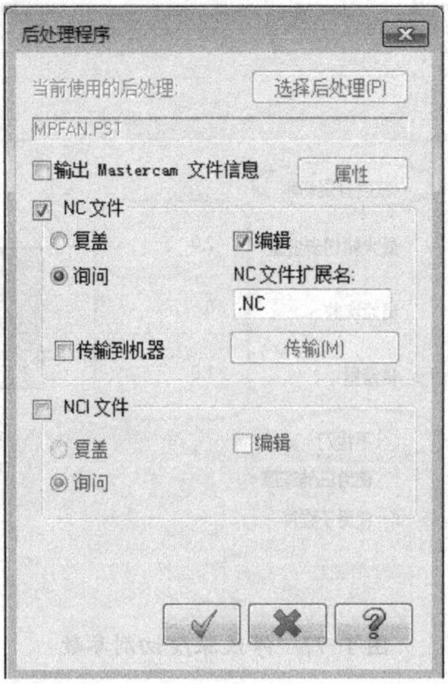

图 1-80 “后处理程序”对话框

图 1-81 NC 代码

3）关闭 NC 代码页面，保存 Mastercam 文件，退出系统。

1.1.13 练习与思考

1）尝试用外形铣削粗加工 U 形凸台，与 2D 挖槽刀具路径比较有什么不同？

2）尝试首先用 ϕ12mm 的平底刀加工凹槽，然后用 ϕ8mm 平底刀进行残料加工，“挖槽加工方式”选择“残料”，如图 1-82 所示。

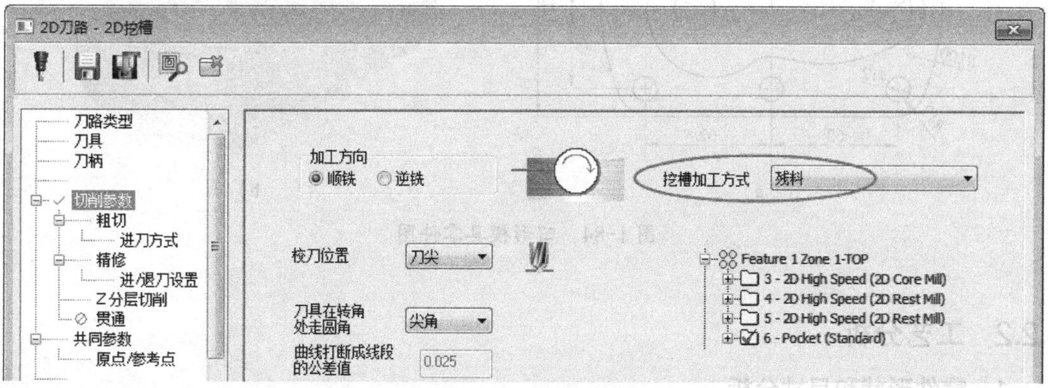

图 1-82　残料加工

3）如图 1-83 所示零件，除底面和侧面外，其他表面都要求加工，请画出其二维图形，并选用合适的二维加工方法加工该零件。

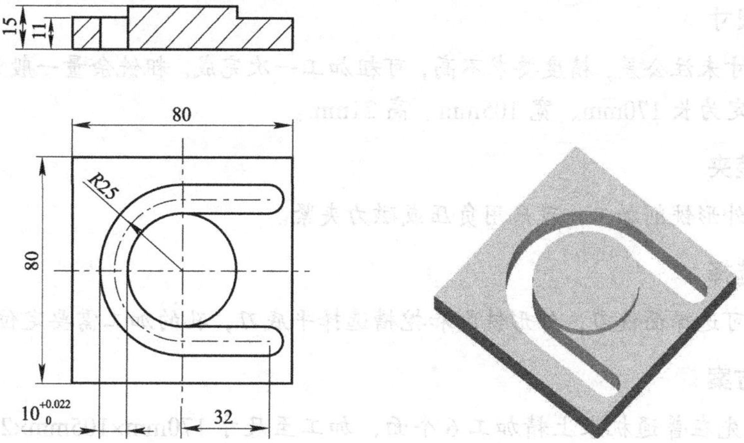

图 1-83　练习零件

1.2 实例 2——凹形模具的加工

1.2.1 零件介绍

凹形模具如图 1-84a 所示，除底面已加工外，其余表面均需要加工，即需要进行平面铣削、外形铣削、挖槽、钻孔等加工。完成后的零件如图 1-84b 所示。

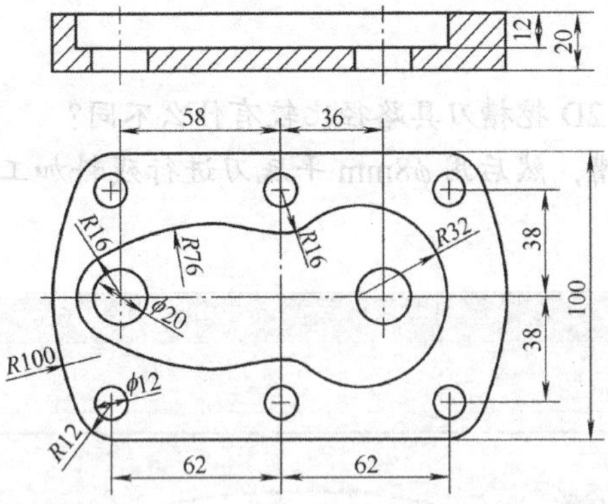

a）

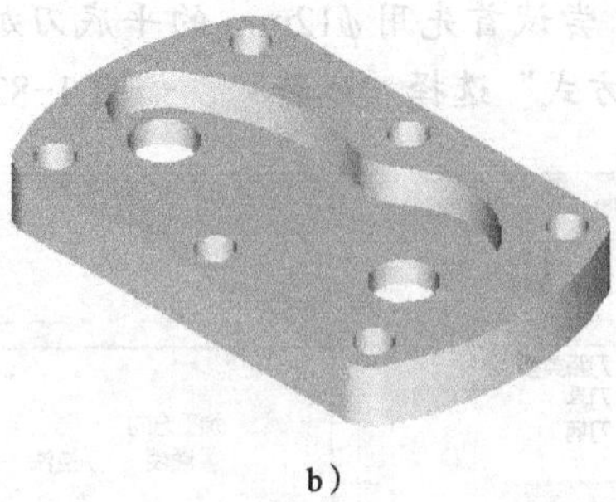
b）

图1-84 凹形模具零件图

1.2.2 工艺分析

1. 零件形状和尺寸分析

该零件近似长方体，左右两边为*R*100mm的圆弧，并且有四个半径为12mm的圆角，零件长约165mm（绘图后可直接测量）、宽为100mm、高为20mm。中央凹槽由多段圆弧组成且形状对称，最小内凹圆弧半径为16mm，另有两个直径20mm和六个直径12mm的通孔。

2. 毛坯尺寸

该零件尺寸未注公差，精度要求不高，可粗加工一次完成。粗铣余量一般为1～2.5mm，故毛坯尺寸确定为长170mm、宽105mm、高21mm。

3. 工件装夹

为了便于外形铣削加工，可采用负压或磁力夹紧。

4. 刀具选择

平面铣削可选择面铣刀，外形铣削和挖槽选择平底刀，孔的加工需要定位钻和钻头。

5. 加工方案

毛坯可以先在普通机床上精加工6个面，加工至尺寸170mm×105mm×21mm，然后在数控机床上进行加工。

根据数控加工工艺原则，先对上表面进行铣削加工，对于比较大的表面，可以选择面铣刀加工；外形采用平底刀进行铣削加工，可分层分次进行；中央凹槽也用平底刀进行挖槽加工，为减少换刀次数，可用与外形铣削相同的刀具。在数控铣床和加工中心上钻孔，一般是先钻定位孔，这样有利于保证孔的位置精度。

根据上述分析，凹形模具数控加工工艺方案如下：

1）平面铣削。

2）外形铣削。

3）挖槽。

4）钻定位孔。

5）钻孔。

1.2.3 绘制二维图形

1）启动 Mastercam。启动 Mastercam 2018，按 F9 键，显示轴线。

2）画直径 12mm 的圆。单击已知点画圆按钮，单击输入坐标点按钮，输入圆心坐标（−62，−38，0），回车，在“已知点画圆”对话框中输入直径 12。单击对话框的“确定”按钮，完成圆的绘制，结果如图 1-85 所示。

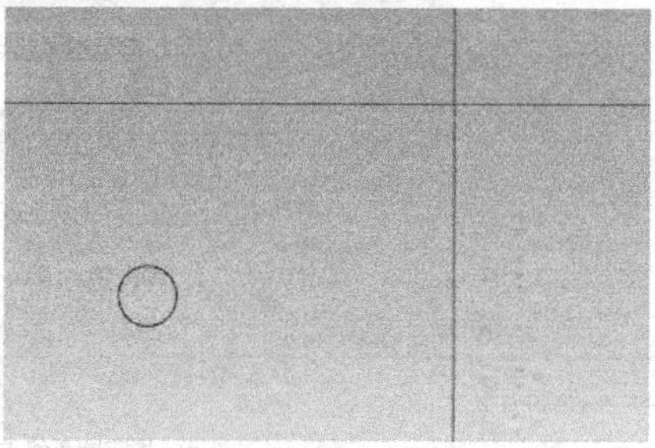

图 1-85　画直径 12mm 的圆

3）阵列。单击直角阵列按钮，系统弹出图 1-86 所示“直角数组”对话框，选择前面绘制的圆，回车。

4）阵列参数设置。按图 1-86 所示设置参数，单击对话框的“确定”按钮，完成圆的阵列，结果如图 1-87 所示。

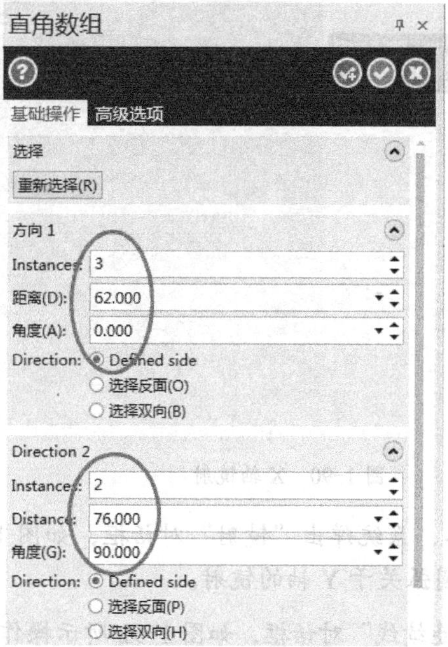

图 1-86　矩形阵列对话框

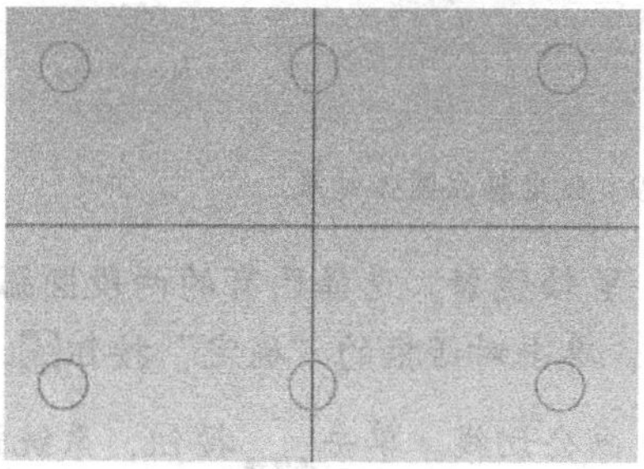

图 1-87　阵列结果

说明：
阵列后图形颜色改变，可右击“清除颜色”按钮恢复图形颜色。

5）极坐标画圆弧。单击极坐标画弧按钮，系统弹出“极坐标画弧”对话框，按图1-88所示步骤操作，单击对话框的“确定”按钮，完成圆弧的绘制，结果如图1-89所示。

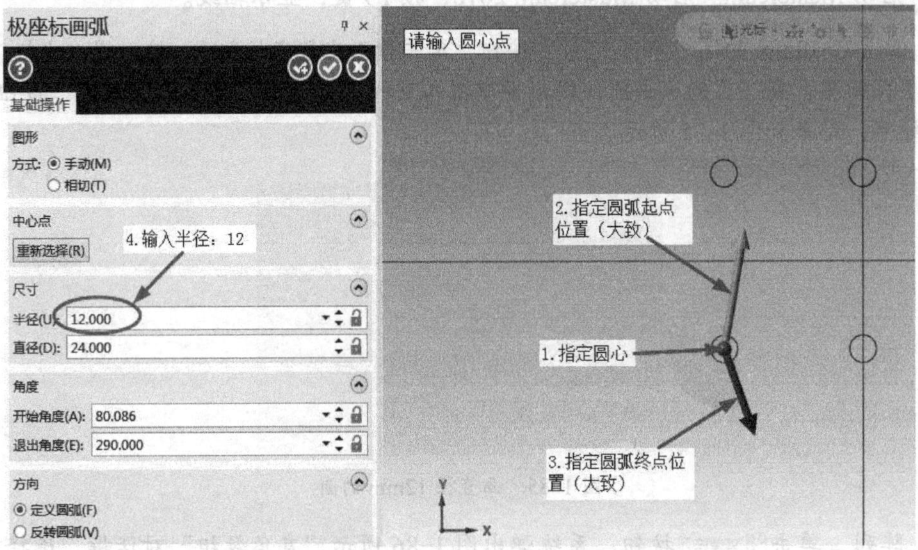

图1-88 极坐标画圆弧步骤

6）X轴镜射。单击镜射按钮，选择上述圆弧，回车，系统弹出“镜射”对话框，如图1-90所示设置，单击对话框的“确定”按钮，完成圆弧关于X轴的镜射。

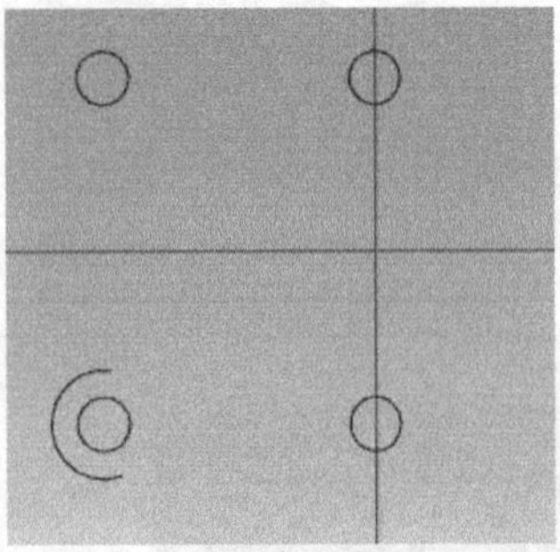

图1-89 极坐标画圆弧结果

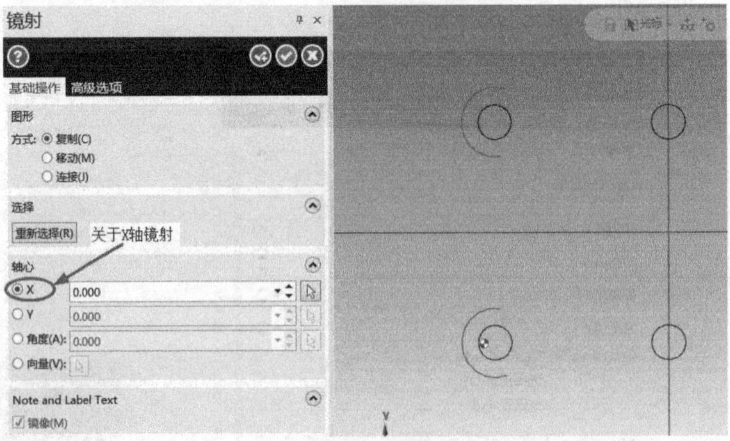

图1-90 X轴镜射

7）Y轴镜射。选择已有的两段圆弧，回车，系统弹出“镜射”对话框，如图1-91所示设置，单击对话框的“确定”按钮，完成圆弧关于Y轴的镜射。

8）画公切线。单击连续线按钮，系统弹出“连续线”对话框，如图1-92所示操作，单击对话框的“确定”按钮，完成公切线的绘制，用同样方法可以绘制另一条公切线。

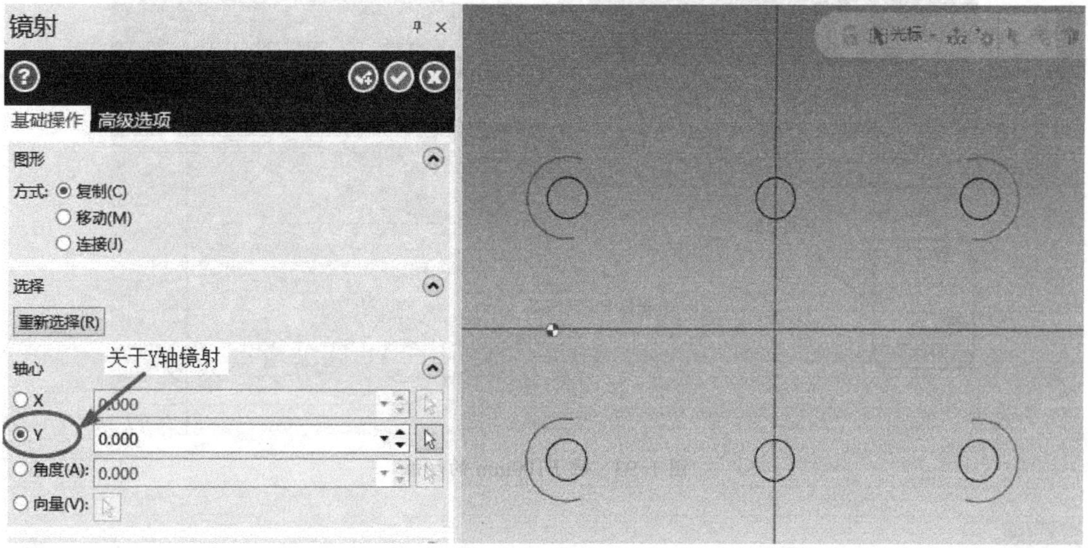

图 1-91　Y 轴镜射

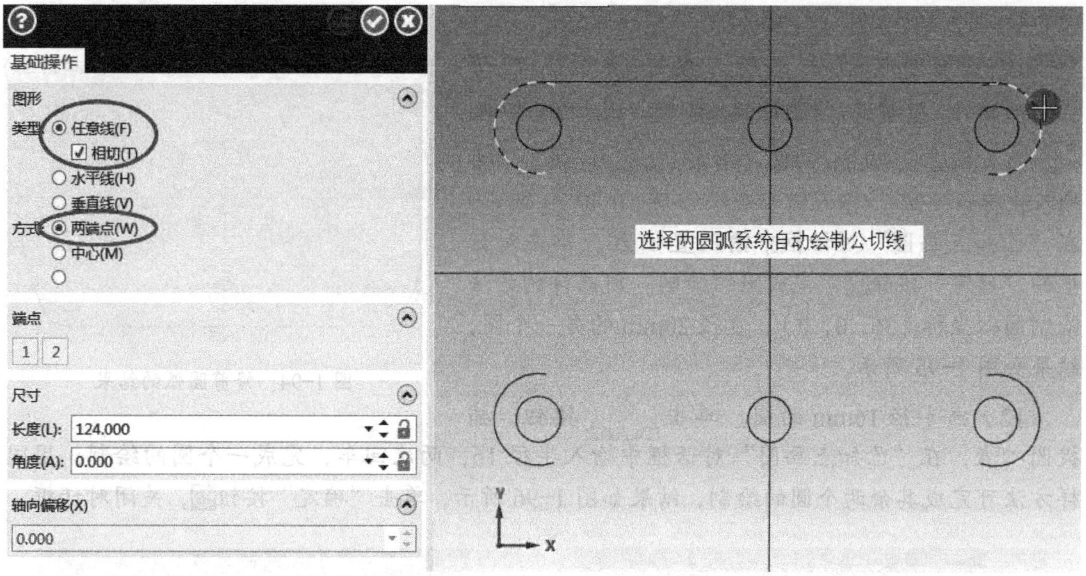

图 1-92　画公切线

说明：

画切线时只能选择圆弧，不能选择点，即不能捕捉点。

9）画 $R100\mathrm{mm}$ 的切弧。单击"倒圆角"按钮，系统弹出"倒圆角"对话框，如图 1-93 所示操作，单击对话框的"确定"按钮，完成切弧的绘制，用同样的方法可以绘制另一条切弧。

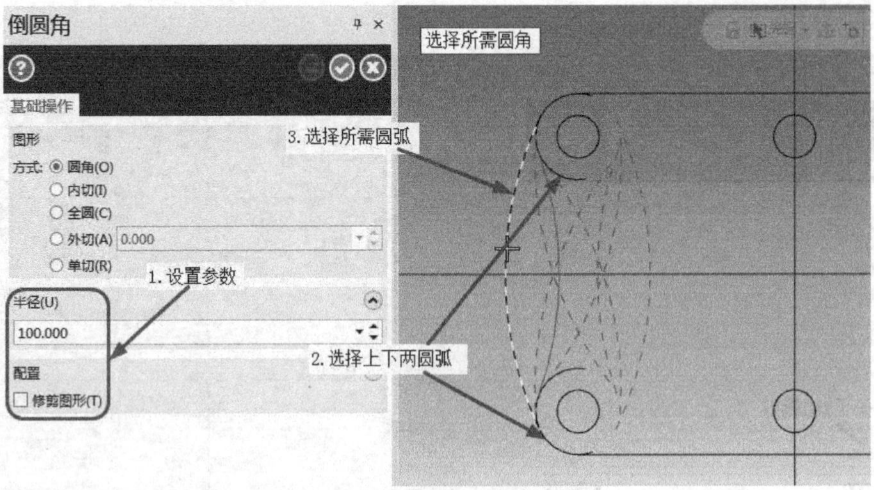

图 1-93 画 R100mm 的切弧

说明：

画与两个对象相切的圆弧时，最简单的办法就是倒圆角，但要先设置好圆角半径，以免无解。

10）修剪图形。单击修剪打断延伸按钮，系统弹出“修剪打断延伸”对话框，修剪圆弧，结果如图 1-94 所示。

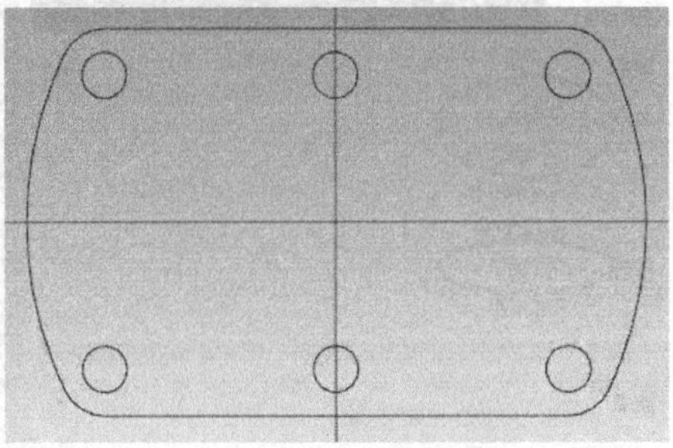

图 1-94 修剪圆弧的结果

11）画直径 20mm 的圆。单击已知点画圆按钮，单击输入坐标点按钮，输入圆心坐标（-58，0，0），回车，在“已知点画圆”对话框中输入直径 20，单击对话框的“确定”按钮，完成圆的绘制。用同样的方法绘制圆心坐标（36，0，0）、直径 20mm 的另一个圆，结果如图 1-95 所示。

12）画半径 16mm 的圆。单击已知点画圆按钮，捕捉圆心点，在“已知点画圆”对话框中输入半径 16，两次回车，完成一个圆的绘制；用同样方法可完成其余两个圆的绘制，结果如图 1-96 所示，单击“确定”按钮，关闭对话框。

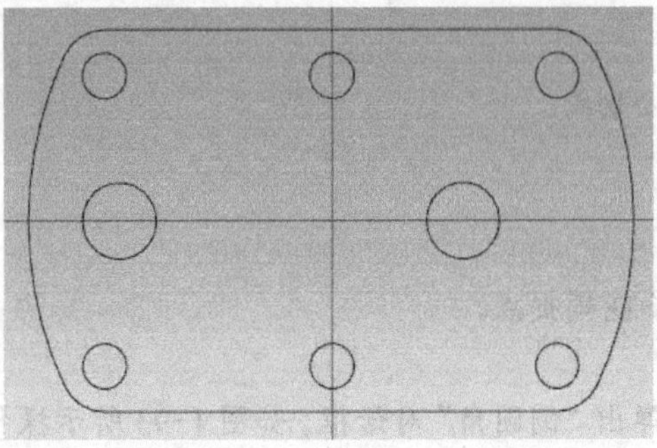

图 1-95 画 ϕ20mm 的圆

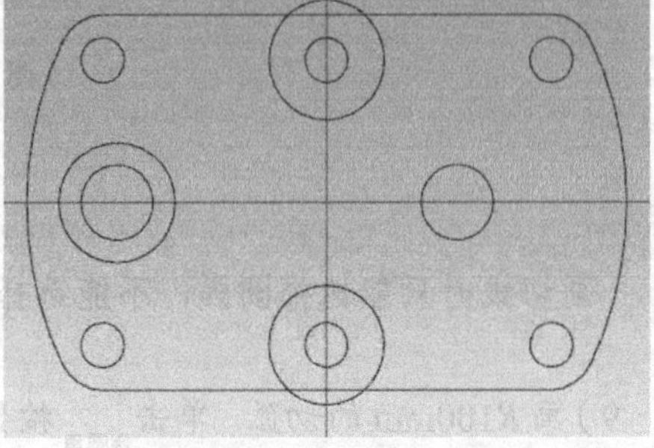

图 1-96 画 R16mm 的圆

13）画半径 76mm 的切弧。单击倒圆角按钮，系统弹出“倒圆角”对话框，如图 1-97 所示操作，单击对话框的“确定”按钮，完成切弧的绘制，用同样方法（或镜射）可以绘制另一条切弧。

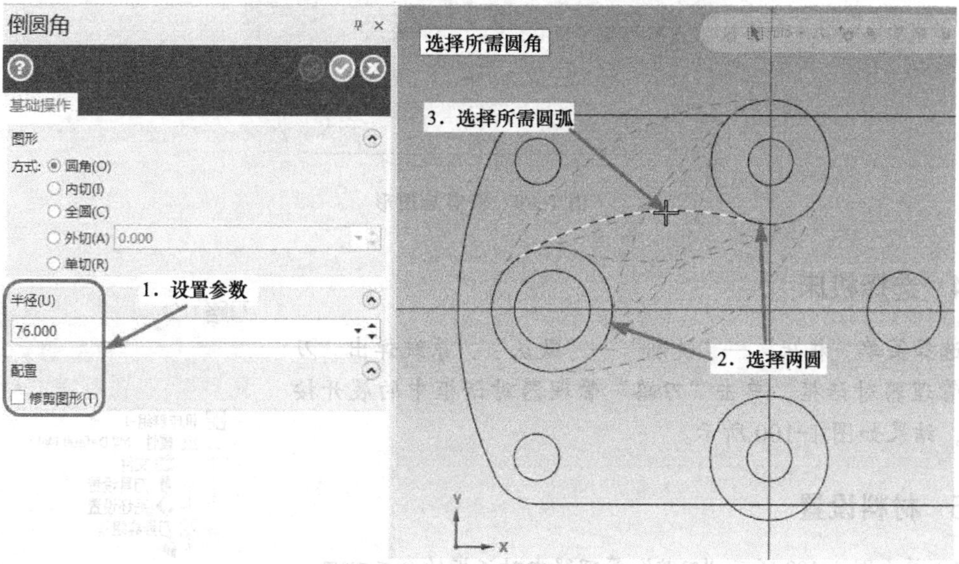

图 1-97　画 *R*76mm 切弧步骤

14）画半径 32mm 的切弧。单击倒圆角按钮，系统弹出“倒圆角”对话框，如图 1-98 所示操作，单击对话框的“确定”按钮，完成 *R*32mm 切弧的绘制。

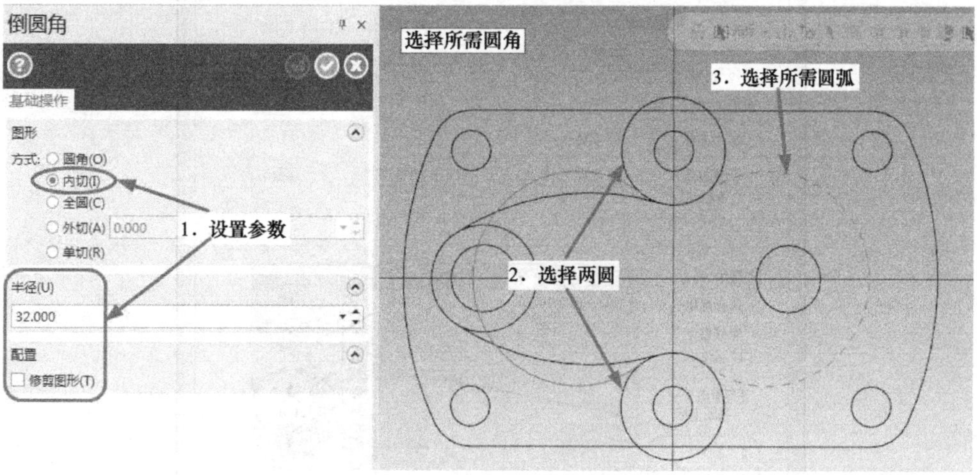

图 1-98　画 *R*32mm 切弧步骤

说明：

注意图形方式为内切。

15）修剪图形。单击修剪打断延伸按钮，系统弹出“修剪打断延伸”对话框，修剪图素，结果如图 1-99 所示。

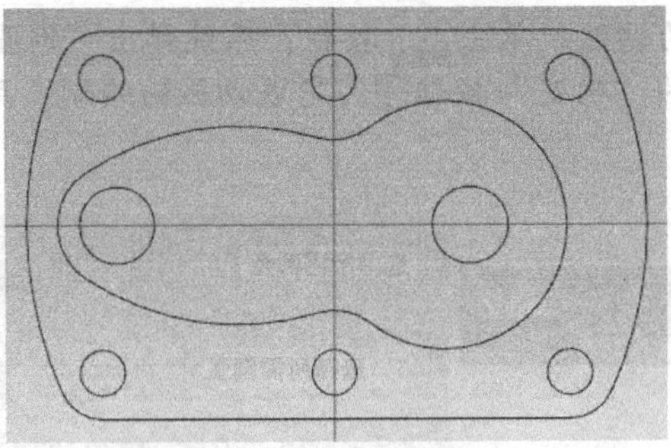

图 1-99 修剪后图形

1.2.4 选择机床

选择菜单“机床”—“铣削”—“默认”，系统弹出“刀路”管理器对话框，单击“刀路”管理器对话框中的展开按钮，结果如图 1-100 所示。

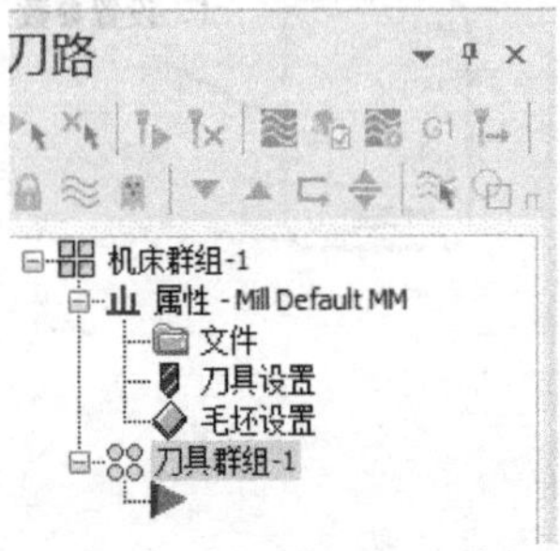

图 1-100 “刀路”管理器对话框

1.2.5 材料设置

1）单击图 1-100 所示“刀路”管理器中对话框的 毛坯设置，系统弹出“机床群组属性”对话框，按图 1-101 所示设置参数。

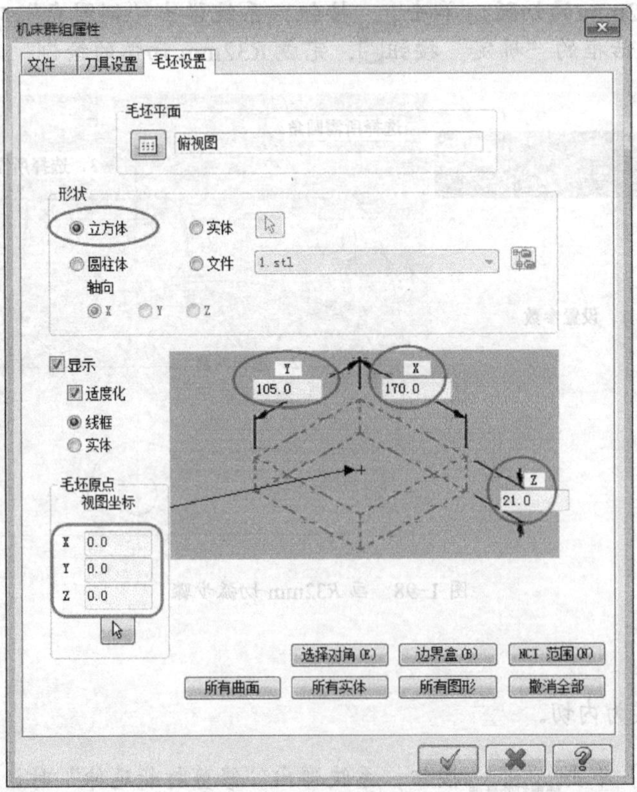

图 1-101 毛坯设置

2）单击![]按钮，在绘图区右击，选择 等角视图(WCS)(I)，结果如图 1-102 所示。

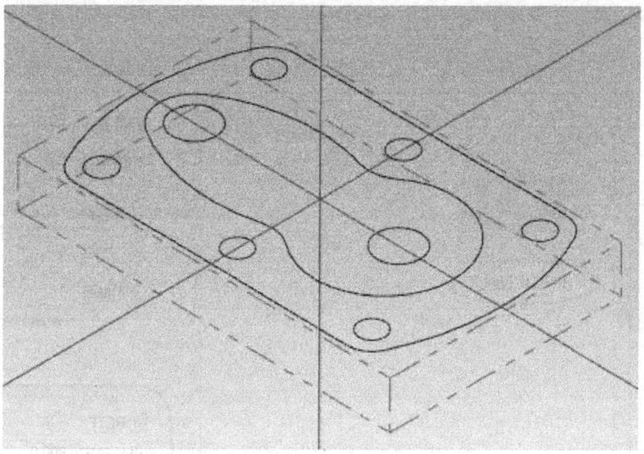

图 1-102 毛坯设置结果

1.2.6 平面铣削

1）启动平面铣削。单击 面铣 按钮，系统弹出“串连选项”对话框，直接单击按钮，默认铣削范围为毛坯表面，系统弹出“2D 刀路 - 平面铣削”对话框，如图 1-103 所示。

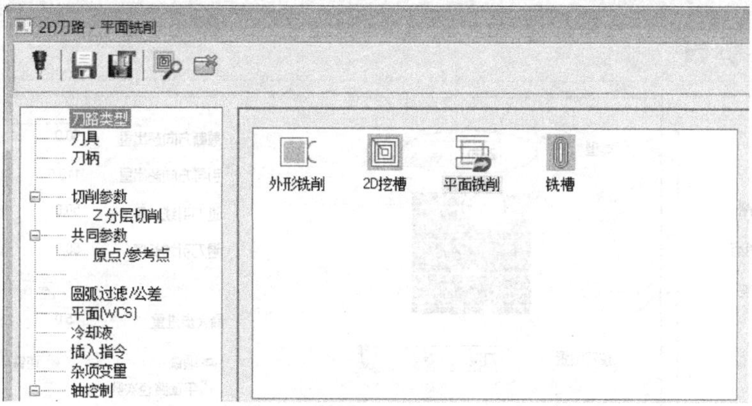

图 1-103 “2D 刀路 - 平面铣削”对话框

2）选择刀具。单击图 1-103 参数类别列表中的“刀具”选项，单击 从刀库选择 ，在弹出的对话框中选择刀具 11-50.0 面铣刀，单击按钮，系统返回“2D 刀路 - 平面铣削”对话框，如图 1-104 所示设置刀具参数。

3）设置切削参数。在左侧的参数类别列表中选择“切削参数”选项，如图 1-105 所示设置参数。

4）设置深度切削参数。在左侧的参数类别列表中选择“Z 分层切削”选项，弹出深度切削参数设置对话框，如图 1-106 所示设置参数。

5）设置共同参数。在左侧的参数类别列表中选择“共同参数”选项，弹出高度参数设置对话框，如图 1-107 所示设置参数。

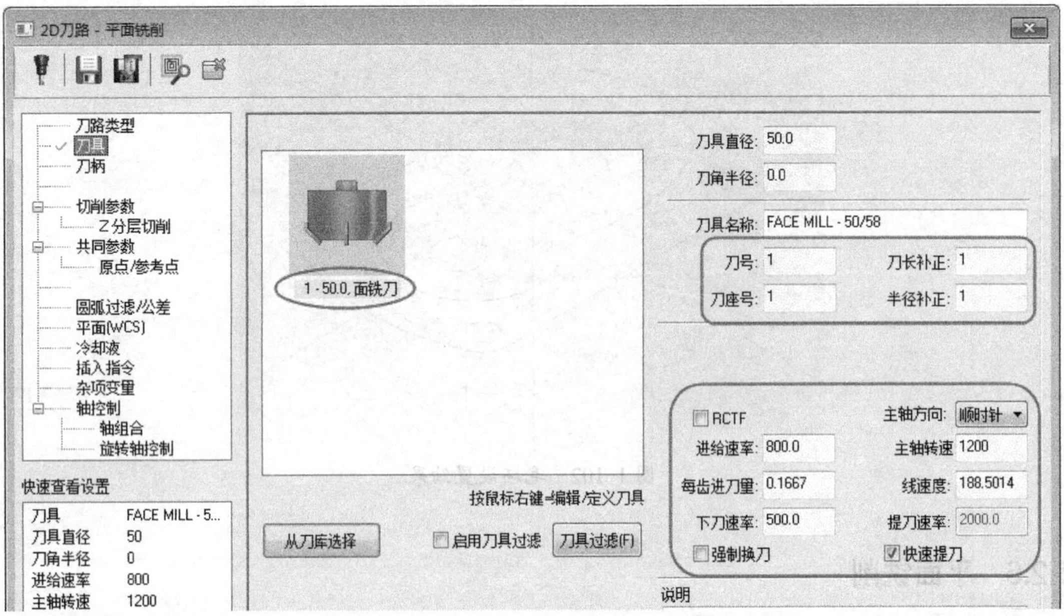

图 1-104 设置刀具参数

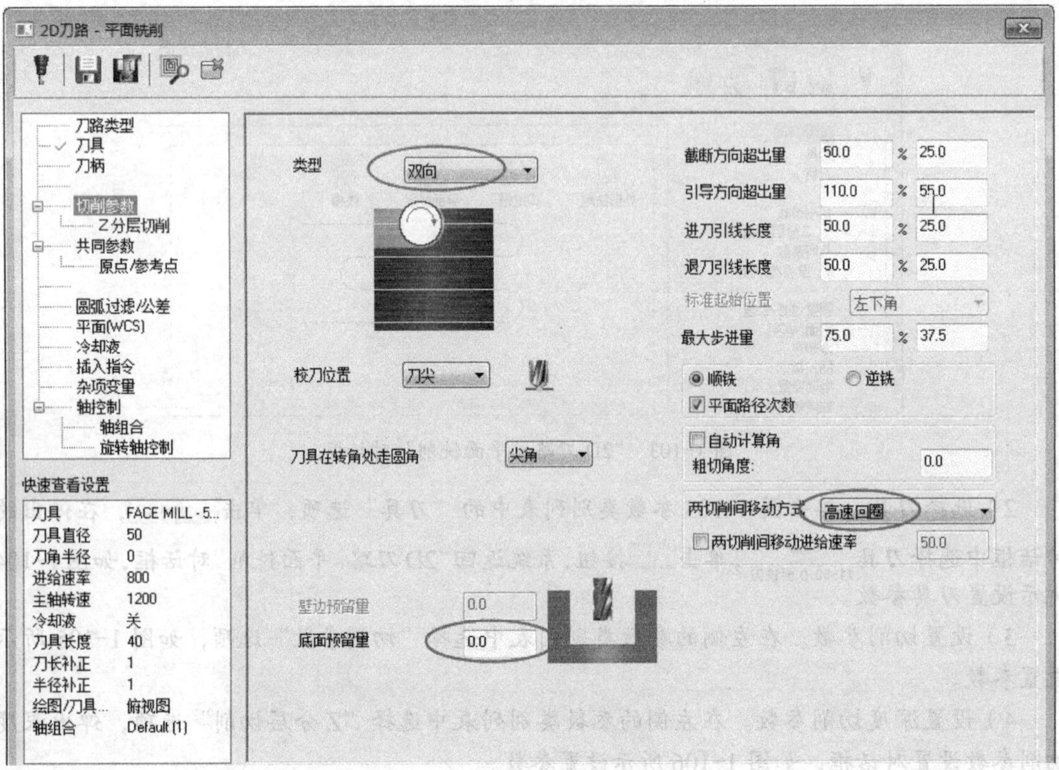

图 1-105 设置切削参数

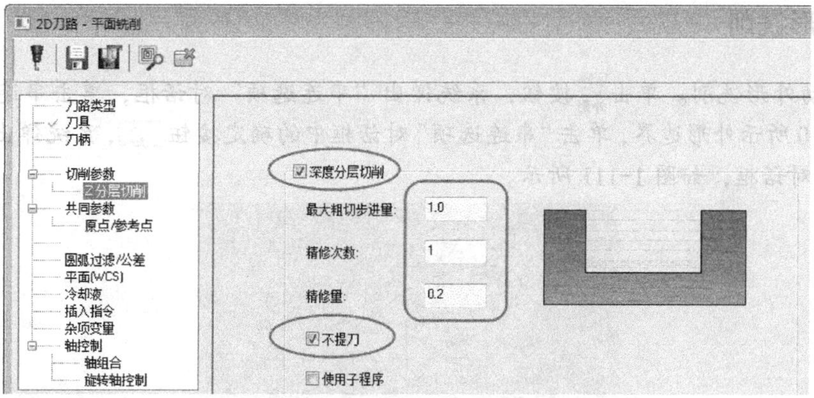

图 1-106　设置深度切削参数

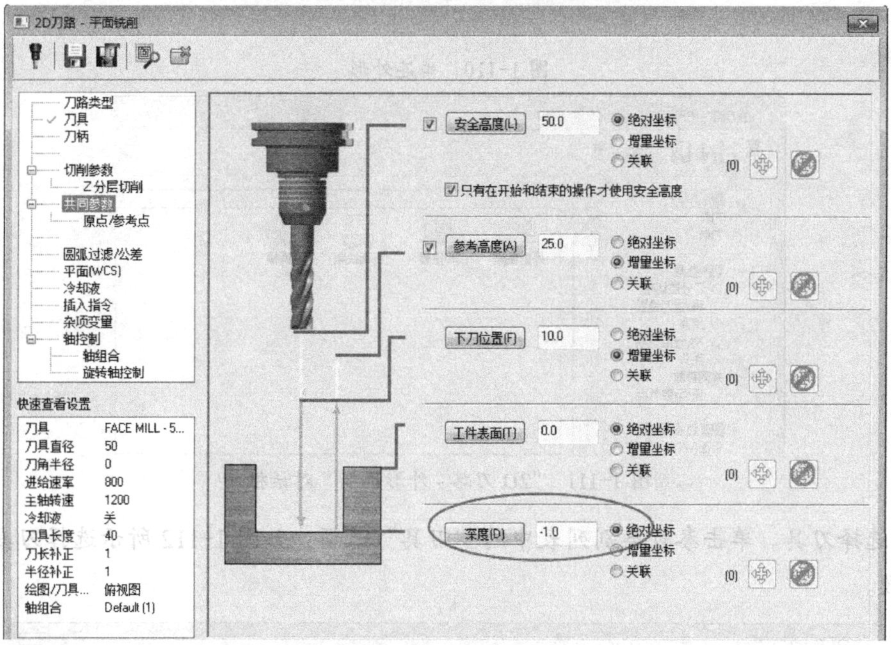

图 1-107　设置高度参数

6）单击 ✓ 按钮，完成平面铣工序创建，生成刀具路径，如图 1-108 所示。

7）实体验证。单击“刀路”管理器对话框中的验证已选择的操作按钮，系统弹出“验证”对话框，单击播放▶按钮，模拟结果如图 1-109 所示。单击×按钮，关闭模拟对话框。

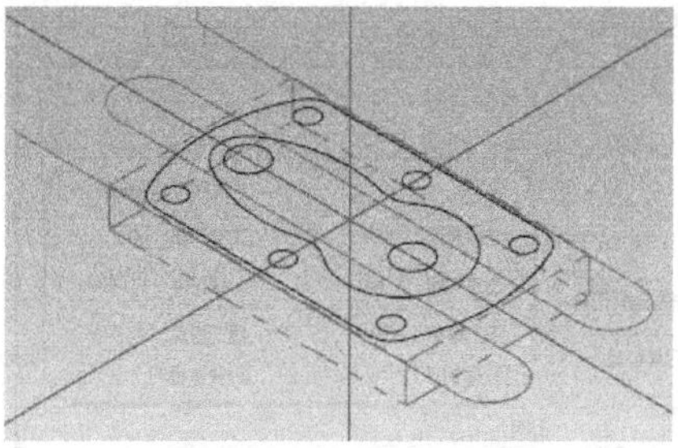

图 1-108　生成刀具路径

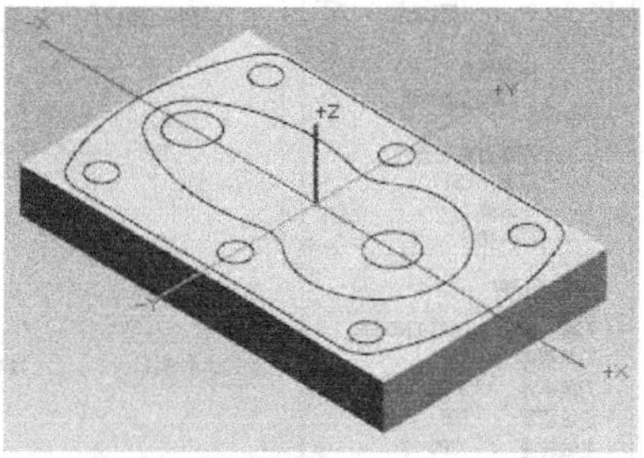

图 1-109　实体加工验证结果

1.2.7 外形铣削

1）启动外形铣削。单击外形按钮，系统弹出“串连选项”对话框，单击串连按钮，选择图1-110所示外形边界，单击“串连选项”对话框中的确定按钮，系统弹出“2D刀路-外形铣削”对话框，如图1-111所示。

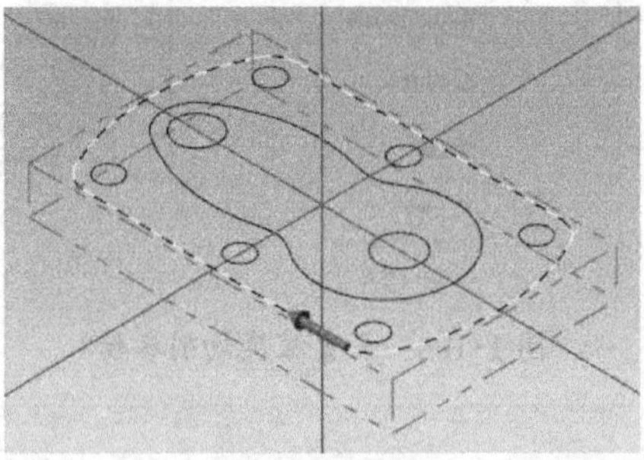

图1-110　串连外形

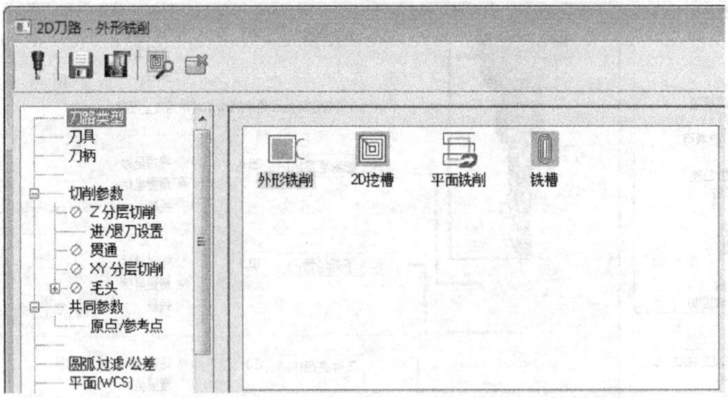

图1-111　“2D刀路-外形铣削”对话框

2）选择刀具。单击参数类别列表中的“刀具”选项，如图1-112所示选择刀具和设置切削参数。

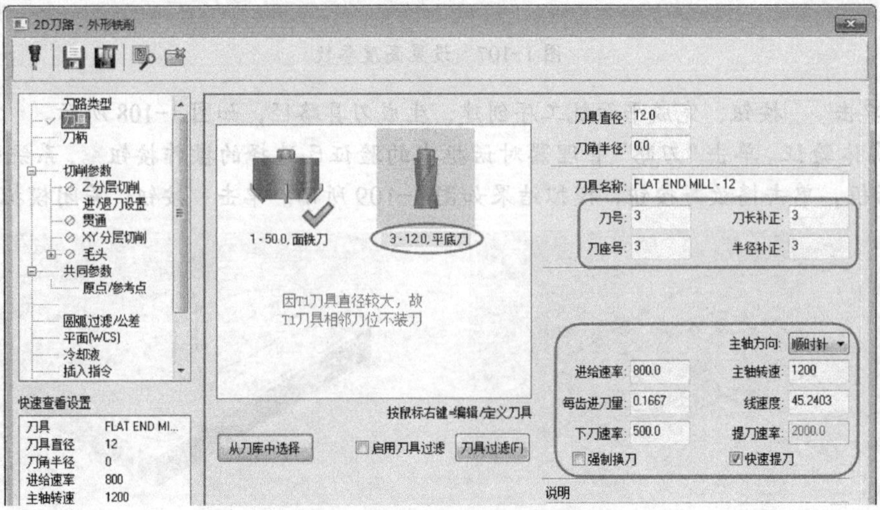

图1-112　选择刀具和设置切削参数

3）设置切削参数。单击参数类别列表中的“切削参数”选项，如图 1-113 所示设置。

4）设置深度分层切削参数。在左侧的参数类别列表中选择“Z 分层切削”选项，如图 1-114 所示设置参数。

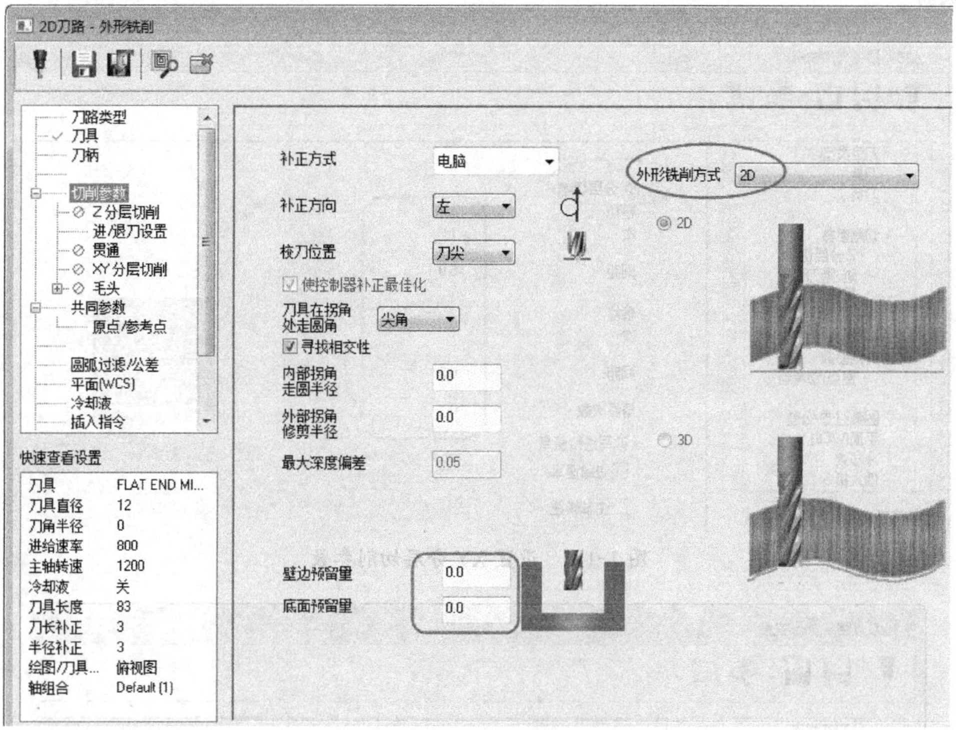

图 1-113　设置切削参数

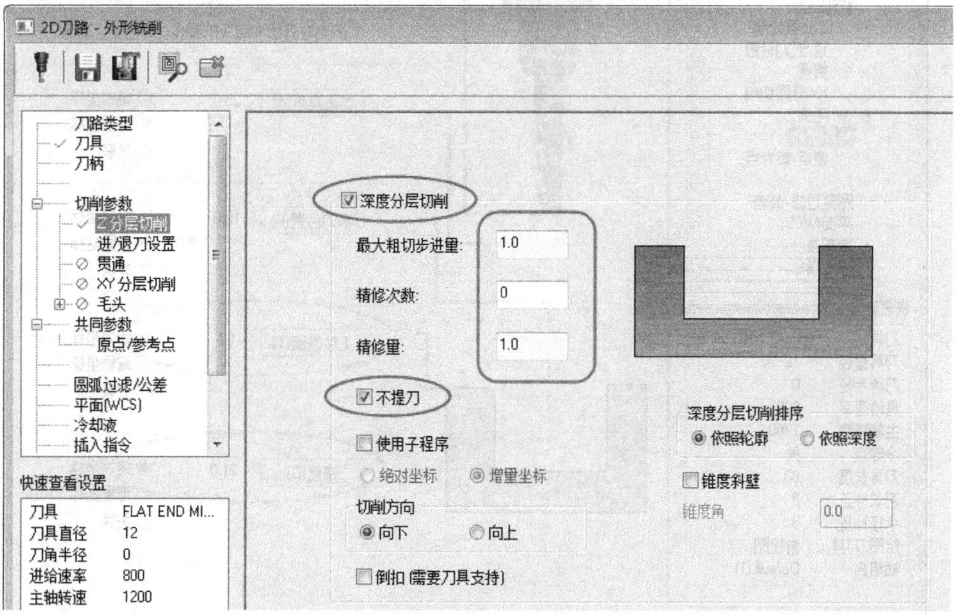

图 1-114　设置深度分层切削参数

5）设置XY分层切削参数。在左侧的参数类别列表中选择“XY分层切削”选项，如图1-115所示设置参数。

6）设置共同参数。在左侧的参数类别列表中选择“共同参数”选项，如图1-116所示设置参数。

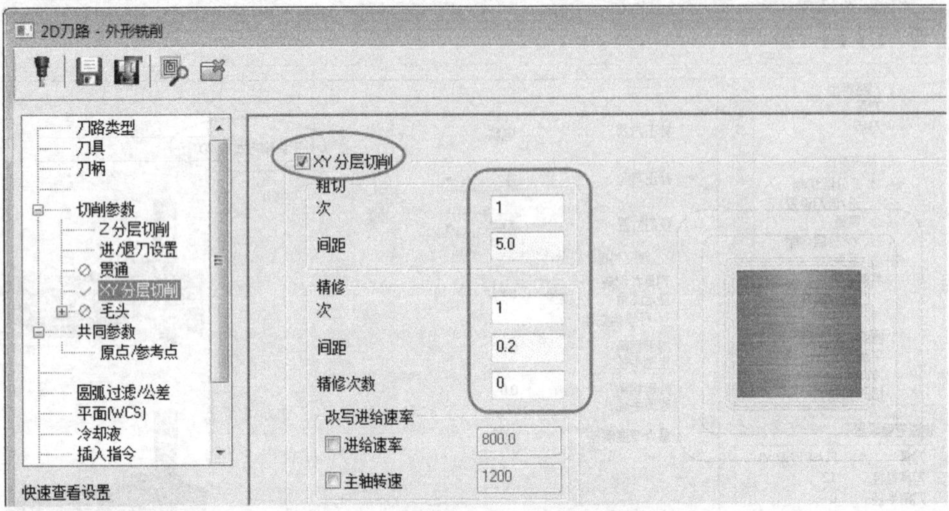

图1-115 设置XY分层切削参数

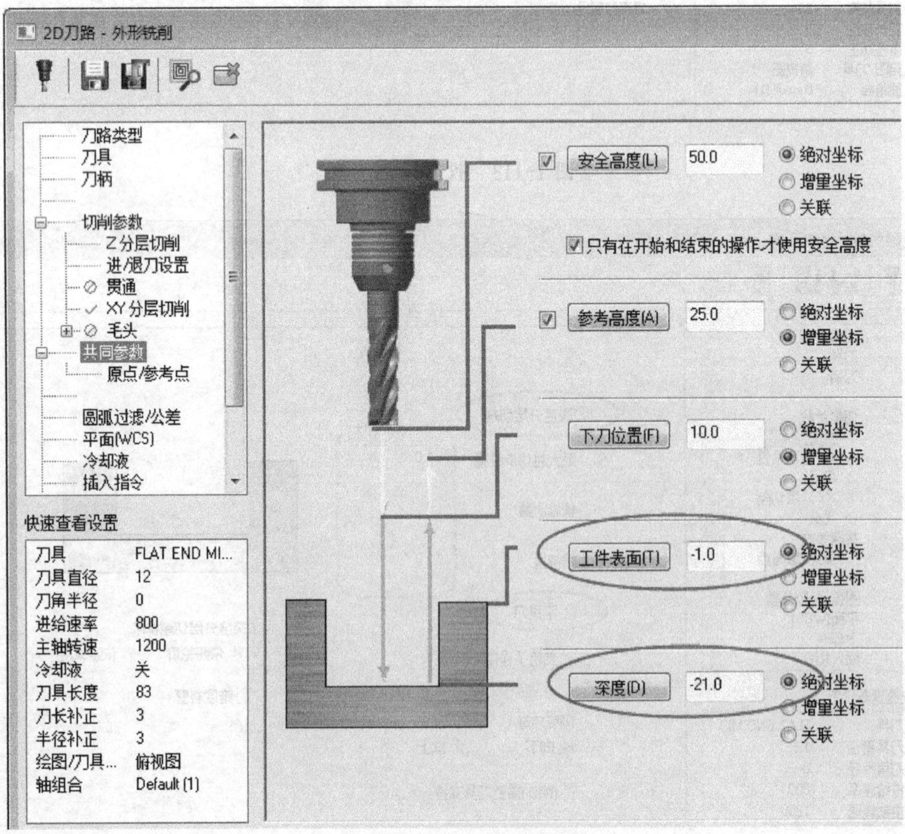

图1-116 设置共同参数

7）单击![ok]按钮，完成外形铣削工序创建，生成刀具路径，如图 1-117 所示。

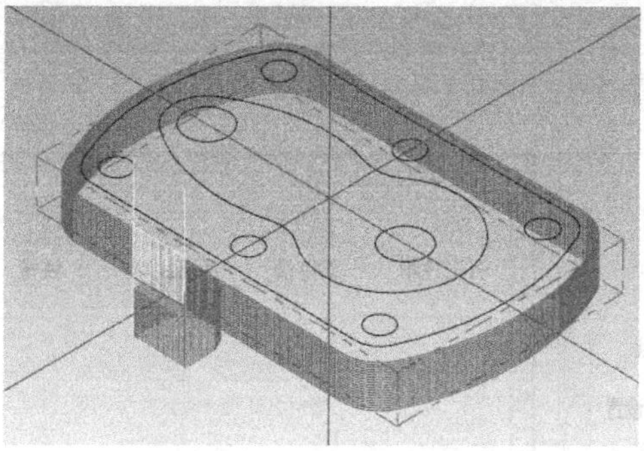

图 1-117　生成刀具路径

8）实体验证。单击“刀路”管理器对话框中的验证已选择的操作按钮，系统弹出“验证”对话框，单击播放▶按钮，模拟结果如图 1-118 所示。单击×按钮，关闭模拟对话框。

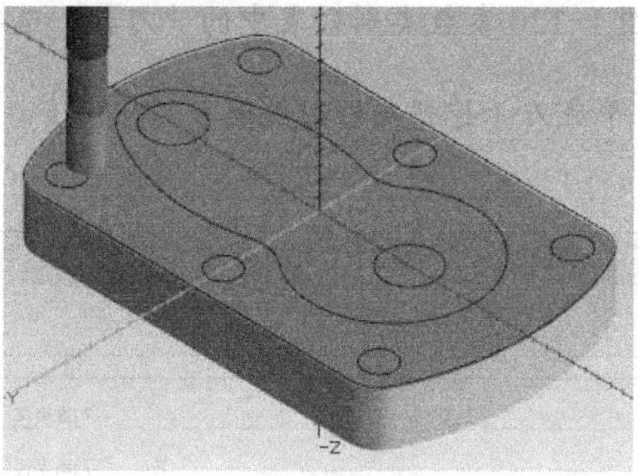

图 1-118　实体加工验证结果

1.2.8　挖槽

1）启动 2D 挖槽。单击挖槽按钮，系统弹出“串连选项”对话框，选择图 1-119 所示边界，单击按钮，系统弹出“2D 刀路 -2D 挖槽”对话框，如图 1-120 所示。

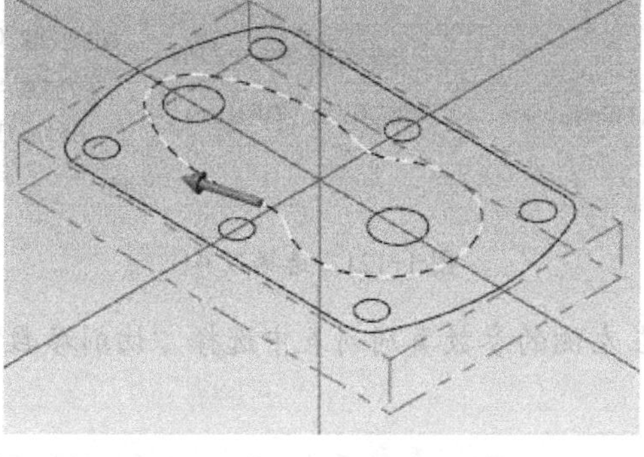

图 1-119　选择凹槽边界

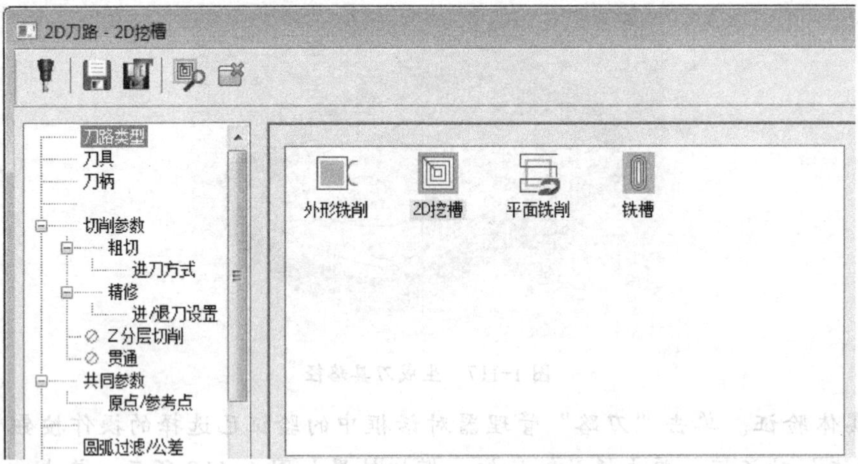

图 1-120 “2D 刀路 -2D 挖槽”对话框

2）选择刀具。单击图 1-120 参数类别列表中的“刀具”选项，如图 1-121 所示，单击 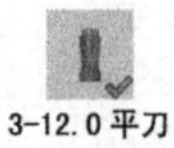，选择 ϕ12mm 平底刀（挖槽与外形铣削刀具相同）。

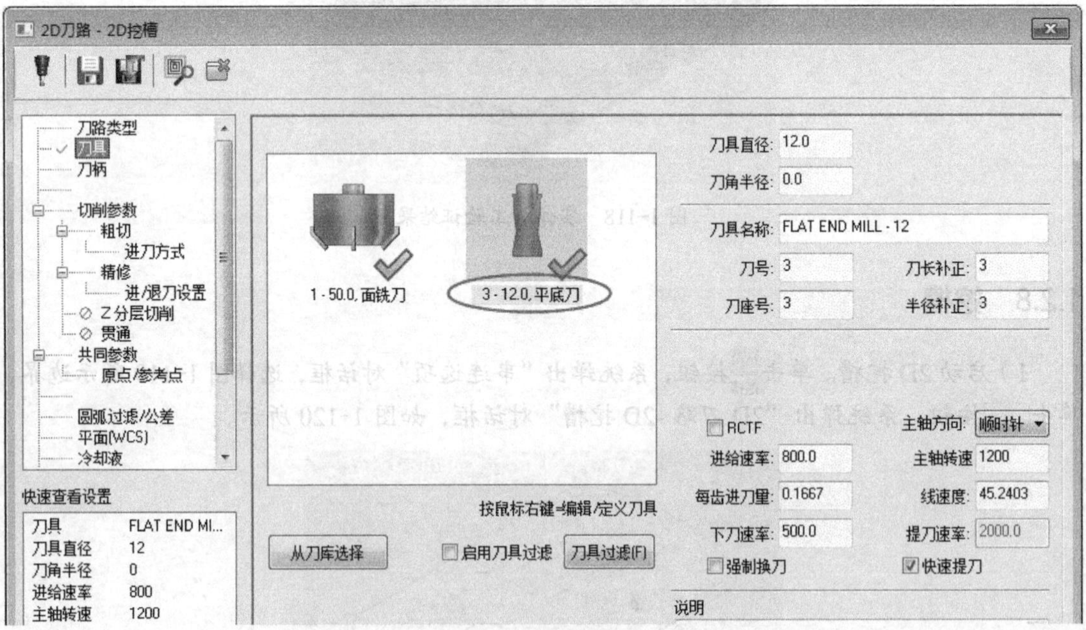

图 1-121 选择刀具

3）设置切削参数。在左侧的参数类别列表中选择“切削参数”选项，如图 1-122 所示设置切削参数。

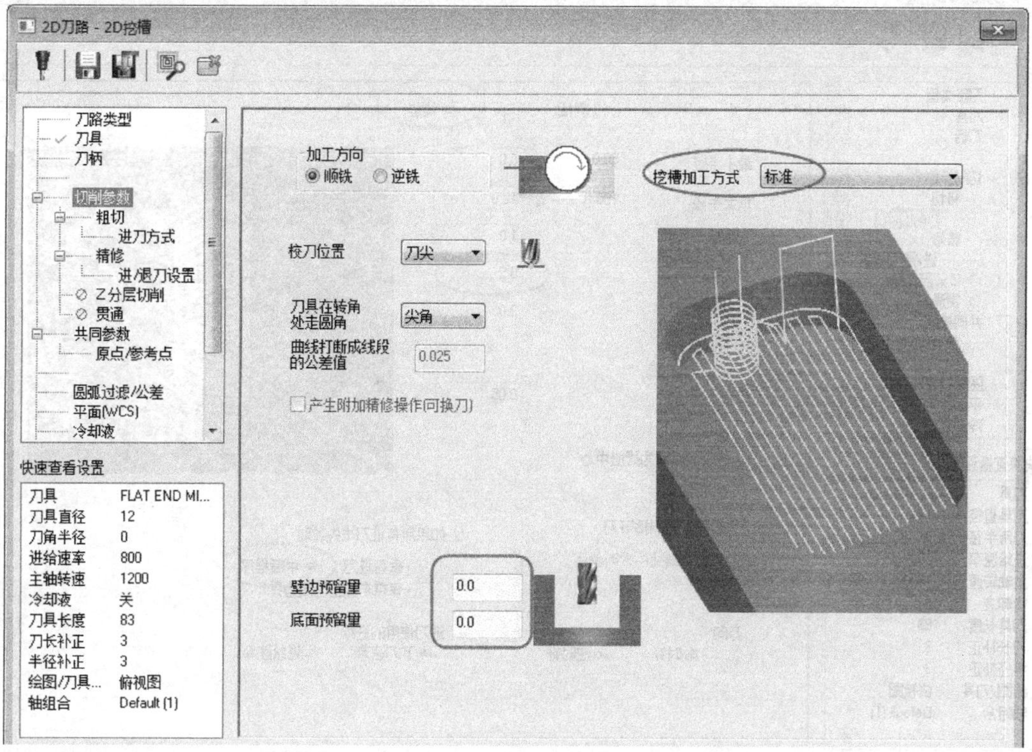

图 1-122　设置切削参数

4）设置粗切参数。在左侧的参数类别列表中选择“粗切”选项，如图 1-123 所示设置粗切参数。

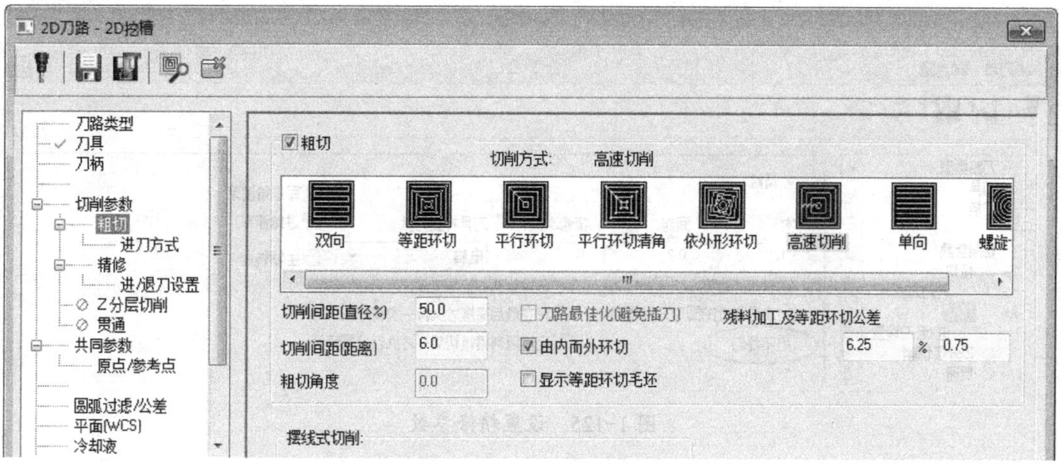

图 1-123　设置粗切参数

5）粗切进刀方式。在左侧的参数类别列表中选择“进刀方式”选项，如图 1-124 所示设置粗切进刀参数。

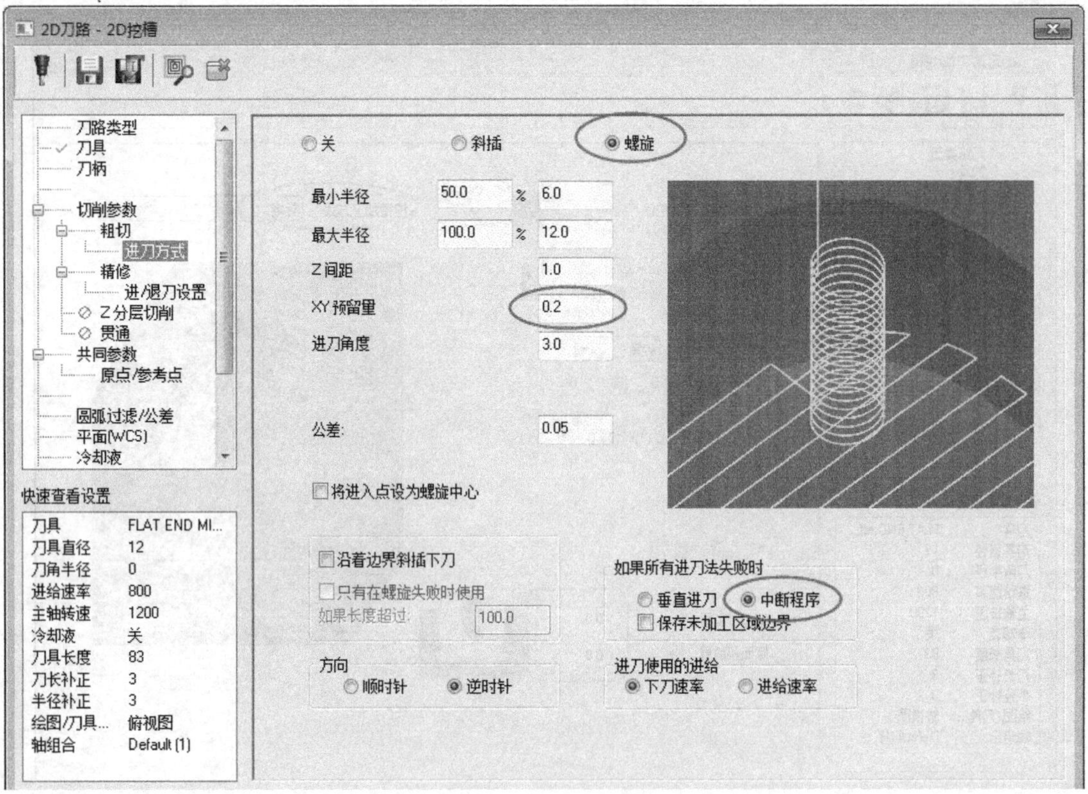

图 1-124 粗切进刀方式

6）设置精修参数。在左侧的参数类别列表中选择“精修”选项，如图 1-125 所示设置精修参数。

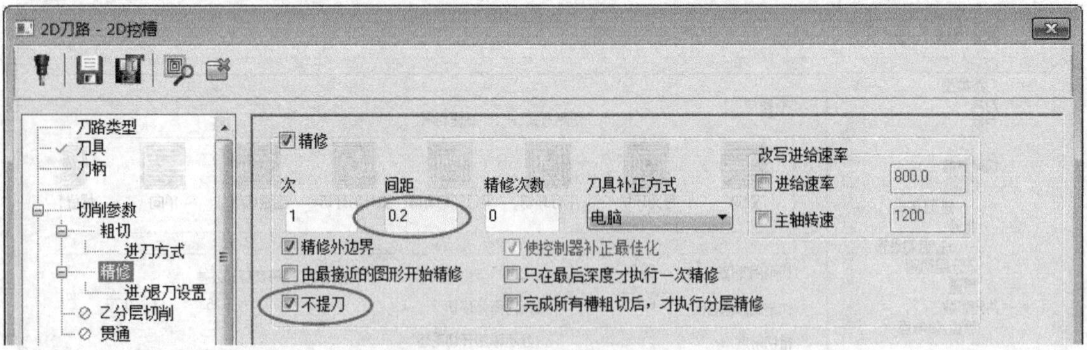

图 1-125 设置精修参数

7）设置深度切削参数。在左侧的参数类别列表中选择“Z 分层切削”选项，如图 1-126 所示设置参数。

8）设置共同参数。在左侧的参数类别列表中选择“共同参数”选项，如图 1-127 所示设置参数。

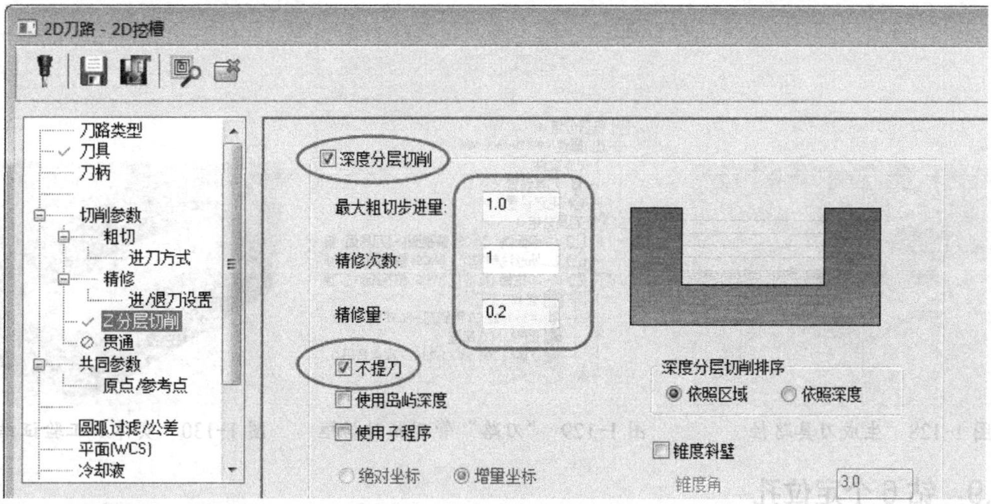

图 1-126　设置深度切削参数

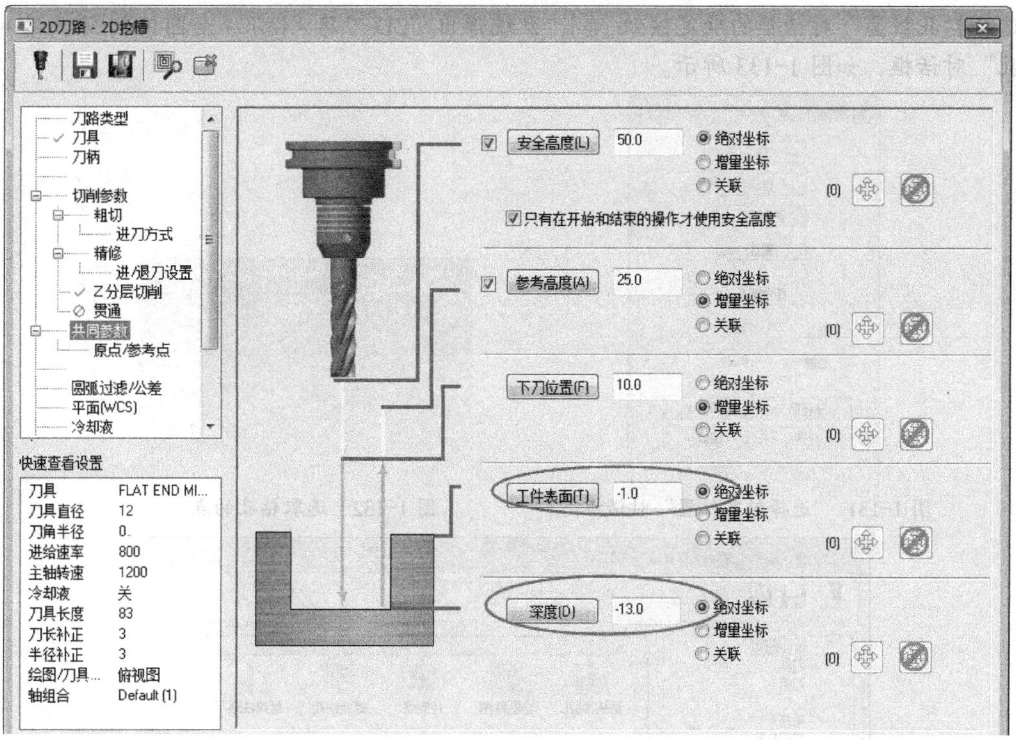

图 1-127　设置共同参数

9）单击 按钮，完成 2D 挖槽工序的创建，生成刀具路径，如图 1-128 所示，在“刀路”管理器对话框中可以看到工序 3-2D 挖槽（标准），如图 1-129 所示。

10）实体验证。单击“刀路”管理器对话框中的验证已选择的操作按钮，系统弹出“验证”对话框，单击播放 按钮，模拟结果如图 1-130 所示。单击 × 按钮，关闭模拟对话框。

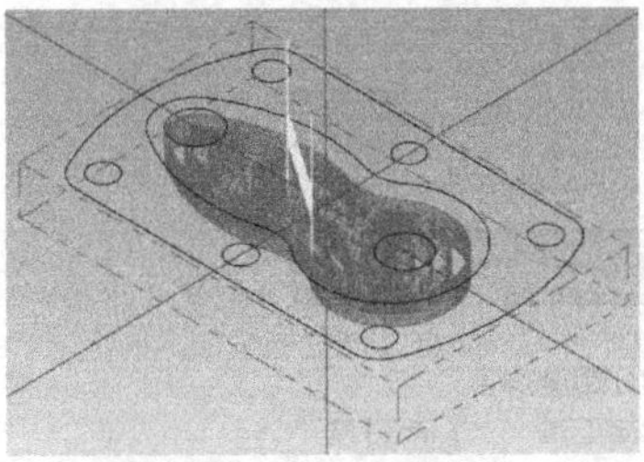

图 1-128　生成刀具路径

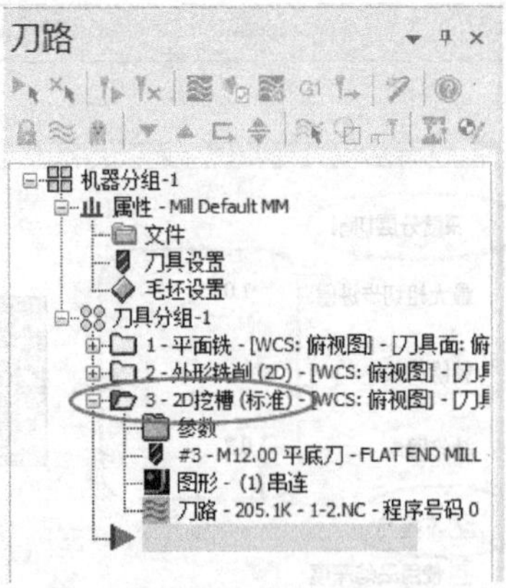

图 1-129　“刀路”管理器对话框

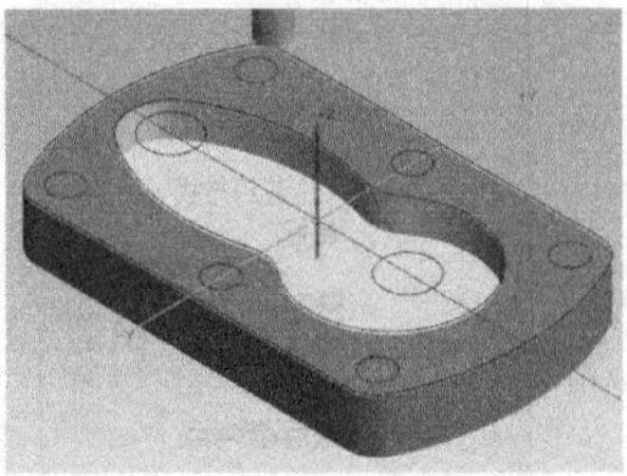

图 1-130　实体加工验证结果

1.2.9　钻 6 个定位孔

1）启动钻孔加工。单击钻孔按钮，系统弹出“选择钻孔位置”对话框，如图 1-131 所示。

2）选取钻孔的点。选择图 1-132 所示 6 个直径 12mm 孔的圆心，按 ESC 键结束，单击“选择钻孔位置”对话框的确定按钮，系统弹出“2D 刀路 - 钻孔 / 全圆铣削 深孔钻 - 无啄孔”对话框，如图 1-133 所示。

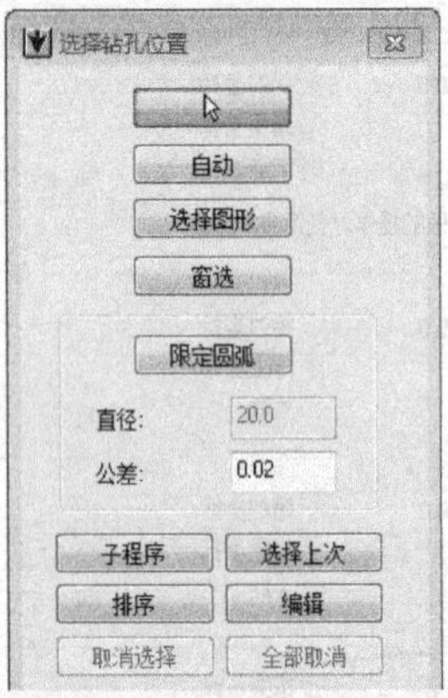

图 1-131　“选择钻孔位置”对话框

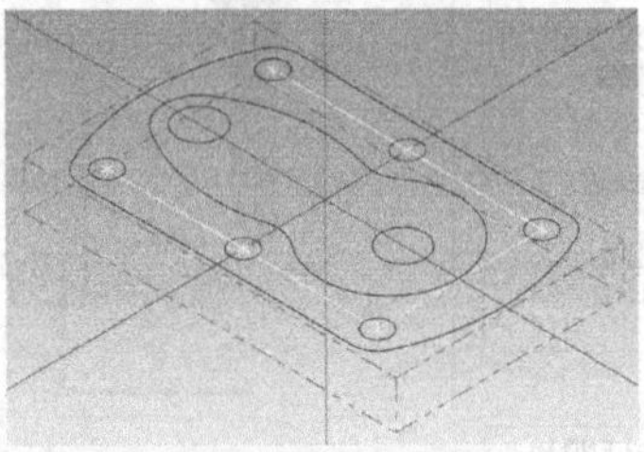

图 1-132　选取钻孔的点

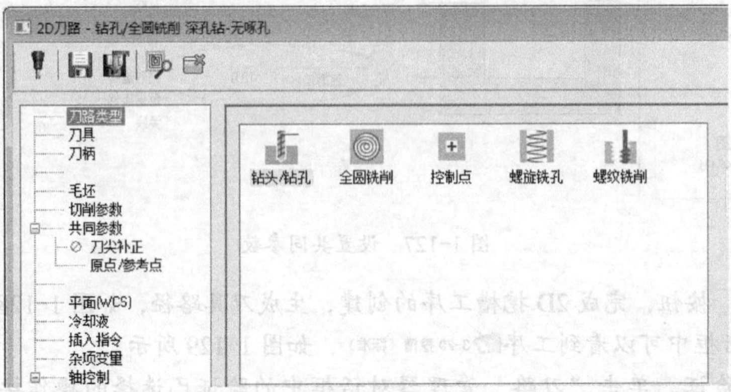

图 1-133　“2D 刀路 - 钻孔 / 全圆铣削 深孔钻 - 无啄孔”对话框

3）选择刀具。单击图 1-133 参数类别列表中的“刀具”选项，单击从刀库选择，单击刀具过滤(F)，系统弹出“刀具过滤列表设置”对话框，如图 1-134 所示，单击全关(N)，选择定心钻，设置刀具直径为 10.0，单击按钮。

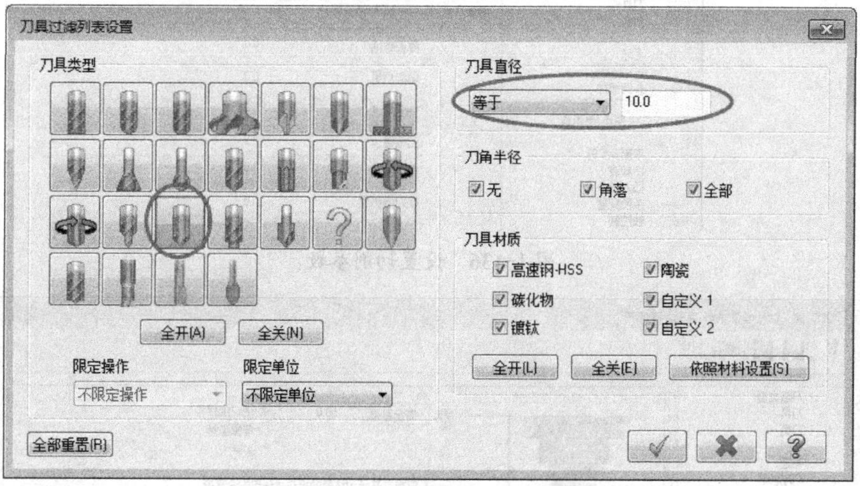

图 1-134 “刀具过滤列表设置”对话框

4）系统弹出“选择刀具”对话框，选择对话框中 12-10.0 定位钻，单击按钮，系统返回“2D 刀路 - 钻孔 / 全圆铣削 深孔钻 - 无啄孔”对话框，如图 1-135 所示设置刀具参数。

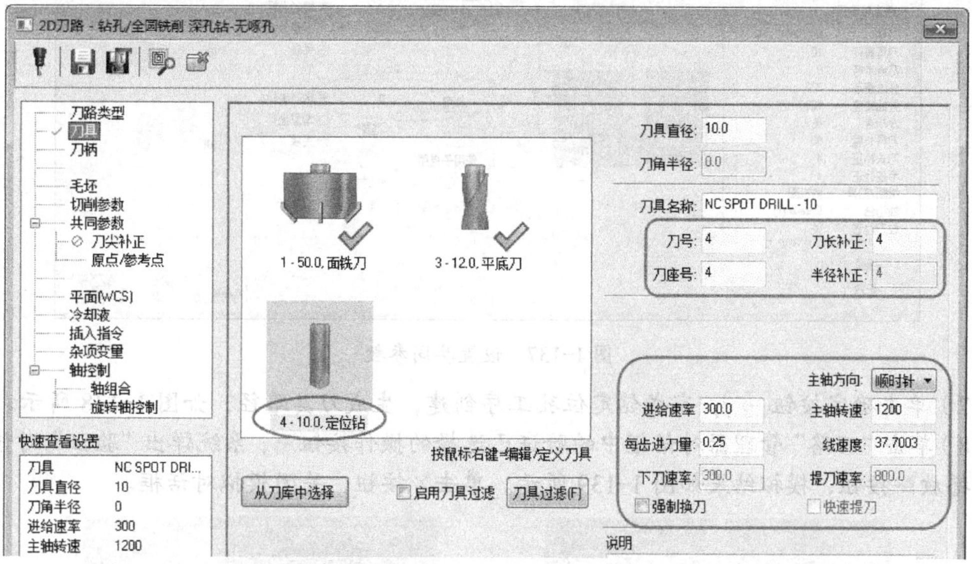

图 1-135 设置刀具参数

5）设置切削参数。在左侧的参数类别列表中选择“切削参数”选项，如图 1-136 所示设置。

6）设置共同参数。在左侧的参数类别列表中选择“共同参数”选项，如图 1-137 所示设置参数。

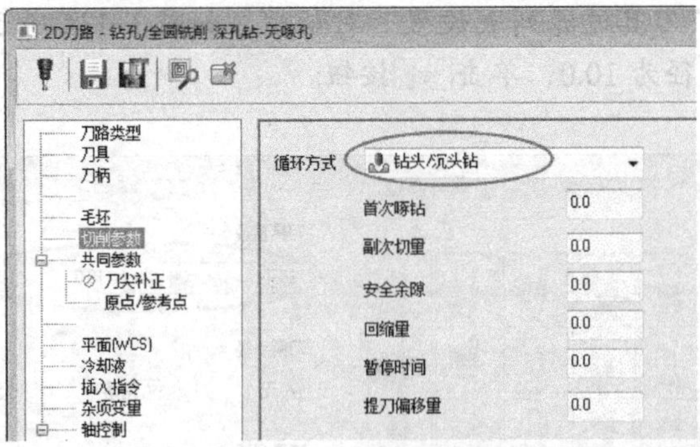

图 1-136 设置切削参数

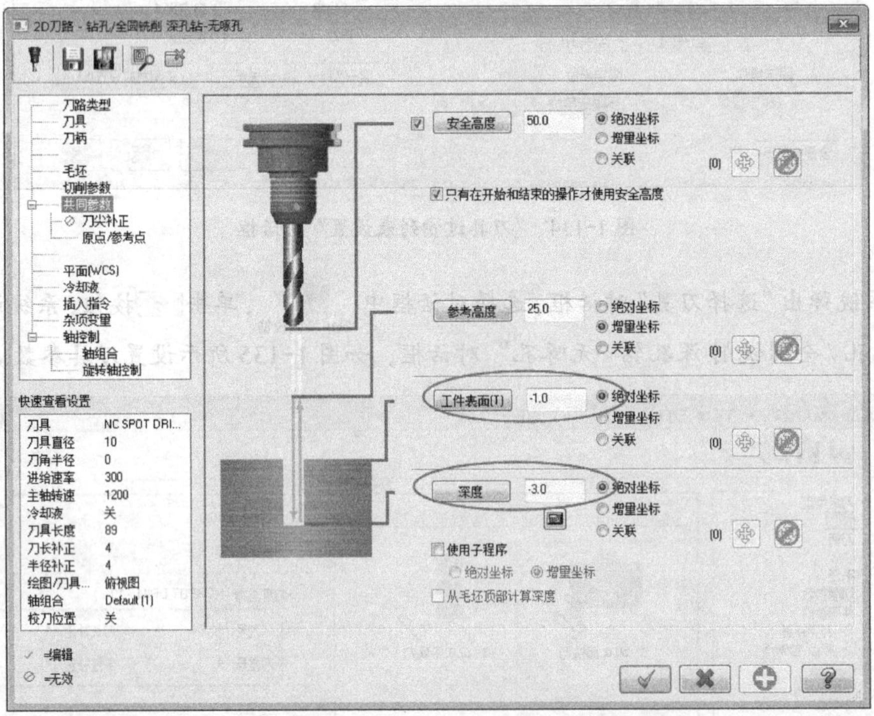

图 1-137 设置共同参数

7）单击确定按钮，完成钻定位孔工序创建，生成刀具路径，如图 1-138 所示。

8）单击“刀路”管理器对话框中的验证已选择的操作按钮，系统弹出“验证”对话框，单击播放▶按钮，模拟结果如图 1-139 所示。单击×按钮，关闭模拟对话框。

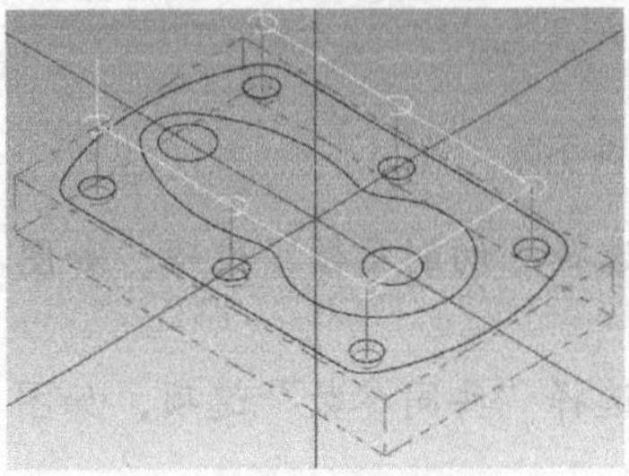

图 1-138 生成刀具路径

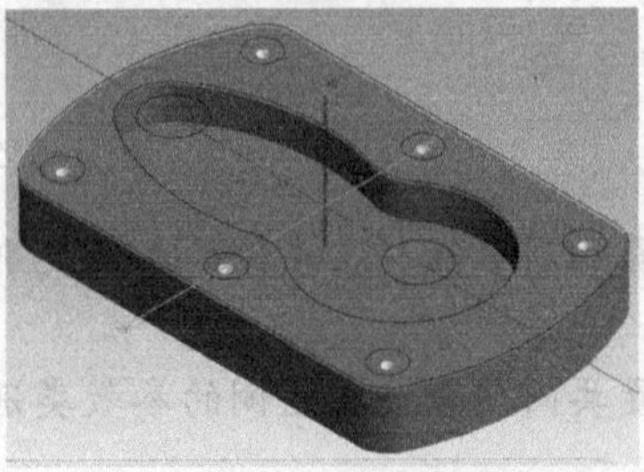

图 1-139 实体加工验证结果

1.2.10 钻 2 个定位孔

1）复制钻定位孔工序。在“刀路”管理器对话框中选择前面创建的钻孔工序，复制后粘贴，结果如图 1-140 所示。

2）编辑复制的工序。单击参数图标，系统弹出“2D 刀路 - 钻孔 / 全圆铣削 深孔钻 - 无啄孔”对话框，如图 1-141 所示设置，单击按钮，关闭对话框。

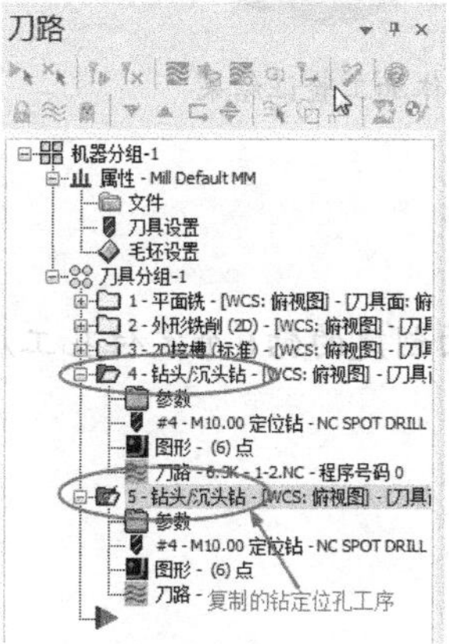

图 1-140　复制工序

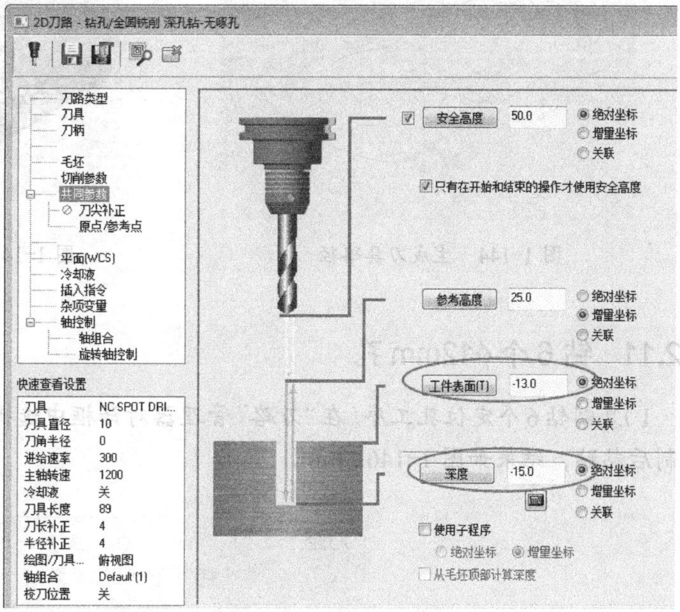

图 1-141　修改共同参数

3）单击图形 - (6) 点图标，系统弹出“钻孔点管理器”对话框，在对话框中右击，选择“全部重选”，如图 1-142 所示。

4）选择图 1-143 所示 2 个直径为 20mm 孔的圆心，按 ESC 键结束选择，两次单击确定按钮，完成钻孔点重选。

图 1-142　“钻孔点管理器”对话框

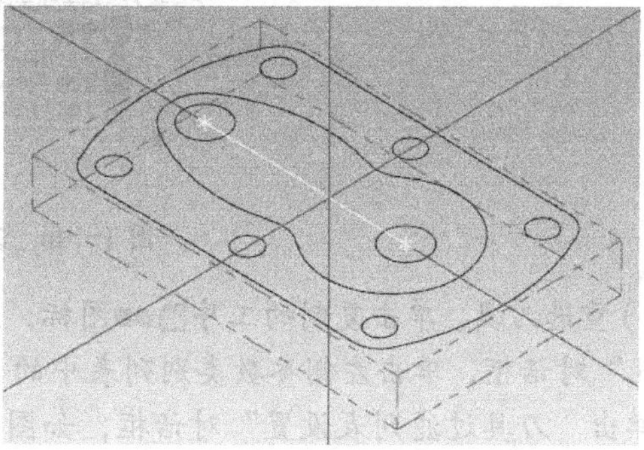

图 1-143　重选钻孔点

5）单击重建按钮，系统重新计算工序刀具路径，结果如图1-144所示。

6）实体验证。单击“刀路”管理器对话框中的验证已选择的操作按钮，系统弹出“验证”对话框，单击播放▶按钮，模拟结果如图1-145所示。单击×按钮，关闭模拟对话框。

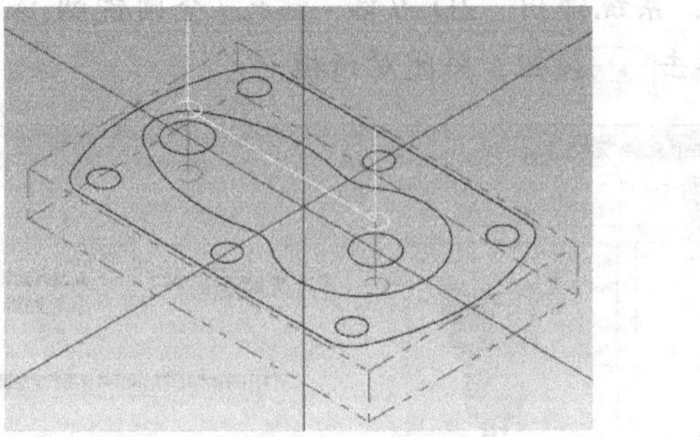

图1-144　生成刀具路径

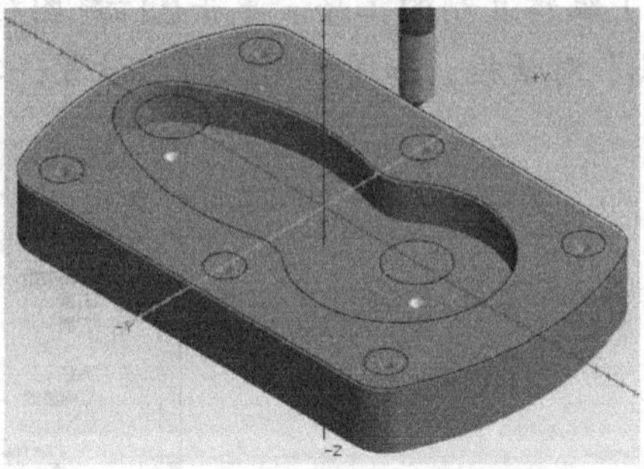

图1-145　实体加工验证结果

1.2.11　钻6个ϕ12mm孔

1）复制钻6个定位孔工序。在“刀路”管理器对话框中选择前面创建的钻6个定位孔工序，复制后粘贴，结果如图1-146所示。

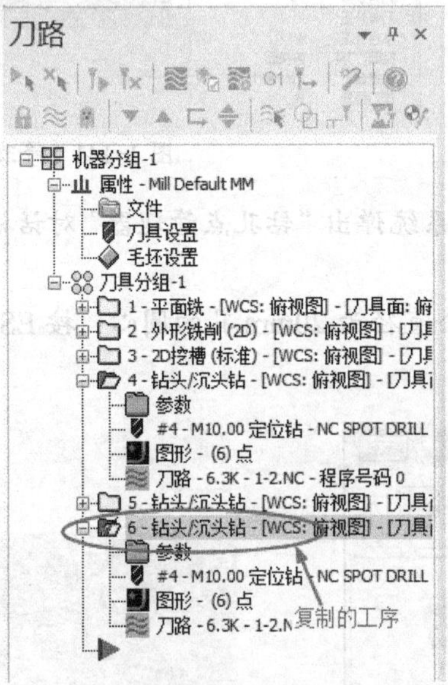

图1-146　复制工序

2）重选刀具。单击复制的工序参数图标，系统弹出“2D刀路-钻孔/全圆铣削 深孔钻-无啄孔”对话框，单击左侧参数类别列表中的“刀具”选项，单击从刀库选择，单击刀具过滤(F)，系统弹出“刀具过滤列表设置”对话框，如图1-147所示，单击全关(N)，刀具类型选择钻头，设置刀具直径为12.0，单击✓按钮。

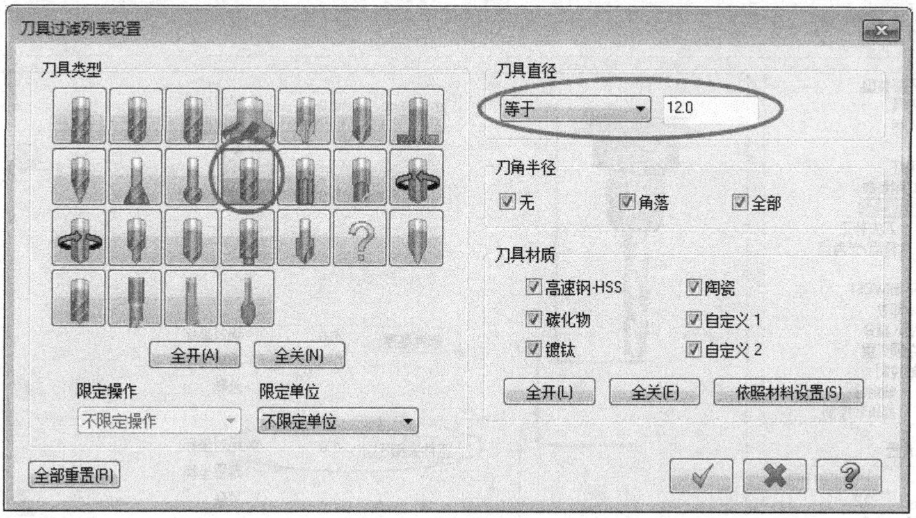

图 1-147 “刀具过滤列表设置”对话框

系统弹出“选择刀具”对话框，选择对话框中1-12.0 钻头 / 钻孔，单击 ✓ 按钮，系统返回“2D 刀路 - 钻孔 / 全圆铣削 深孔钻 - 无啄孔”对话框，如图 1-148 所示设置刀具参数。

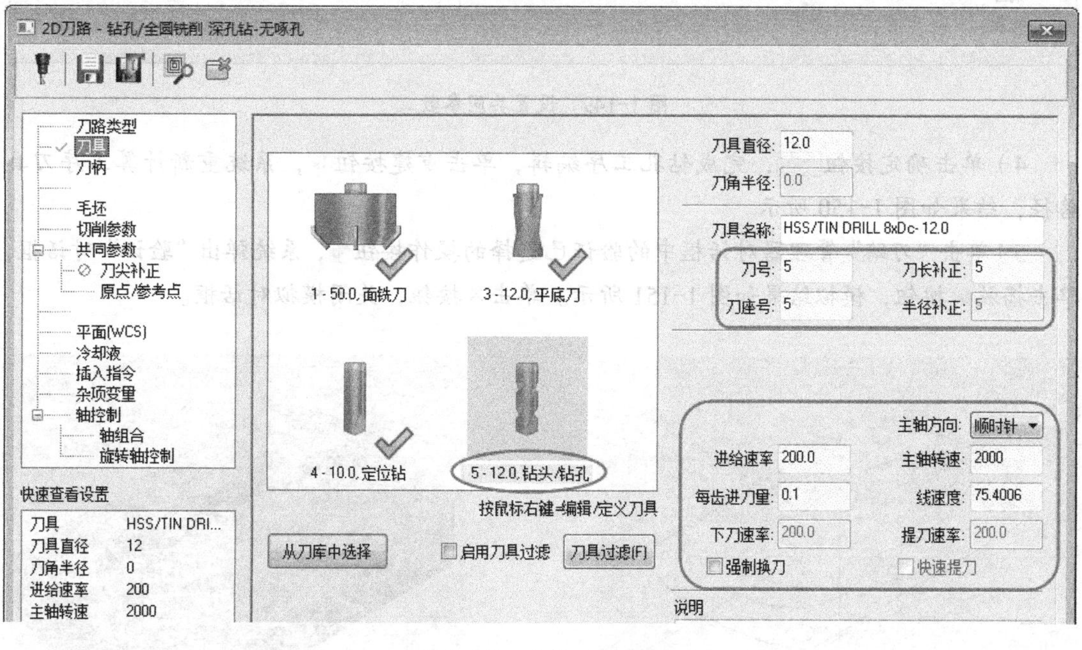

图 1-148 设置刀具参数

3）设置共同参数。在左侧的参数类别列表中选择“共同参数”选项，如图 1-149 所示设置参数。

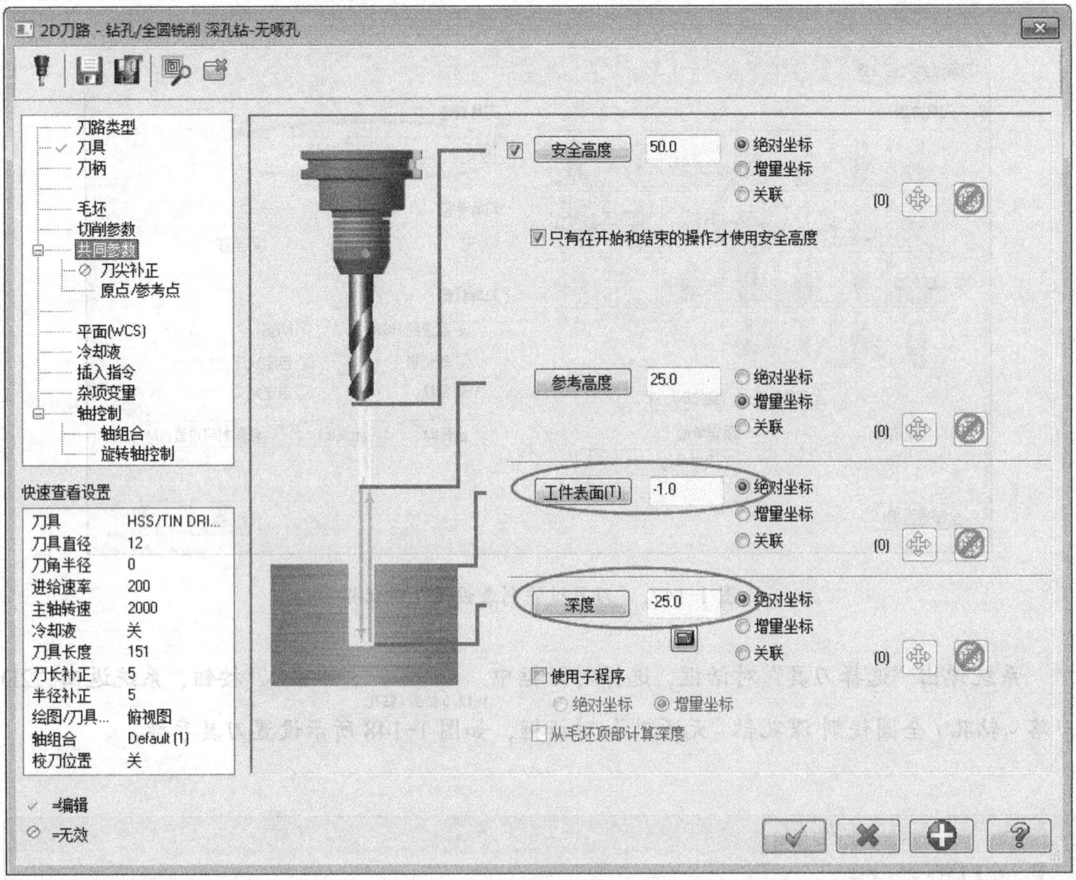

图 1-149 设置共同参数

4）单击确定按钮，完成钻孔工序编辑，单击重建按钮，系统重新计算工序刀具路径，结果如图 1-150 所示。

5）单击“刀路”管理器对话框中的验证已选择的操作按钮，系统弹出“验证”对话框，单击播放▶按钮，模拟结果如图 1-151 所示。单击×按钮，关闭模拟对话框。

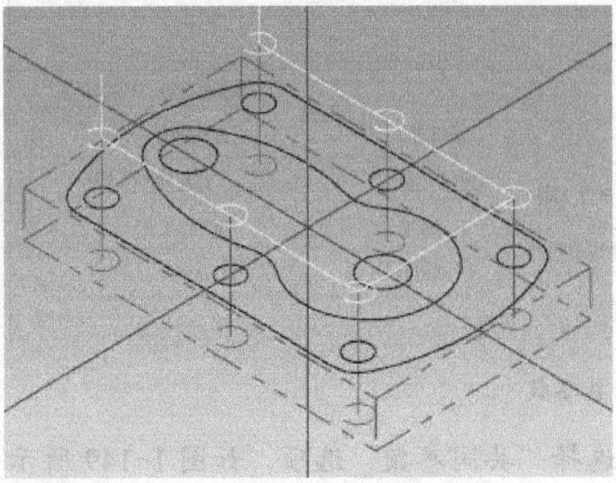

图 1-150 生成刀具路径

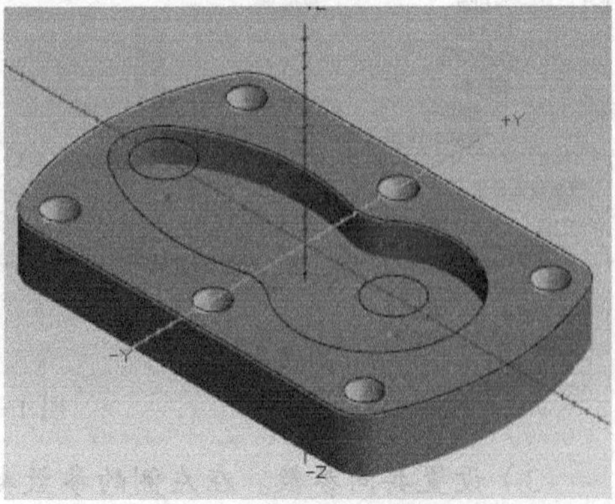

图 1-151 实体加工验证结果

1.2.12 钻 2 个 ϕ20mm 孔

1）复制工序。在“刀路”管理器对话框中复制钻 6 个 ϕ12mm 孔工序，然后粘贴，结果如图 1-152 所示。

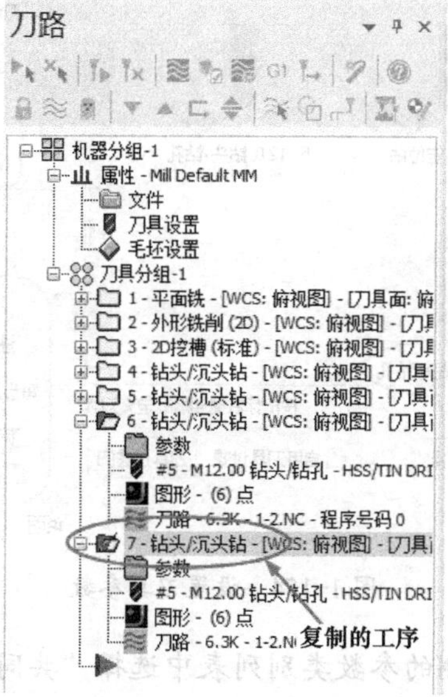

图 1-152 复制工序

2）重选刀具。单击复制的工序参数图标，系统弹出“2D 刀路 - 钻孔 / 全圆铣削 深孔钻 - 无啄孔”对话框，单击左侧参数类别列表中的“刀具”选项，单击“从刀库选择”，单击“刀具过滤(F)”，系统弹出“刀具过滤列表设置”对话框，如图 1-153 所示，单击“全关(N)”，刀具类型选择钻头，设置刀具直径为 20.0，单击✓按钮。

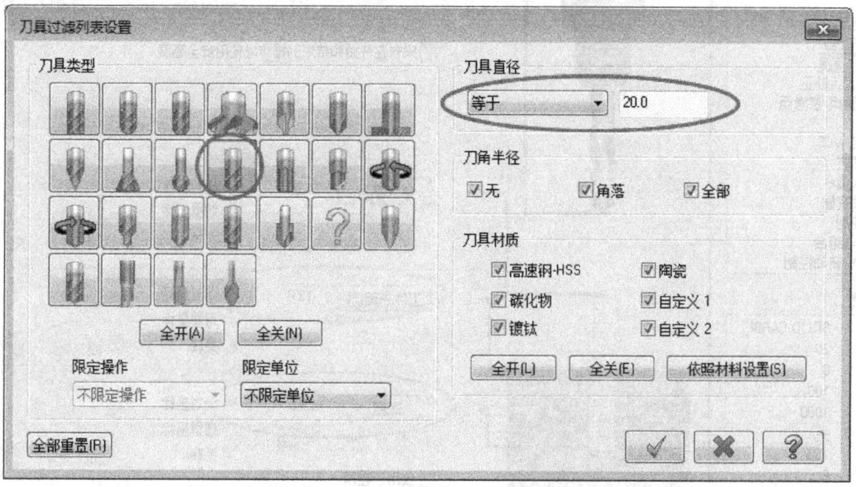

图 1-153 “刀具过滤列表设置”对话框

系统弹出“选择刀具”对话框，选择对话框中“2-20.0 钻头 / 钻孔”，单击✓按钮，系统返回“2D 刀路 - 钻孔 / 全圆铣削 深孔钻 - 无啄孔”对话框，如图 1-154 所示设置刀具参数。

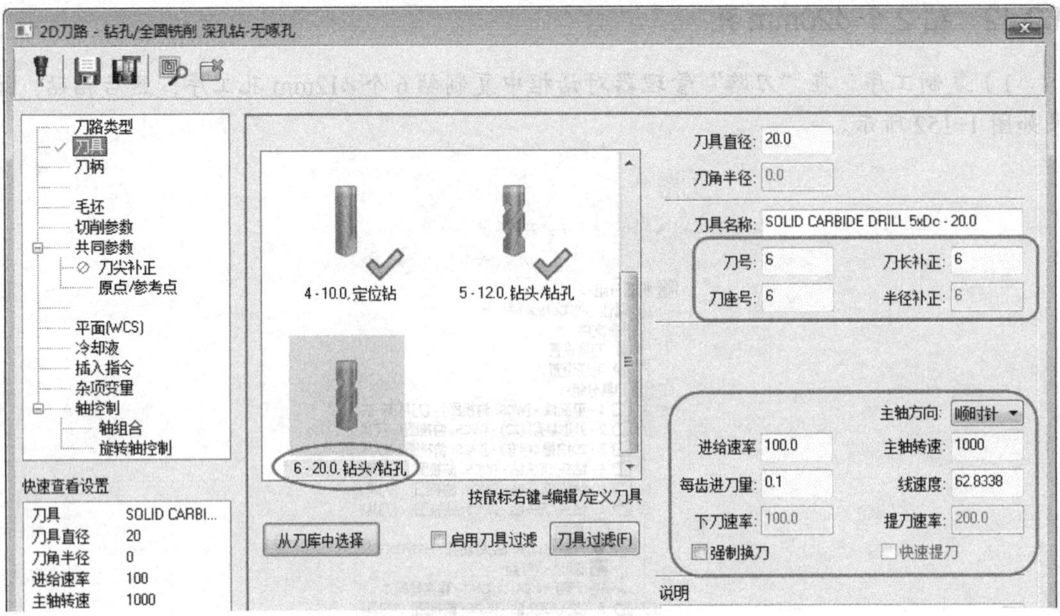

图 1-154 设置刀具参数

3）设置共同参数。在左侧的参数类别列表中选择“共同参数”选项，如图 1-155 所示设置参数，单击确定按钮 ✓，关闭“2D 刀路 - 钻孔 / 全圆铣削 深孔钻 - 无啄孔”对话框。

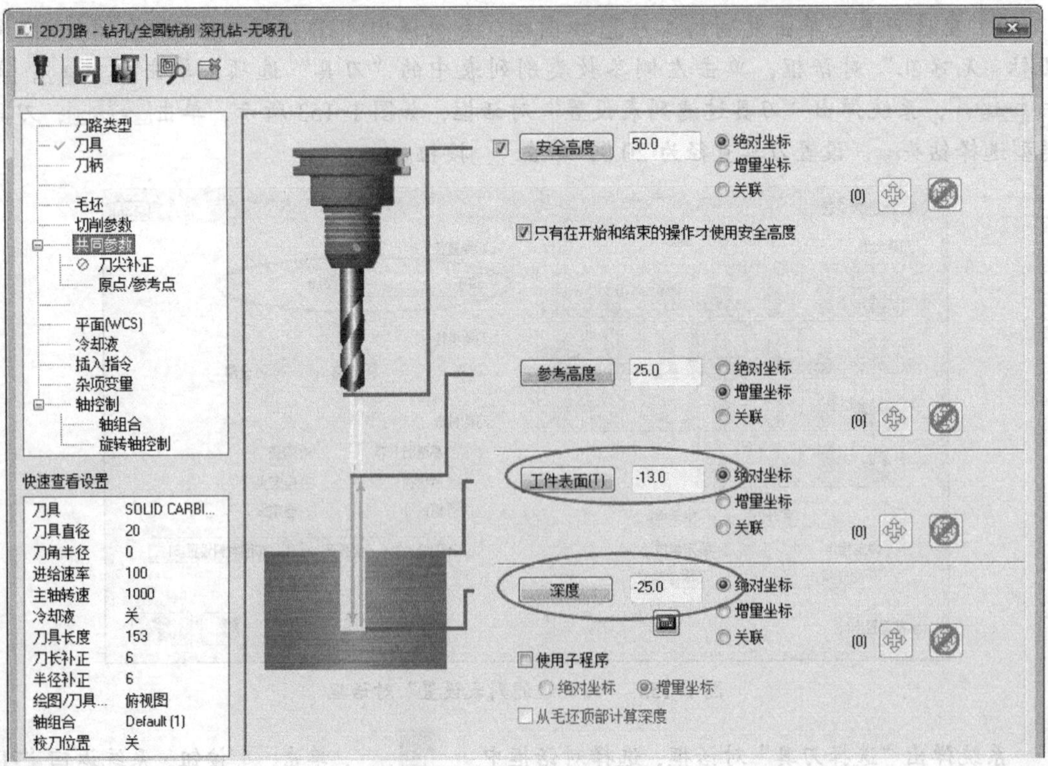

图 1-155 设置共同参数

4）单击复制工序中的图形 - (6) 点图标，系统弹出“钻孔点管理器”对话框，在对话框中右击，选择“全部重选”，如图 1-156 所示。

5）选择图 1-157 所示 2 个直径为 20mm 孔的圆心，按 ESC 键结束选择，两次单击确定按钮，完成钻孔点重选。

图 1-156 “钻孔点管理器”对话框

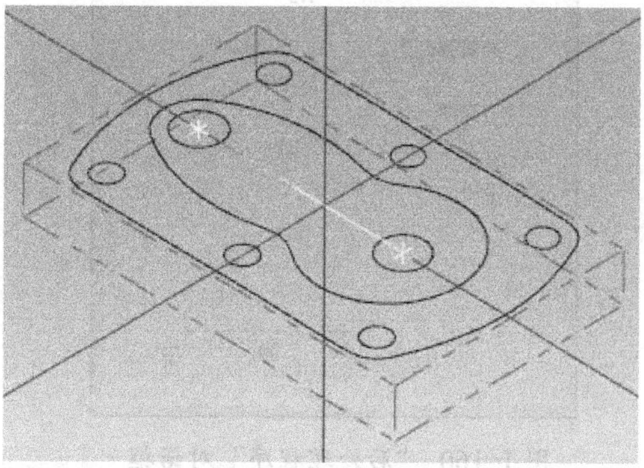

图 1-157 重选钻孔点

6）单击重建按钮，系统重新计算工序刀具路径，结果如图 1-158 所示。

7）实体验证。单击“刀路”管理器对话框中的验证已选择的操作按钮，系统弹出“验证”对话框，单击播放按钮，模拟结果如图 1-159 所示。单击×按钮，关闭模拟对话框。

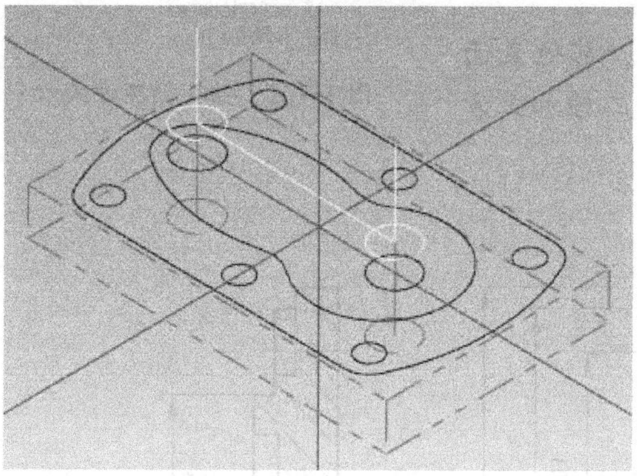

图 1-158 生成刀具路径

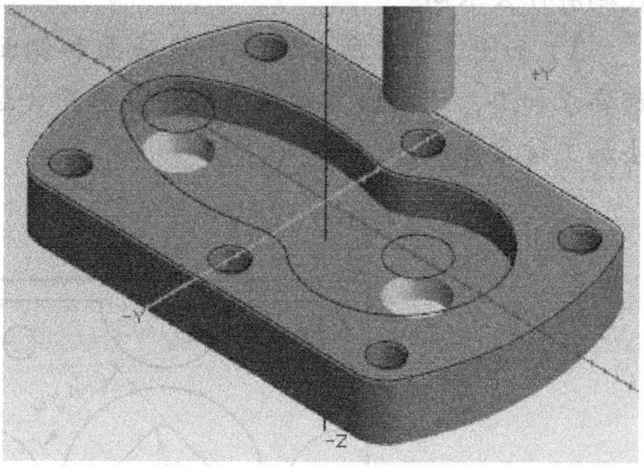

图 1-159 实体加工验证结果

1.2.13 后处理

1）在“刀路”管理器对话框中单击按钮，选择所有的工序，然后单击后处理按钮 G1，弹出“后处理程序”对话框，如图 1-160 所示设置参数。

2）单击按钮，弹出“另存为”对话框，选择合适的目录后，单击保存(S)按钮，即可得到所需的 NC 代码，如图 1-161 所示。

3）关闭 NC 代码页面，保存 Mastercam 文件，退出系统。

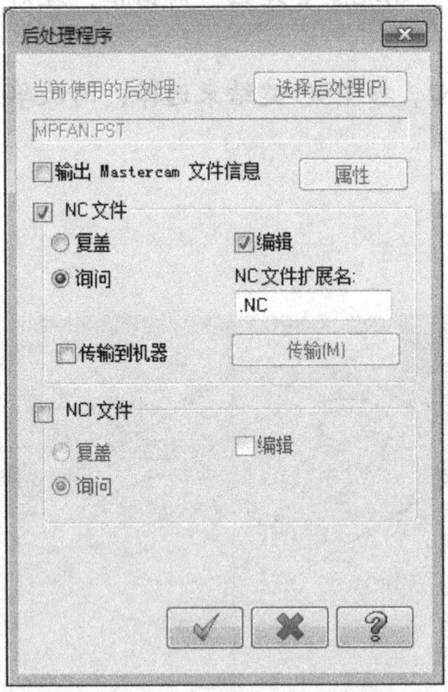

图 1-160 “后处理程序”对话框

```
%
O0000(1-2)
(DATE=DD-MM-YY - 19-07-18 TIME=HH:MM - 11:00)
(MCX FILE - E:\MASTERCAM2018数控加工实例教程\第1
(NC FILE - C:\USERS\ADMINISTRATOR\DOCUMENTS\M
(MATERIAL - ALUMINUM MM - 2024)
( T1 | FACE MILL - 50/58 | H1 )
( T3 | FLAT END MILL - 12 | H3 )
( T4 | NC SPOT DRILL - 10 | H4 )
( T5 | HSS/TIN DRILL 8XDC- 12.0 | H5 )
( T6 | SOLID CARBIDE DRILL 5XDC - 20.0 | H6 )
N100 G21
N110 G0 G17 G40 G49 G80 G90
/ N120 G91 G28 Z0.
/ N130 G28 X0. Y0.
/ N140 G92 X250. Y250. Z250.
N150 T1 M6
N160 G0 G90 X-140. Y52.498 A0. S1200 M3
N170 G43 H1 Z50.
N180 Z10.
N190 G1 Z-.8 F500.
N200 X115. F800.
N210 G2 X132.499 Y34.999 I0. J-17.499
N220 X115. Y17.499 I-17.499 J0.
N230 G1 X-115.
N240 G3 X-132.499 Y0. I0. J-17.499
N250 X-115. Y-17.499 I17.499 J0.
N260 G1 X115.
N270 G2 X132.5 Y-34.999 I0. J-17.5
```

图 1-161 NC 代码

1.2.14 练习与思考

1）增加外形铣削和 2D 挖槽精加工工序。

2）尝试选择图 1-162 所示各种钻孔循环方式，观察 G 代码有什么不同？

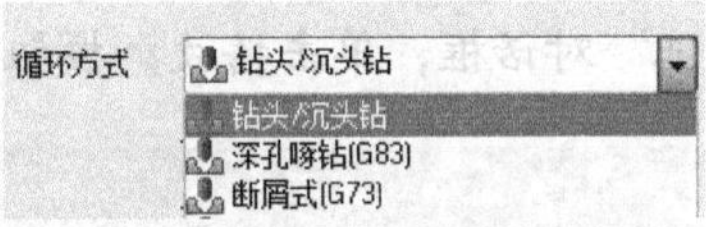

图 1-162 钻孔循环方式

3）如图 1-163 所示零件，除底面和侧面外，其他表面都要求加工，请画出其二维图形，并选用合适的二维加工方法加工该零件。

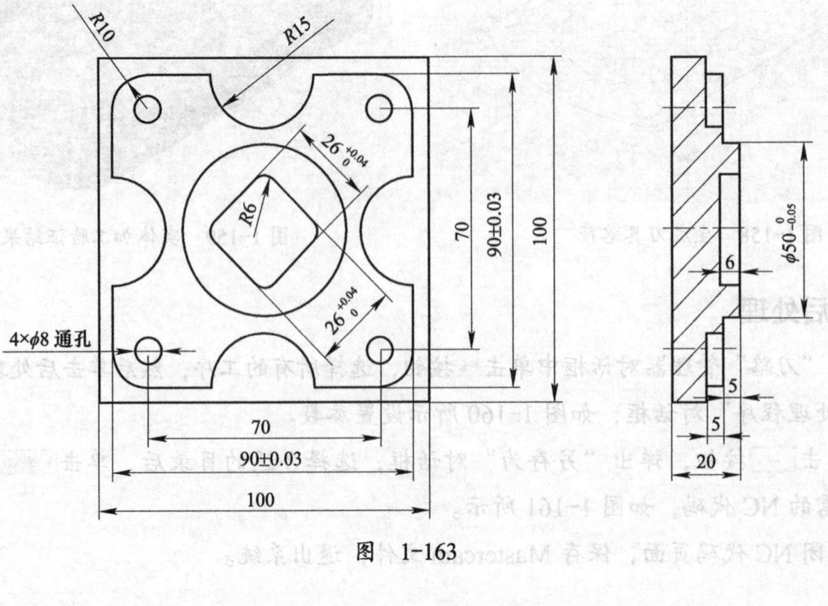

图 1-163

1.3　实例 3——盘形凸轮的加工

1.3.1　零件介绍

凸轮是一个具有曲线轮廓或凹槽的构件。一般按外形可分为三类：

1）盘形凸轮：凸轮为绕固定轴线转动且有变化半径的盘形构件。

2）移动凸轮：凸轮相对机架做直线移动。

3）圆柱凸轮：凸轮是圆柱体，可以看成是将移动凸轮卷成一圆柱体。

本实例是一个偏置直动滚子从动件盘形凸轮，如图 1-164 所示，凸轮轮廓线分为 4 段，分别是推程段、远休止段、回程段和近休止段。

图 1-164　盘形凸轮

偏置直动滚子从动件盘形凸轮轮廓可采用解析法设计与数控加工，首先根据运动规律建立凸轮理论轮廓曲线的参数方程，然后利用 Mastercam 绘制其理论轮廓曲线，再偏置一个滚子半径得到盘形凸轮的实际轮廓曲线，最后利用外形铣削刀具路径加工所需的盘形凸轮。

1.3.2　凸轮轮廓解析法设计方法

如图 1-165 所示，已知从动件运动规律 $s=f(\varphi)$，凸轮基圆半径为 r_b，滚子半径为 r_T，从动件偏置在凸轮右侧，凸轮以等角速度 ω 逆时针转动。取凸轮转动中心 O 为原点，建立直角坐标系 OXY。

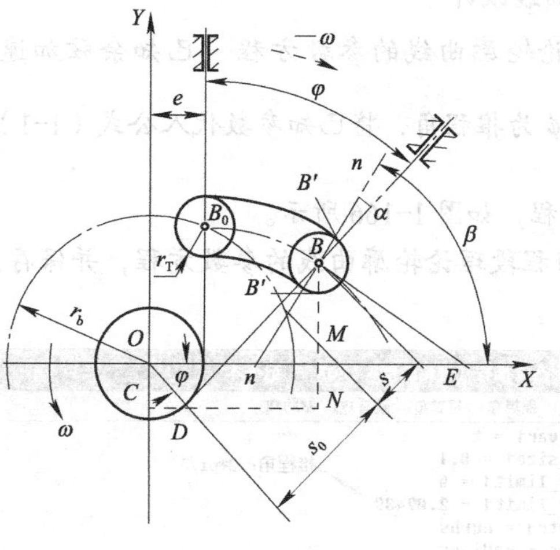

图 1-165　偏置直动滚子从动件盘形凸轮

根据反转法，当凸轮顺时针转过角 φ 时，从动件的滚子中心由 B_0 点反转到 B 点，此时理论轮廓线上 B 点的坐标方程为

$$\begin{cases} x = DN + CD = (s_0 + s)\sin\varphi + e\cos\varphi \\ y = DN - MN = (s_0 + s)\cos\varphi - e\sin\varphi \end{cases} \tag{1-1}$$

式中　s——对应凸轮转角 φ 的从动件位移；

s_0——从动件最低点，$s_0 = \sqrt{{r_b}^2 - e^2}$；

e——为偏距。

凸轮实际轮廓线与理论轮廓线是等距曲线（相距滚子半径 r_T），经过推导可得到与理论轮廓线上 B 点对应的实际轮廓线上的 B' 的直角坐标方程为

$$\begin{cases} x' = x + r_T \dfrac{dy/d\varphi}{\sqrt{(dx/d\varphi)^2 + (dy/d\varphi)^2}} \\ y' = y - r_T \dfrac{dy/d\varphi}{\sqrt{(dx/d\varphi)^2 + (dy/d\varphi)^2}} \end{cases} \tag{1-2}$$

如果凸轮做顺时针转动，则 φ 以负值代入；如果从动件在凸轮的左侧，则 e 以负值代入。

1.3.3　盘形凸轮理论轮廓曲线设计

已知盘形凸轮基圆半径 r_b=40mm，从动件行程 h=40mm，滚子半径 r_T=10mm，偏心距 e=20mm。

从动件运动规律如下：

1）推程段：余弦加速度运动规律，推程角 120°，推程 h。

2）远休止段：休止角 60°，从动件不动。

3）回程段：余弦加速度运动规律，回程角 120°，回程 h。

4）近休止段：休止角 60°，从动件不动。

1. 推程段理论轮廓曲线设计

（1）建立推程段理论轮廓曲线的参数方程　已知余弦加速度运动规律从动件位移 $s = \dfrac{h}{2}\left(1 - \cos\dfrac{\pi}{\phi}\varphi\right)$，式中 ϕ 为推程角，将已知参数代入公式（1-1），并用 t 代替 φ，即可得到推程段理论轮廓曲线方程，如图 1-166 所示。

可利用记事本建立推程段理论轮廓曲线的参数方程，并保存为方程式文件“盘形凸轮推程（理论轮廓）.EQN”。

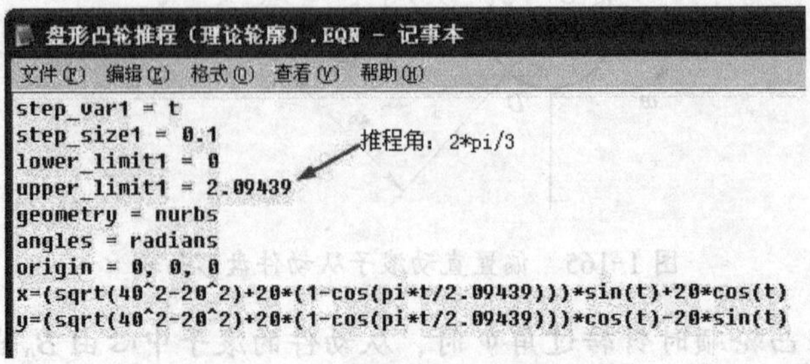
盘形凸轮推程（理论轮廓）.EQN - 记事本
文件(F)　编辑(E)　格式(O)　查看(V)　帮助(H)

```
step_var1 = t
step_size1 = 0.1
lower_limit1 = 0
upper_limit1 = 2.09439
geometry = nurbs
angles = radians
origin = 0, 0, 0
x=(sqrt(40^2-20^2)+20*(1-cos(pi*t/2.09439)))*sin(t)+20*cos(t)
y=(sqrt(40^2-20^2)+20*(1-cos(pi*t/2.09439)))*cos(t)-20*sin(t)
```


图 1-166　盘形凸轮推程参数方程

（2）绘制推程段轮廓曲线　启动 Mastercam 2018，单击 运行插件 按钮，系统弹出“打开”对话框，选择文件 fplot.dll，单击 打开(O) 按钮，系统弹出“打开”对话框，选择文件“盘形凸轮推程（理论轮廓）.EQN”，单击 打开(O) 按钮，系统弹出“函数绘图”对话框，单击 绘制(P) 按钮，单击确定按钮 ✓，关闭“函数绘图”对话框，结果如图 1-167 所示。

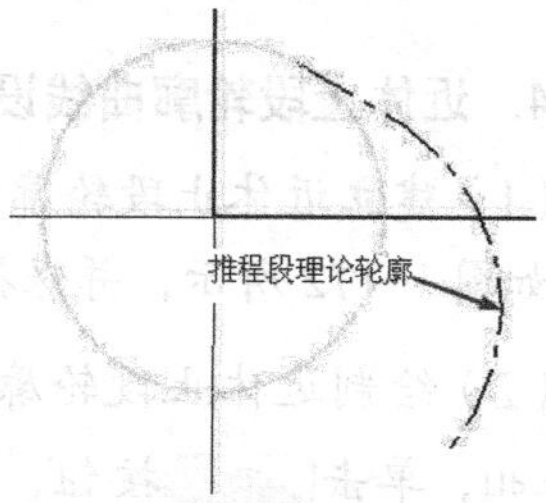

图 1-167　盘形凸轮推程段轮廓曲线

2. 远休止段轮廓曲线设计

（1）建立远休止段轮廓曲线的参数方程　利用记事本建立远休止段轮廓曲线的参数方程，如图 1-168 所示，并保存为方程式文件“盘形凸轮远休止段（理论轮廓）.EQN”。

（2）绘制远休止段轮廓曲线　单击 运行插件 按钮，系统弹出“打开”对话框，选择文件 fplot.dll，单击 打开(O) 按钮，系统弹出“打开”对话框，选择文件“盘形凸轮远休止段（理论轮廓）.EQN”，单击 打开(O) 按钮，系统弹出“函数绘图”对话框，单击 绘制(P) 按钮，单击确定按钮 ✓，关闭“函数绘图”对话框，结果如图 1-169 所示。

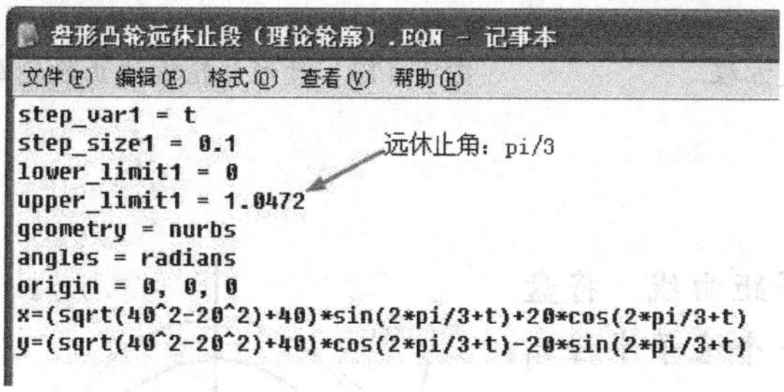

```
step_var1 = t
step_size1 = 0.1
lower_limit1 = 0
upper_limit1 = 1.0472
geometry = nurbs
angles = radians
origin = 0, 0, 0
x=(sqrt(40^2-20^2)+40)*sin(2*pi/3+t)+20*cos(2*pi/3+t)
y=(sqrt(40^2-20^2)+40)*cos(2*pi/3+t)-20*sin(2*pi/3+t)
```


图 1-168　盘形凸轮远休止段参数方程

图 1-169　盘形凸轮远休止段轮廓曲线

3. 回程段轮廓曲线设计

（1）建立回程段轮廓曲线的参数方程　利用记事本建立回程段轮廓曲线的参数方程，如图 1-170 所示，并保存为方程式文件“盘形凸轮回程（理论轮廓）.EQN”。

（2）绘制回程段轮廓曲线　单击 运行插件 按钮，系统弹出“打开”对话框，选择文件 fplot.dll，单击 打开(O) 按钮，系统弹出“打开”对话框，选择文件“盘形凸轮回程（理论轮廓）.EQN”，单击 打开(O) 按钮，系统弹出“函数绘图”对话框，单击 绘制(P) 按钮，单击确定按钮 ✓，关闭“函数绘图”对话框，结果如图 1-171 所示。

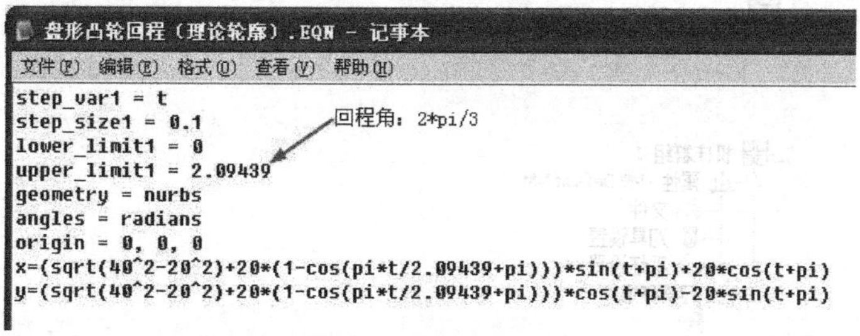

```
step_var1 = t
step_size1 = 0.1
lower_limit1 = 0
upper_limit1 = 2.09439
geometry = nurbs
angles = radians
origin = 0, 0, 0
x=(sqrt(40^2-20^2)+20*(1-cos(pi*t/2.09439+pi)))*sin(t+pi)+20*cos(t+pi)
y=(sqrt(40^2-20^2)+20*(1-cos(pi*t/2.09439+pi)))*cos(t+pi)-20*sin(t+pi)
```


图 1-170　盘形凸轮回程段参数方程

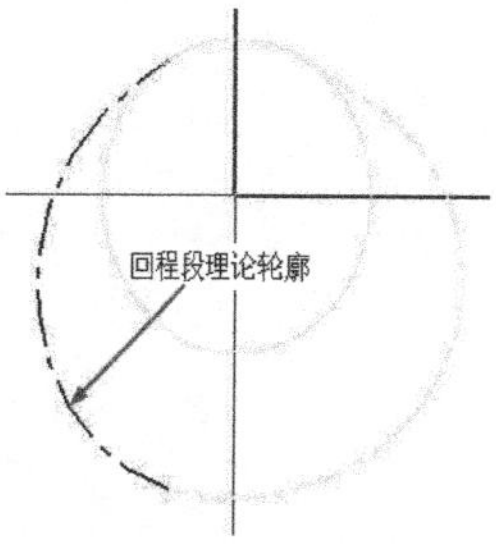

图 1-171　盘形凸轮回程段轮廓曲线

4. 近休止段轮廓曲线设计

（1）建立近休止段轮廓曲线的参数方程 利用记事本建立近休止段轮廓曲线的参数方程，如图1-172所示，并保存为方程式文件“盘形凸轮近休止段（理论轮廓）.EQN”。

（2）绘制近休止段轮廓曲线 单击运行插件按钮，系统弹出“打开”对话框，选择文件fplot.dll，单击打开(O)按钮，系统弹出“打开”对话框，选择文件“盘形凸轮近休止段（理论轮廓）.EQN”，单击打开(O)按钮，系统弹出“函数绘图”对话框，单击绘制(P)按钮，单击确定按钮，关闭“函数绘图”对话框，结果如图1-173所示。

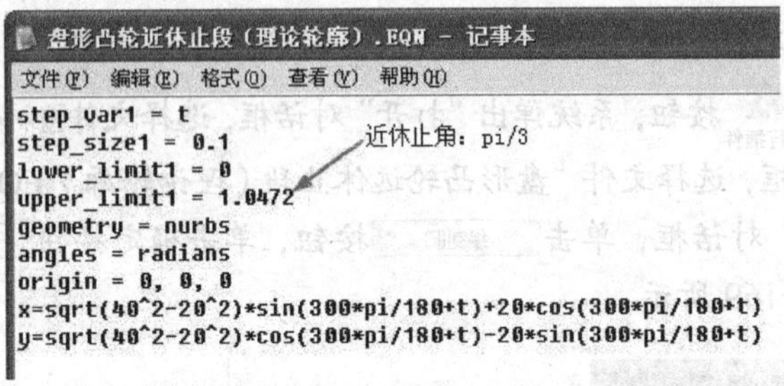
盘形凸轮近休止段（理论轮廓）.EQN - 记事本
文件(F) 编辑(E) 格式(O) 查看(V) 帮助(H)
```
step_var1 = t
step_size1 = 0.1
lower_limit1 = 0
upper_limit1 = 1.0472
geometry = nurbs
angles = radians
origin = 0, 0, 0
x=sqrt(40^2-20^2)*sin(300*pi/180+t)+20*cos(300*pi/180+t)
y=sqrt(40^2-20^2)*cos(300*pi/180+t)-20*sin(300*pi/180+t)
```


图1-172 盘形凸轮近休止段参数方程

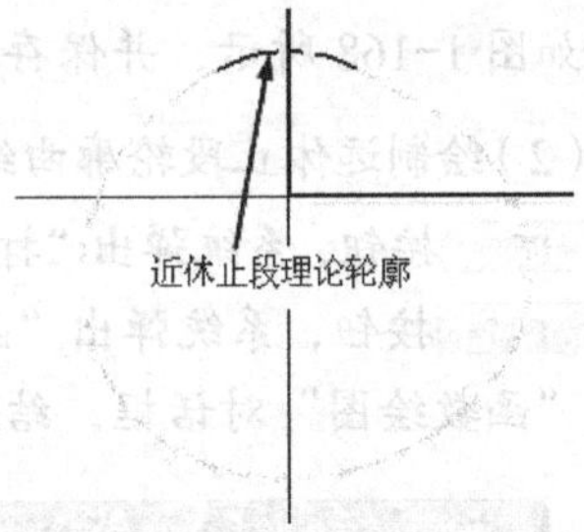

图1-173 盘形凸轮近休止段轮廓曲线

1.3.4 盘形凸轮实际轮廓曲线设计

凸轮实际轮廓线与理论轮廓线是等距曲线，将盘形凸轮的理论轮廓偏置（串连补正）一个滚子半径r_T（10mm）就得到盘形凸轮的实际轮廓，如图1-174所示，读者也可以尝试利用方程式(1-2)进行解析法设计。

在数控铣床上加工盘形凸轮时，若采用与滚子直径相同的刀具，那么理论轮廓线即为刀心运动轨迹。

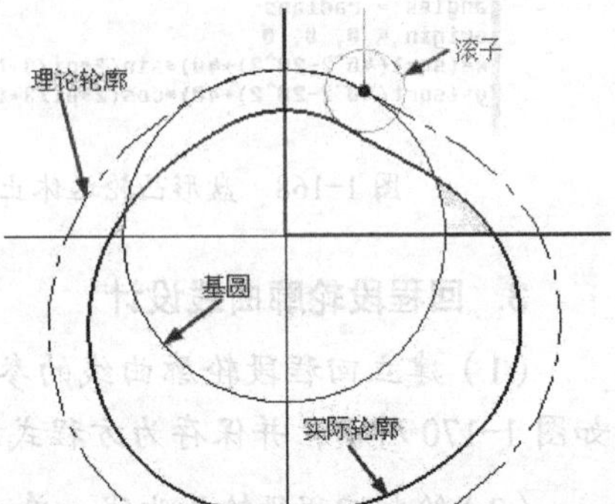

图1-174 实际轮廓曲线设计

1.3.5 选择机床

选择菜单“机床”—“铣削”—“默认”，系统弹出“刀路”管理器对话框，单击“刀路”管理器对话框中的展开按钮，结果如图1-175所示。

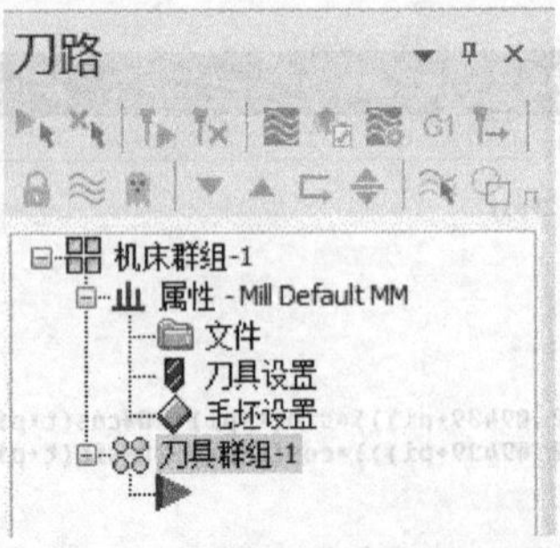

图1-175 “刀路”管理器对话框

1.3.6 材料设置

1）隐藏理论轮廓曲线。选择理论轮廓曲线，单击消隐按钮，结果如图 1-176 所示。

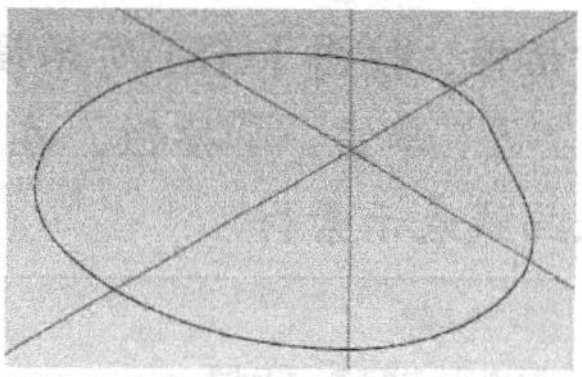

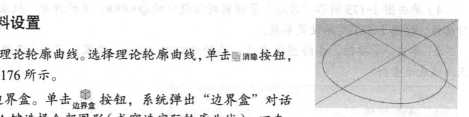

图 1-176 隐藏理论轮廓曲线

2）画边界盒。单击边界盒按钮，系统弹出“边界盒”对话框，按 Ctrl+A 键选择全部图形（或窗选实际轮廓曲线），回车，如图 1-177 所示设置，单击确定按钮，结果如图 1-178 所示。

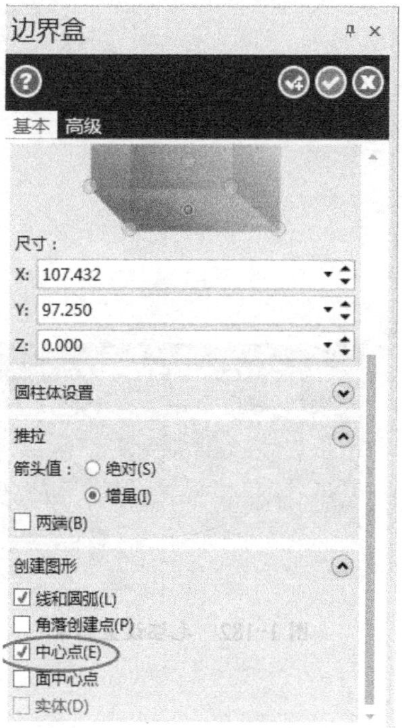

图 1-177 边界盒对话框

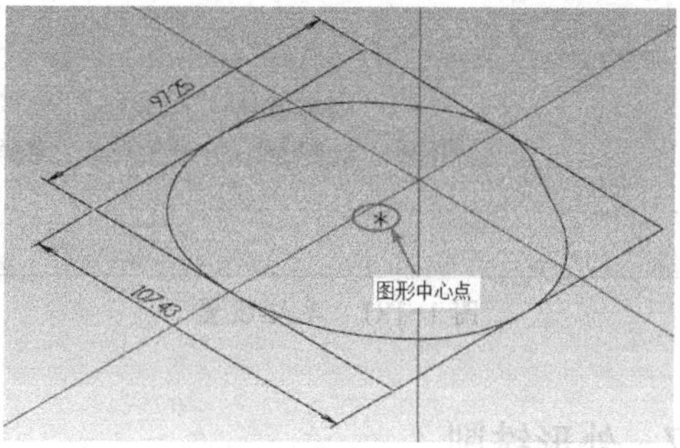

图 1-178 画边界盒及中心点

说明：

通过画边界盒可以快速查询图形的轮廓尺寸和确定图形的中心，方便后续操作。

3）平移图形。单击移动到原点按钮，选择图形中心点，系统移动整个图形使中心点至原点，结果如图 1-179 所示。

隐藏或删除尺寸及边界盒，清除颜色，结果如图 1-180 所示。

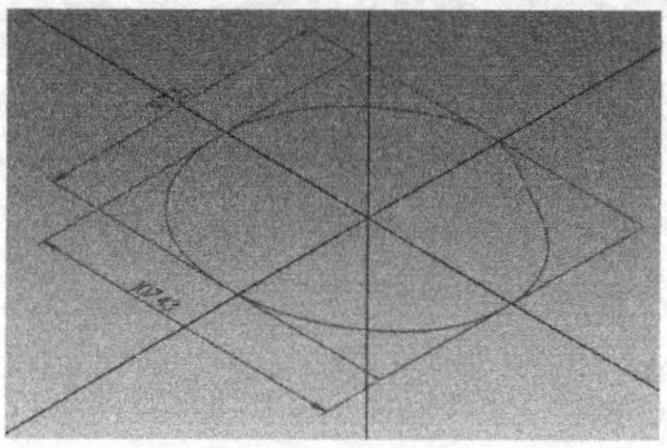

图 1-179 平移图形

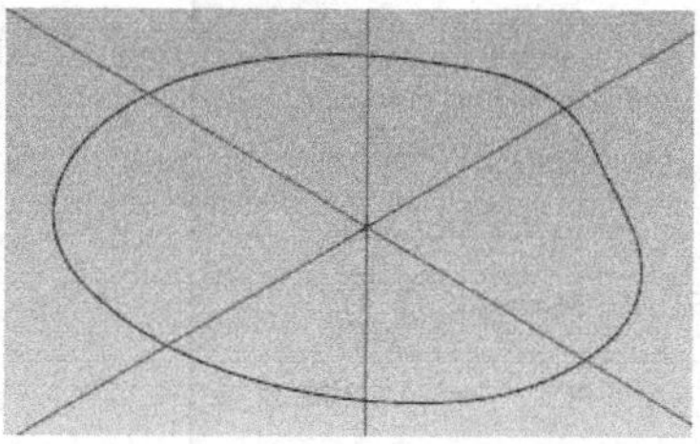

图 1-180 隐藏或删除尺寸及边界盒

4）单击图1-175所示“刀路”管理器对话框中的◈毛坯设置，系统弹出“机床群组属性”对话框，按图1-181所示设置参数。

5）单击[✓]按钮，在绘图区右击，选择等角视图(WCS)(I)，结果如图1-182所示，红色双点画线表示素材。

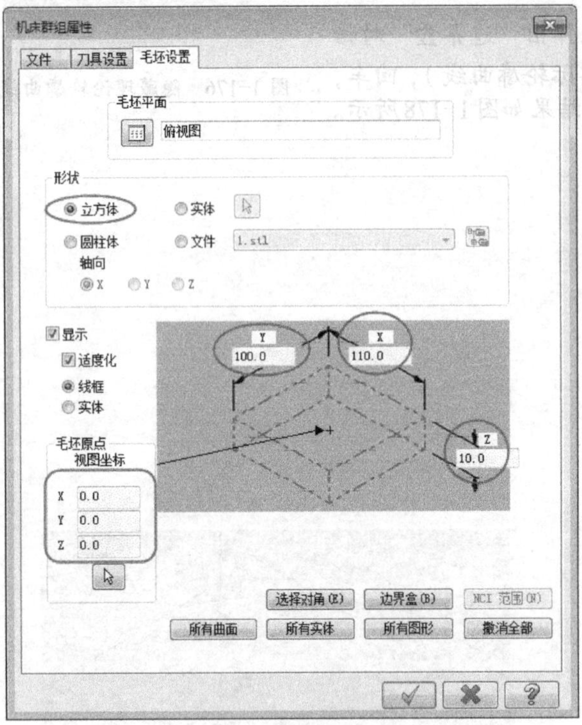

图1-181 毛坯设置

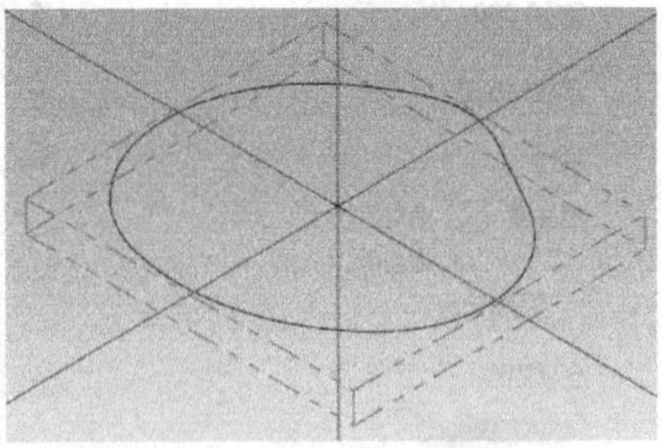

图1-182 毛坯设置结果

1.3.7 外形铣削

1）启动外形铣削。单击[外形]按钮，系统弹出“串连选项”对话框，如图1-183所示，单击窗选按钮[ ]，窗选图1-184所示凸轮轮廓曲线，并指定切削起始点，单击“串连选项”对话框中的确定按钮[✓]，系统弹出“2D刀路-外形铣削”对话框，如图1-185所示。

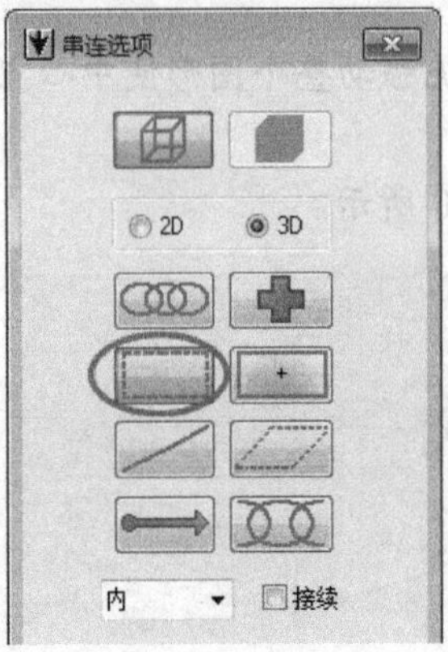

图1-183 “串连选项”对话框

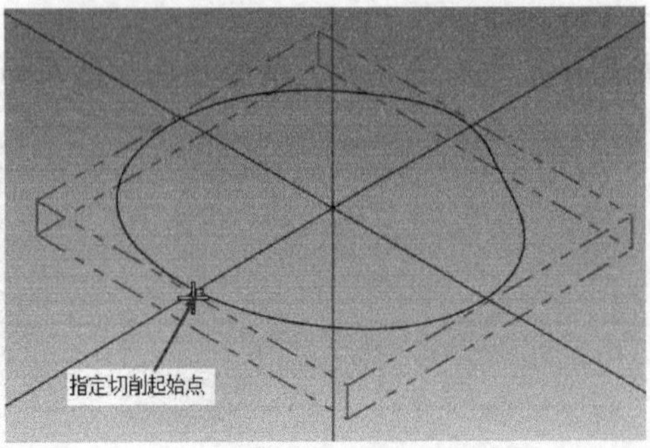

图1-184 选择外形串连

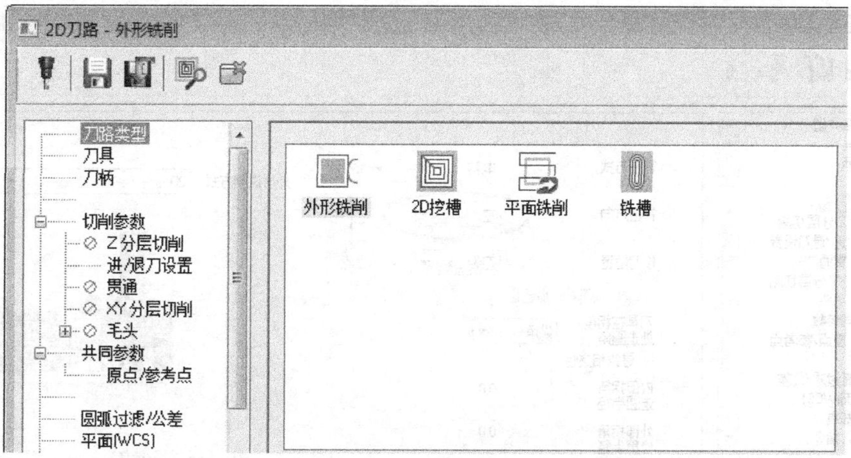

图 1-185 “2D 刀路 - 外形铣削”对话框

2）选择刀具。单击参数类别列表中的“刀具”选项，如图 1-186 所示选择刀具和设置切削参数。

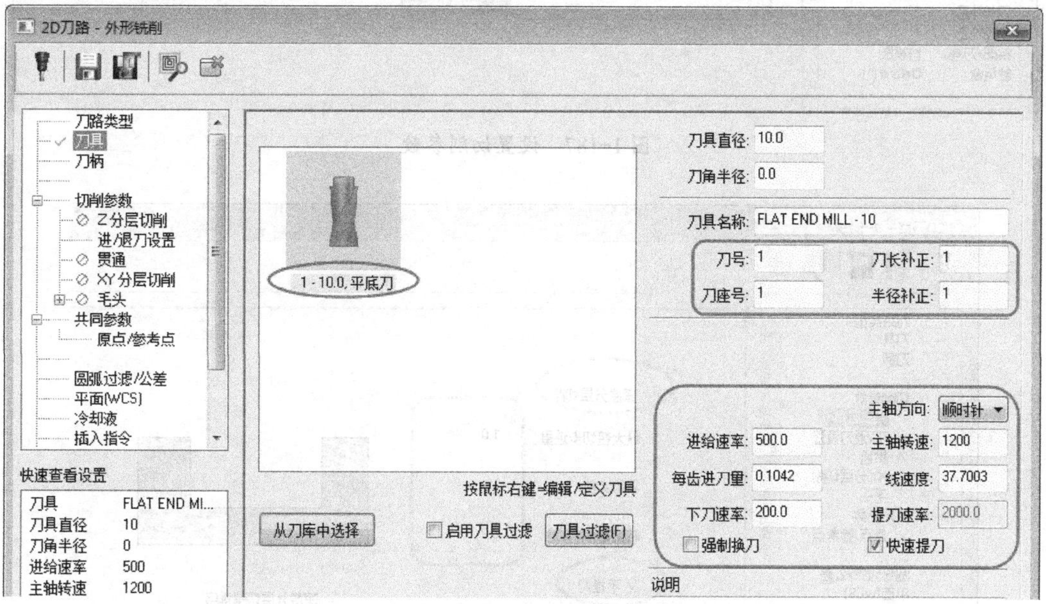

图 1-186 选择刀具和设置切削参数

3）设置切削参数。单击参数类别列表中的“切削参数”选项，如图 1-187 所示设置。

4）设置深度分层切削参数。在左侧的参数类别列表中选择“Z 分层切削”选项，如图 1-188 所示设置参数。

5）设置水平分层切削参数。在左侧的参数类别列表中选择“XY 分层切削”选项，如图 1-189 所示设置参数。

6）设置共同参数。在左侧的参数类别列表中选择“共同参数”选项，如图 1-190 所示设置参数。

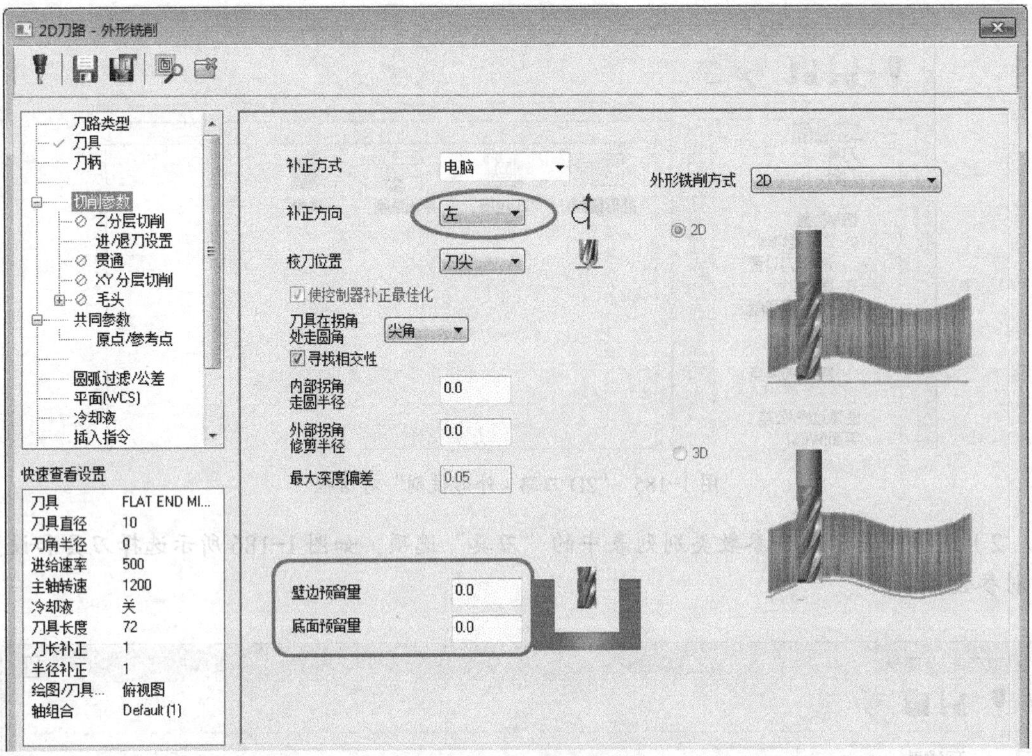

图 1-187 设置切削参数

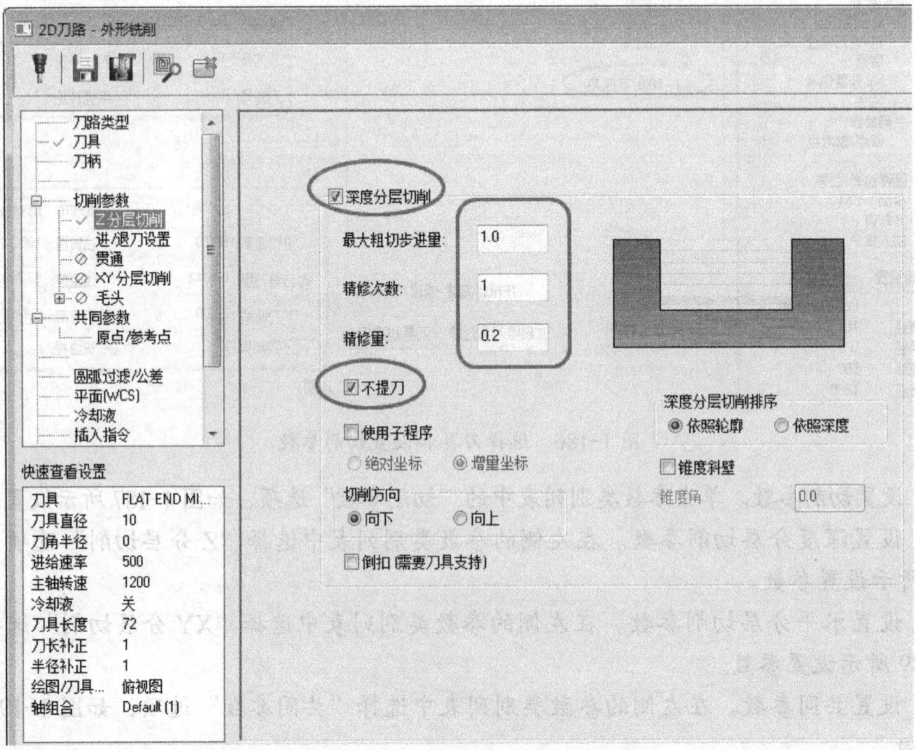

图 1-188 设置深度分层切削参数

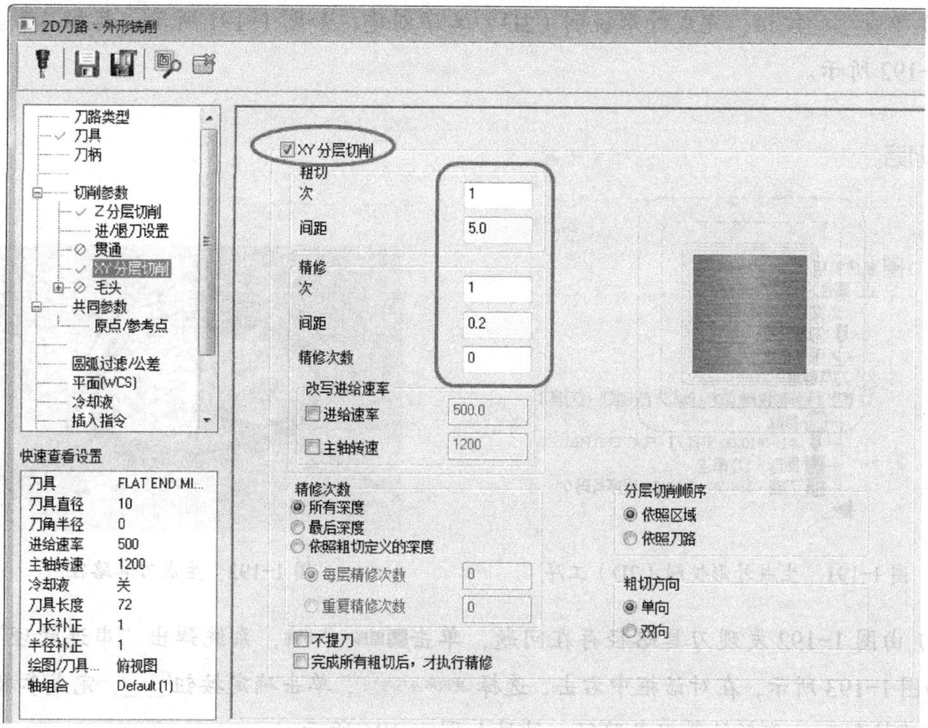

图 1-189　设置水平分层切削参数

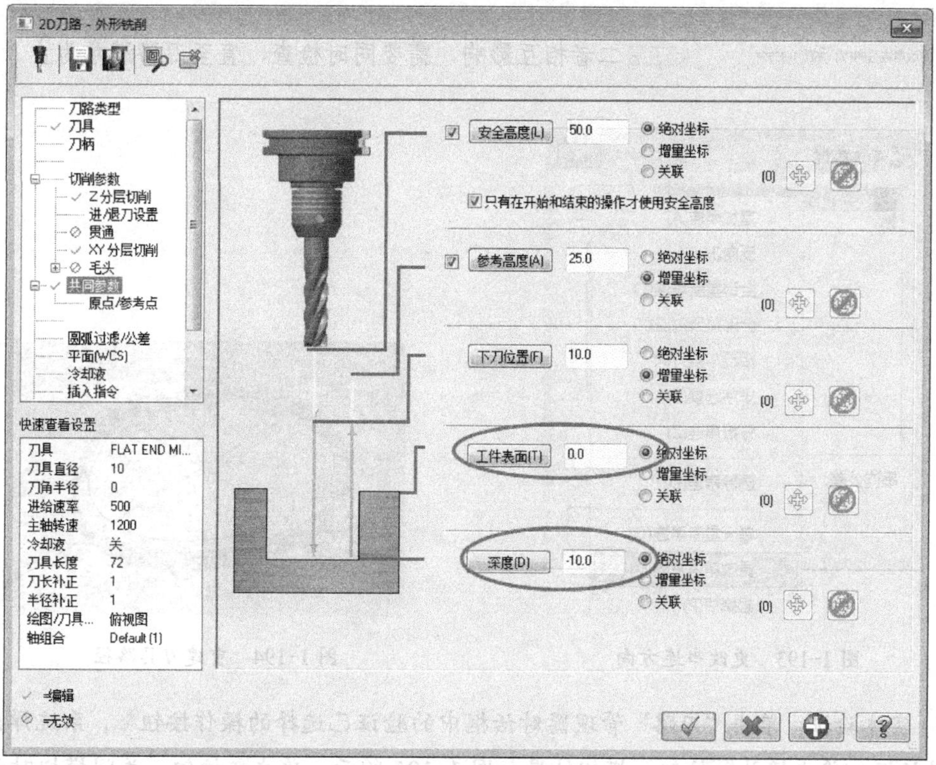

图 1-190　设置共同参数

7）单击按钮，完成外形铣削（2D）工序创建，如图1-191所示，其加工刀具路径如图1-192所示。

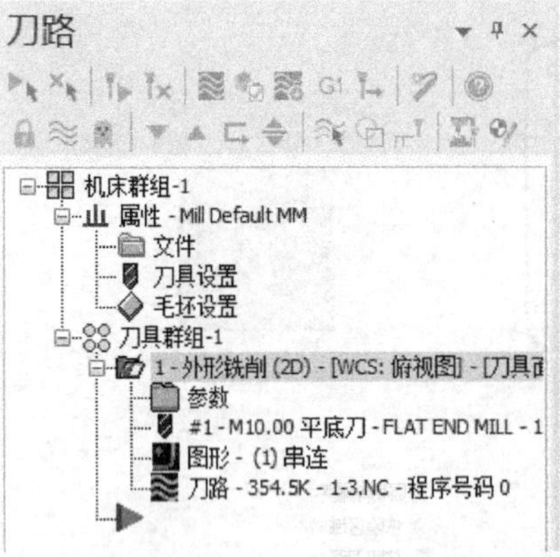

图1-191　生成外形铣削（2D）工序

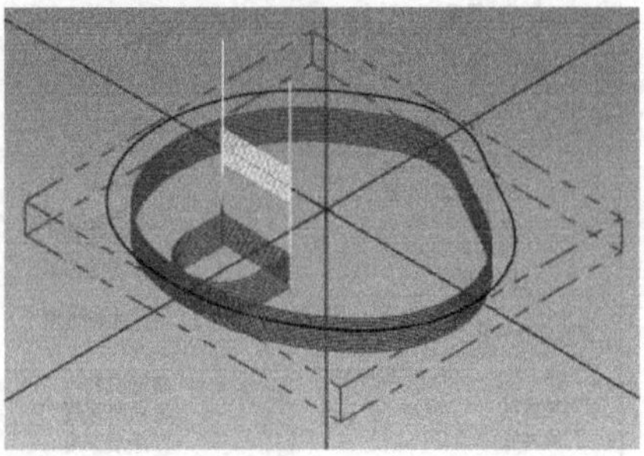

图1-192　生成刀具路径

8）由图1-192发现刀具路径存在问题，单击图形 - (1) 串连，系统弹出“串连管理”对话框，如图1-193所示，在对话框中右击，选择更改串连方向(V)，单击确定按钮，完成参数修改，单击重建按钮，重新计算刀具路径，结果如图1-194所示。

说明：

更改串连方向(V) 和 补正方向 左 二者相互影响，需要同时检查，直至刀路满意为止。

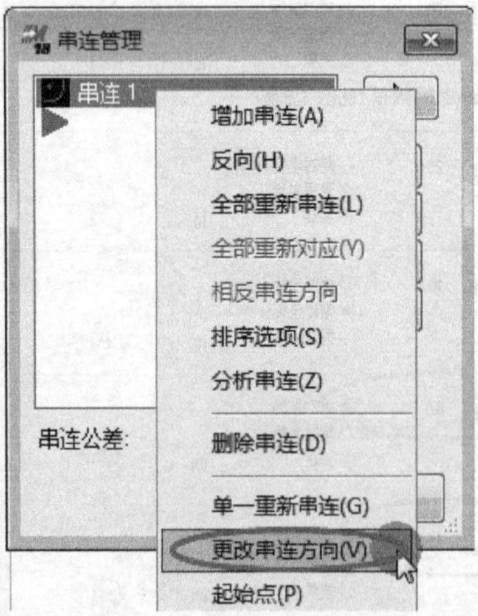

图1-193　更改串连方向

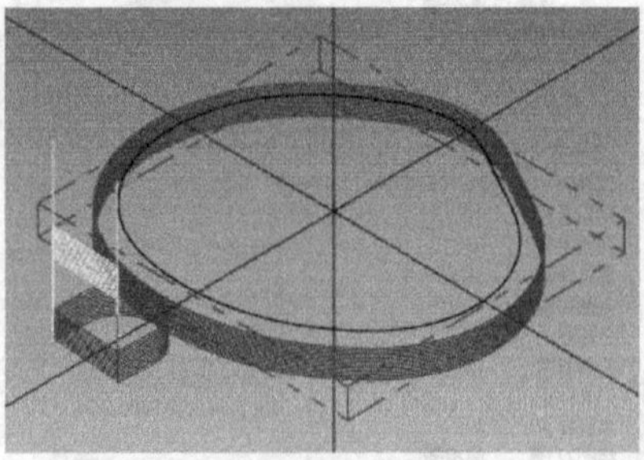

图1-194　重建刀具路径

9）实体验证。单击“刀路”管理器对话框中的验证已选择的操作按钮，系统弹出“验证”对话框，单击播放按钮，模拟结果如图1-195所示。单击×按钮，关闭模拟对话框。

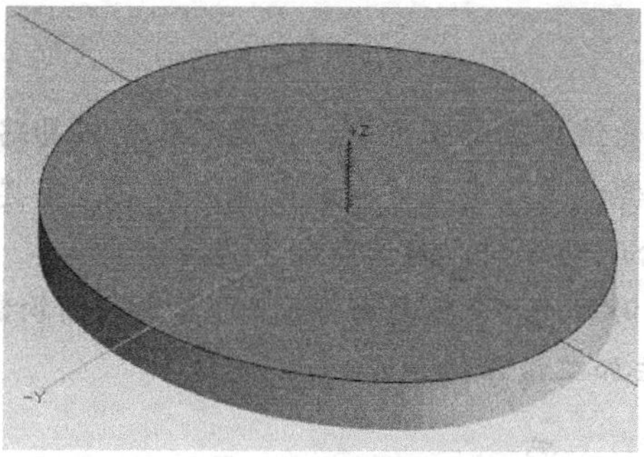

图 1-195　实体加工验证结果

1.3.8　后处理

1）在“刀路”管理器对话框中单击按钮，选择所有的工序，单击后处理按钮G1，弹出“后处理程序”对话框，如图 1-196 所示设置参数。

2）单击按钮，弹出“另存为”对话框，选择合适的目录后，单击保存(S)按钮，即可得到所需的 NC 代码，如图 1-197 所示。

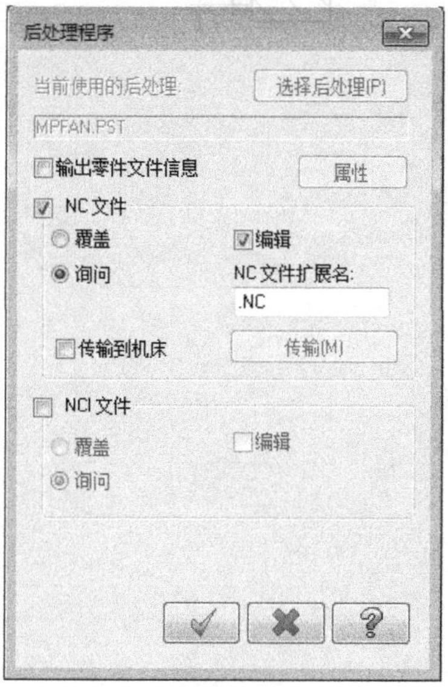

图 1-196　“后处理程序”对话框

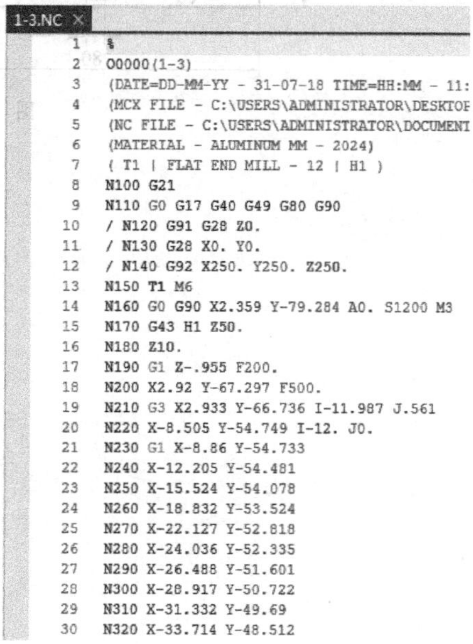

1-3.NC

```
%
O0000(1-3)
(DATE=DD-MM-YY - 31-07-18 TIME=HH:MM - 11:
(MCX FILE - C:\USERS\ADMINISTRATOR\DESKTOP
(NC FILE - C:\USERS\ADMINISTRATOR\DOCUMENT
(MATERIAL - ALUMINUM MM - 2024)
( T1 | FLAT END MILL - 12 | H1 )
N100 G21
N110 G0 G17 G40 G49 G80 G90
/ N120 G91 G28 Z0.
/ N130 G28 X0. Y0.
/ N140 G92 X250. Y250. Z250.
N150 T1 M6
N160 G0 G90 X2.359 Y-79.284 A0. S1200 M3
N170 G43 H1 Z50.
N180 Z10.
N190 G1 Z-.955 F200.
N200 X2.92 Y-67.297 F500.
N210 G3 X2.933 Y-66.736 I-11.987 J.561
N220 X-8.505 Y-54.749 I-12. J0.
N230 G1 X-8.86 Y-54.733
N240 X-12.205 Y-54.481
N250 X-15.524 Y-54.078
N260 X-18.832 Y-53.524
N270 X-22.127 Y-52.818
N280 X-24.036 Y-52.335
N290 X-26.488 Y-51.601
N300 X-28.917 Y-50.722
N310 X-31.332 Y-49.69
N320 X-33.714 Y-48.512
```

图 1-197　NC 代码

3）关闭 NC 代码页面，保存 Mastercam 文件，退出系统。

1.3.9　二维加工小结

二维刀具路径包括外形铣削、钻孔、标准挖槽、平面铣和雕刻等，只需要绘制出二维图形（俯视图）即可。

1.3.10 练习与思考

1）如图 1-187 所示，尝试更改补正方向，重建后观察刀具路径的变化。

2）如图 1-193 所示，尝试更改串连方向和起始点位置，重建后观察刀具路径的变化。

提示：串连方向即进给运动方向，起始点即下刀点。

3）某模具零件如图 1-198 所示，除底面和侧面外，其余表面均需要加工，画出其二维图形，并选用合适的二维加工方法加工该零件。

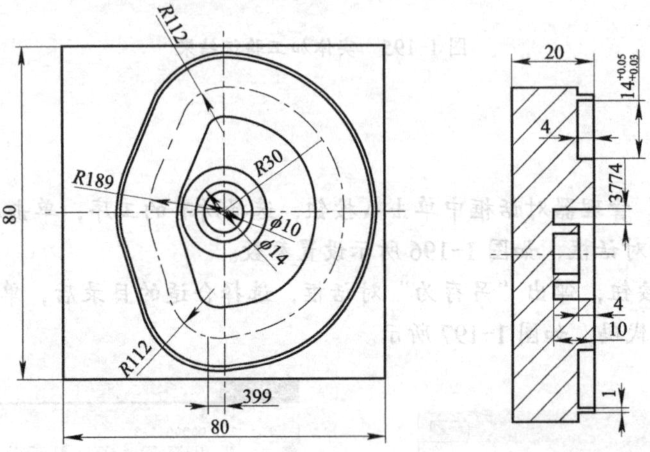

图 1-198

第 2 章

三维加工

2.1 实例 1——冲压模具的加工

2.1.1 零件介绍

冲压模具线架构如图 2-1a 所示，先画三维线架构，再画曲面，然后进行曲面粗加工和曲面精加工，完成后的零件如图 2-1b 所示。

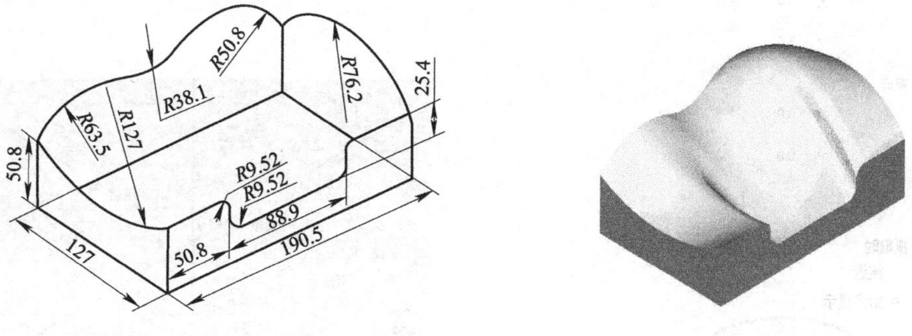

a） b）

图 2-1 冲压模具

a）线架构 b）完成后的零件

2.1.2 工艺分析

1. 零件形状和尺寸分析

该零件上表面是网格曲面，侧面和底面是平面，长 190.5mm、宽 127mm、高约 95mm。

2. 毛坯尺寸

除上表面外，其余五个面均为平面，可先在普通机床上加工，故本实例只讨论曲面加工的问题。

零件形状近似长方体，故选择长方体形状毛坯较为合适。

由于曲面部分余量不均匀，需进行粗加工和精加工，粗铣余量一般为 1 ～ 2.5mm，精铣余量一般为 0.2 ～ 0.3mm，故毛坯确定为长 190.5mm、宽 127mm、高 96mm 的长方体。

3. 工件装夹

由于底面和侧面均已经加工完毕，可利用底面和侧面进行定位，使用平口钳装夹。

4. 刀具选择

曲面粗加工选择直径12mm平底刀，曲面精加工选择直径8mm球刀。

5. 加工方案

1）曲面粗加工。

2）曲面精加工。

2.1.3 绘制三维图形

1）启动Mastercam。启动Mastercam 2018，按F9键，显示轴线。

2）网格设置。单击 网格设置(Alt+G) 按钮，弹出“网格设置”对话框，如图2-2所示设置参数，单击确定按钮 关闭对话框。

3）显示网格。单击 显示网格 按钮，在绘图区右击，选择 等角视图(WCS)(I)，结果如图2-3所示。

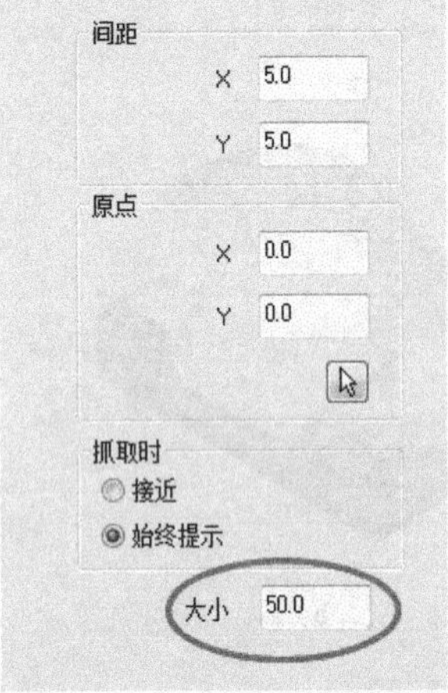

图2-2 “网格设置”对话框

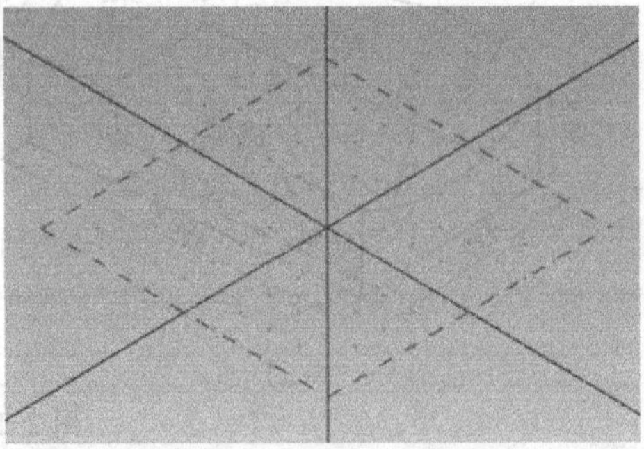

图2-3 显示网格

说明：

用网格代表当前绘图平面，使绘图直观方便。

4）2D绘图。单击屏幕上方“首页”工具栏“3D”按钮 3D，将其设为2D状态。

说明：

“3D”状态就是空间绘图，不受当前绘图平面的限制；“2D”状态就是平面绘图，所绘图形元素位于当前绘图平面上。实际绘图时，通过2D/3D的适时切换可提高绘图效率。

5）画矩形。单击 矩形 按钮，弹出“矩形”对话框，如图2-4所示设置，在屏幕上选择原点作为矩形最中心点，单击对话框的“确定”按钮，结果如图2-5所示。

6）平移复制矩形。选择刚才绘制的矩形，单击平移按钮，系统弹出“平移”对话框，如图 2-6 所示设置参数。

7）单击“平移”对话框中的“确定”按钮，结果如图 2-7 所示。

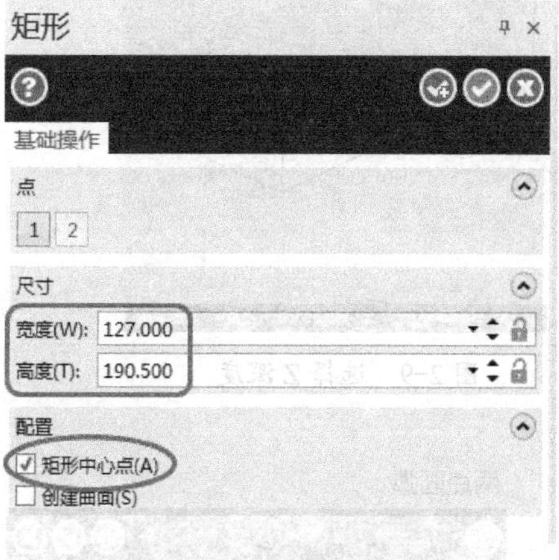

图 2-4　设置矩形参数

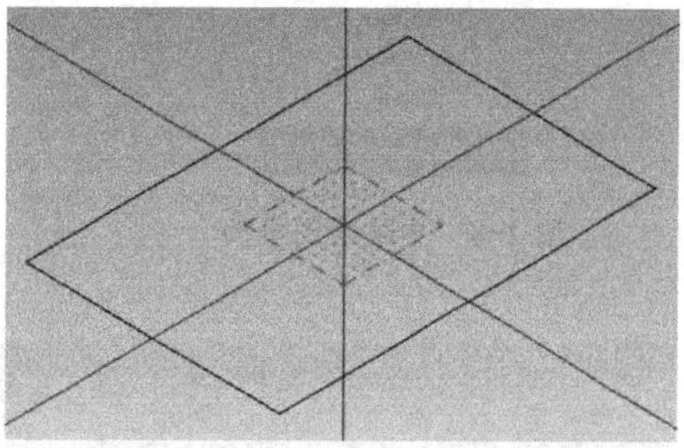

图 2-5　画矩形

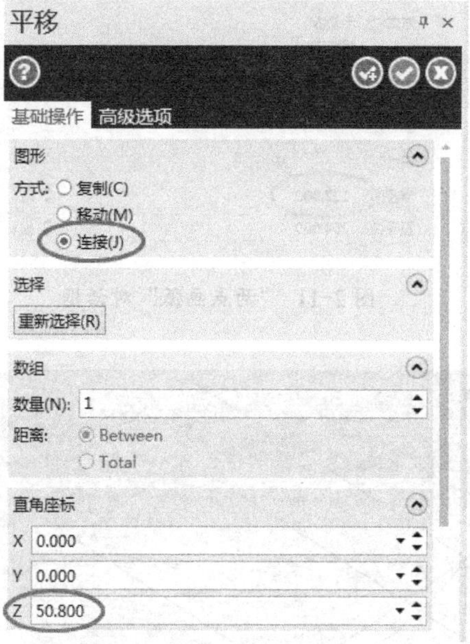

图 2-6　“平移”对话框

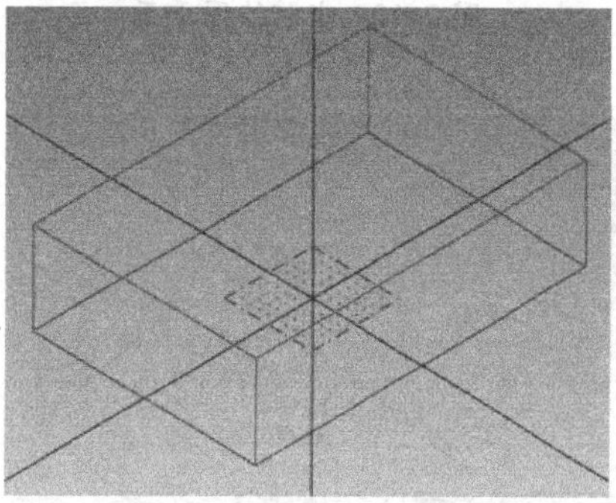

图 2-7　平移复制矩形

8）选择绘图平面。如图 2-8 所示，在屏幕下方单击绘图平面: 前视图，选择“前视图”，绘图平面更改为：前视图。

9）指定绘图深度。如图 2-9 所示，在屏幕下方单击Z按钮，选择矩形边端点，绘图平面平移至指定点位置，结果如图 2-10 所示。

10）绘制前面圆弧。单击两点画弧按钮，系统弹出“两点画弧”对话框，如图 2-11 所示输入半径值，回车，按图 2-12 所示选择端点和圆弧，单击对话框的“确定”按钮，即可完成圆弧绘制，结果如图 2-13 所示。

图 2-8　更改绘图平面

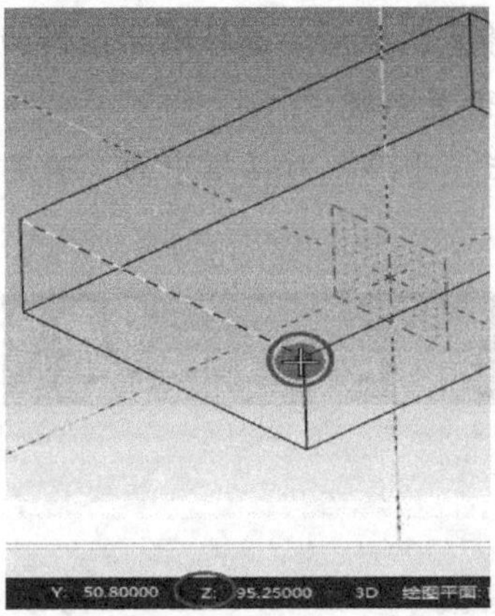

图 2-9　选择 Z 深度

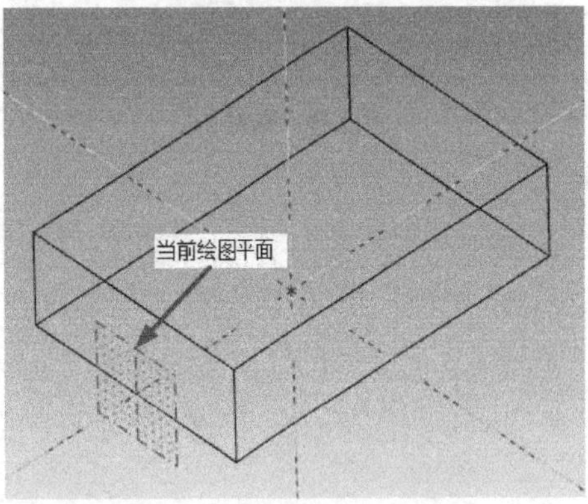

图 2-10　当前绘图平面

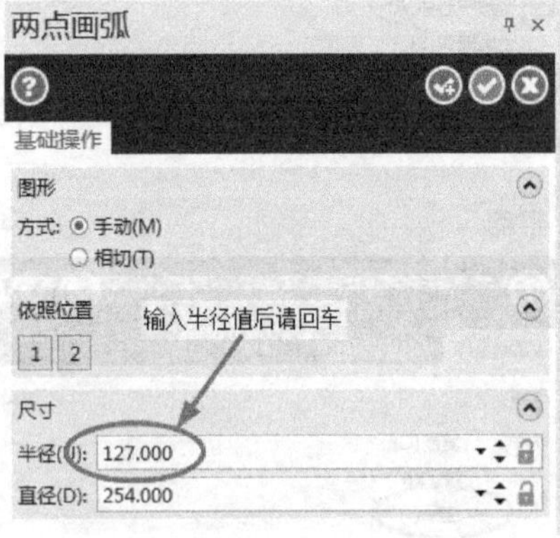

图 2-11　“两点画弧”对话框

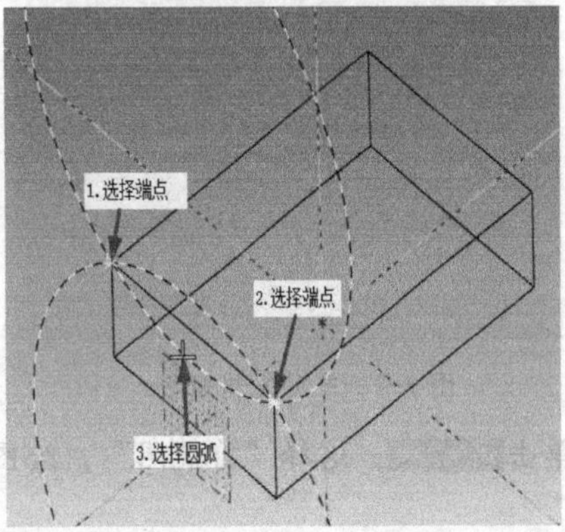

图 2-12　选择端点和圆弧

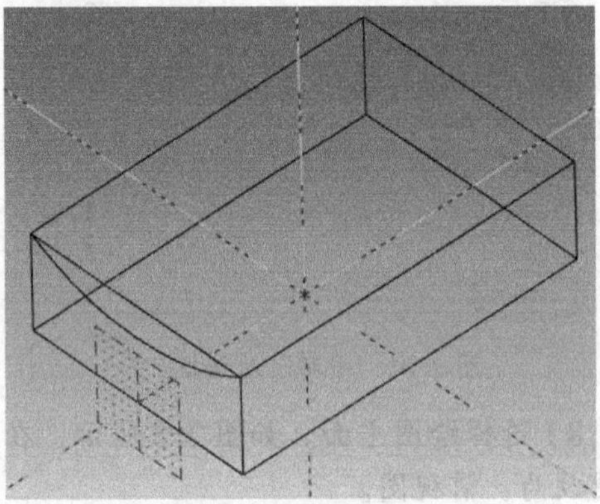

图 2-13　绘制 *R*127mm 圆弧

11）指定绘图深度。在屏幕下方单击按钮，选择矩形边端点，绘图平面平移至指定点位置，结果如图 2-14 所示。

12）绘制 *R*76.2mm 圆弧。用同样的方法通过两点绘制圆弧，结果如图 2-15 所示。

13）选择绘图平面。在屏幕下方单击，选择“右视图”。

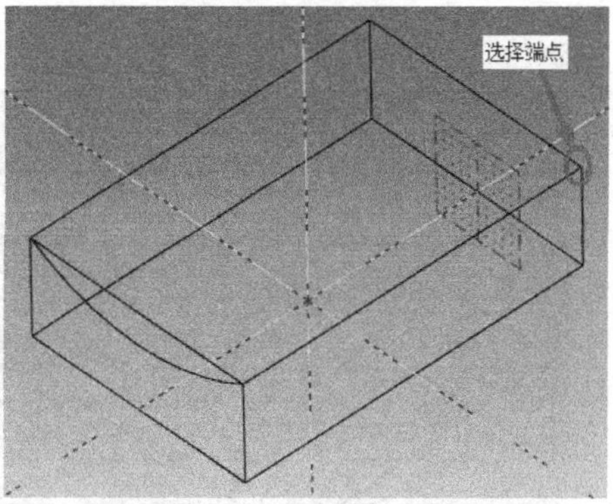

图 2-14　平移绘图平面

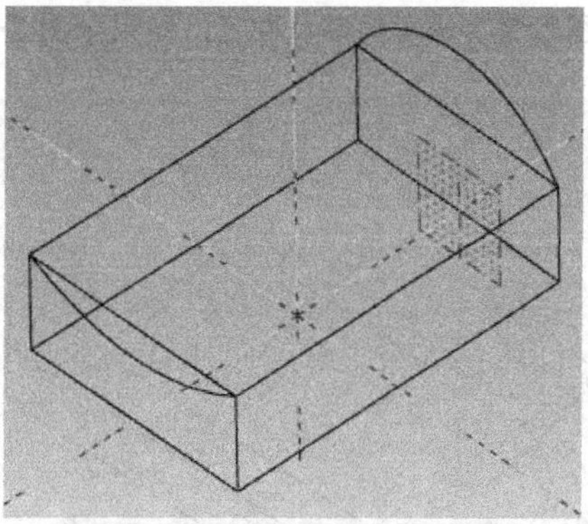

图 2-15　绘制 $R76.2$mm 圆弧

14）指定绘图深度。在屏幕下方单击按钮，选择图 2-9 所示矩形边端点，绘图平面平移至指定点位置，结果如图 2-16 所示。

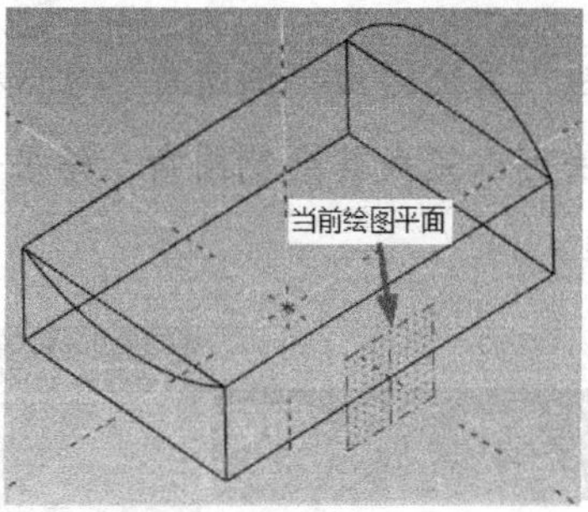

图 2-16　当前绘图平面

15）补正。单击补正按钮，系统弹出“单体补正”对话框，按图 2-17 所示步骤操作，单击对话框的“确定”按钮，即可完成一直线补正。用同样方法可完成其余两条直线的补正，结果如图 2-18 所示。

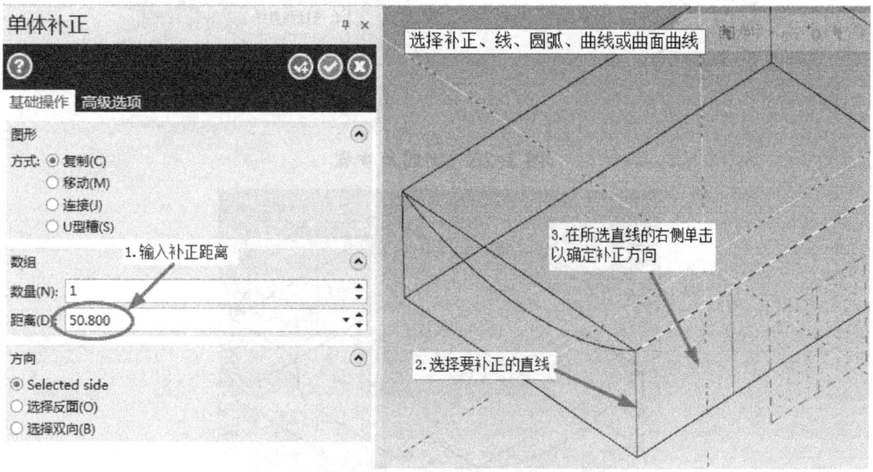

图 2-17　补正操作步骤

16）修剪图形。单击修剪打断延伸按钮，系统弹出“修剪打断延伸”对话框，方式为拆分/删除(D)，单击图形需要修剪的部位即可，结果如图 2-19 所示。

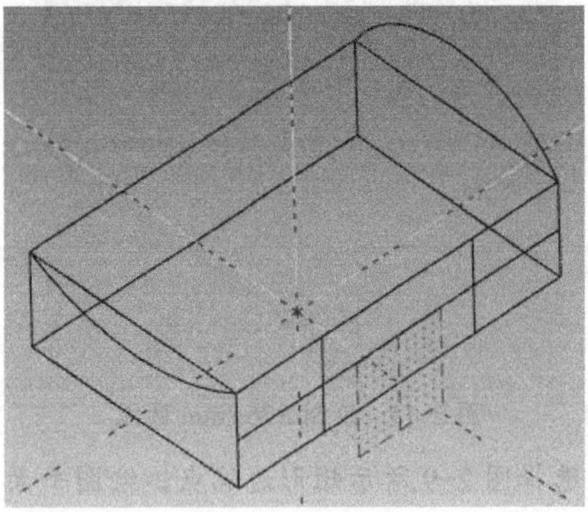

图 2-18　补正结果

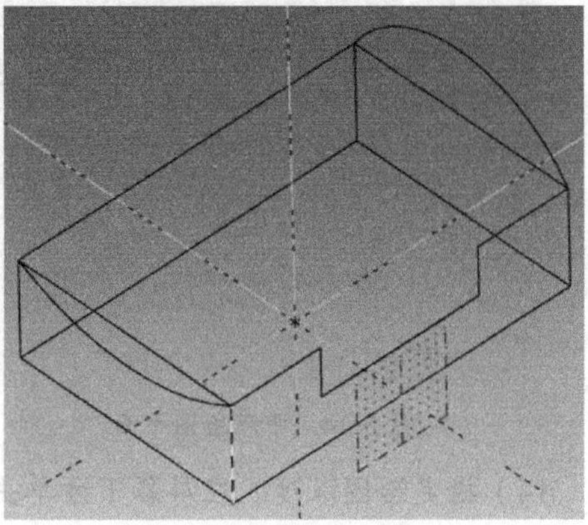

图 2-19　修剪结果

17）倒圆角。单击 倒圆角 按钮，系统弹出“倒圆角”对话框，按图 2-20 所示步骤操作，即可完成倒圆角。用同样的方法可以完成其余倒圆角，结果如图 2-21 所示。单击“确定”按钮，关闭“倒圆角”对话框。

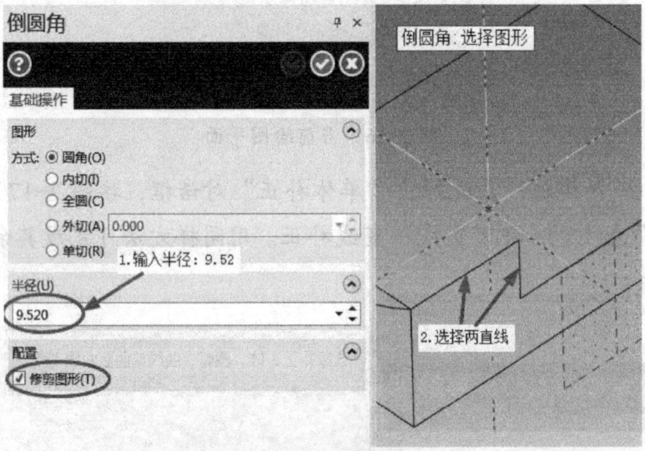

图 2-20　倒圆角步骤

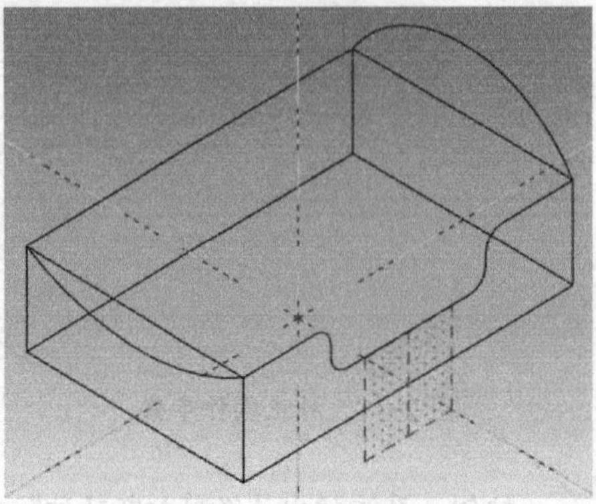

图 2-21　倒圆角结果

18）平移绘图平面。在屏幕下方单击Z按钮，选择矩形左上角点，绘图平面平移至指定点位置，结果如图 2-22 所示。

19）绘制 *R*63.5mm 圆弧。单击两点画弧按钮，系统弹出“两点画弧”对话框，按图 2-23 所示步骤操作，单击对话框的“确定”按钮，即可完成圆弧绘制。

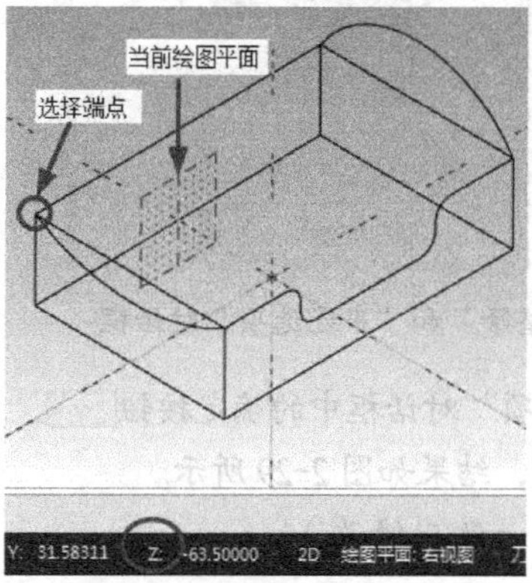

图 2-22 平移绘图平面

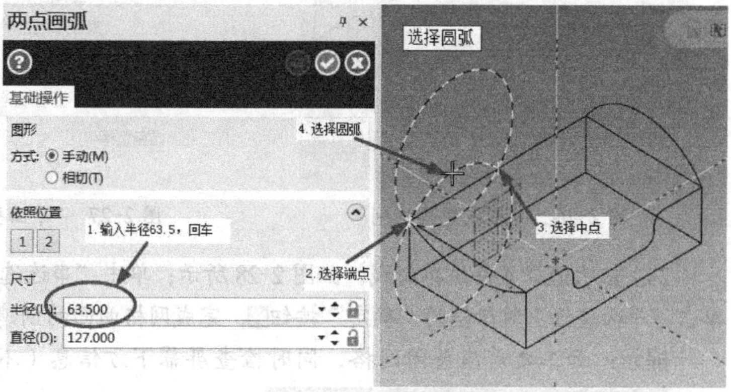

图 2-23 两点画弧步骤

20）绘制 *R*50.8mm 圆弧。用同样的方法通过两点绘制圆弧，结果如图 2-24 所示。

21）倒圆角。单击倒圆角按钮，系统弹出“倒圆角”对话框，按图 2-25 所示步骤操作，即可完成倒圆角，单击“确定”按钮，关闭“倒圆角”对话框。

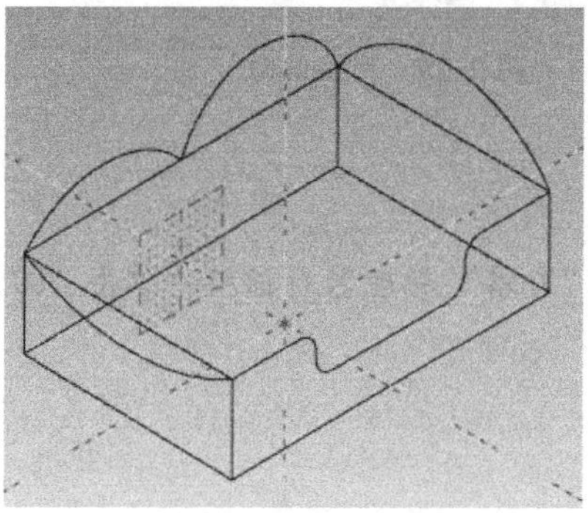

图 2-24 两点画弧结果

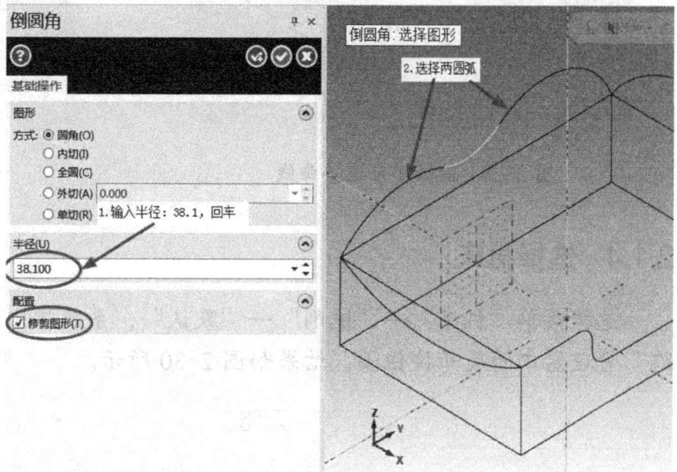

图 2-25 倒圆角步骤

22）删除图素。删除多余图素，完成三维线架构绘制，结果如图 2-26 所示。

23）绘制曲面。单击网格按钮，系统弹出“平面整修”和“串连选项”对话框，如图 2-27 所示。

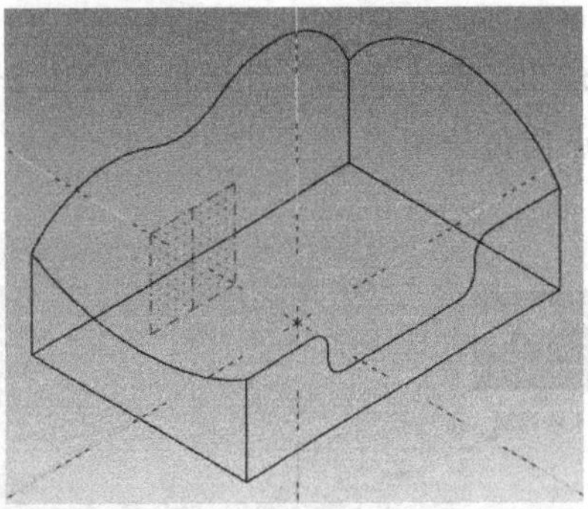

图 2-26　三维线架构绘制

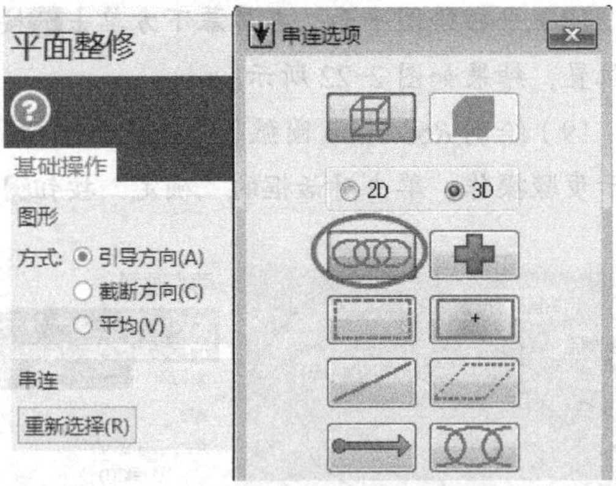

图 2-27　“平面整修”和“串连选项”对话框

24）依次选择 4 条边界曲线，如图 2-28 所示；单击“串连选项”对话框中的确定按钮，单击“平面整修”对话框的“确定”按钮，完成网格曲面的创建，结果如图 2-29 所示。

提示：加工之前应关闭网格，同时检查屏幕下方信息（不一致应修改）。

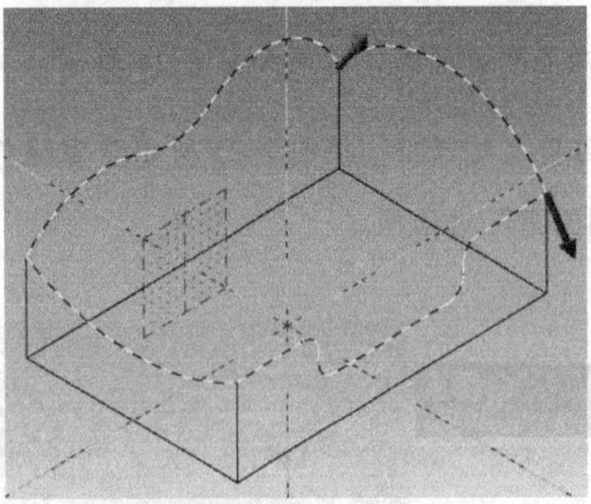

图 2-28　选择 4 条边界曲线

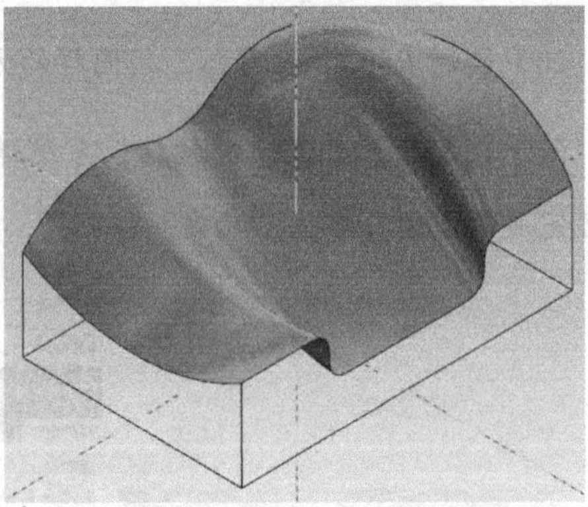

图 2-29　网格曲面

2.1.4　选择机床

选择菜单“机床”—“铣削”—“默认”，系统弹出“刀路”管理器对话框，单击“刀路”管理器中的展开按钮，结果如图 2-30 所示。

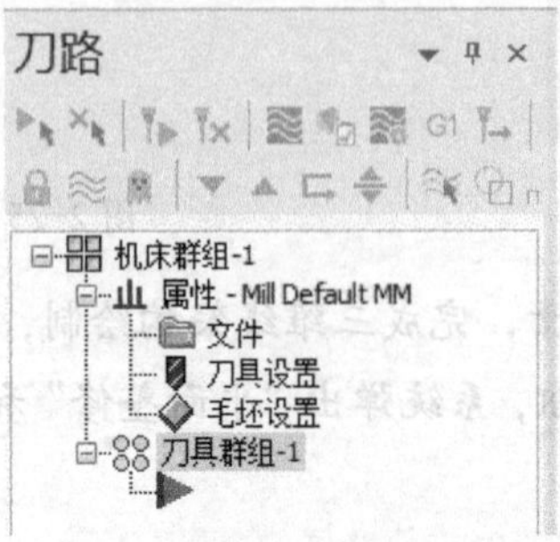

图 2-30　“刀路”管理器对话框

2.1.5 材料设置

1）单击图 2-30 所示“刀路”管理器对话框中的毛坯设置，系统弹出“机床群组属性”对话框，按图 2-31 所示设置参数。

2）单击按钮，在绘图区右击，选择等角视图 (WCS) (I)，结果如图 2-32 所示。

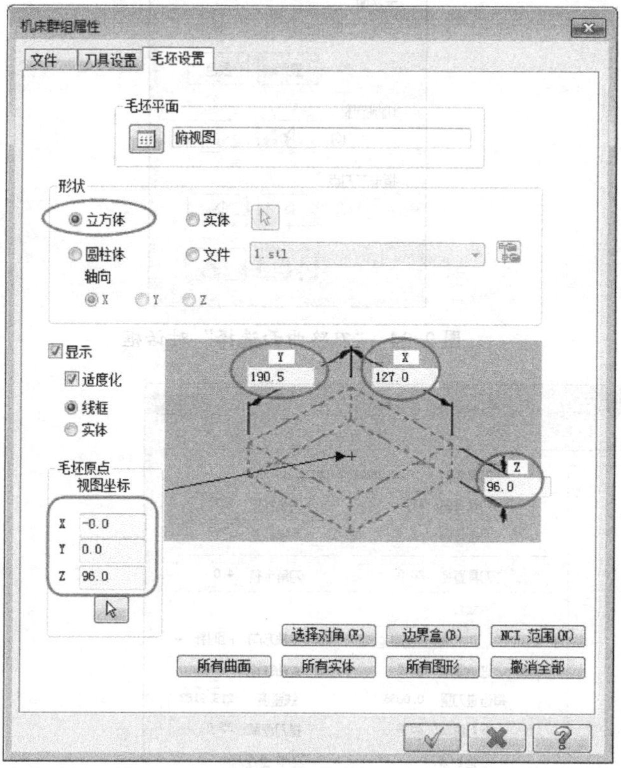

图 2-31 毛坯设置

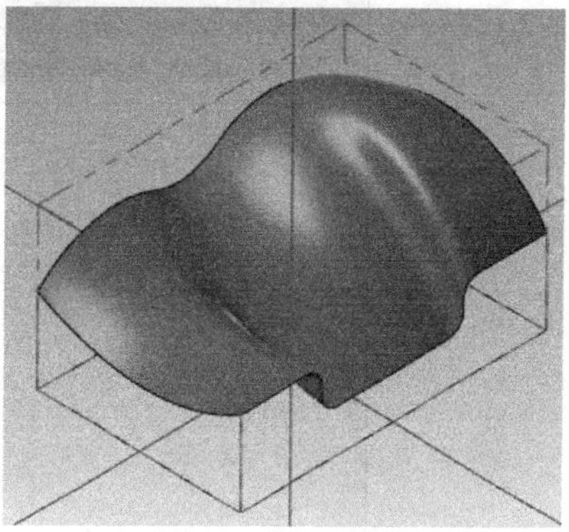

图 2-32 毛坯设置结果

2.1.6 曲面粗加工——平行铣削加工

1）启动平行铣削。单击平行按钮，系统弹出图 2-33 所示“选择工件型状”对话框，单击按钮关闭对话框，选择前面创建的网格曲面，回车，系统弹出“刀路曲面选择”对话框，如图 2-34 所示。

单击按钮，系统弹出“曲面粗切平行”对话框，如图 2-35 所示。

2）选择粗加工刀具。单击从刀库选择，单击刀具过滤(F)，系统弹出“刀具过滤列表设置”对话框，如图 2-36 所示，单击全关(N)，选择平刀，设置“刀具直径”为 12.0，单击按钮。

系统弹出“选择刀具”对话框，选择对话框中 5-12.0 平刀，单击按钮，系统返回“曲面粗切平行”对话框，如图 2-37 所示设置刀具参数。

3）设置曲面参数。单击图 2-37 所示“曲面参数”选项卡，如图 2-38 所示设置曲面加工参数。

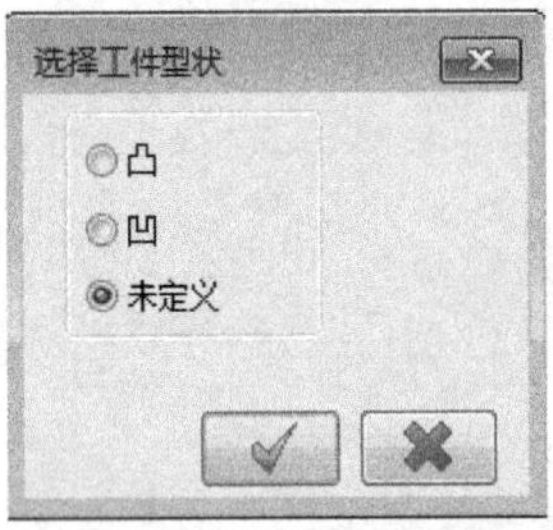

图 2-33 “选择工件型状”对话框

图 2-34 “刀路曲面选择”对话框

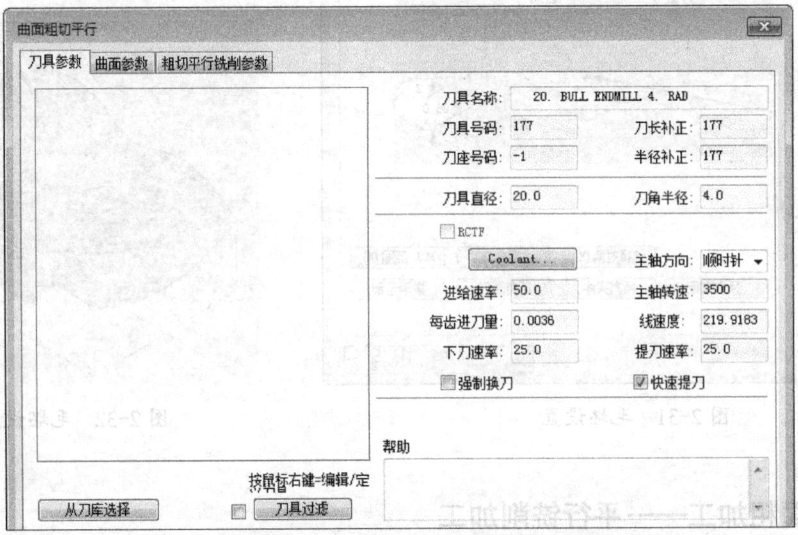

图 2-35 “曲面粗切平行”对话框

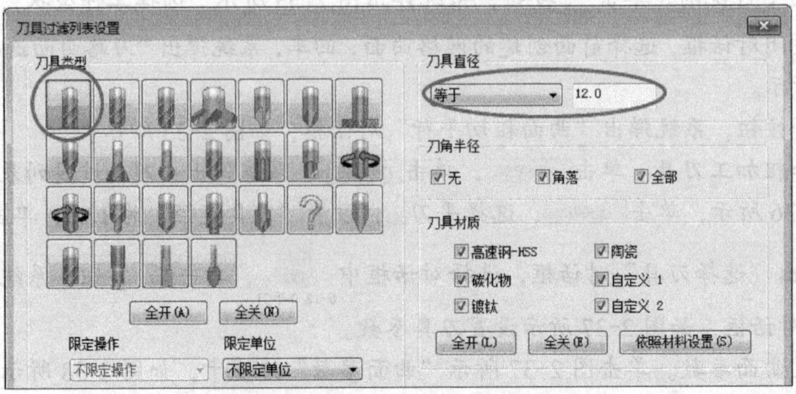

图 2-36 “刀具过滤列表设置”对话框

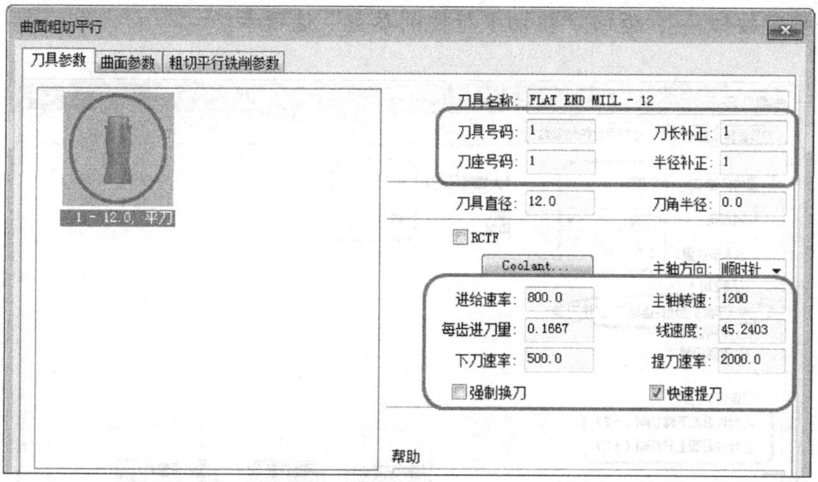

图 2-37　设置刀具参数

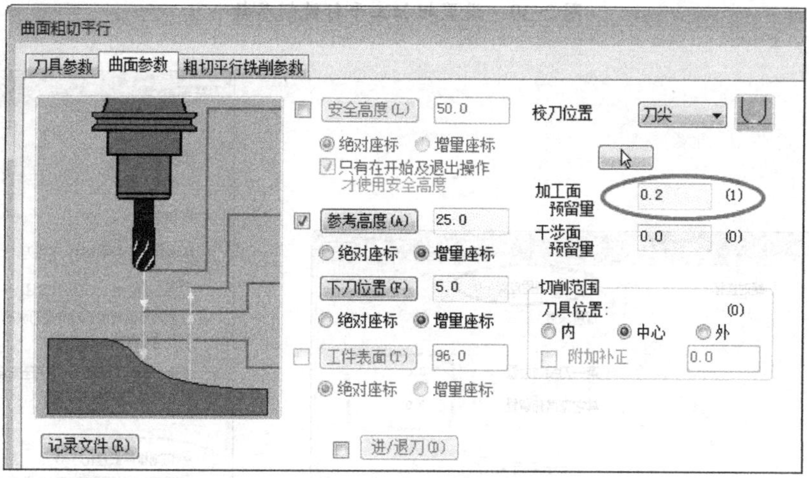

图 2-38　设置曲面加工参数

说明：

在保证安全（不撞刀）的前提下，为提高生产效率，“参考高度”和“下刀位置”尽量取小。

4）设置粗加工平行铣削参数。单击“粗切平行铣削参数”选项卡，如图 2-39 所示设置铣削参数。

5）设置切削深度。单击图 2-39 所示 切削深度(D) 按钮，系统弹出“切削深度设置”对话框，如图 2-40 所示设置参数，单击确定按钮 ✓，返回“粗切平行铣削参数”选项卡。

说明：

第一刀相对位置：用于确定第一层的切削位置，以避免空刀或切削深度过大、过小；其他深度预留量：用于确定最后一层的切削位置。

6）设置间隙。单击 间隙设置(G) 按钮，系统弹出“刀路间隙设置”对话框，如图 2-41 所示设置，单击确定按钮，返回“粗切平行铣削参数”选项卡。

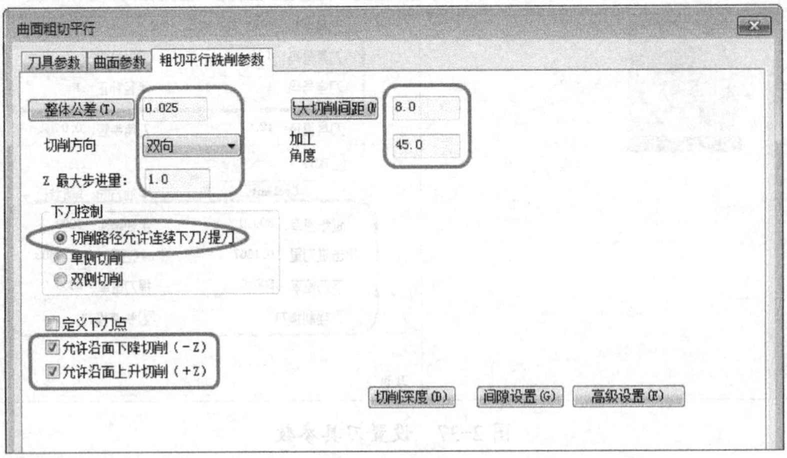

图2-39 设置粗加工平行铣削参数

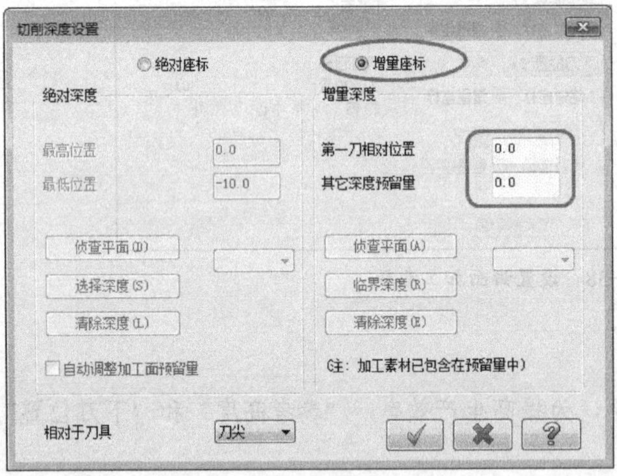

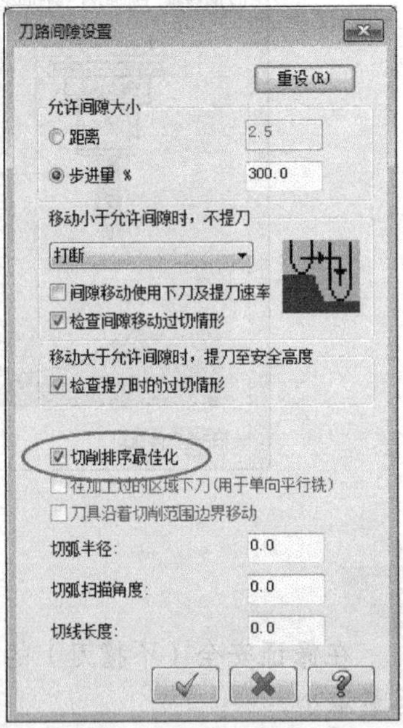

图2-40 设置切削深度　　　　图2-41 设置间隙

7）高级设置。单击高级设置(E)按钮，系统弹出“高级设置”对话框，如图2-42所示设置，单击确定按钮，返回“粗切平行铣削参数”选项卡。

8）完成工序创建。单击确定按钮，完成曲面粗加工平行铣削工序创建，如图2-43所示，产生的粗加工刀具路径如图2-44所示。

9）实体验证。单击“刀路”管理器对话框中的验证已选择的操作按钮，系统弹出“验证”对话框，单击播放▶按钮，模拟结果如图2-45所示。单击×按钮，关闭模拟对话框。

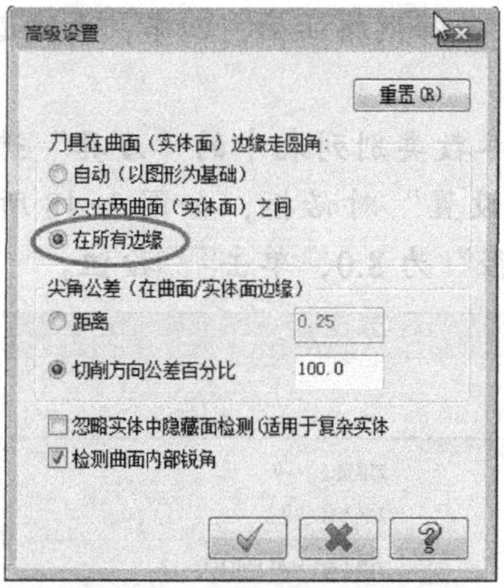

图 2-42 “高级设置”对话框

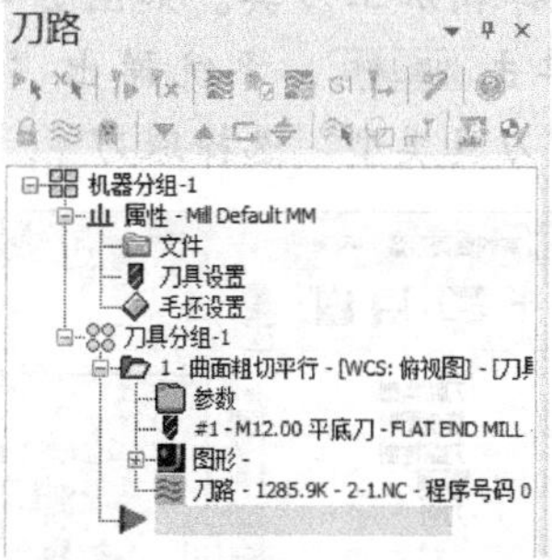

图 2-43 曲面粗加工平行铣削工序

图 2-44 粗加工刀具路径

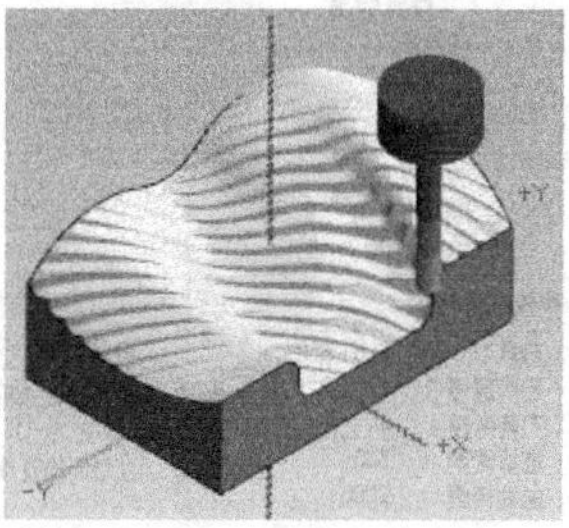

图 2-45 实体加工验证结果

2.1.7 曲面精加工——平行铣削加工

1）启动平行铣削。单击平行按钮，系统弹出图 2-46 所示“高速曲面刀路 - 平行”对话框。

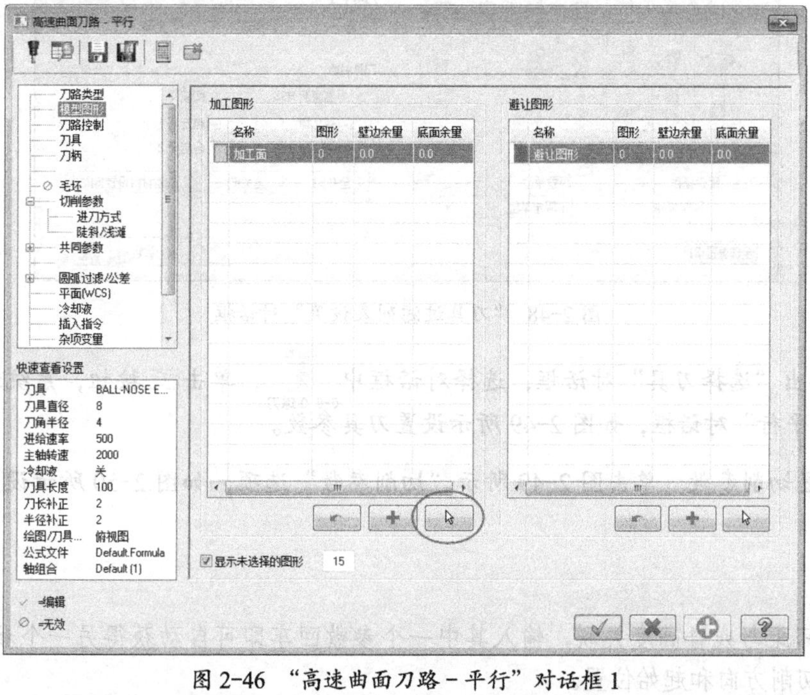

图 2-46 “高速曲面刀路 - 平行”对话框 1

2）选择加工曲面。单击图 2-46 所示按钮，选择网格曲面，回车，系统返回“高速曲面刀路 - 平行”对话框。

3）选择精加工刀具。如图 2-47 所示，单击参数类别列表中的“刀具”选项，单击从刀库选择，单击刀具过滤(F)，系统弹出“刀具过滤列表设置”对话框，如图 2-48 所示，单击全关(N)，“刀具类型”选择球刀，设置“刀具直径”为 8.0，单击按钮。

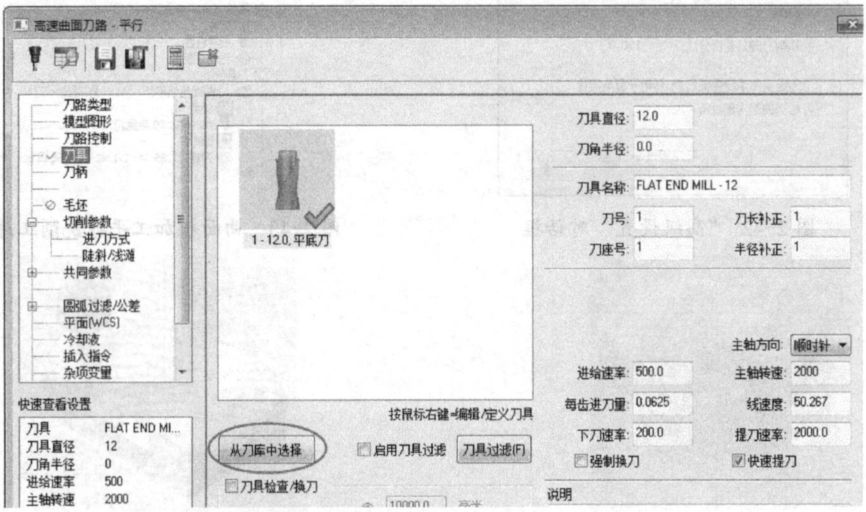

图 2-47 “高速曲面刀路 - 平行”对话框 2

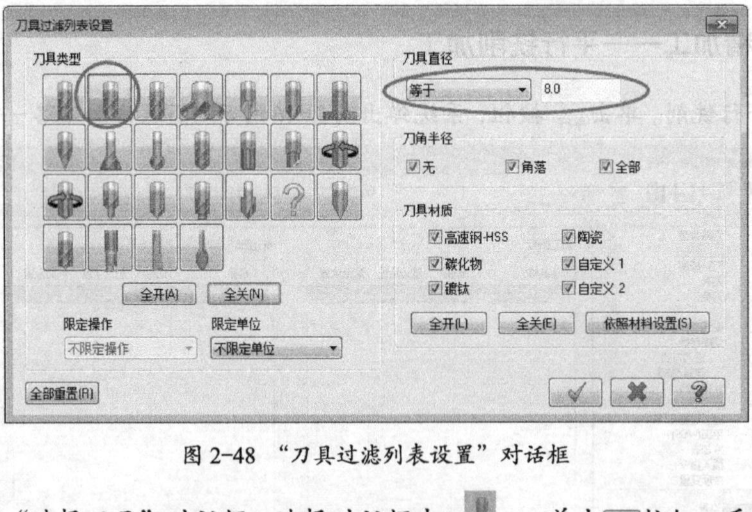

图 2-48 “刀具过滤列表设置”对话框

系统弹出“选择刀具”对话框，选择对话框中 6-8.0 球刀，单击按钮，系统返回“高速曲面刀路 - 平行”对话框，如图 2-49 所示设置刀具参数。

4）设置切削参数。单击图 2-49 所示“切削参数”选项，如图 2-50 所示设置曲面精加工切削参数。

说明：

切削间距与残脊高度关联，输入其中一个参数回车即可自动获得另一个参数；加工角度决定切削方向和起始位置。

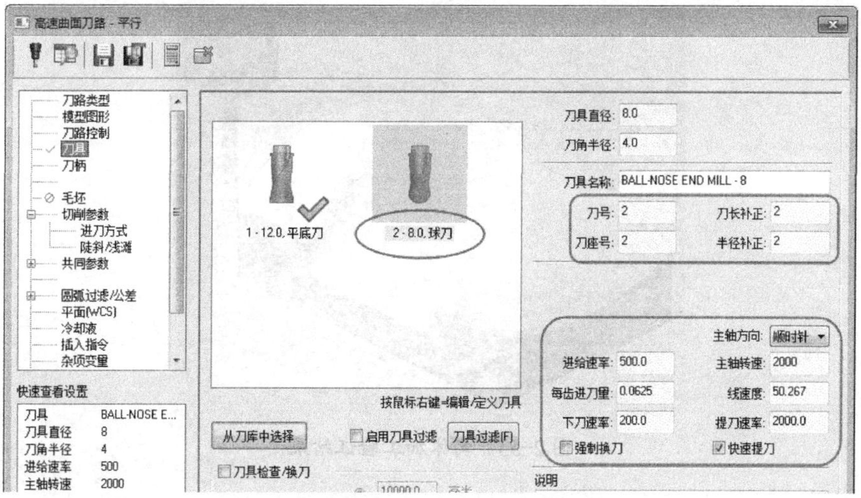

图 2-49　设置刀具参数

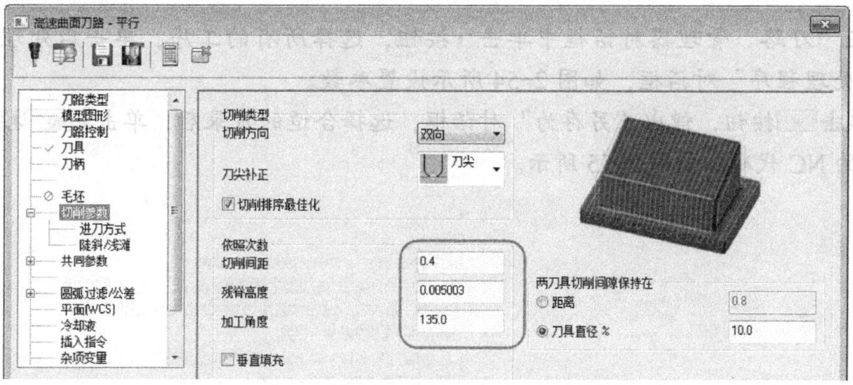

图 2-50　设置曲面精加工切削参数

5）完成工序创建。单击确定按钮，完成曲面精加工平行铣削工序创建，如图 2-51 所示，产生的精加工刀具路径如图 2-52 所示。

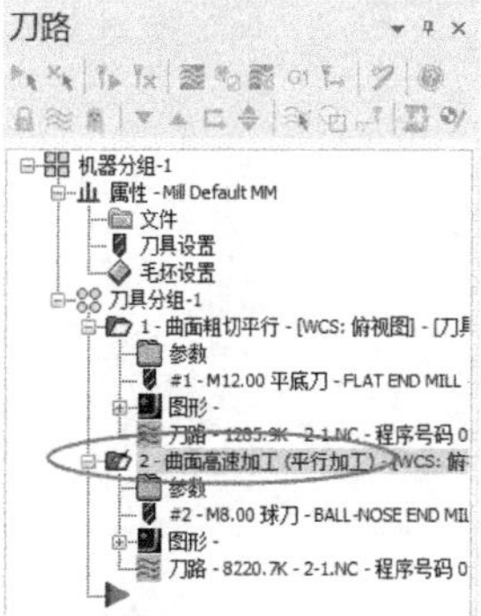

图 2-51　曲面精加工平行铣削工序

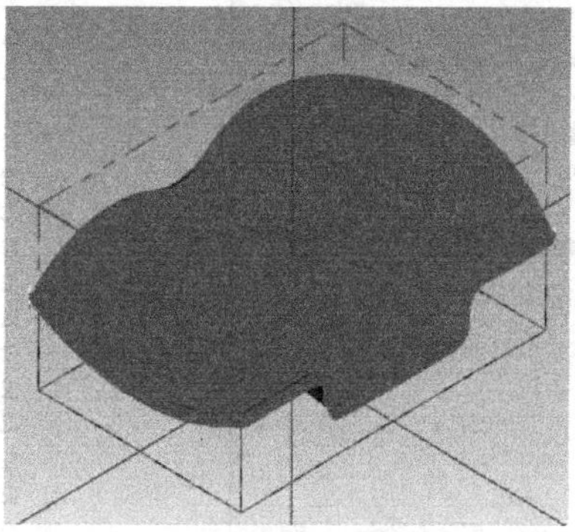

图 2-52　精加工刀具路径

6）实体验证。单击“刀路”管理器对话框中的验证已选择的操作按钮，系统弹出“验证”对话框，单击播放按钮，模拟结果如图 2-53 所示。单击×按钮，关闭模拟对话框。

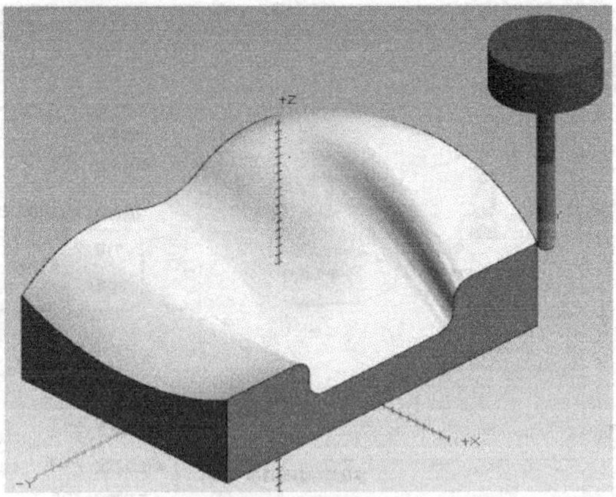

图 2-53　实体加工验证结果

2.1.8　后处理

1）在“刀路”管理器对话框中单击按钮，选择所有的工序，单击后处理按钮，弹出“后处理程序”对话框，如图 2-54 所示设置参数。

2）单击按钮，弹出“另存为”对话框，选择合适的目录后，单击按钮，即可得到所需的 NC 代码，如图 2-55 所示。

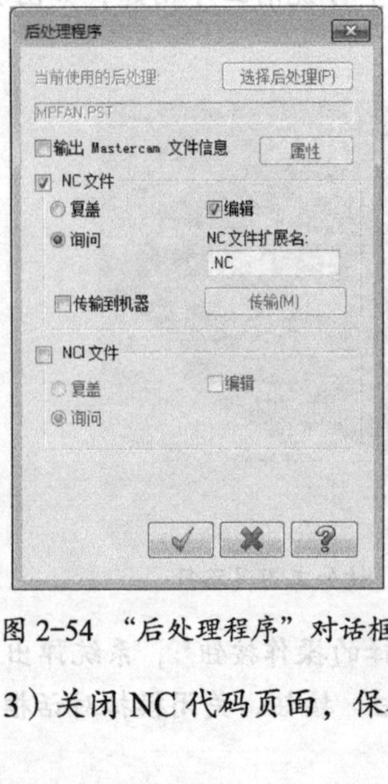

图 2-54 “后处理程序”对话框

```
%
O0000(2-1)
(DATE=DD-MM-YY - 20-07-18 TIME=HH:MM - 16:45)
(MCX FILE - E:\MASTERCAM2018数控加工实例教程\第2章 三维加工\第2章实例文件\2-1.MCAM)
(NC FILE - C:\USERS\ADMINISTRATOR\DOCUMENTS\MY MCAM2018\MILL\NC\2-1.NC)
(MATERIAL - ALUMINUM MM - 2024)
( T1 | FLAT END MILL - 12 | H1 | XY STOCK TO LEAVE - .2 | Z STOCK TO LEAVE - 0. )
( T2 | BALL-NOSE END MILL - 8 | H2 )
N100 G21
N110 G0 G17 G40 G49 G80 G90
/ N120 G91 G28 Z0.
/ N130 G28 X0. Y0.
/ N140 G92 X250. Y250. Z250.
N150 T1 M6
N160 G0 G90 X69.7 Y-94.707 A0. S1200 M3
N170 G43 H1 Z121.093
N180 Z101.093
N190 G1 Z95.093 F500.
N200 X62.957 Y-101.45 F800.
N210 X51.996
N220 X69.7 Y-83.746
N230 Y-72.786
N240 X41.036 Y-101.45
N250 X30.075
N260 X69.7 Y-61.825
N270 Y-50.865
N280 X19.115 Y-101.45
N290 X8.155
N300 X69.7 Y-39.905
N310 Y-28.944
N320 X-2.806 Y-101.45
```

图 2-55　NC 代码

3）关闭 NC 代码页面，保存 Mastercam 文件，退出系统。

2.1.9 练习与思考

建立图 2-56 所示零件的三维模型，除底面外，其他表面都要求加工，选择合适的加工方法加工该零件（毛坯尺寸自定，要求合理）。

提示：创建举升曲面。

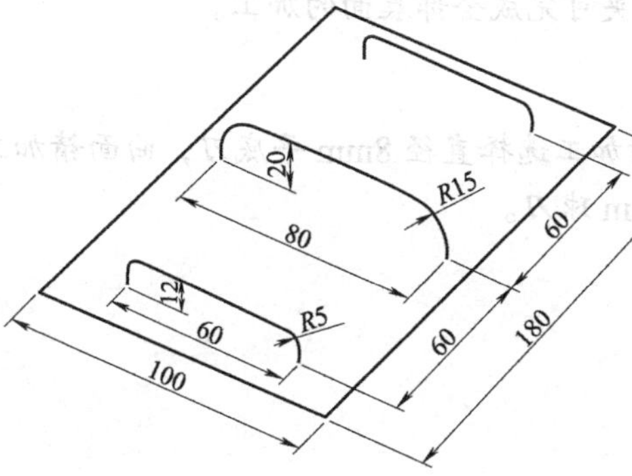

图 2-56　练习零件图

2.2 实例 2——烟灰缸模型的加工

2.2.1 零件介绍

烟灰缸模型如图 2-57 所示，具体尺寸在绘图过程中有说明。

图 2-57　烟灰缸模型

2.2.2 工艺分析

1. 零件形状和尺寸分析

该烟灰缸是具有拔模角度的凹腔型零件，长、宽约 119mm，高 35mm，槽半径 4mm，圆角半径 5mm，外壁拔模角度 15°，内壁拔模角度 10°。

2. 毛坯尺寸

除底面外，其余表面均需要加工。

根据零件形状，选择长方体毛坯。

由于曲面部分余量不均匀，需进行粗加工和精加工，粗铣余量一般为 1 ～ 2.5mm，精铣余量一般为 0.2 ～ 0.3mm，故毛坯确定为长、宽 120mm，高 36mm 的长方体。

3. 工件装夹

为简化工艺，采用磁力或负压夹紧，一次装夹可完成全部表面的加工。

4. 刀具选择

曲面粗加工选择直径 12mm 平底刀，底面精加工选择直径 8mm 平底刀，曲面精加工选择直径 8mm 球刀，精加工残料清角选择直径 5mm 球刀。

5. 加工方案

1）曲面粗加工。

2）底面精加工。

3）精加工浅滩区域。

4）精加工陡峭区域。

2.2.3 绘制三维图形

1）启动 Mastercam。启动 Mastercam 2018，按 F9 键，显示轴线。

2）网格设置。单击 网格设置 (Alt+G) 按钮，弹出“网格设置”对话框，如图 2-58 所示设置参数，单击确定按钮关闭对话框。

3）显示网格。单击 显示网格 按钮，在绘图区右击，选择 等角视图 (WCS) (I)，结果如图 2-59 所示。

4）2D 绘图。单击屏幕上方“首页”工具栏“3D”按钮 3D，将其设为 2D 状态。

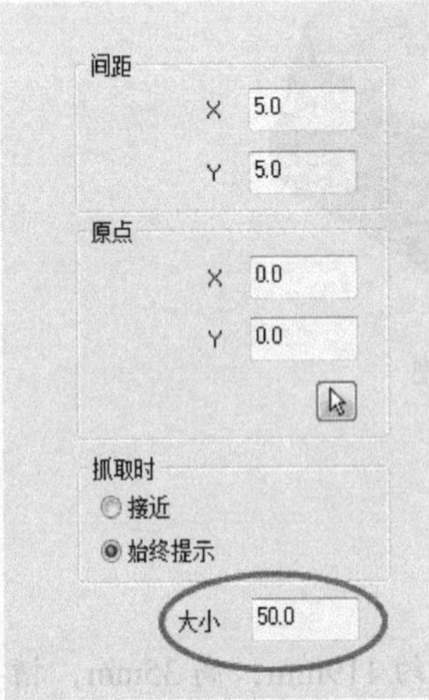

图 2-58 “网格设置”对话框

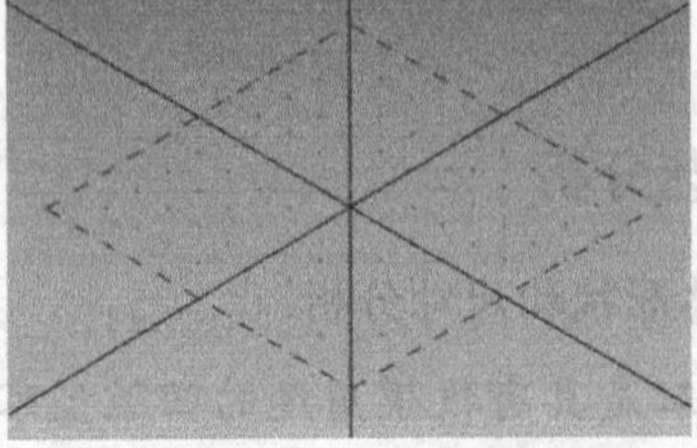

图 2-59 显示网格

5）画矩形。单击 圆角矩形 按钮，弹出“圆角矩形”对话框，按图 2-60 所示步骤操作，单击对话框的“确定”按钮，即可完成圆角矩形绘制，结果如图 2-61 所示。

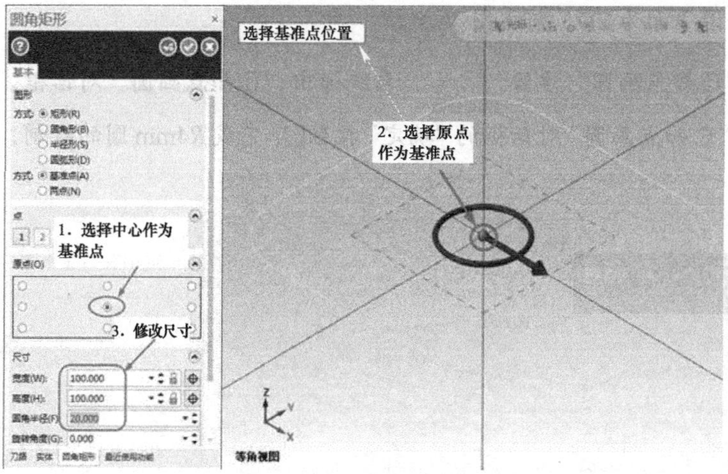

图 2-60　圆角矩形绘图步骤

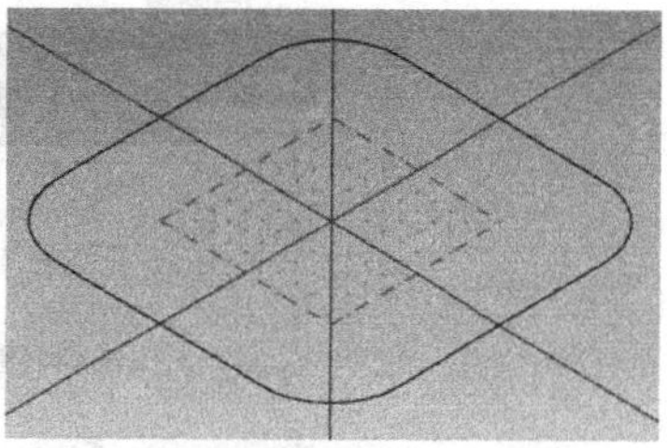

图 2-61　圆角矩形

6）矩形补正。单击串连补正按钮，系统弹出“串连补正”和“串连选项”对话框，按图 2-62 所示步骤操作，最后单击“串连补正”对话框的“确定”按钮，即可完成圆角矩形补正，结果如图 2-63 所示。

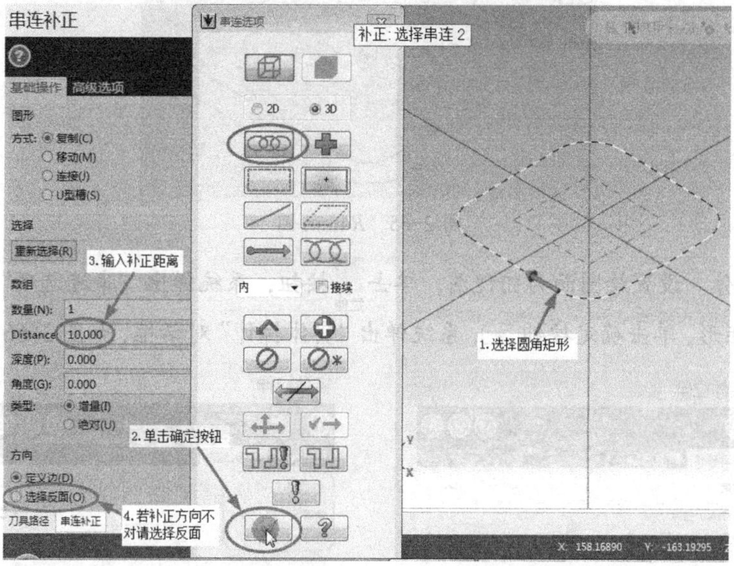

图 2-62　圆角矩形补正步骤

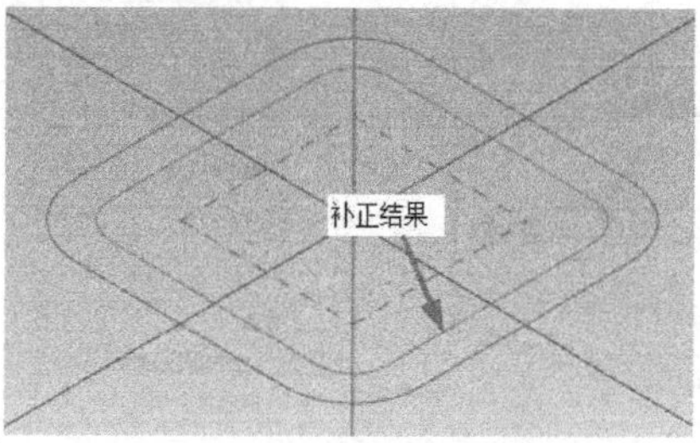

图 2-63　圆角矩形补正结果

7）设置绘图平面。设置绘图平面为 2D、前视图。

8）绘制 R4mm 圆。单击“已知点画圆”按钮 已知点画圆，系统弹出“已知点画圆”对话框，按图 2-64 所示步骤操作，单击“已知点画圆”对话框的“确定”按钮，完成 R4mm 圆的绘制，结果如图 2-65 所示。

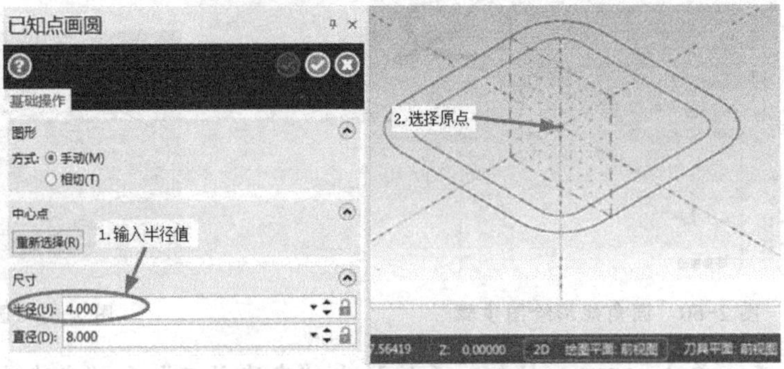

图 2-64 绘制 R4mm 圆步骤

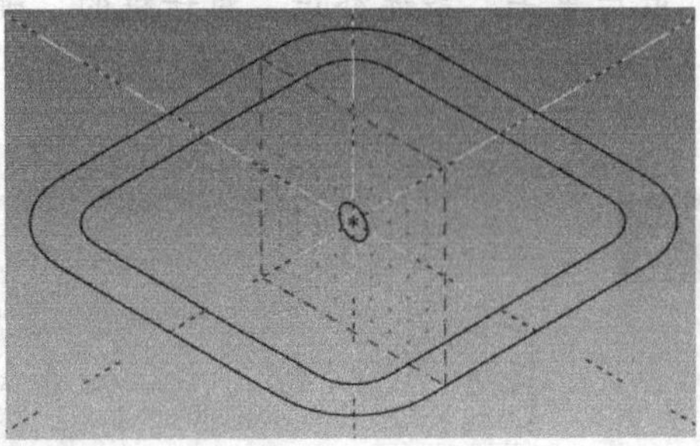

图 2-65 R4mm 圆

9）拉伸实体。设置绘图面为俯视图，单击 拉伸 按钮，系统弹出“串连选项”对话框，选择外面大的圆角矩形，单击确定按钮，系统弹出“实体拉伸”对话框，如图 2-66 所示设置参数。

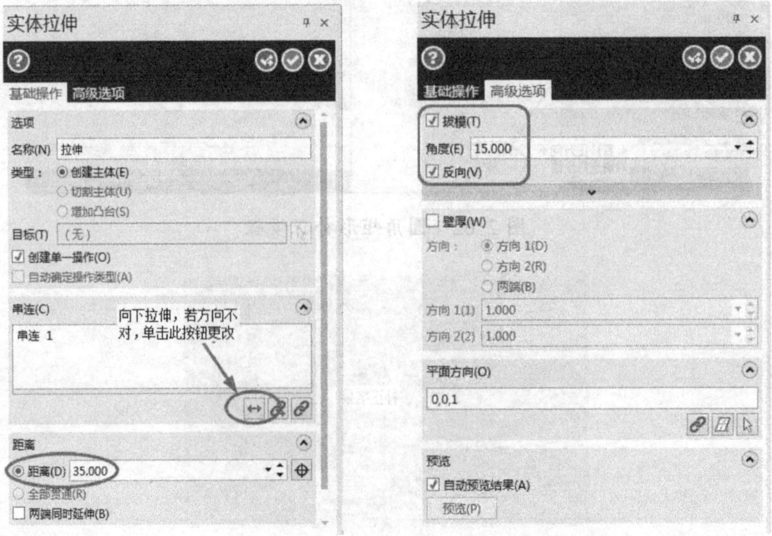

图 2-66 “实体拉伸”对话框 1

单击“实体拉伸”对话框的“确定”按钮，完成实体拉伸，结果如图 2-67 所示。

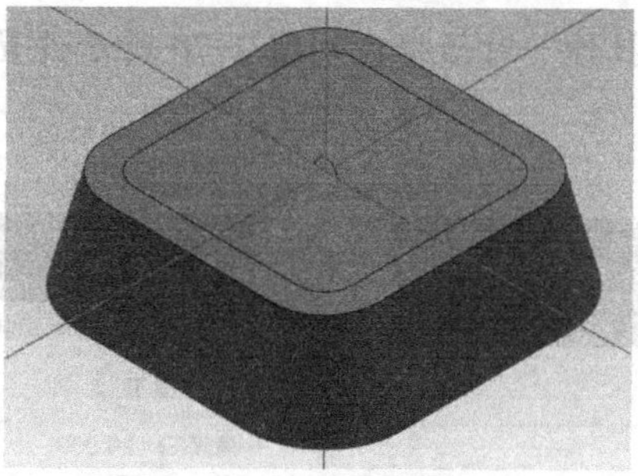

图 2-67　实体拉伸结果 1

10）拉伸实体。单击拉伸按钮，系统弹出“串连选项”对话框，选择里面小的圆角矩形，单击确定按钮，系统弹出“实体拉伸”对话框，如图 2-68 所示设置参数。

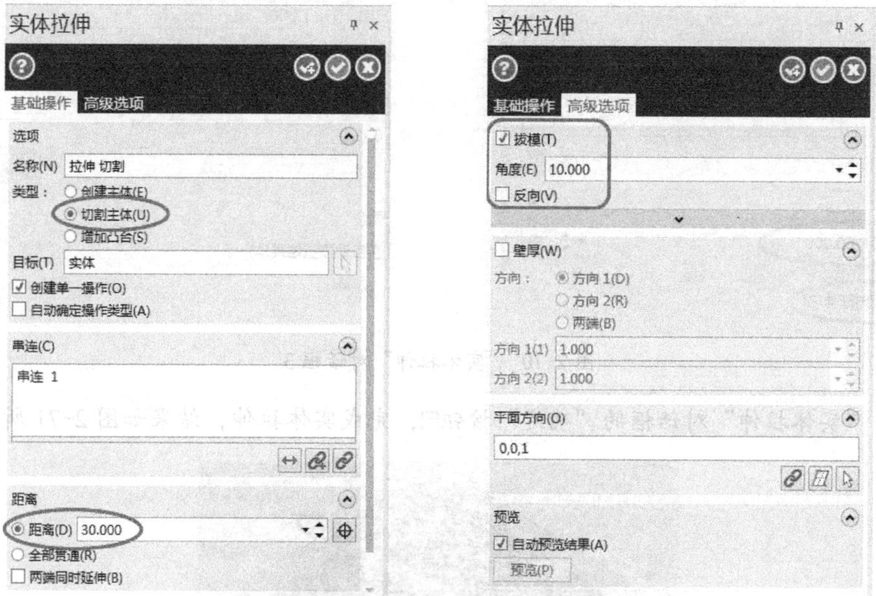

图 2-68　“实体拉伸”对话框 2

单击“实体拉伸”对话框的“确定”按钮，完成实体拉伸，结果如图 2-69 所示。

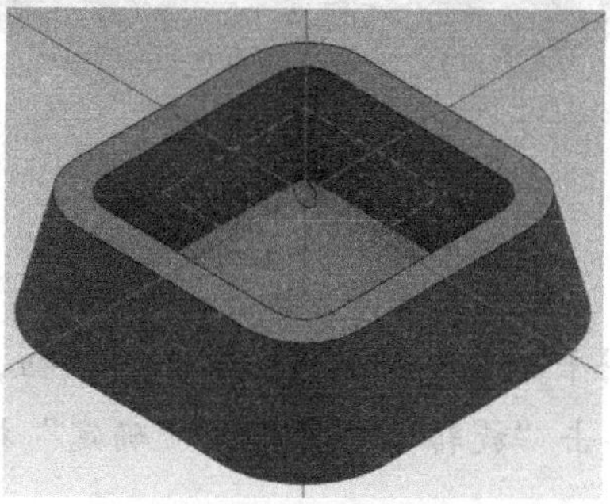

图 2-69　实体拉伸结果 2

11）拉伸实体。单击按钮，系统弹出“串连选项”对话框，选择 R4mm 圆，单击确定按钮，系统弹出“实体拉伸”对话框，如图 2-70 所示设置参数。

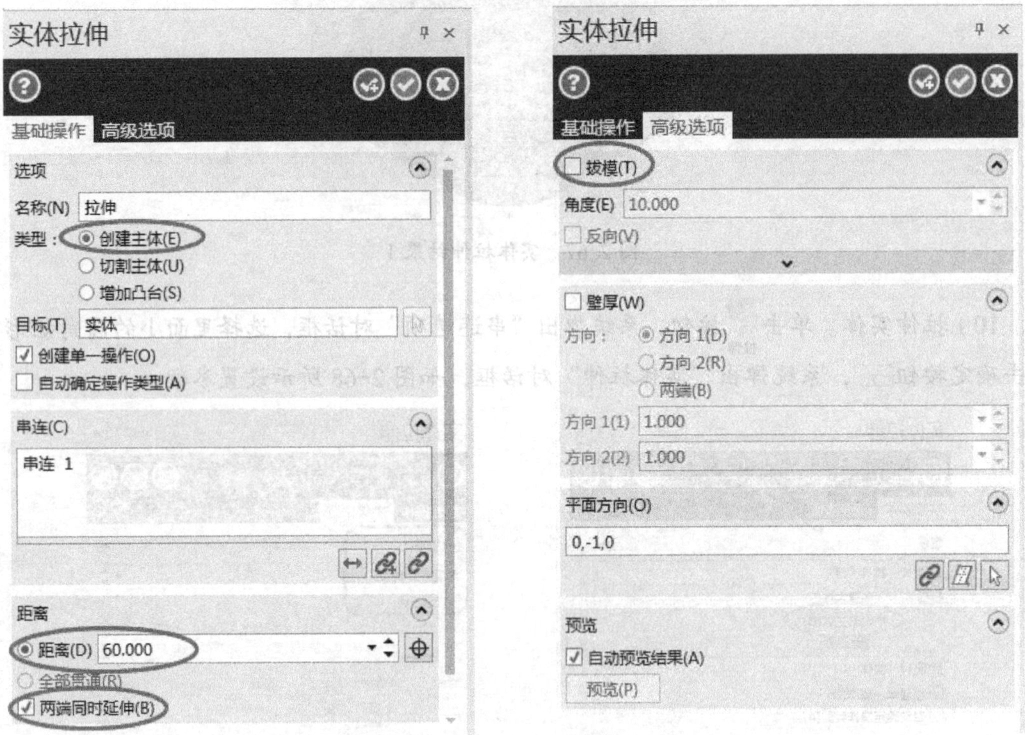

图 2-70 “实体拉伸”对话框 3

单击“实体拉伸”对话框的“确定”按钮，完成实体拉伸，结果如图 2-71 所示。

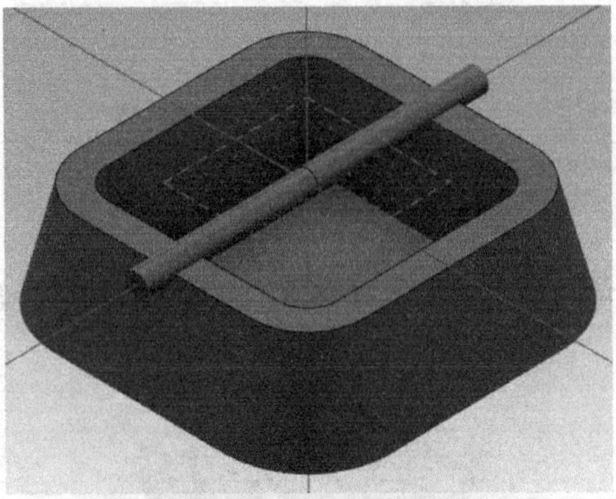

图 2-71 实体拉伸结果 3

12）旋转复制实体。绘图平面设为俯视图，单击按钮，系统弹出“旋转”对话框，按图 2-72 所示步骤操作，单击“旋转”对话框的“确定”按钮，完成实体旋转复制，结果如图 2-73 所示。

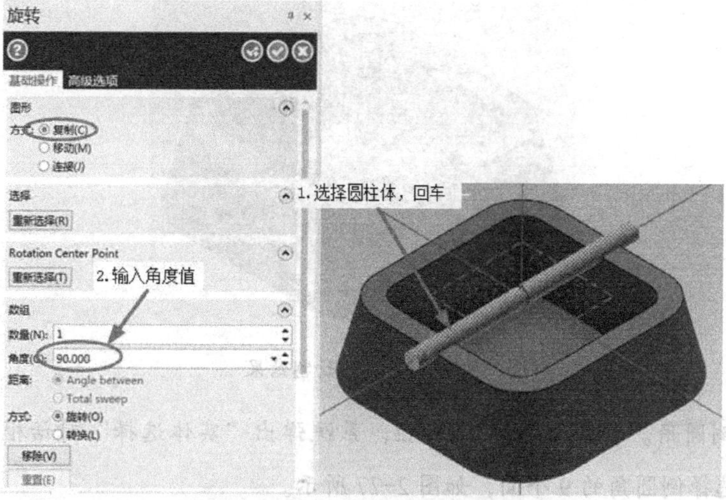

图 2-72　实体旋转复制操作步骤

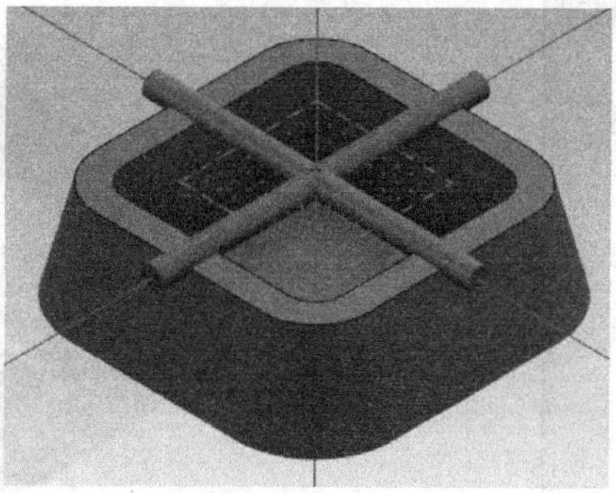

图 2-73　实体旋转复制结果

13）实体切割。单击布尔按钮，如图 2-74 所示，依次选择主体、工具体，回车，系统弹出“布尔运算”对话框，选择“切割”，单击“确定”按钮，完成实体切割，结果如图 2-75 所示。

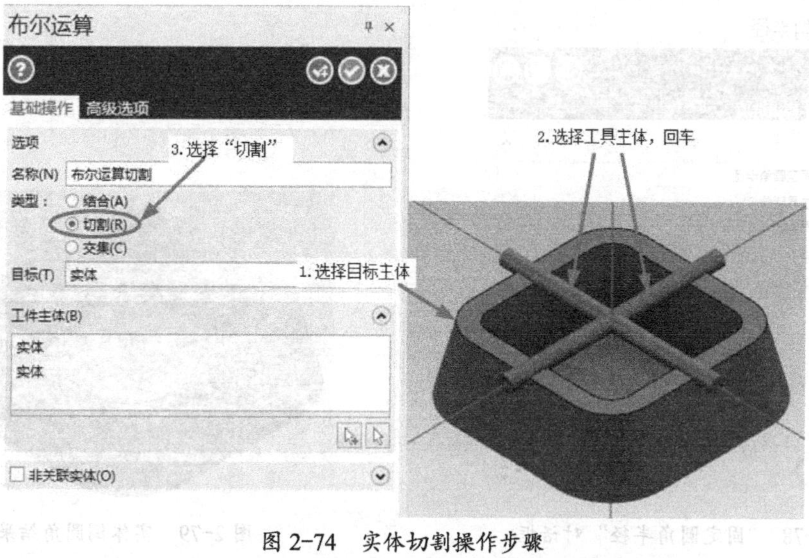

图 2-74　实体切割操作步骤

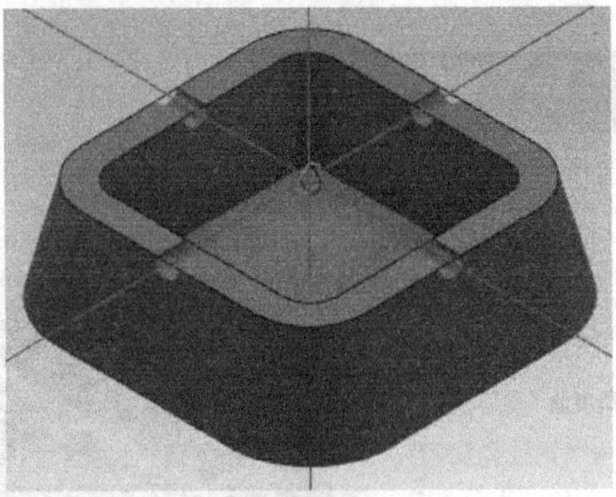

图 2-75　实体切割结果

14）实体倒圆角。单击 固定半径倒圆角 按钮，系统弹出“实体选择”对话框，如图 2-76 所示设置参数，选择倒圆角的 9 个面，如图 2-77 所示。

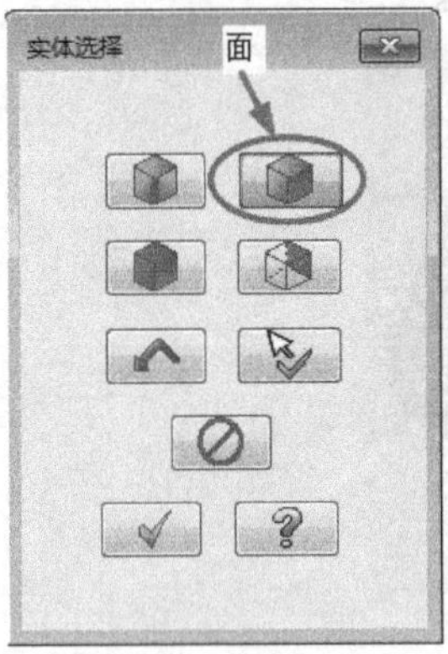

图 2-76 “实体选择”对话框

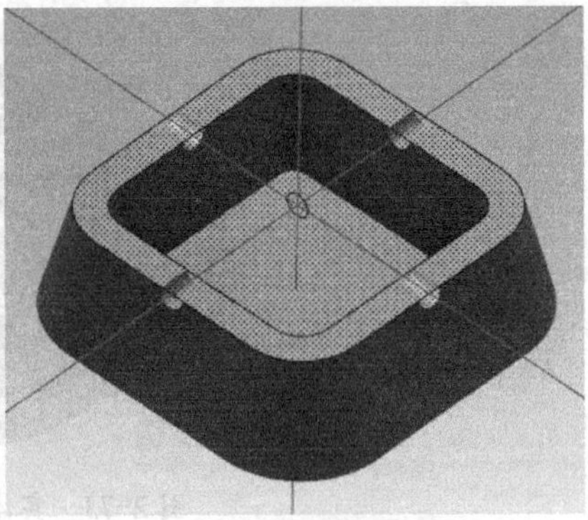

图 2-77　选择倒圆角的面

15）单击确定按钮，系统弹出“固定圆角半径”对话框，如图 2-78 所示设置参数，单击“确定”按钮，完成实体倒圆角，结果如图 2-79 所示。

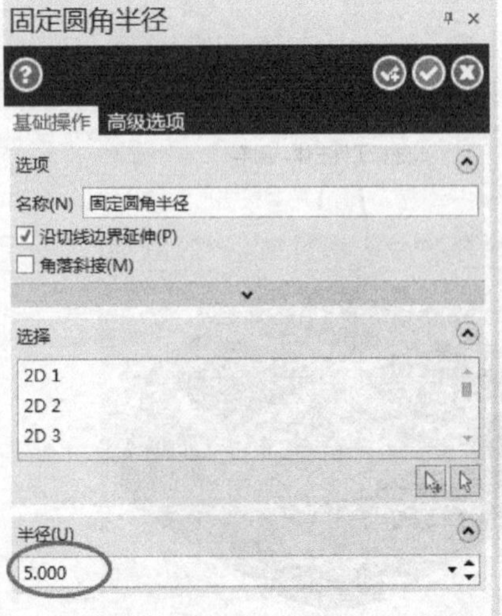

图 2-78 “固定圆角半径”对话框

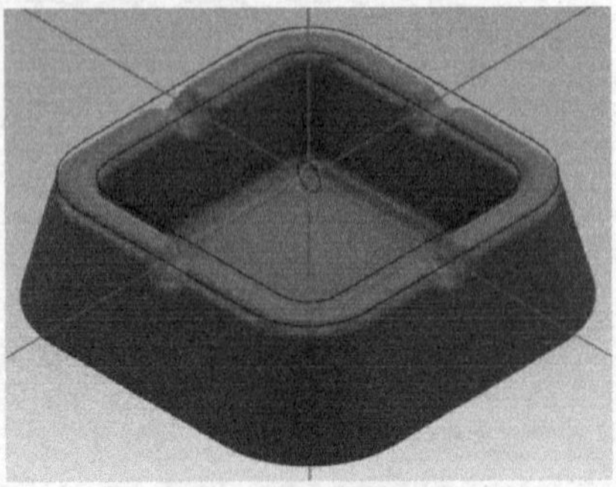

图 2-79　实体倒圆角结果

16）由实体生成曲面。单击 由实体生成曲面 按钮，如图2-80所示选择实体，回车，系统弹出“由实体生成曲面”对话框，如图2-81所示设置参数，单击“确定”按钮，完成曲面生成。

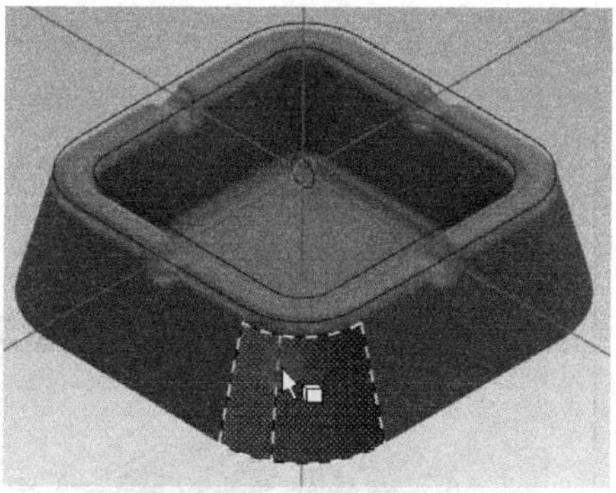

图2-80 选择实体

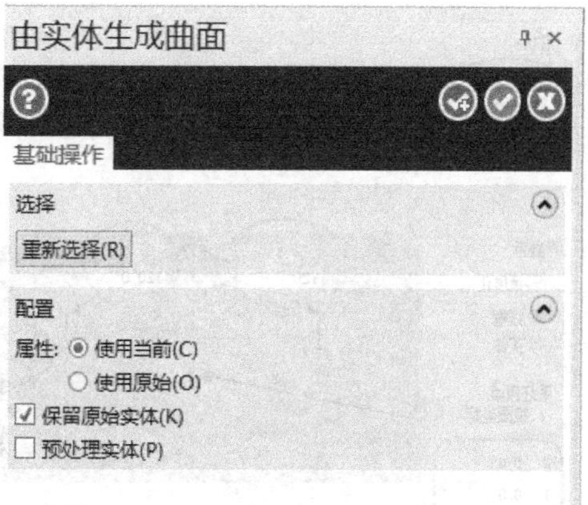

图2-81 “由实体生成曲面”对话框

17）隐藏实体。单击屏幕右侧工具栏，选择实体图形按钮，然后单击屏幕上方隐藏按钮 隐藏，即可隐藏实体图形。

2.2.4 选择机床

选择菜单“机床”—“铣削”—“默认”，系统弹出“刀路”管理器对话框，单击“刀路”管理器对话框中的展开按钮，结果如图2-82所示。

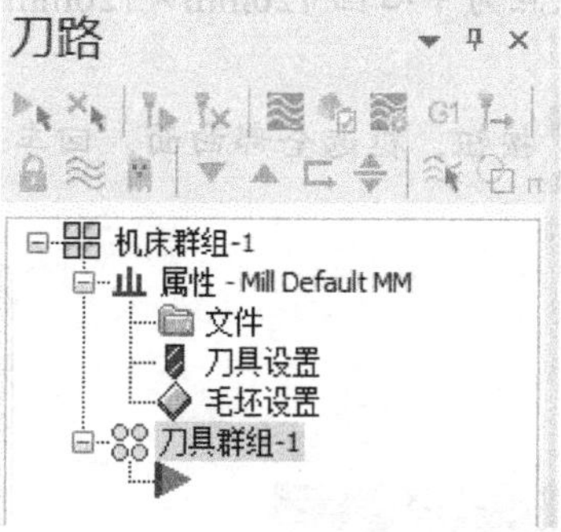

图2-82 “刀路”管理器对话框

2.2.5 材料设置

1）单击图2-82所示“刀路”管理器对话框中的 毛坯设置，系统弹出“机床群组属性”对话框，按图2-83所示设置参数。

2）单击按钮，在绘图区右击，选择 等角视图(WCS)(I)，结果如图2-84所示。

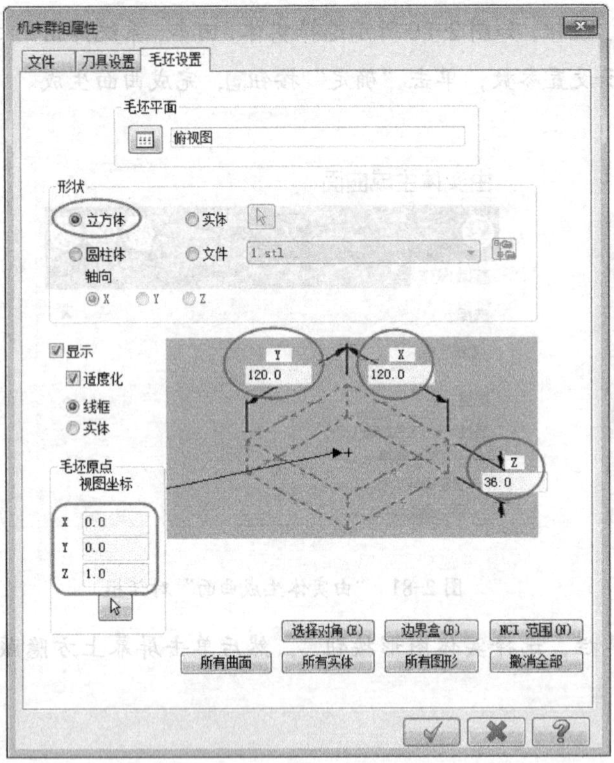

图 2-83 毛坯设置

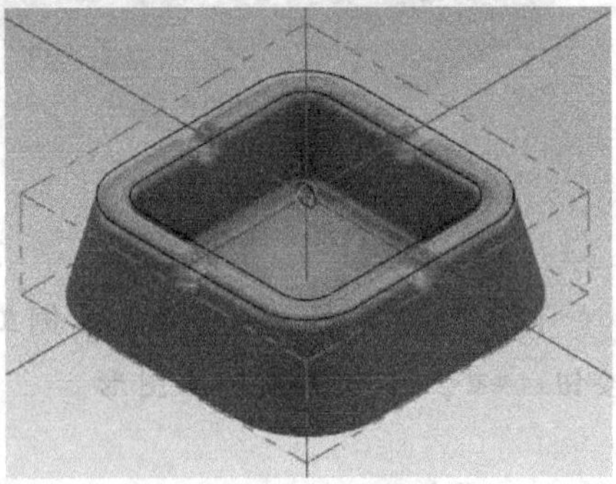

图 2-84 毛坯设置结果

2.2.6 曲面粗加工

1）画切削范围边界。以原点为中心画 120mm×120mm 矩形作为切削范围边界，结果如图 2-85 所示。

2）启动 3D 挖槽。单击

按钮，框选全部曲面，回车，系统弹出图 2-86 所示“刀路曲面选择”对话框。

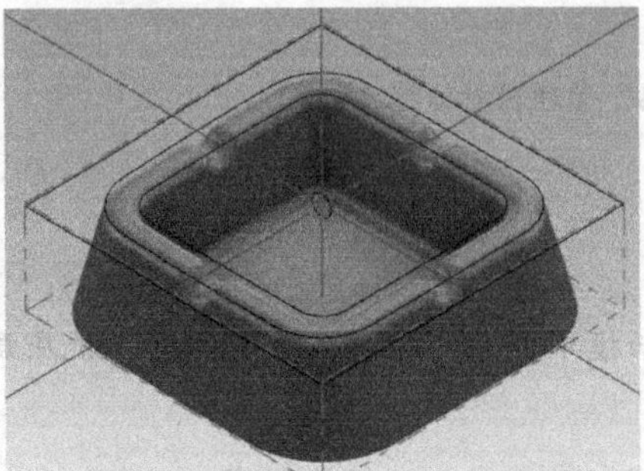

图 2-85 画 120mm×120mm 矩形

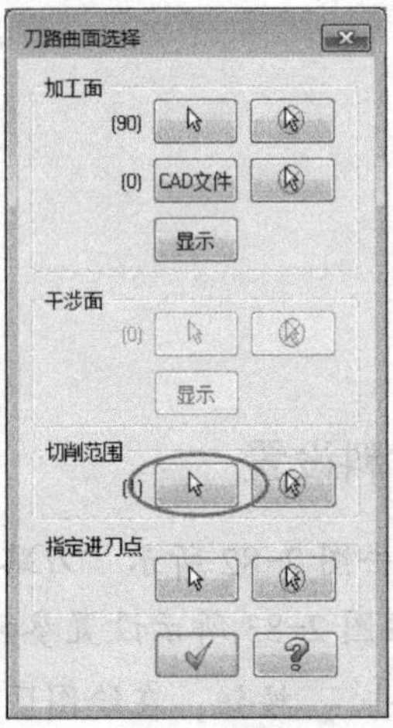

图 2-86 “刀路曲面选择”对话框

3）指定切削范围。单击指定切削范围按钮，系统弹出“串连选项”对话框，选择图 2-87 所示 120mm×120mm 矩形。

4）两次单击确定按钮，系统弹出“曲面粗切挖槽”对话框，如图 2-88 所示，从刀库选择 ϕ12mm 平底刀并设置刀具参数。

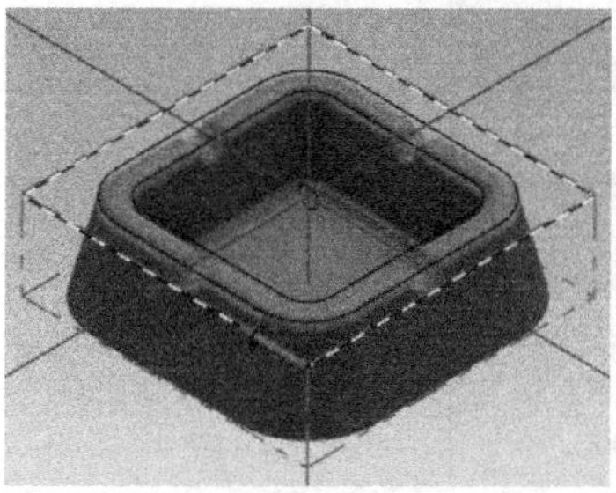

图 2-87　指定切削范围

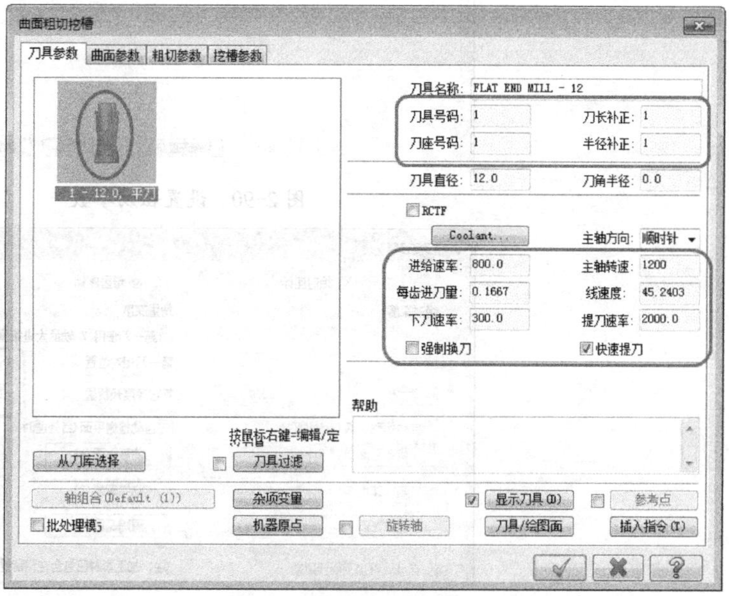

图 2-88　选刀具并设置刀具参数

5）设置曲面参数。单击图 2-88 所示“曲面参数”选项卡，如图 2-89 所示设置曲面加工参数。

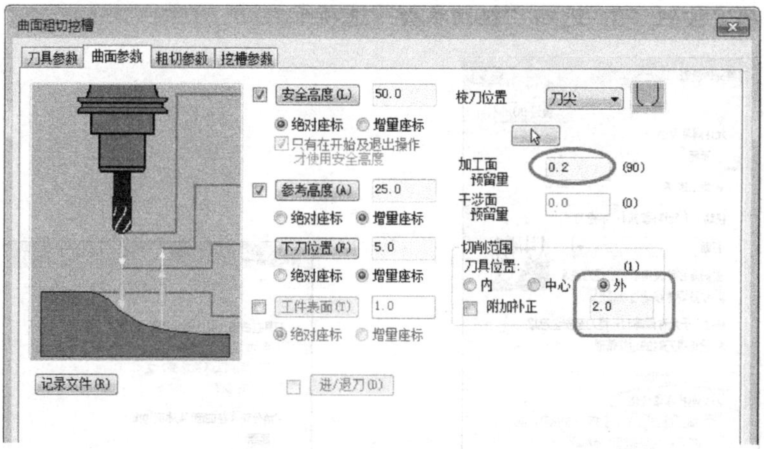

图 2-89　设置曲面加工参数

6）设置粗切参数。单击“粗切参数”选项卡，如图 2-90 所示设置参数。

7）设置切削深度。单击图 2-90 切削深度(D) 按钮，系统弹出“切削深度设置”对话框，如图 2-91 所示设置参数，单击确定按钮，返回“粗切参数”选项卡。

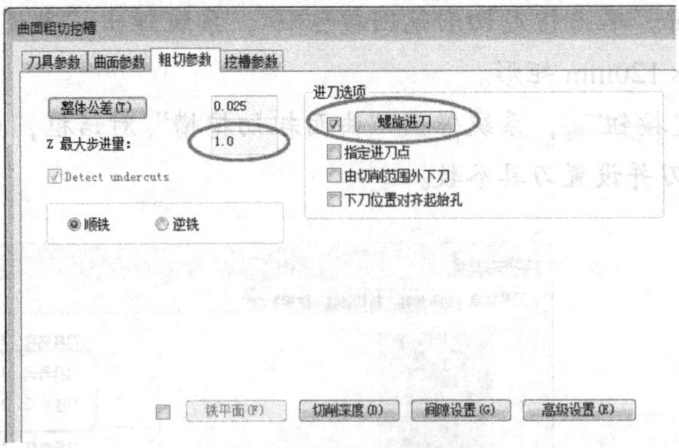

图 2-90　设置粗切参数

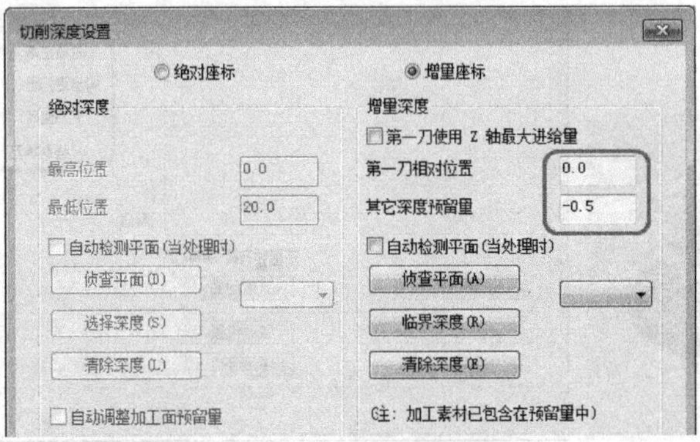

图 2-91　设置切削深度

8）间隙设置。单击间隙设置(G)按钮，系统弹出“刀路间隙设置”对话框，如图 2-92 所示设置参数，单击确定按钮✓，返回“粗切参数”选项卡。

9）高级设置。单击高级设置(E)按钮，系统弹出“高级设置”对话框，如图 2-93 所示设置参数，单击确定按钮✓，返回“粗切参数”选项卡。

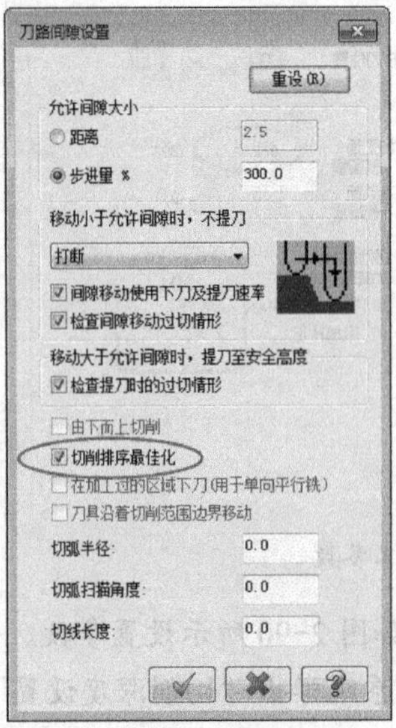

图 2-92　间隙设置

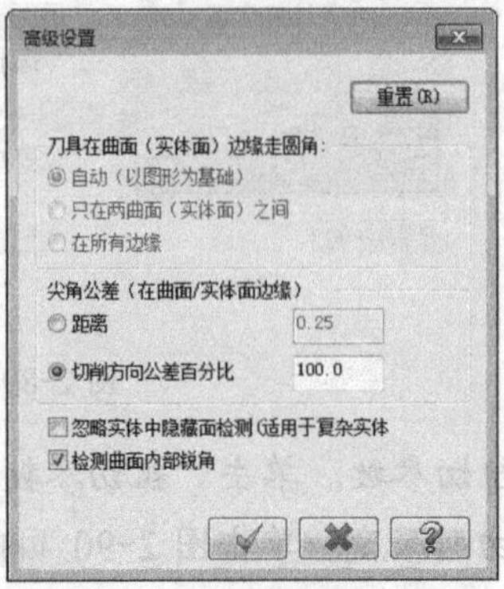

图 2-93　“高级设置”对话框

10）设置挖槽参数。单击“挖槽参数”选项卡，如图 2-94 所示设置参数。

11）完成工序创建。单击确定按钮，完成曲面粗加工工序创建，如图 2-95 所示，生成的刀具路径如图 2-96 所示。

12）实体验证。单击“刀路”管理器对话框中的验证已选择的操作按钮，系统弹出“验证”对话框，单击播放按钮，模拟结果如图 2-97 所示。单击×按钮，关闭模拟对话框。

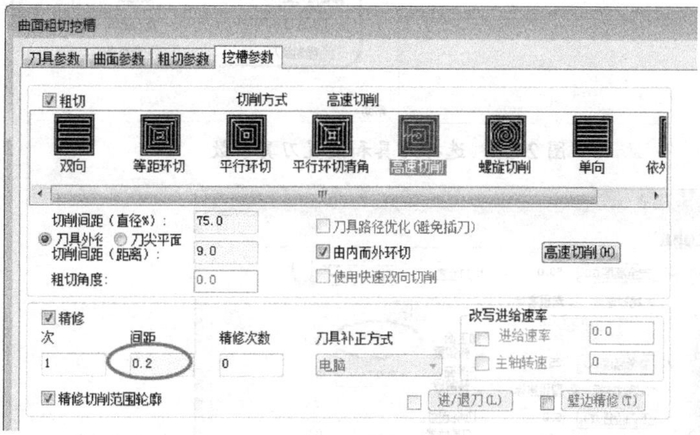

图 2-94　设置挖槽参数

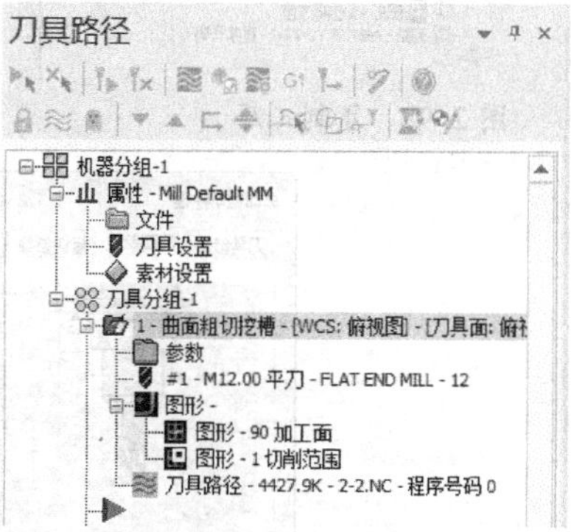

图 2-95　曲面粗加工工序

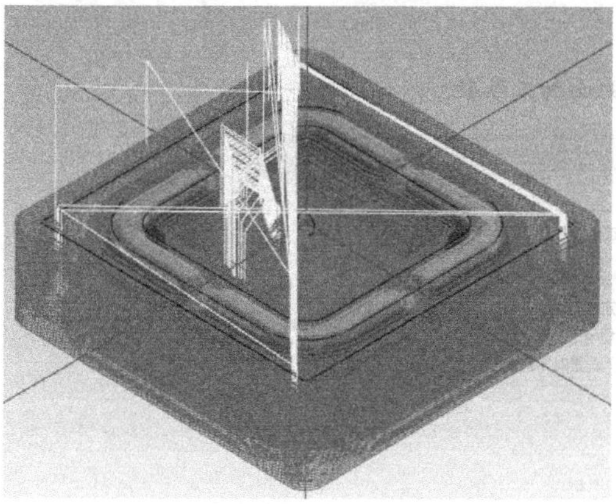

图 2-96　粗加工刀具路径

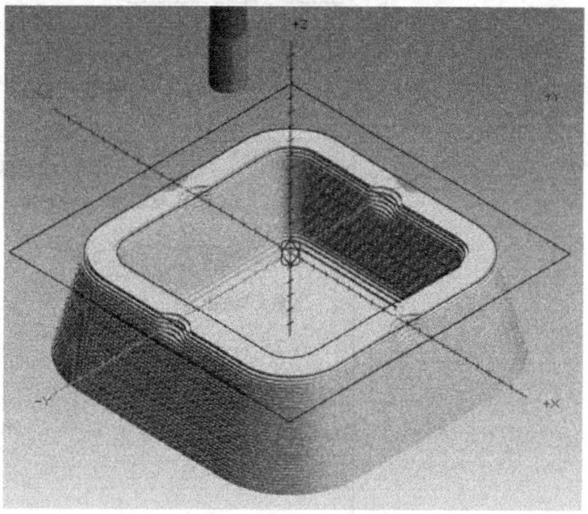

图 2-97　实体加工验证结果

2.2.7　底面精加工

1）复制粗加工工序。复制前面创建的曲面粗加工工序，粘贴，结果如图 2-98 所示。

2）编辑复制的工序。单击复制工序中的参数图标，系统弹出“曲面粗切挖槽”对话框，从刀库选择 ϕ8mm 平底刀，如图 2-99 所示设置刀具参数。

3）设置曲面参数。单击“曲面参数”选项卡，如图 2-100 所示设置曲面加工参数。

4）设置粗切参数。单击“粗切参数”选项卡，如图 2-101 所示设置参数。

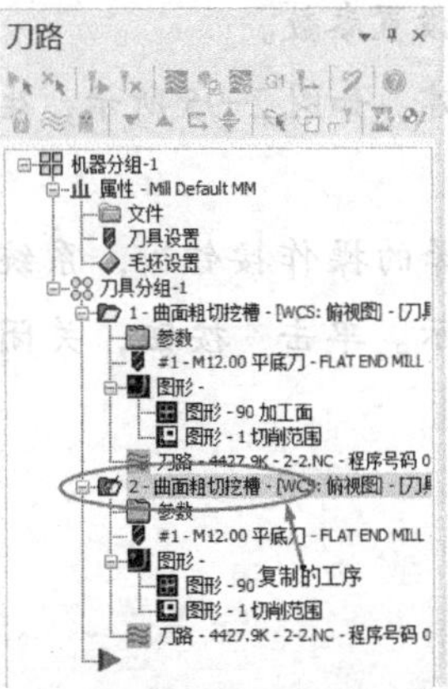

图 2-98 复制工序

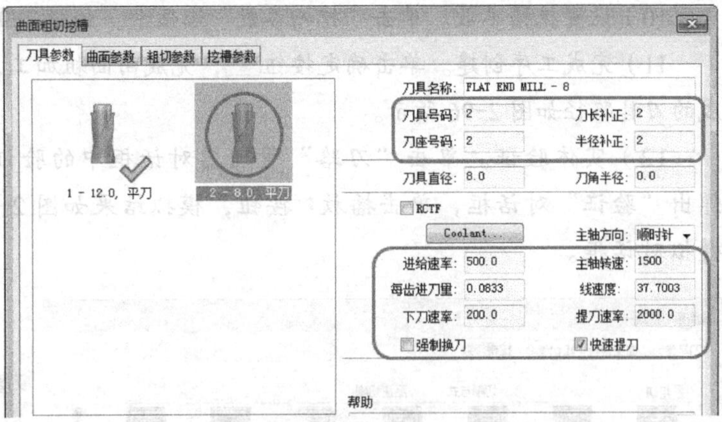

图 2-99 选择刀具和设置刀具参数

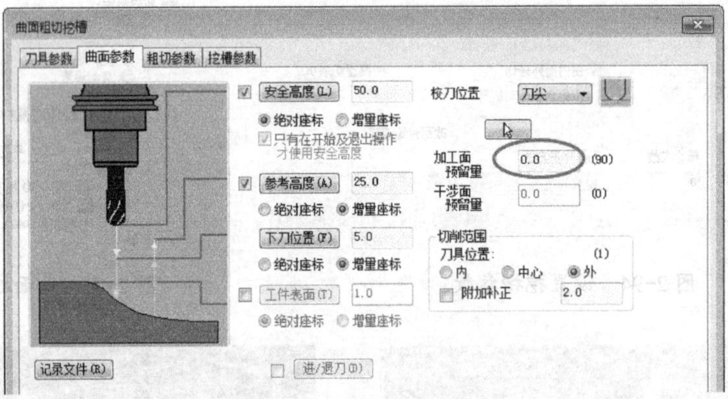

图 2-100 设置曲面加工参数

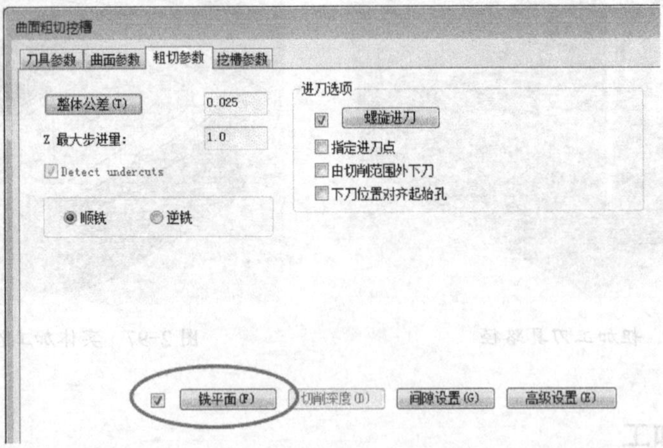

图 2-101 设置粗切参数

5）设置挖槽参数。单击“挖槽参数”选项卡，如图 2-102 所示设置参数。

6）完成工序创建。单击确定按钮，完成工序编辑，单击重建按钮，系统重新计算工序刀具路径，结果如图 2-103 所示。

7）实体验证。单击“刀路”管理器对话框中的验证已选择的操作按钮，系统弹出“验证”对话框，单击播放按钮，模拟结果如图 2-104 所示。单击×按钮，关闭模拟对话框。

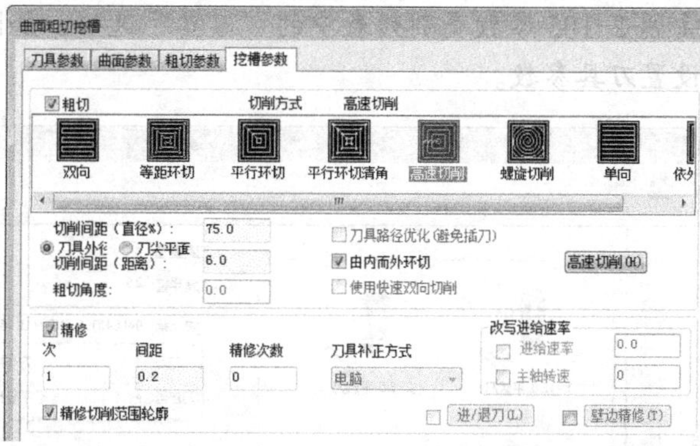

图 2-102 设置挖槽参数

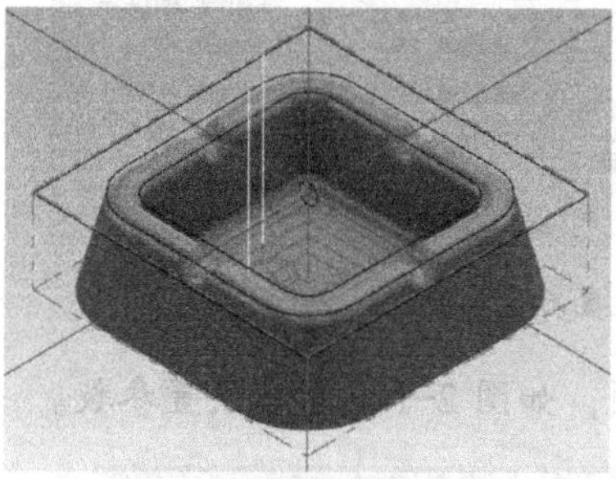

图 2-103 底面精加工刀具路径

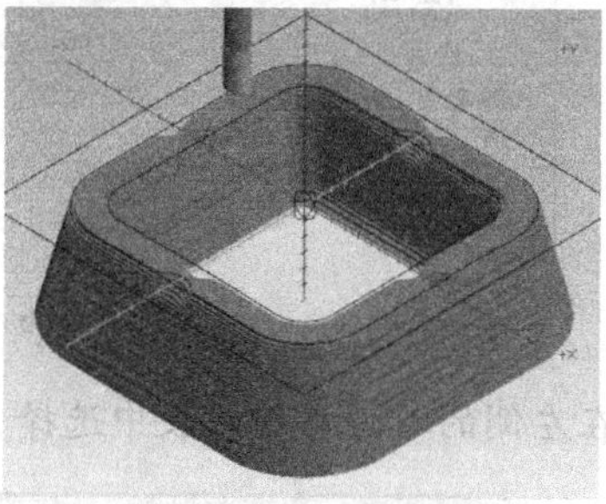

图 2-104 实体加工验证结果

2.2.8 精加工浅滩区域

1）启动环绕等距加工。单击

按钮，系统弹出“高速曲面刀路 - 环绕”对话框，如图 2-105 所示，选择全部曲面作为加工面。

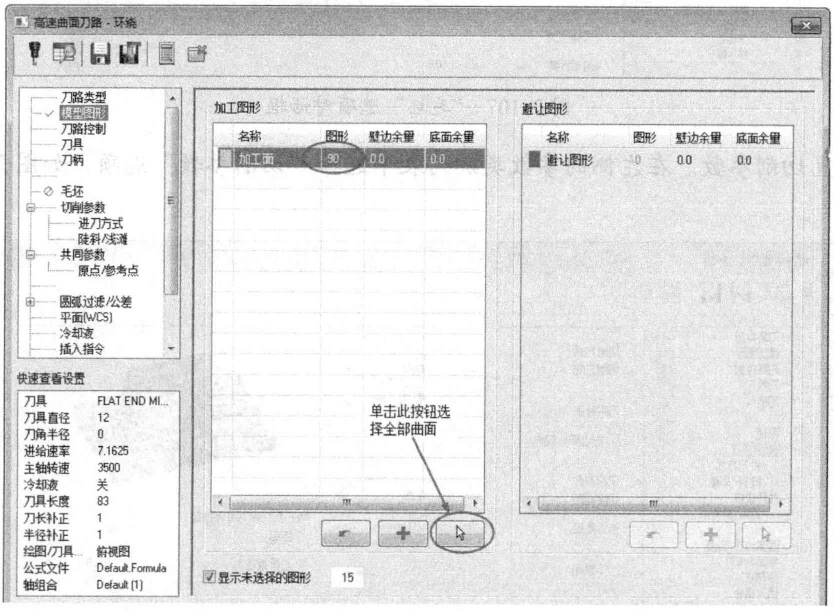

图 2-105 “高速曲面刀路 - 环绕”对话框

2）选择刀具。单击图 2-105 参数类别列表中的“刀具”选项，如图 2-106 所示，从刀库选择 ϕ5mm 球刀并设置刀具参数。

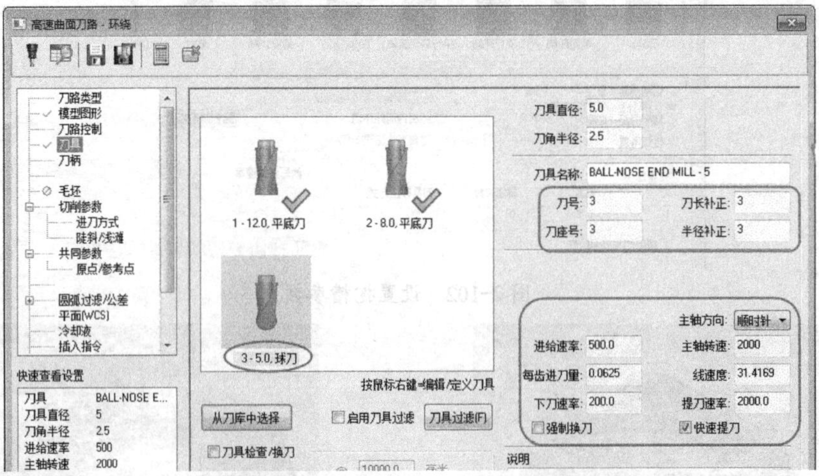

图 2-106　选择球刀并设置刀具参数

3）在左侧的参数类别列表中选择“毛坯”选项，如图 2-107 所示设置参数。

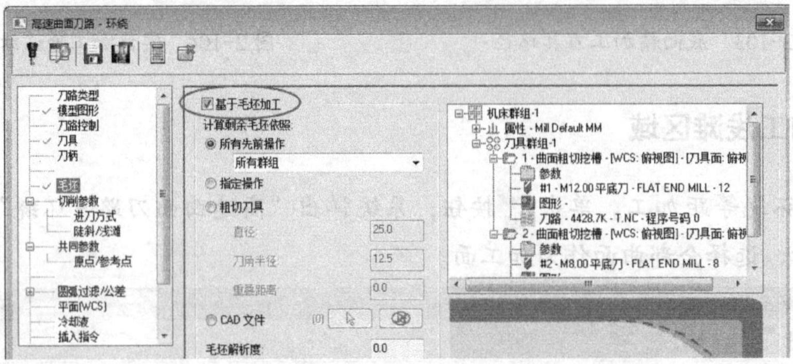

图 2-107　“毛坯”选项对话框

4）设置切削参数。在左侧的参数类别列表中选择“切削参数”选项，如图 2-108 所示设置参数。

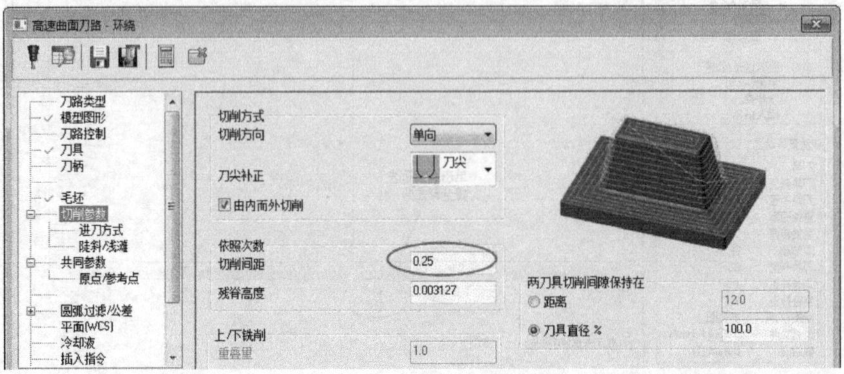

图 2-108　设置切削参数

说明：

切削间距与残脊高度（粗糙度）关联，可根据需要确定。

5）在左侧的参数类别列表中选择“陡斜 / 浅滩”选项，如图 2-109 所示设置参数。

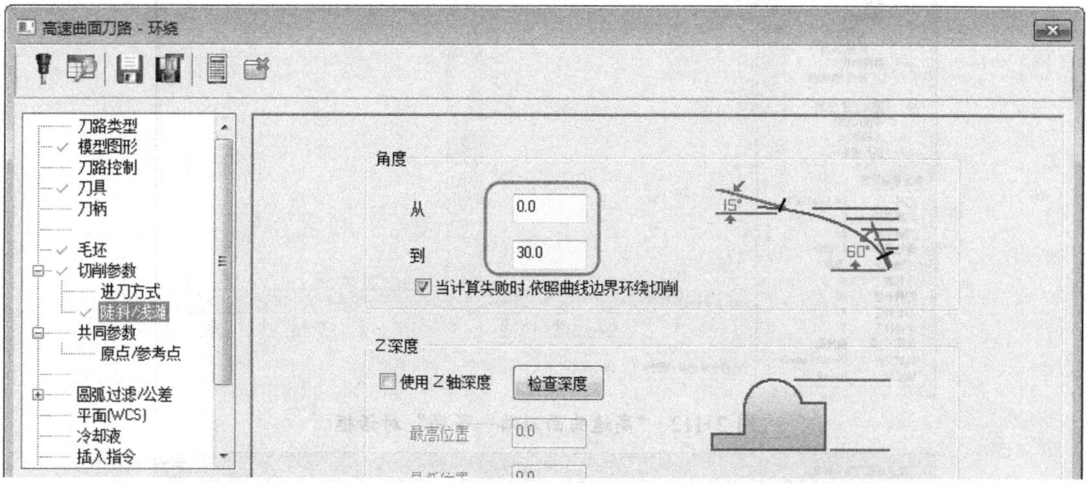

图 2-109 “陡斜 / 浅滩”选项对话框

6）单击按钮，完成浅滩区域精加工工序的创建，生成刀具路径，如图 2-110 所示。

7）实体验证。单击“刀路”管理器对话框中的验证已选择的操作按钮，系统弹出“验证”对话框，单击播放按钮，模拟结果如图 2-111 所示。单击×按钮，关闭模拟对话框。

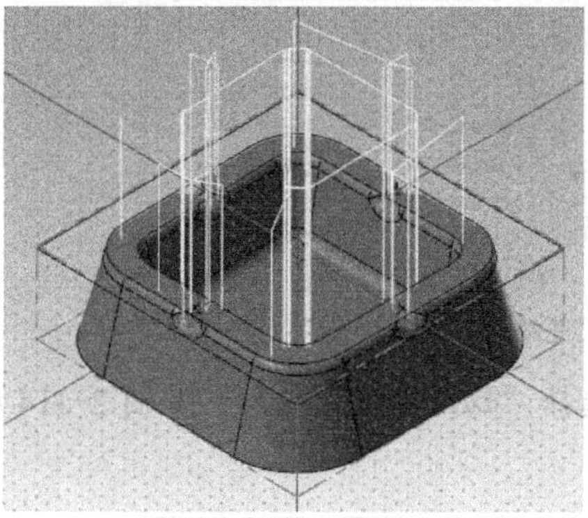

图 2-110 生成刀具路径

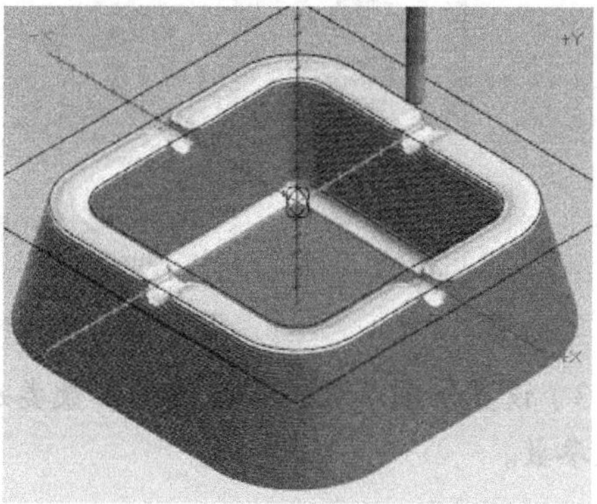

图 2-111 实体加工验证结果

2.2.9 精加工陡峭区域

1）启动等高加工。单击等高按钮，系统弹出“高速曲面刀路—等高”对话框，如图 2-112 所示，选择全部曲面作为加工面。

2）选择刀具。单击图 2-112 参数类别列表中的“刀具”选项，如图 2-113 所示，选择 ϕ 5mm 球刀，在刀具图标上右击，重新初始化进给速率及转速。

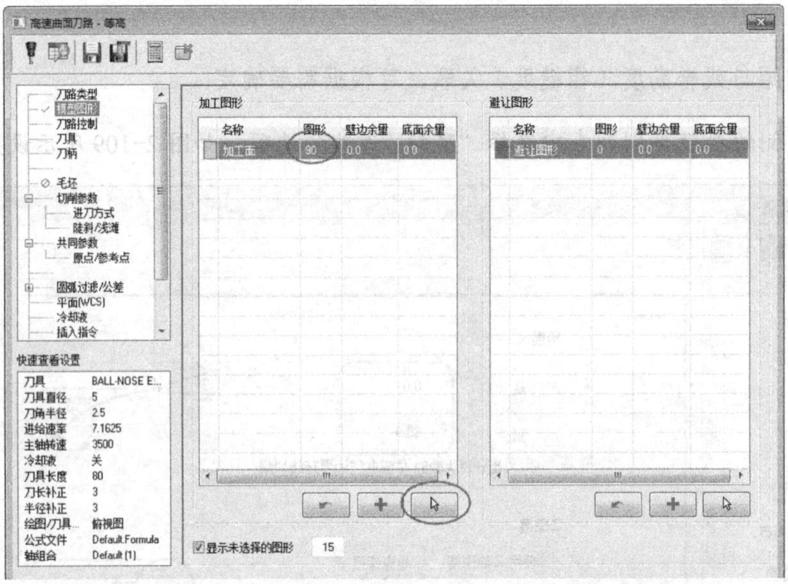

图 2-112 “高速曲面刀路—等高”对话框

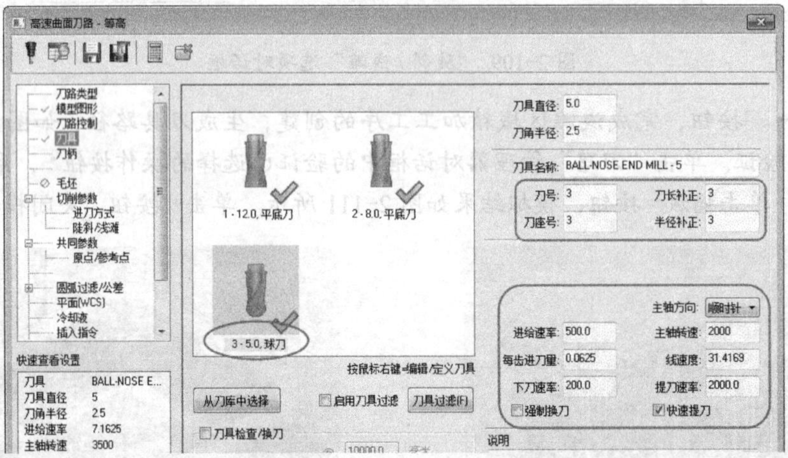

图 2-113 选择球刀并初始化进给率及转速

3）设置切削参数。在左侧的参数类别列表中选择“切削参数”选项，如图 2-114 所示设置参数。

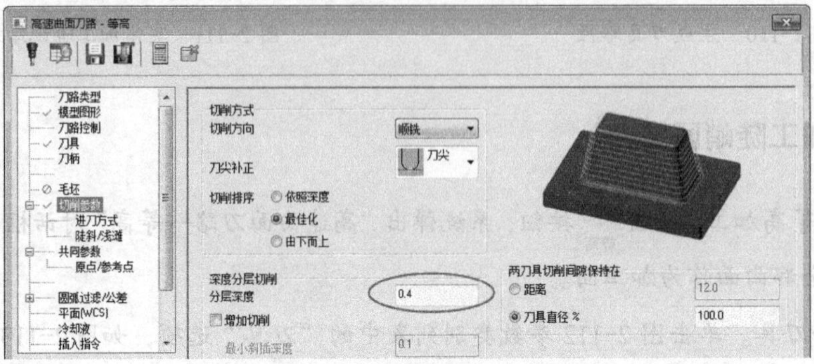

图 2-114 设置切削参数

4）在左侧的参数类别列表中选择“陡斜 / 浅滩”选项，如图 2-115 所示设置参数。

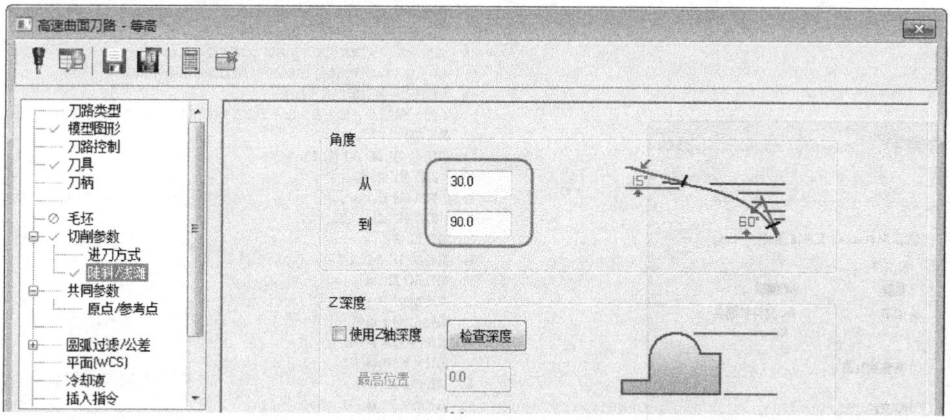

图 2-115 “陡斜 / 浅滩”选项对话框

5）单击按钮，完成陡峭区域精加工工序的创建，生成刀具路径，如图 2-116 所示。

6）实体验证。单击“刀路”管理器对话框中的验证已选择的操作按钮，系统弹出“验证”对话框，单击播放按钮，模拟结果如图 2-117 所示。单击×按钮，关闭模拟对话框。

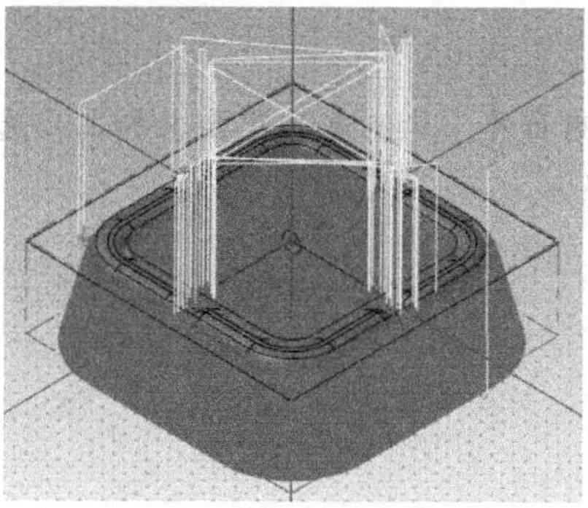

图 2-116 生成刀具路径

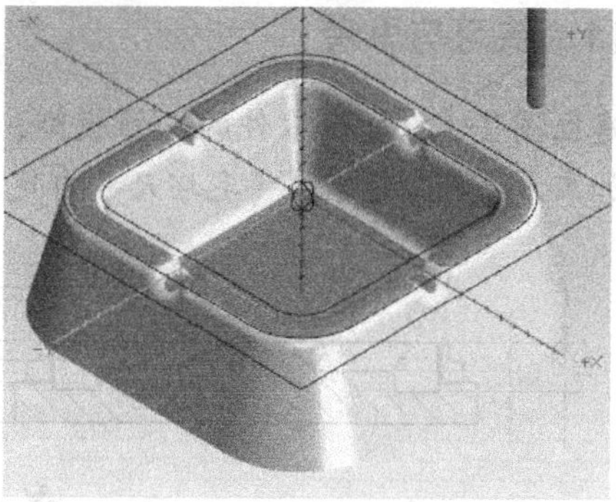

图 2-117 实体加工验证结果

2.2.10 后处理

1）在“刀路”管理器对话框中单击按钮，选择所有的工序，单击后处理按钮 G1，弹出“后处理程序”对话框，如图 2-118 所示设置参数。

说明：

当程序较大时，各工序可单独后处理。

2）单击按钮，弹出“另存为”对话框，选择合适的目录后，单击保存(S)按钮，即可得到所需的 NC 代码，如图 2-119 所示。

3）关闭 NC 代码页面，保存 Mastercam 文件，退出系统。

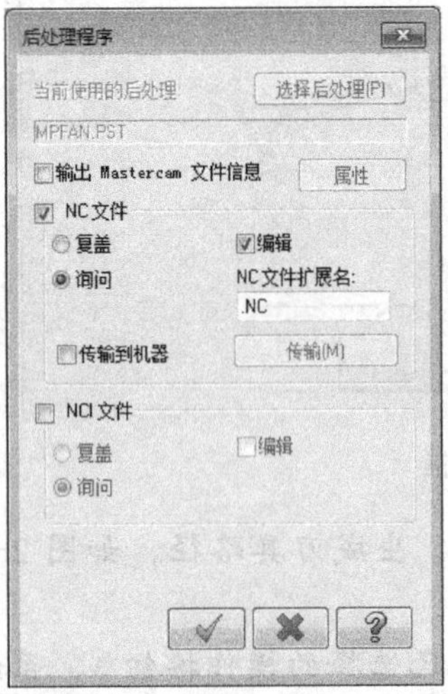

图 2-118 “后处理程序”对话框

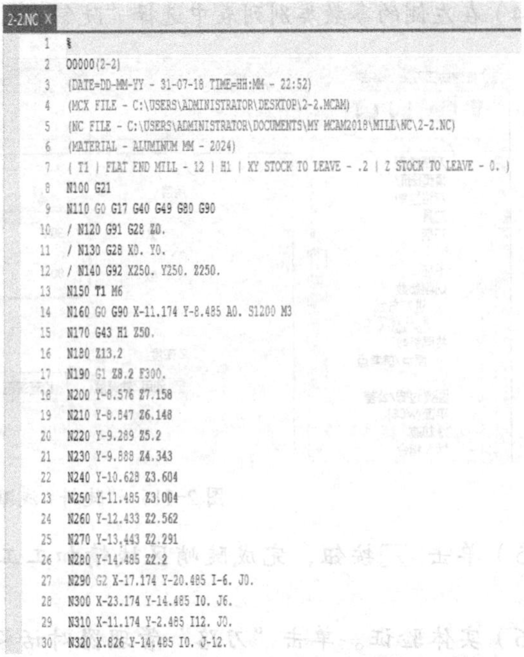


```
%
O0000(2-2)
(DATE=DD-MM-YY - 31-07-18 TIME=HH:MM - 22:52)
(MCX FILE - C:\USERS\ADMINISTRATOR\DESKTOP\2-2.MCAM)
(NC FILE - C:\USERS\ADMINISTRATOR\DOCUMENTS\MY MCAM2018\MILL\NC\2-2.NC)
(MATERIAL - ALUMINUM MM - 2024)
( T1 | FLAT END MILL - 12 | H1 | XY STOCK TO LEAVE - .2 | Z STOCK TO LEAVE - 0. )
N100 G21
N110 G0 G17 G40 G49 G80 G90
/ N120 G91 G28 Z0.
/ N130 G28 X0. Y0.
/ N140 G92 X250. Y250. Z250.
N150 T1 M6
N160 G0 G90 X-11.174 Y-8.485 A0. S1200 M3
N170 G43 H1 Z50.
N180 Z13.2
N190 G1 Z8.2 F300.
N200 Y-8.576 Z7.158
N210 Y-8.847 Z6.148
N220 Y-9.289 Z5.2
N230 Y-9.888 Z4.343
N240 Y-10.628 Z3.604
N250 Y-11.485 Z3.004
N260 Y-12.433 Z2.562
N270 Y-13.443 Z2.291
N280 Y-14.485 Z2.2
N290 G2 X-17.174 Y-20.485 I-6. J0.
N300 X-23.174 Y-14.485 I0. J6.
N310 X-11.174 Y-2.485 I12. J0.
N320 X.826 Y-14.485 I0. J-12.
```

图 2-119 NC 代码

2.2.11 练习与思考

建立图 2-120 所示零件的三维模型，除底面和侧面外，其他表面都要求加工，选择合适的加工方法加工该零件（毛坯尺寸自定，要求合理）。

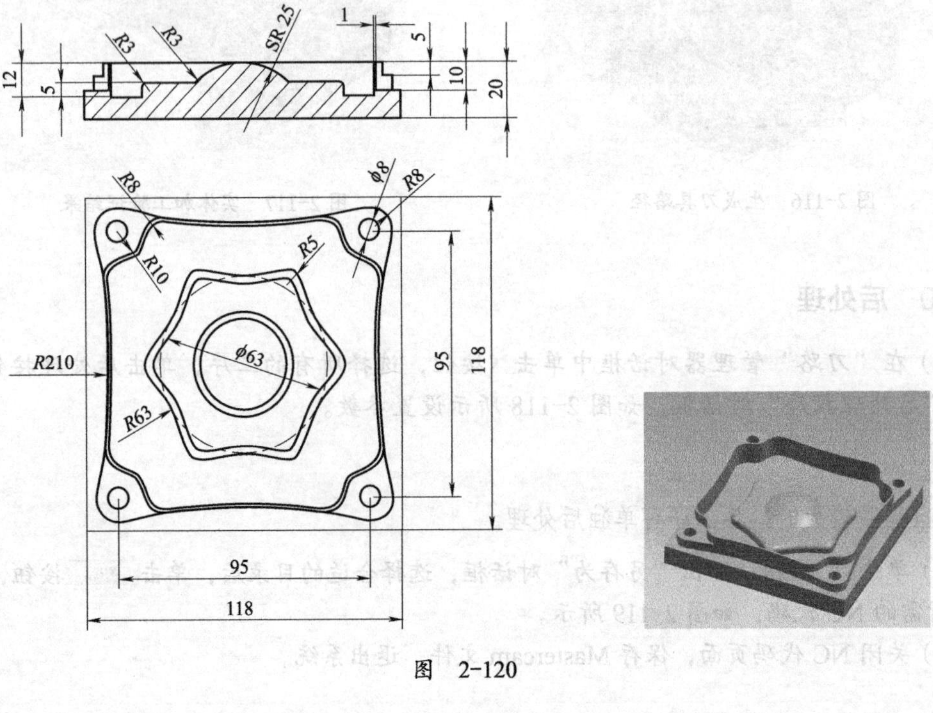

图 2-120

2.3 实例3——车轮模型的加工

2.3.1 零件介绍

车轮模型如图2-121所示。

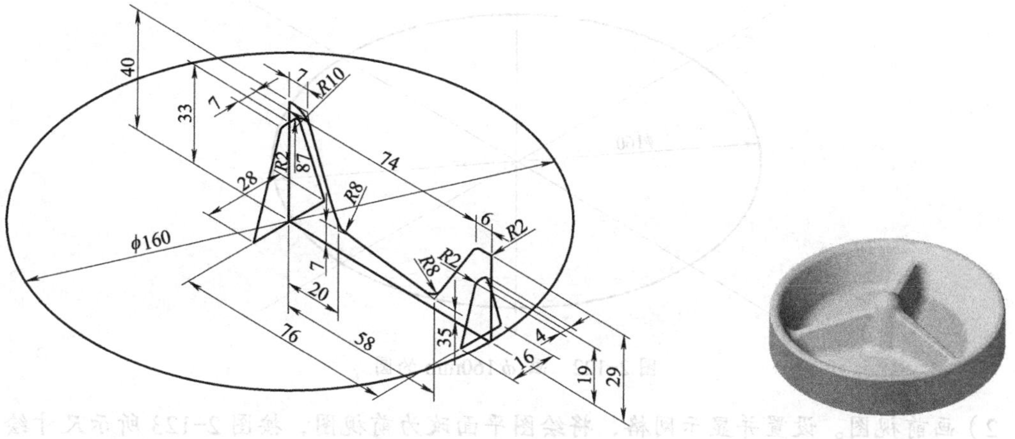

图2-121 车轮模型

2.3.2 工艺分析

1. 零件形状和尺寸分析

该车轮模型是直径160mm、高40mm的圆柱形零件。外圆是圆柱面，凹槽底面是斜面，侧壁有拔模斜度。

2. 毛坯尺寸

除底面外，其余表面均需要加工。

根据零件形状，可选择长方体或圆柱体毛坯。

由于曲面部分余量不均匀，需进行粗加工和精加工，粗铣余量一般为1～2.5mm，精铣余量一般为0.2～0.3mm，故毛坯确定为长、宽165mm，高41mm的长方体。

3. 工件装夹

为简化工艺，采用磁力或负压夹紧，一次装夹可完成全部表面的加工。

4. 刀具选择

曲面粗加工选择直径为16mm的平底刀，外圆柱面精加工选择为直径12mm的平底刀，曲面精加工选择直径为10mm的球刀。

5. 加工方案

1）曲面粗加工。

2）外圆柱面精加工。

3）曲面精加工。

2.3.3 绘制三维线架构图形

1）画直径 160mm 圆。启动 Mastercam 2018，按 F9 键，显示轴线。以原点为圆心绘制 ϕ160mm 的圆，结果如图 2-122 所示。

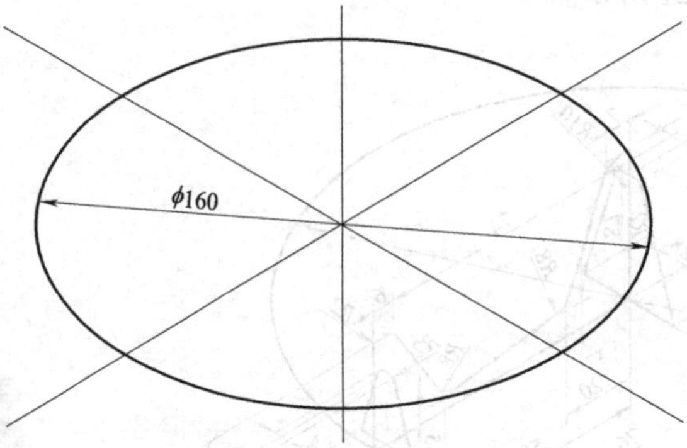

图 2-122 画 ϕ160mm 的圆

2）画前视图。设置并显示网格，将绘图平面改为前视图，按图 2-123 所示尺寸绘制前视图。

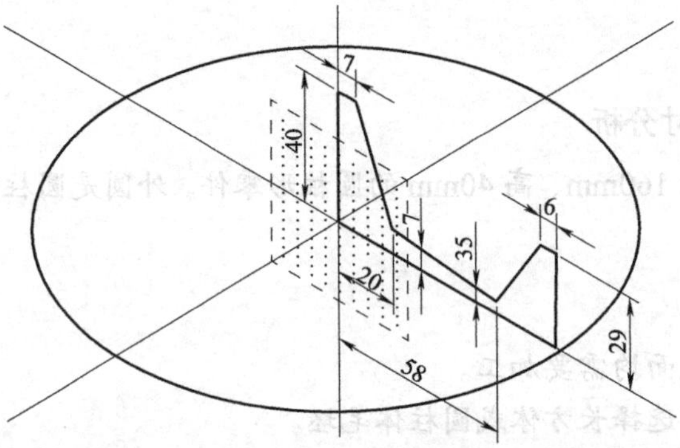

图 2-123 画前视图

3）倒圆角。按图 2-124 所示尺寸倒圆角。

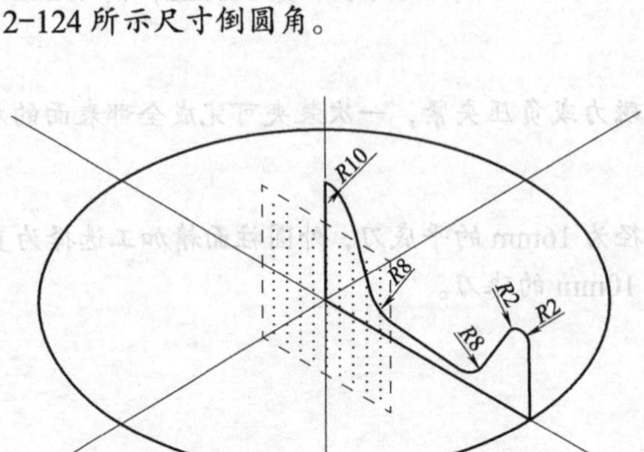

图 2-124 倒圆角 1

4）画侧视图。将绘图平面改为右侧视图，按图 2-125 所示尺寸绘制侧视图。

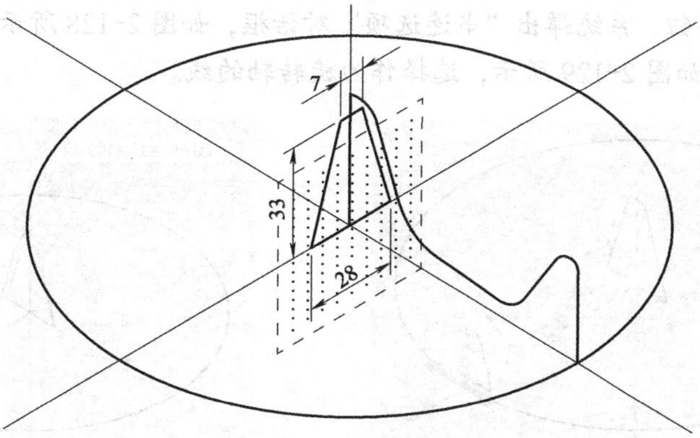

图 2-125　画侧视图 1

5）画侧视图。绘图平面保持为右侧视图，将绘图深度设为 76，按图 2-126 所示尺寸绘制侧视图。

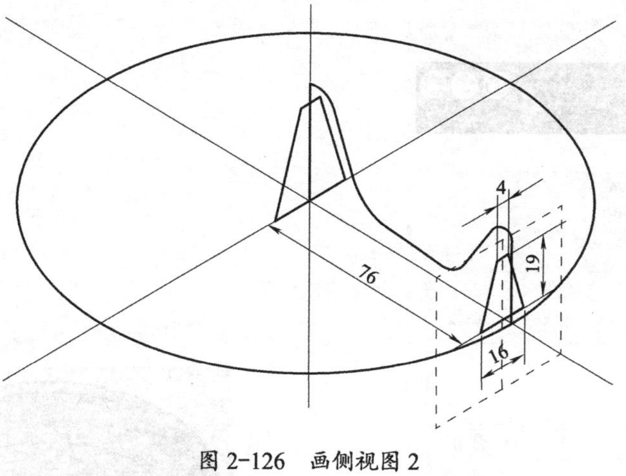

图 2-126　画侧视图 2

6）侧视图倒圆角。按图 2-127 所示尺寸倒圆角。

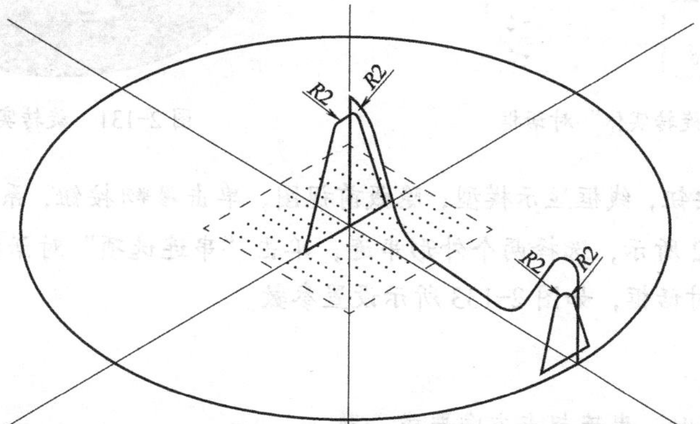

图 2-127　倒圆角 2

2.3.4 绘制实体

1）单击旋转按钮，系统弹出“串连选项”对话框，如图2-128所示，选择旋转的串连，单击确定按钮，如图2-129所示，选择作为旋转轴的线。

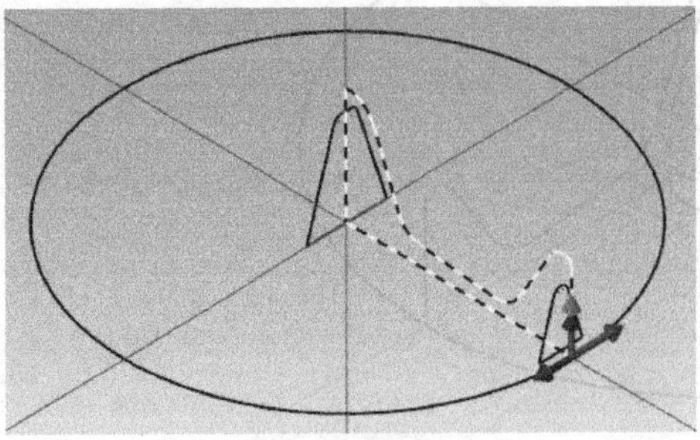

图2-128 选择旋转的串连

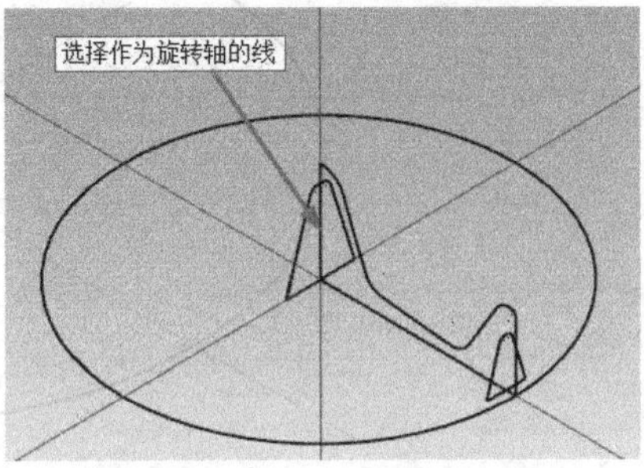

图2-129 选择旋转轴线

系统弹出“旋转实体”对话框，如图2-130所示设置，单击确定按钮，完成旋转实体的绘制，结果如图2-131所示。

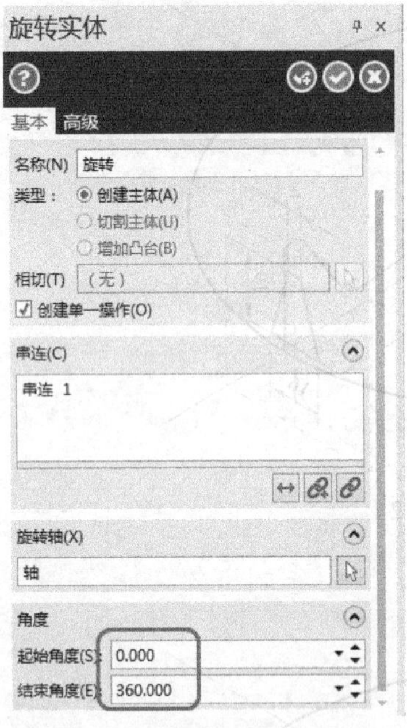

图2-130 “旋转实体”对话框

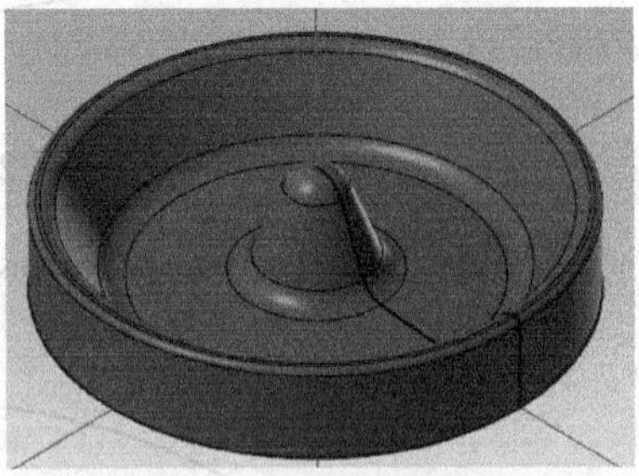

图2-131 旋转实体

2）单击显示线框按钮，线框显示模型，隐藏前视图，单击举升按钮，系统弹出“串连选项”对话框，如图2-132所示，选择两个外形串连，单击“串连选项”对话框的确定按钮，系统弹出“举升”对话框，如图2-133所示设置参数。

说明：

选择外形串连时，串连起点方向要求一致。

单击确定按钮，完成举升实体的绘制，结果如图2-134所示。

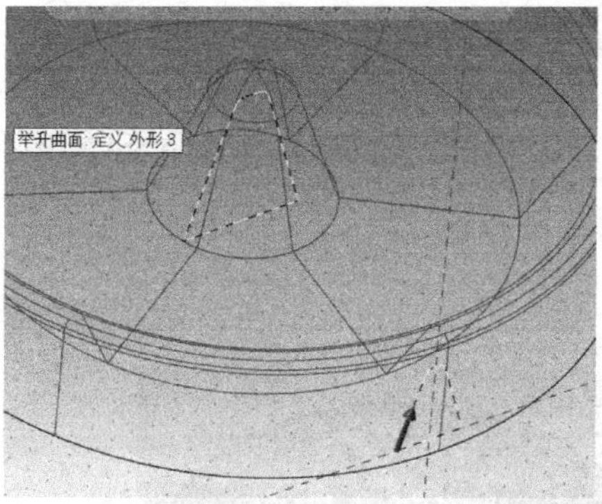

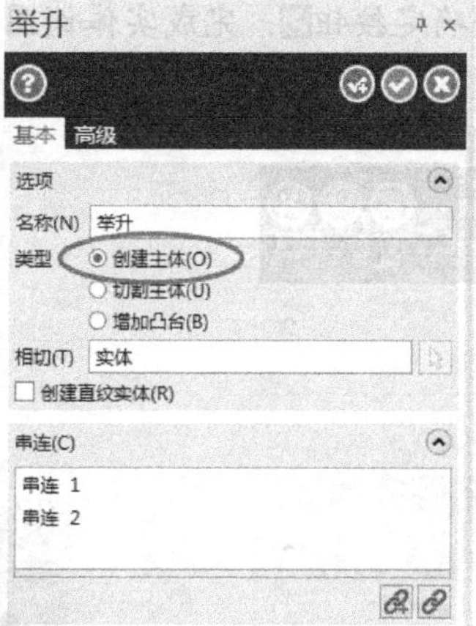

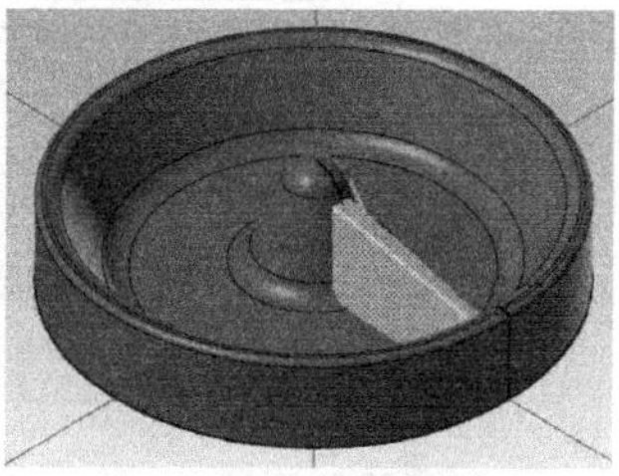

图 2-132　选择两个外形串连　　　图 2-133　“举升”对话框　　　图 2-134　举升实体

3）复制举升实体。绘图平面更改为俯视图，单击 旋转 按钮，系统弹出“旋转”对话框，选择举升实体，回车，按图 2-135 所示设置参数，单击确定按钮，完成举升实体的复制，结果如图 2-136 所示。

4）布尔运算。单击 布尔 按钮，依次选择旋转实体和三个举升实体，回车，系统弹出“布尔运算”对话框，“类型”选择“结合”，单击确定按钮，完成实体结合，结果如图 2-137 所示，在“实体”对话框中只有一个实体。

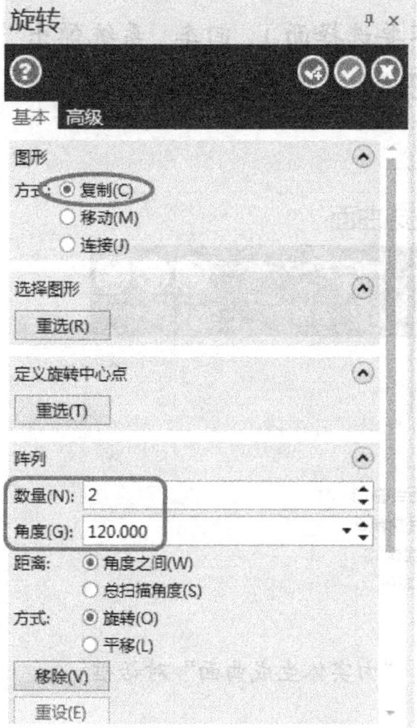

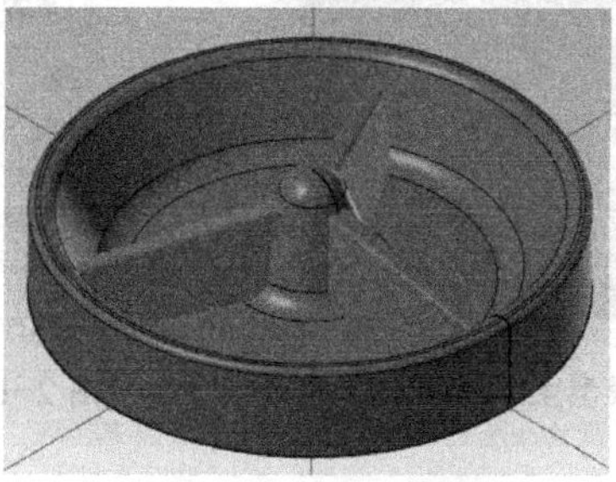

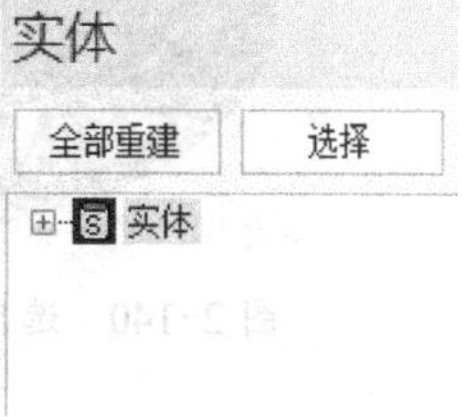

图 2-135　“旋转”对话框　　　图 2-136　举升实体复制　　　图 2-137　实体结合

5）实体倒圆角。单击 固定半倒圆角 按钮，系统弹出“实体选择”对话框，选择（其余取消选择），再选择除外圆柱面和底面外所有曲面，回车，系统弹出“固定圆角半径”对话框，如图 2-138 所示设置，单击确定按钮☑，完成实体倒圆角，结果如图 2-139 所示。

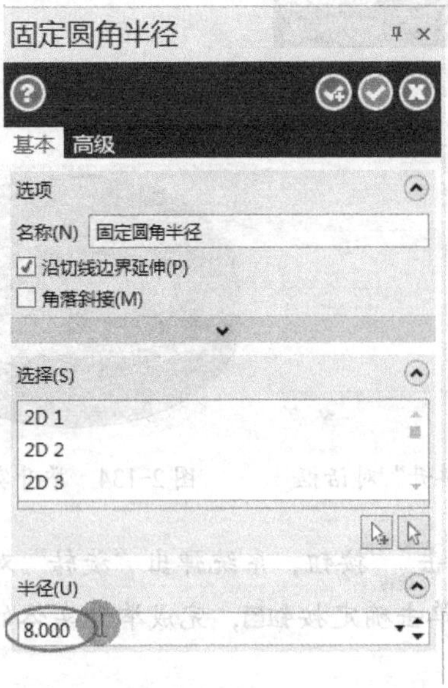

图 2-138 “固定圆角半径”对话框

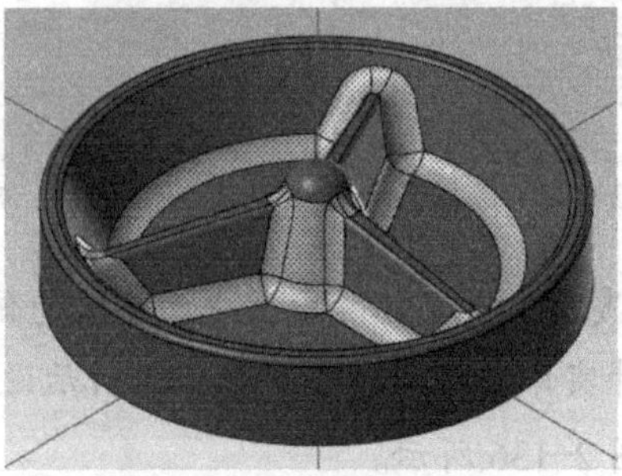

图 2-139 实体倒圆角

2.3.5 由实体生成曲面

1）单击 由实体生成曲面 按钮，选择图 2-140 所示模型主体（不要选择面），回车，系统弹出“由实体生成曲面”对话框，如图 2-141 所示，单击确定按钮☑，完成曲面的创建。

2）隐藏实体。

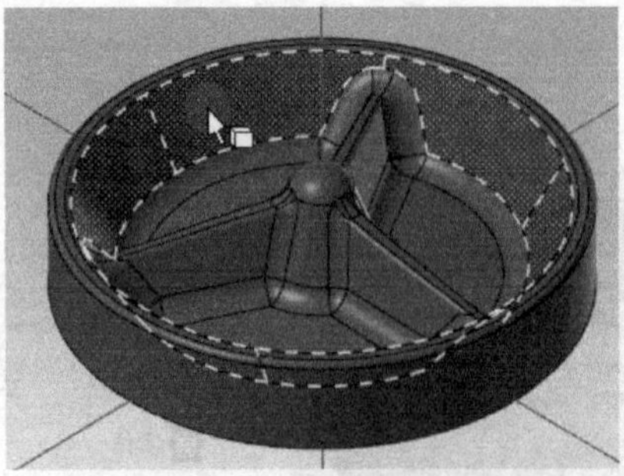

图 2-140 选择模型主体（实体）

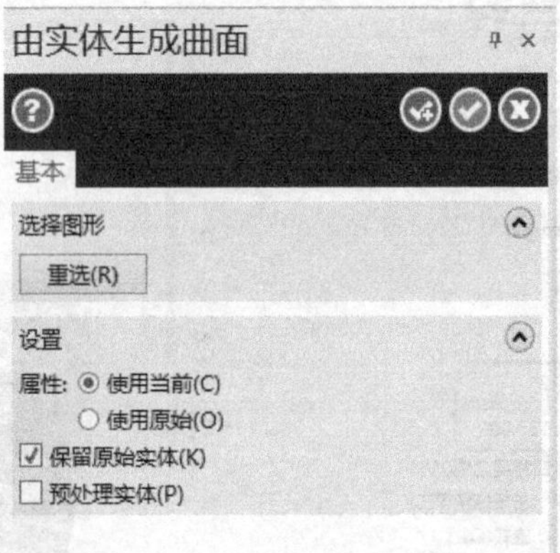

图 2-141 “由实体生成曲面”对话框

2.3.6 选择机床

选择菜单“机床”—“铣削”—“默认”，单击左侧“刀路”管理器对话框中的展开按钮⊞，结果如图 2-142 所示。

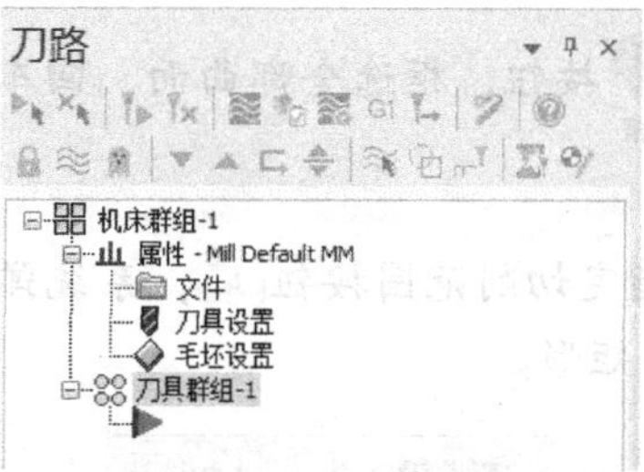

图 2-142 “刀路”管理器对话框

说明：

单击屏幕左下端的 刀路 实体 按钮可切换显示“刀路”和“实体”管理器。

2.3.7 材料设置

1）单击图 2-142 所示“刀路”管理器对话框中的 毛坯设置，系统弹出“机床群组属性”对话框，按图 2-143 所示设置参数。

2）单击 按钮，在绘图区右击，选择 等角视图 (WCS) (I)，结果如图 2-144 所示。

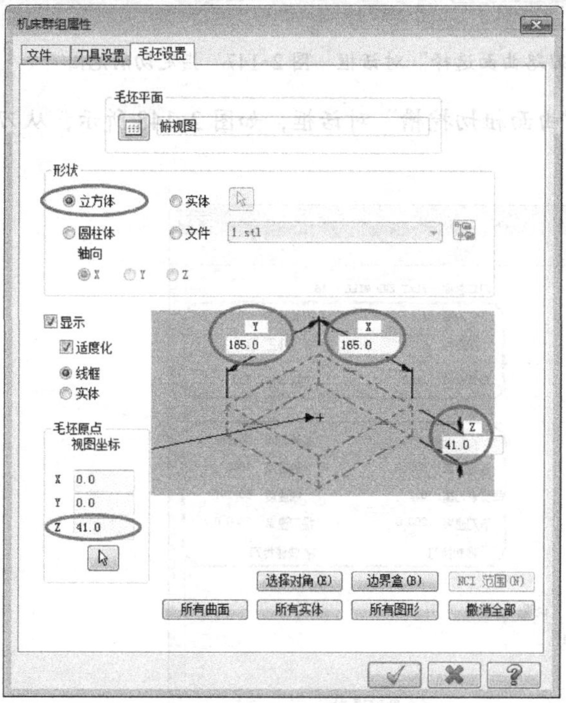

图 2-143 毛坯设置

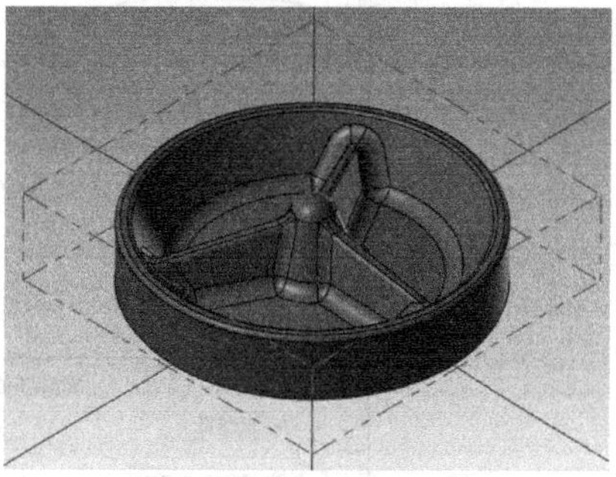

图 2-144 毛坯设置结果

2.3.8 曲面粗加工

1）画切削范围边界。以原点为中心画 165mm × 165mm 矩形作为切削范围边界，结果如图 2-145 所示。

2）启动3D挖槽。单击挖槽按钮，框选全部曲面，回车，系统弹出图2-146所示“刀路曲面选择”对话框。

3）指定切削范围。单击指定切削范围按钮，系统弹出“串连选项”对话框，选择图2-147所示165mm×165mm矩形。

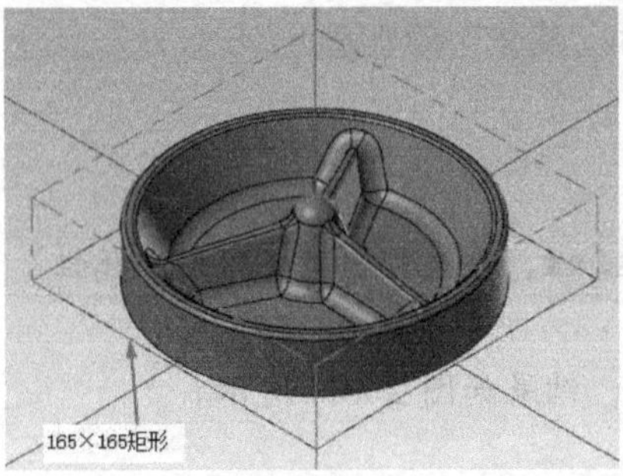

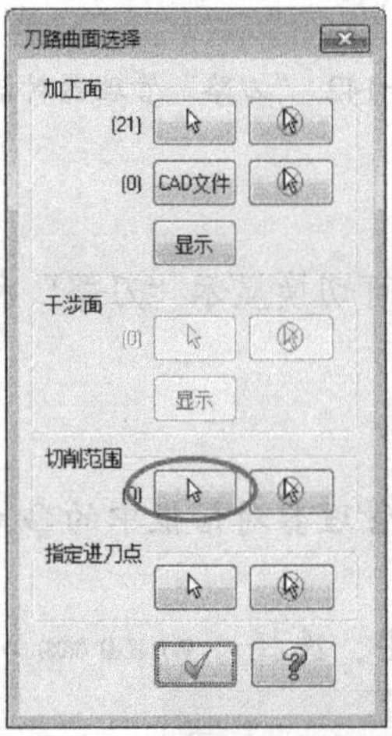

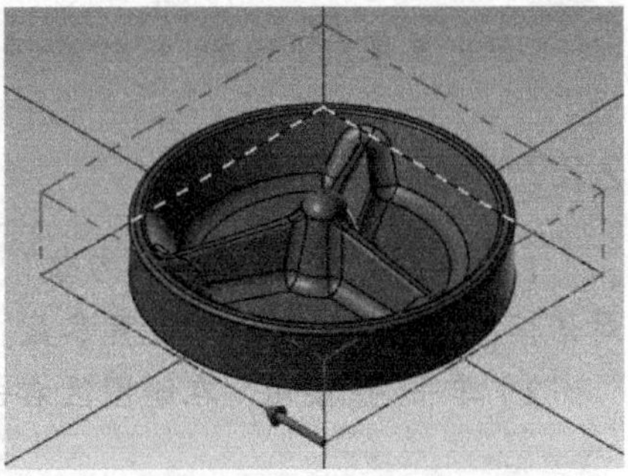

图2-145　画165mm×165mm矩形　图2-146　“刀路曲面选择”对话框　图2-147　指定切削范围

4）两次单击确定按钮，系统弹出“曲面粗切挖槽”对话框，如图2-148所示，从刀库选择ϕ16mm平底刀并设置刀具参数。

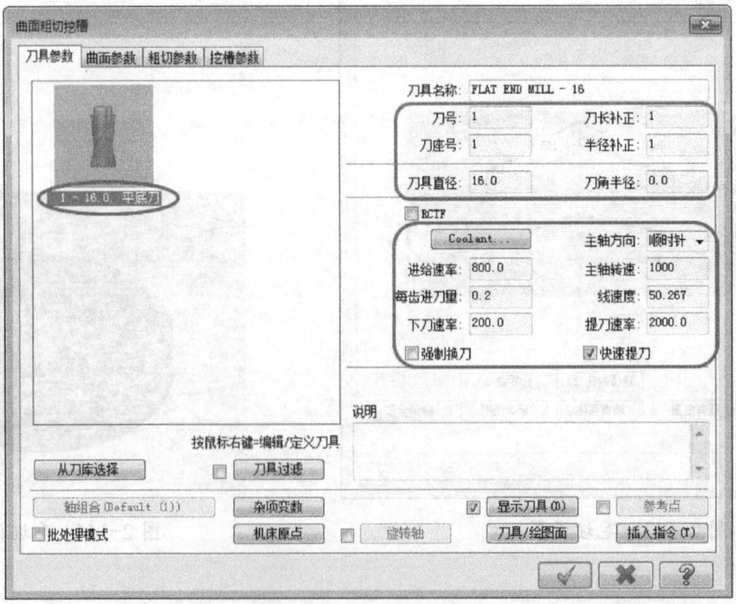

图2-148　选刀具并设置刀具参数

5）设置曲面参数。单击“曲面参数”选项卡，如图2-149所示设置曲面加工参数。

6）设置粗切参数。单击“粗切参数”选项卡，如图2-150所示设置参数。

7）设置切削深度。单击图2-150的 切削深度(D) 按钮，系统弹出“切削深度设置”对话框，如图2-151所示设置参数，单击确定按钮 ✓ ，返回“粗切参数”选项卡。

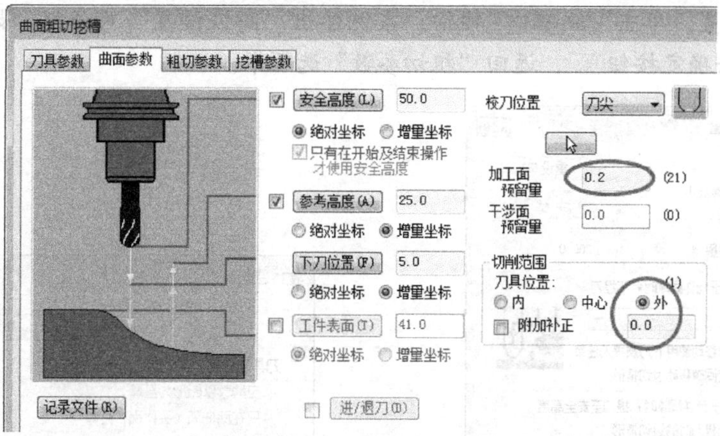

图2-149　设置曲面加工参数

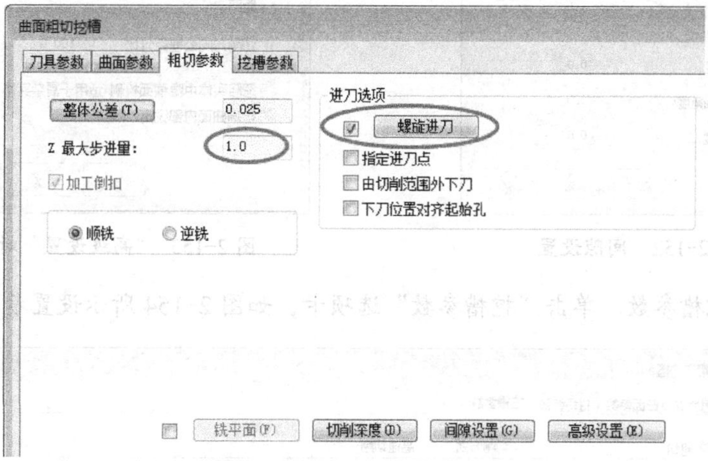

图2-150　设置粗切参数

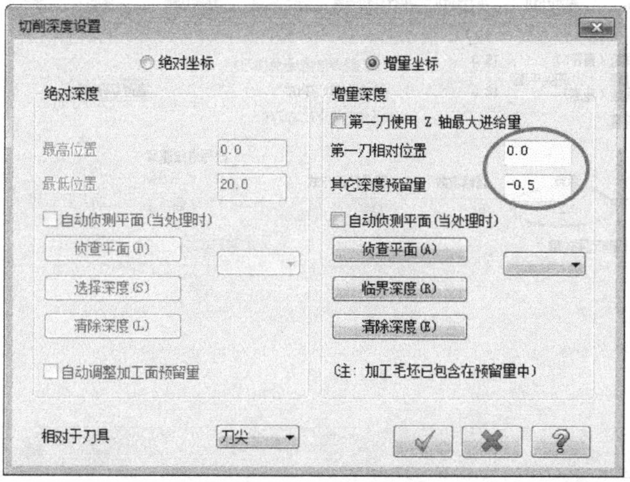

图2-151　设置切削深度

8）间隙设置。单击间隙设置(G)按钮，系统弹出“刀路间隙设置”对话框，如图2-152所示设置参数，单击确定按钮✓，返回“粗切参数”选项卡。

9）高级设置。单击高级设置(E)按钮，系统弹出“高级设置”对话框，如图2-153所示设置参数，单击确定按钮✓，返回“粗切参数”选项卡。

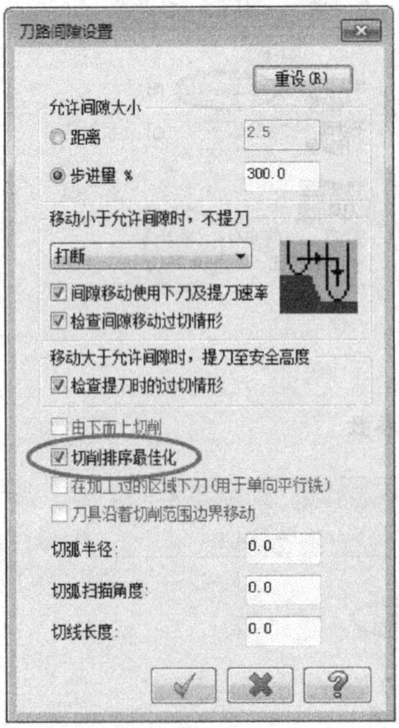

图 2-152　间隙设置

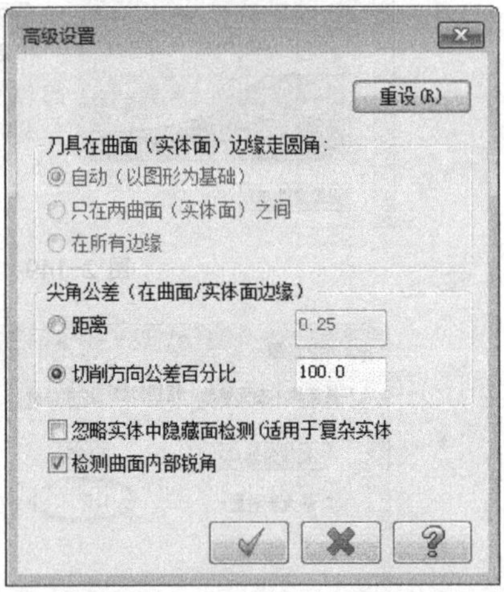

图 2-153　“高级设置”对话框

10）设置挖槽参数。单击“挖槽参数”选项卡，如图2-154所示设置参数。

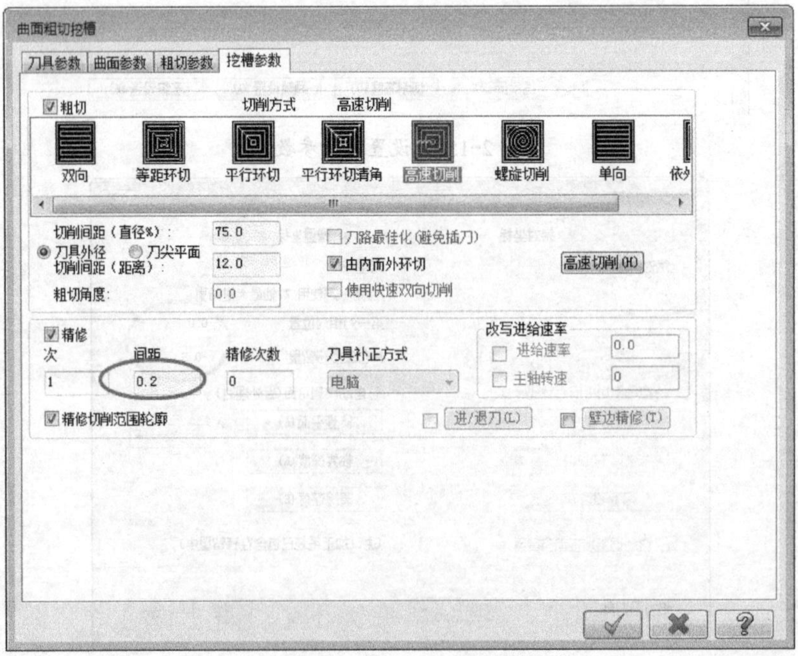

图 2-154　设置挖槽参数

11）完成工序创建。单击确定按钮，完成曲面粗加工工序创建，如图 2-155 所示，产生的刀具路径如图 2-156 所示。

12）实体验证。单击“刀路”管理器对话框中的验证已选择的操作按钮，系统弹出“验证”对话框，单击播放按钮，模拟结果如图 2-157 所示。单击×按钮，关闭模拟对话框。

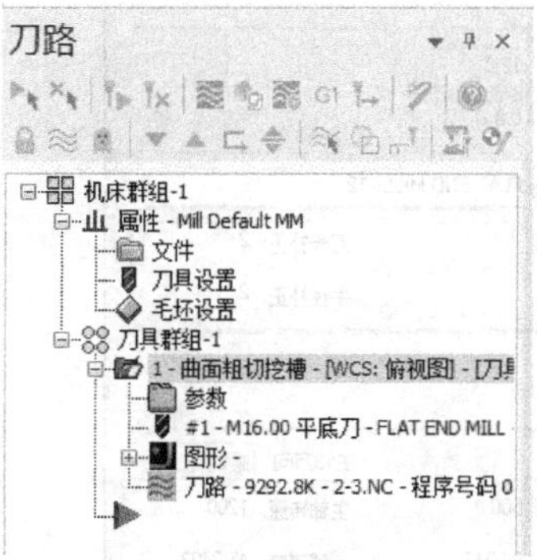

图 2-155　曲面粗加工工序

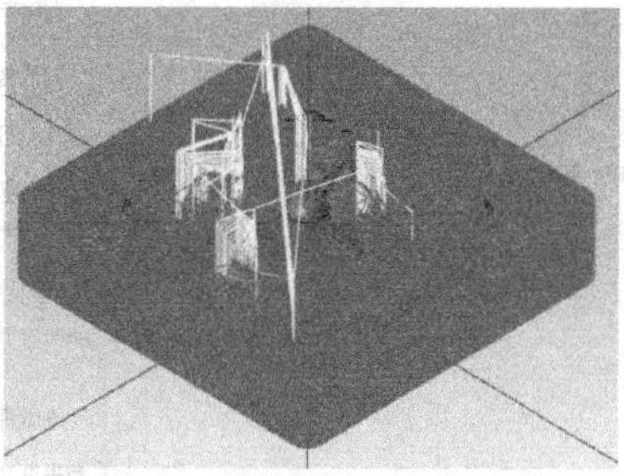

图 2-156　粗加工刀具路径

图 2-157　实体加工验证结果

2.3.9　外圆柱面精加工

1）启动外形铣削。单击外形按钮，系统弹出“串连选项”对话框，选择图 2-158 所示轮廓曲线，单击“串连选项”对话框中的确定按钮，系统弹出“2D 刀路 - 外形铣削”对话框，如图 2-159 所示。

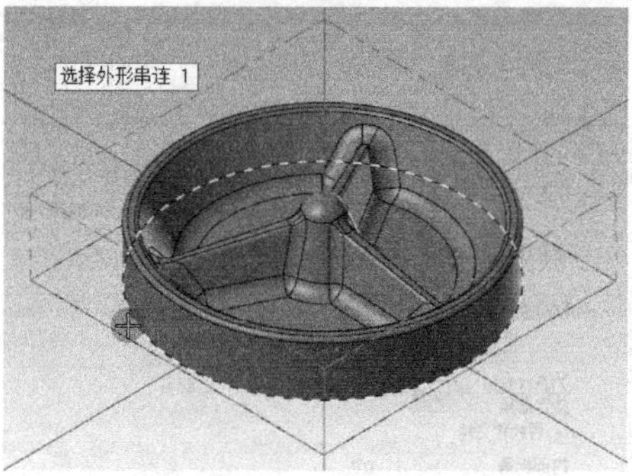

图 2-158　选择外形串连

图 2-159　“2D 刀路 - 外形铣削”对话框

2）选择刀具。单击参数类别列表中的“刀具”选项，如图 2-160 所示选择刀具和设置切削参数。

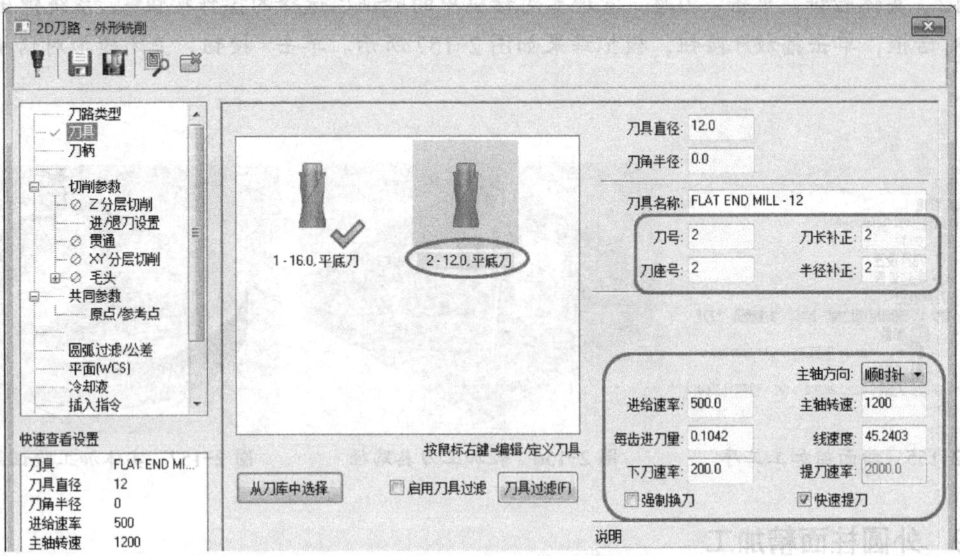

图 2-160 选择刀具和设置切削参数

3）设置切削参数。单击参数类别列表中的“切削参数”选项，如图 2-161 所示设置参数。

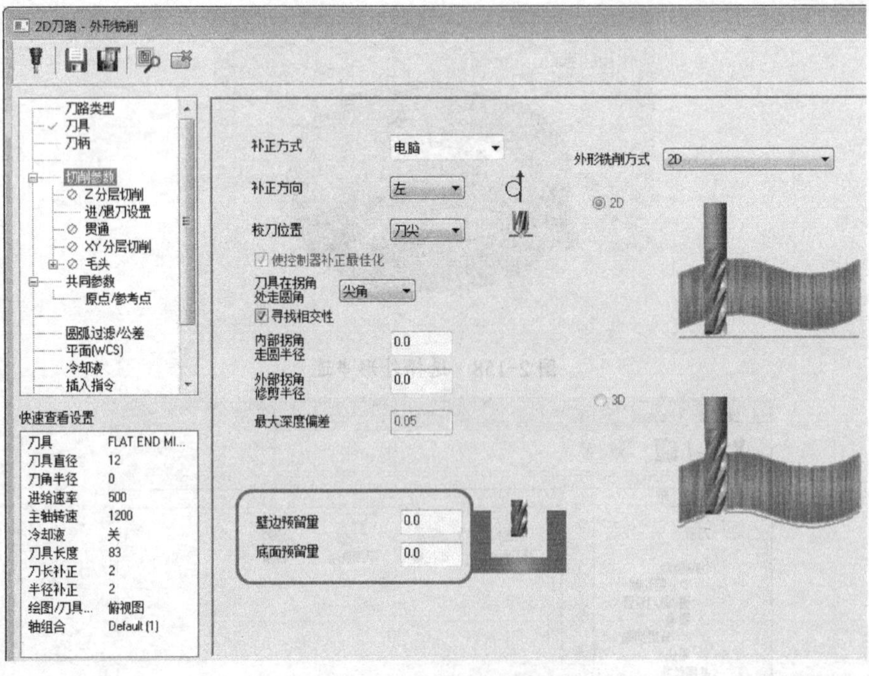

图 2-161 设置切削参数

4）设置深度分层切削参数。在左侧的参数类别列表中选择“Z 分层切削”选项，如图 2-162 所示设置参数。

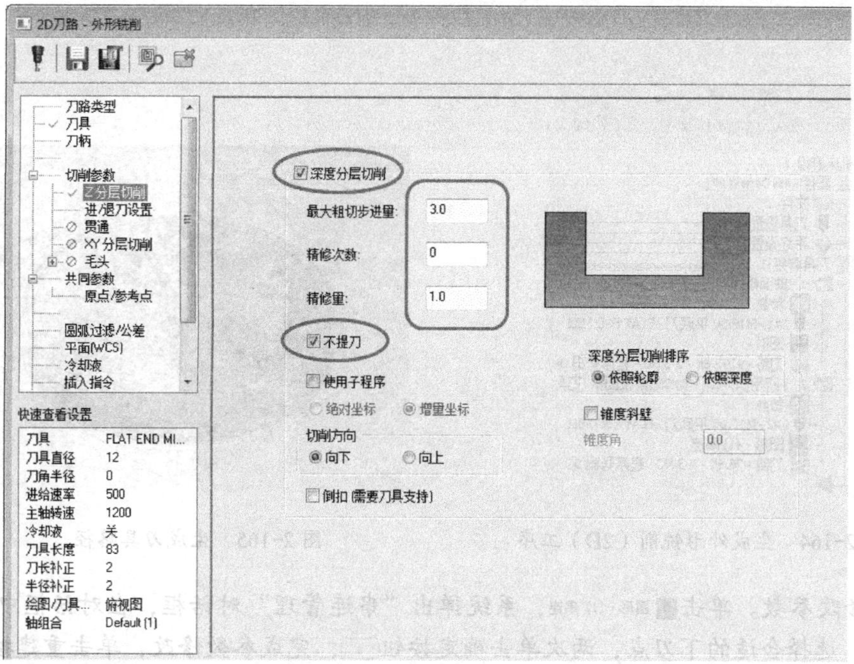

图 2-162　设置深度切削参数

5）设置共同参数。在左侧的参数类别列表中选择“共同参数”选项，如图 2-163 所示设置参数。

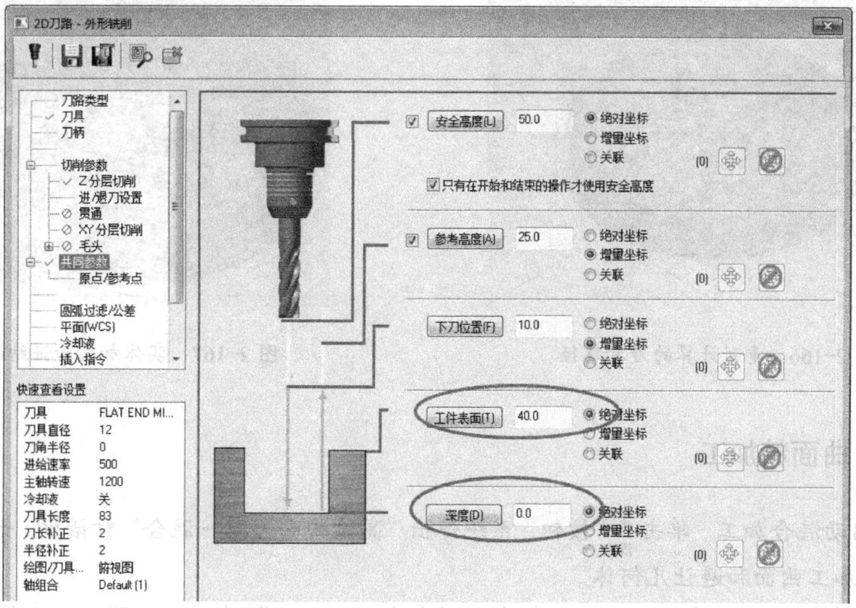

图 2-163　设置共同参数

6）单击 按钮，完成外形铣削（2D）工序创建，如图 2-164 所示，其加工刀具路径如图 2-165 所示。

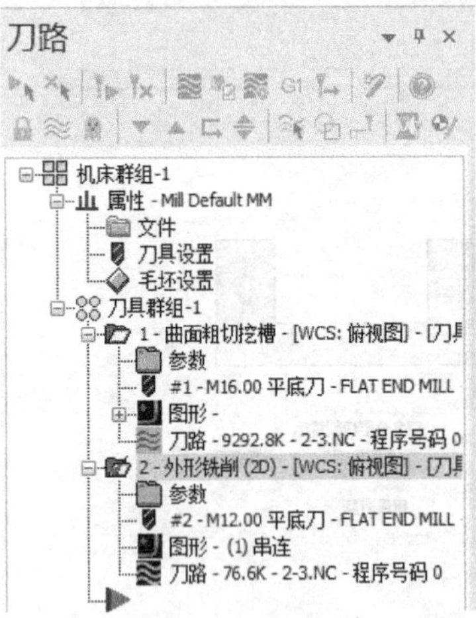

图 2-164 生成外形铣削（2D）工序

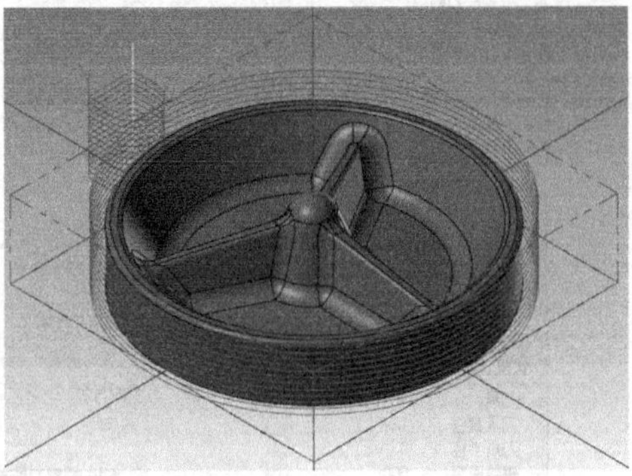

图 2-165 生成刀具路径

7）修改参数。单击 图形 - (1) 串连，系统弹出“串连管理”对话框，在对话框中右击，选择起始点 (P)，选择合适的下刀点，两次单击确定按钮，完成参数修改，单击重建按钮，重新计算刀具路径，结果如图 2-166 所示。

8）实体验证。单击“刀路”管理器对话框中的验证已选择的操作按钮，系统弹出“验证”对话框，单击播放按钮，模拟结果如图 2-167 所示。单击×按钮，关闭模拟对话框。

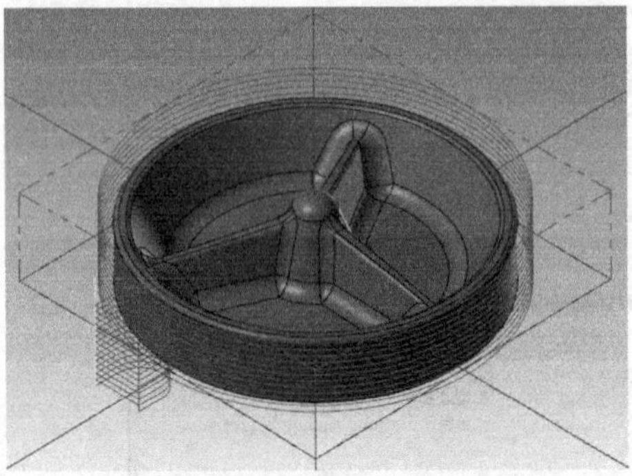

图 2-166 重新计算的刀具路径

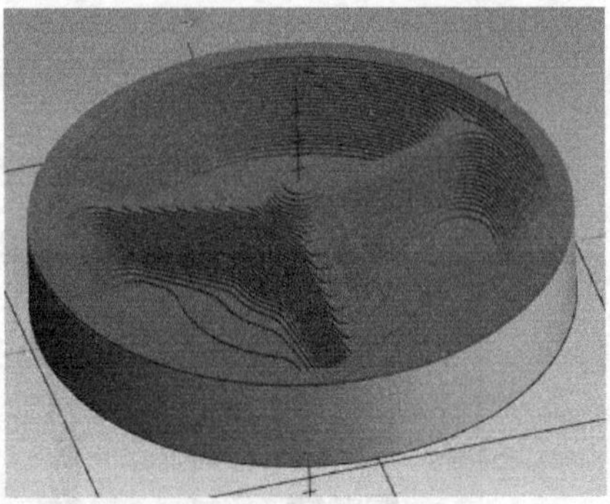

图 2-167 实体加工验证结果

2.3.10 曲面精加工

1）启动混合加工。单击混合按钮，系统弹出“高速曲面刀路 - 混合”对话框，如图 2-168 所示选择加工曲面和避让几何体。

2）选择刀具。单击图 2-168 参数类别列表中的“刀具”选项，如图 2-169 所示，从刀库选择 ϕ 10mm 球刀并设置刀具参数。

3）设置切削参数。在左侧的参数类别列表中选择“切削参数”选项，如图 2-170 所示设置参数。

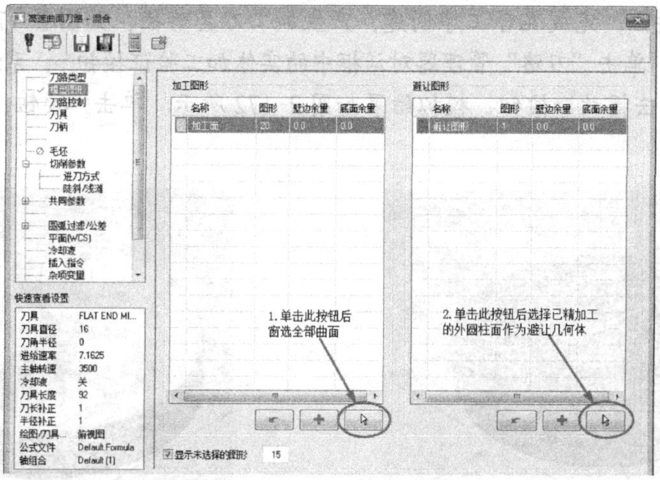

图 2-168 “高速曲面刀路 - 混合”对话框

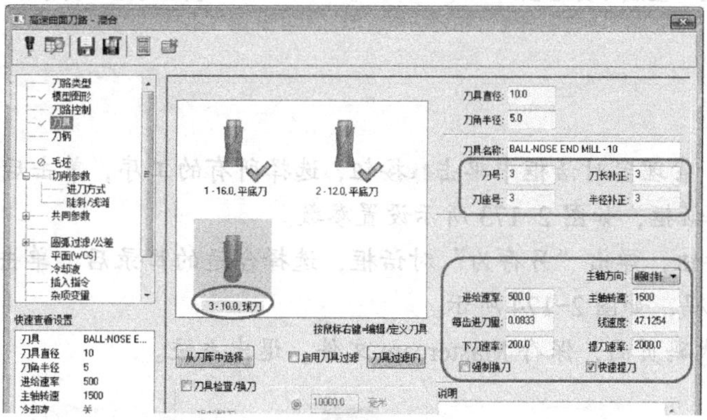

图 2-169 选择球刀并设置刀具参数

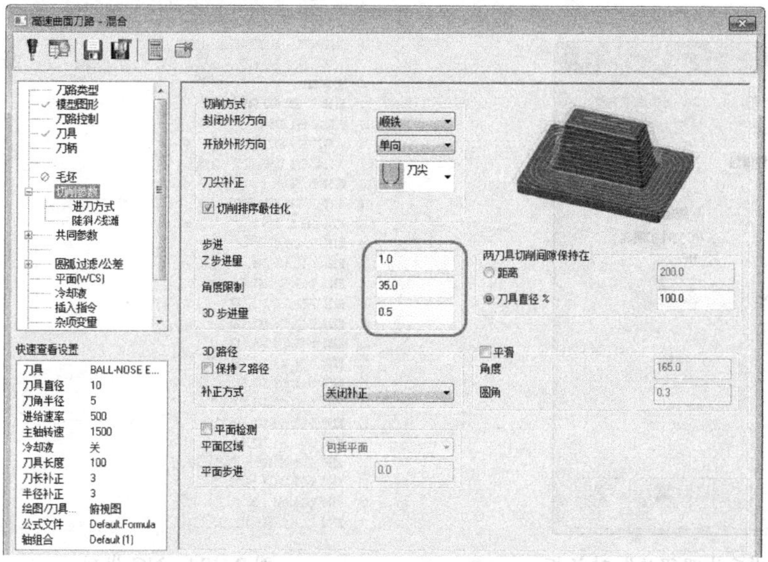

图 2-170 设置切削参数

4）单击✓按钮，完成混合工序创建，产生加工刀具路径，如图2-171所示。

5）实体验证。单击“刀路”管理器对话框中的实体加工验证按钮，系统弹出“Mastercam模拟”对话框，单击播放▶按钮，模拟结果如图2-172所示。单击×按钮，关闭“Mastercam模拟”对话框。

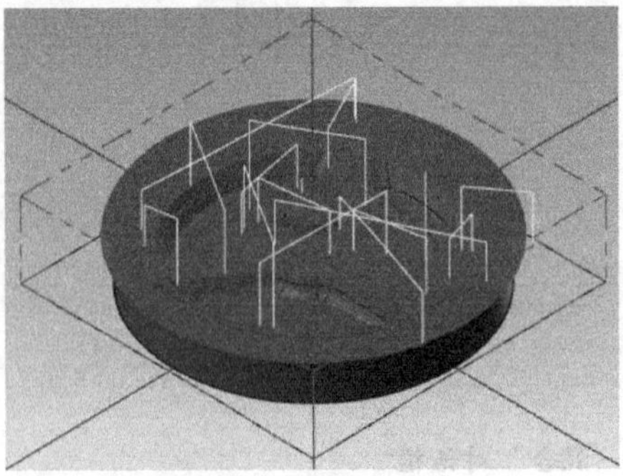

图2-171 生成刀具路径

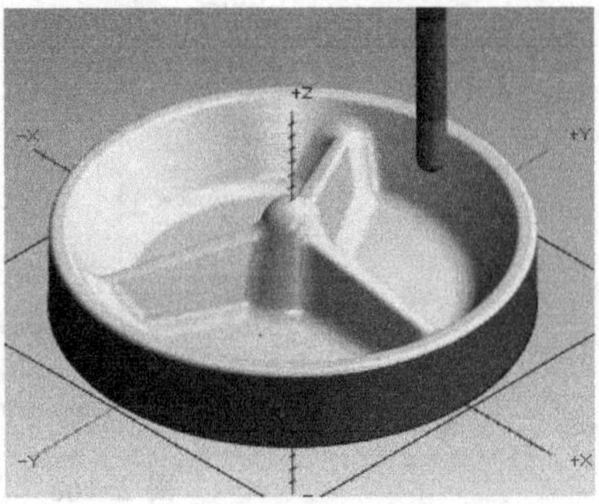

图2-172 实体加工验证结果

2.3.11 后处理

1）在“刀路”管理器对话框中单击按钮，选择所有的工序，单击后处理按钮G1，弹出“后处理程序”对话框，如图2-173所示设置参数。

2）单击✓按钮，弹出“另存为”对话框，选择合适的目录后，单击保存(S)按钮，即可得到所需的NC代码，如图2-174所示。

3）关闭NC代码页面，保存Mastercam文件，退出系统。

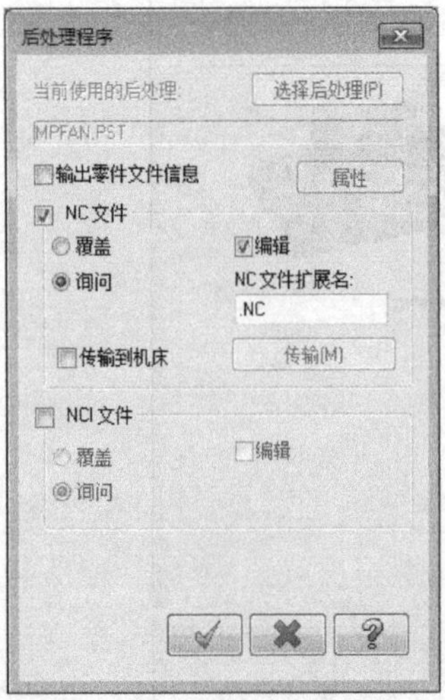

图2-173 “后处理程序”对话框

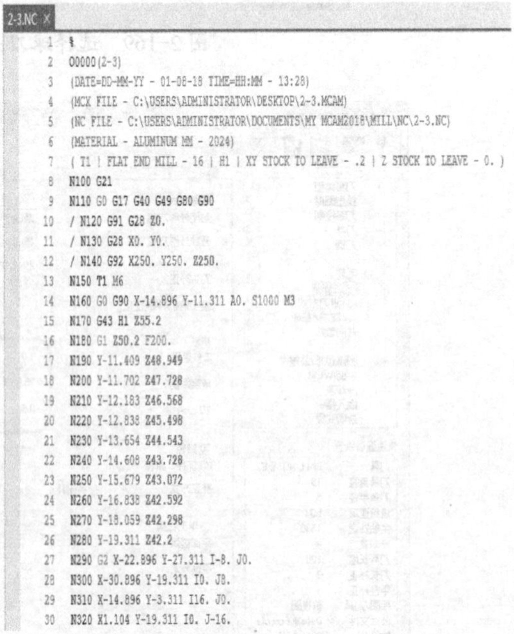

2-3.NC

```
%
O0000(2-3)
(DATE=DD-MM-YY - 01-08-18 TIME=HH:MM - 13:28)
(MCX FILE - C:\USERS\ADMINISTRATOR\DESKTOP\2-3.MCAM)
(NC FILE - C:\USERS\ADMINISTRATOR\DOCUMENTS\MY MCAM2018\MILL\NC\2-3.NC)
(MATERIAL - ALUMINUM MM - 2024)
( T1 | FLAT END MILL - 16 | H1 | XY STOCK TO LEAVE - .2 | Z STOCK TO LEAVE - 0. )
N100 G21
N110 G0 G17 G40 G49 G80 G90
/ N120 G91 G28 Z0.
/ N130 G28 X0. Y0.
/ N140 G92 X250. Y250. Z250.
N150 T1 M6
N160 G0 G90 X-14.896 Y-11.311 A0. S1000 M3
N170 G43 H1 Z55.2
N180 G1 Z50.2 F200.
N190 Y-11.409 Z48.949
N200 Y-11.702 Z47.728
N210 Y-12.183 Z46.568
N220 Y-12.838 Z45.498
N230 Y-13.654 Z44.543
N240 Y-14.608 Z43.728
N250 Y-15.679 Z43.072
N260 Y-16.838 Z42.592
N270 Y-18.059 Z42.298
N280 Y-19.311 Z42.2
N290 G2 X-22.896 Y-27.311 I-8. J0.
N300 X-30.896 Y-19.311 I0. J8.
N310 X-14.896 Y-3.311 I16. J0.
N320 X1.104 Y-19.311 I0. J-16.
```

图2-174 NC代码

2.3.12 三维加工小结

三维曲面加工方法包括曲面粗加工和曲面精加工两大类型，曲面粗加工主要用于对毛坯的大部分材料快速去除，以方便后面的精加工，因此曲面粗加工往往采用大直径刀具、大的进给速度及较大的加工误差；曲面精加工主要用于对工件做精加工余量的修整切削加工，往往采用较小的刀具、小的进给速度和较小的加工误差，以达到好的加工质量。

2.3.13 练习与思考

建立图 2-175 所示手机三维模型，除底面外，其他表面都要求加工，选择合适的加工方法加工该零件（毛坯尺寸自定，要求合理）。

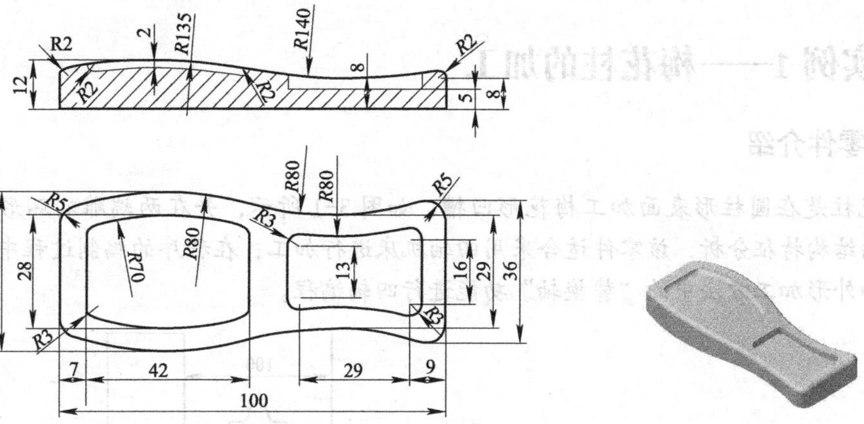

图 2-175

第3章 四轴加工

3.1 实例1——梅花柱的加工

3.1.1 零件介绍

梅花柱是在圆柱形表面加工梅花形凹槽，如图3-1所示，并在两端雕刻环形纹路。根据零件的结构特征分析，该零件适合采用四轴机床进行加工，在程序的编制过程中，运用二维挖槽和外形加工方法中的“替换轴”功能进行四轴编程。

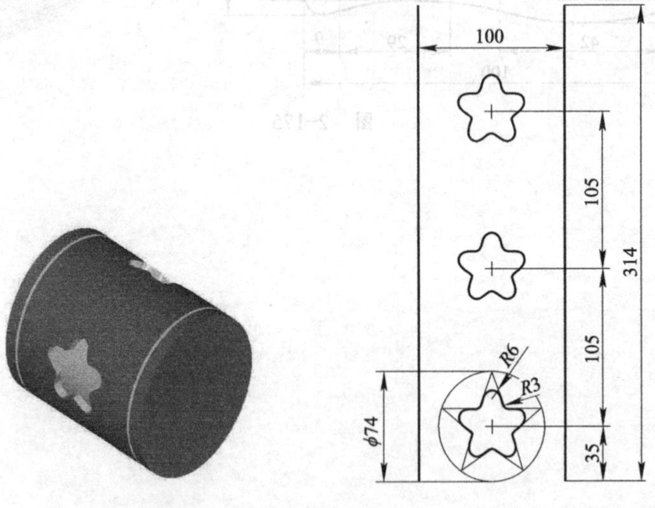

图3-1 梅花柱

a）外形图 b）展开图

3.1.2 工艺分析

1. 零件形状和尺寸分析

该零件为圆柱体，零件表面有梅花形凹槽，凹槽最小内凹角半径为6mm，凸角半径为3mm，如图3-1b所示，槽深5mm，相邻凹槽之间距离为105mm，圆柱两端有0.5mm深的刻线。

2. 毛坯尺寸

毛坯采用已精车加工的圆柱体，直径100mm，长度180mm，预留装夹位。

3. 工件装夹

本工件在加工时可以直接装夹在四轴数控机床的A轴回转轴上，由于毛坯较短、直径较大，因此工艺系统刚性较好，可以不采用顶尖装夹。

4. 加工方案

用平底刀采用螺旋下刀方式进行挖槽加工，然后应用雕刻刀进行环状外形雕刻。

3.1.3 绘制二维图形

1. 绘制两条直线

打开Mastercam软件，将“绘图平面”设置为“俯视图”。单击连续线按钮，系统弹出“连续线”对话框，按图3-2所示步骤操作，单击对话框的“确定”按钮，完成一条垂直线的绘制。

单击补正按钮，系统弹出“单体补正”对话框，设置“距离”为100，可以绘制另一条垂直线，结果如图3-3所示。

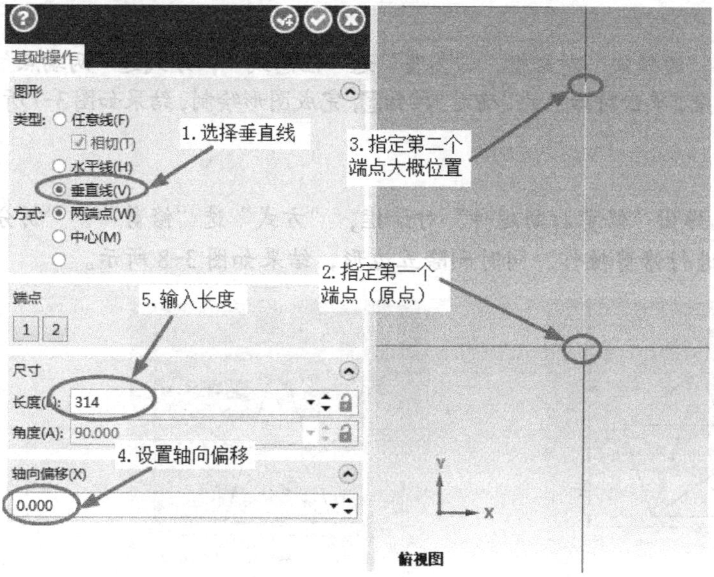

图3-2 画垂直线

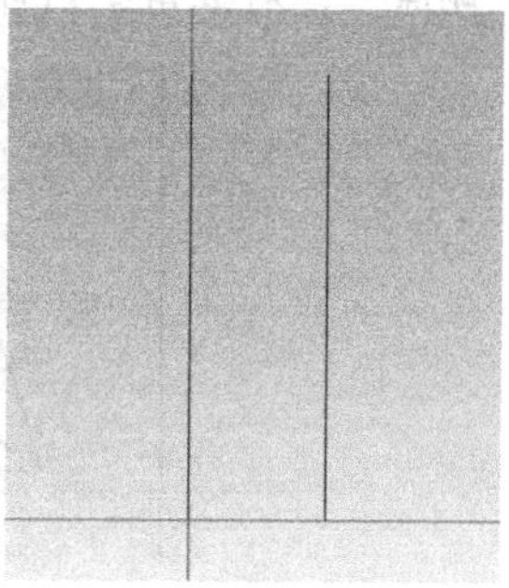

图3-3 绘制两条直线

2. 绘制五边形

单击多边形按钮，系统弹出“多边形”对话框，如图3-4所示。单击屏幕上方“输入坐标点”按钮X,Y,Z，输入多边形基准点坐标50,35.0，回车。

如图3-5所示，在屏幕合适位置选择一点，如图3-4所示设置参数，单击对话框的“确定”按钮，完成五边形的绘制，结果如图3-6所示。

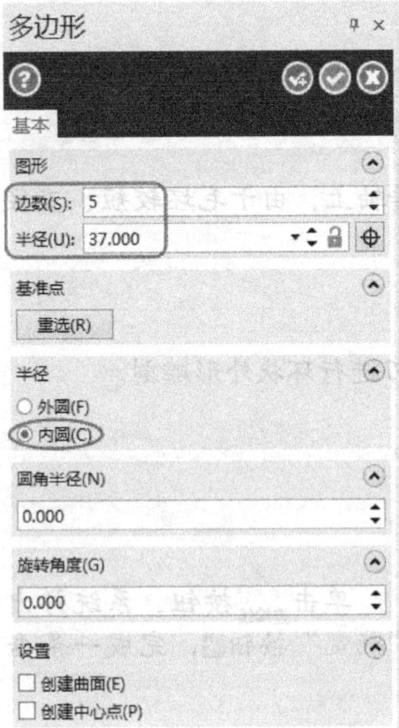

图 3-4 “多边形”对话框

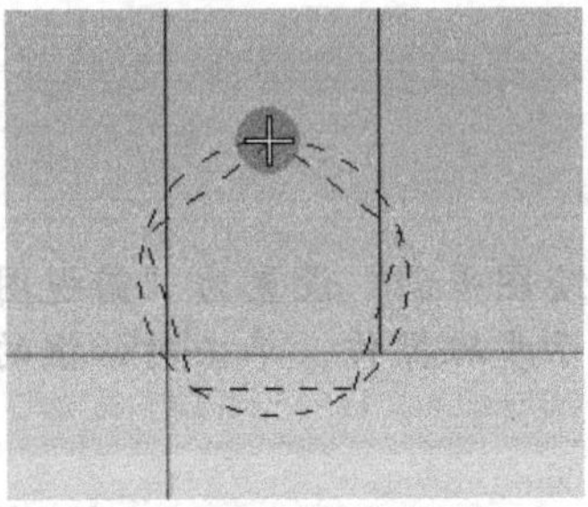

图 3-5 在屏幕合适位置选择一点

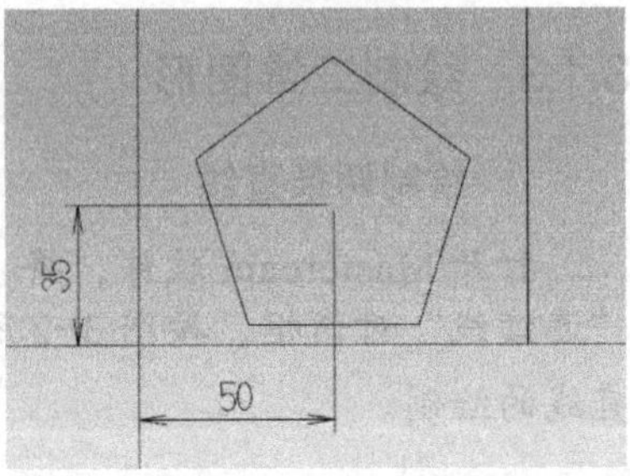

图 3-6 五边形

3. 画五角星

单击连续线按钮，系统弹出“连续线”对话框，“类型”选“任意线”，方式选“两端点”，依次将五边形顶点连接成五角星，单击对话框的“确定”按钮，完成图形绘制，结果如图 3-7 所示。

4. 修剪图形

单击修剪打断延伸按钮，系统弹出“修剪打断延伸”对话框，“方式”选“修剪”，“拆分”选“删除”，对五角星内部进行修剪操作，同时删除五边形，结果如图 3-8 所示。

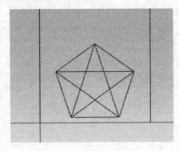

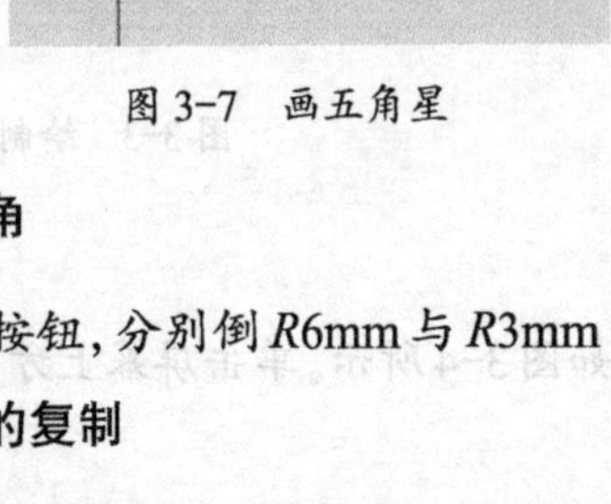

图 3-7 画五角星

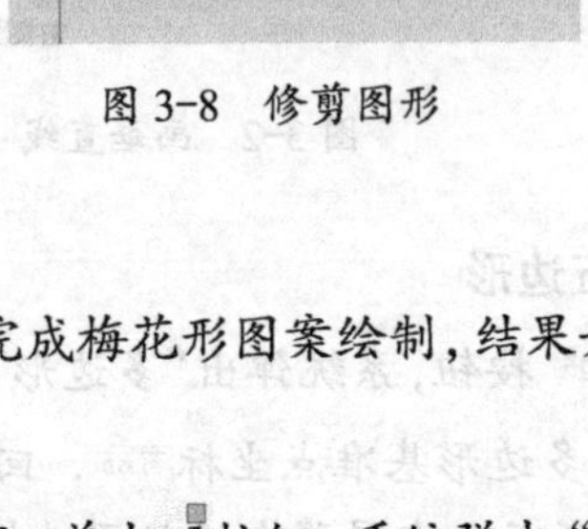

图 3-8 修剪图形

5. 倒圆角

单击倒圆角按钮，分别倒 $R6$mm 与 $R3$mm 的圆角，完成梅花形图案绘制，结果如图 3-9 所示。

6. 图形的复制

隐藏或删除全部尺寸，选择图 3-9 所示的梅花图案，单击平移按钮，系统弹出“平移”对话框，如图 3-10 所示设置参数，单击对话框的“确定”按钮，完成图形复制，结果如图 3-11 所示。

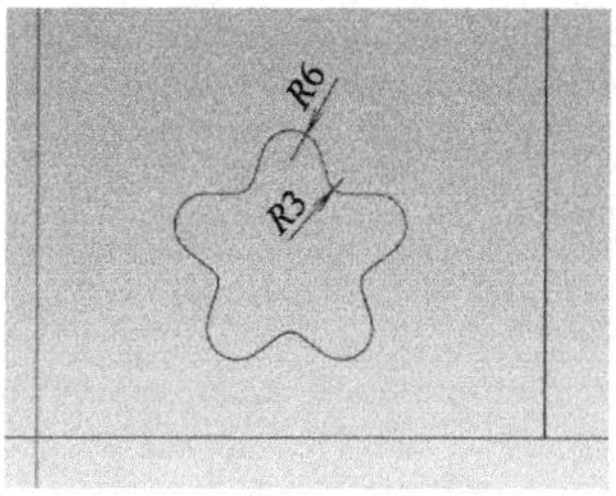

图 3-9　倒圆角

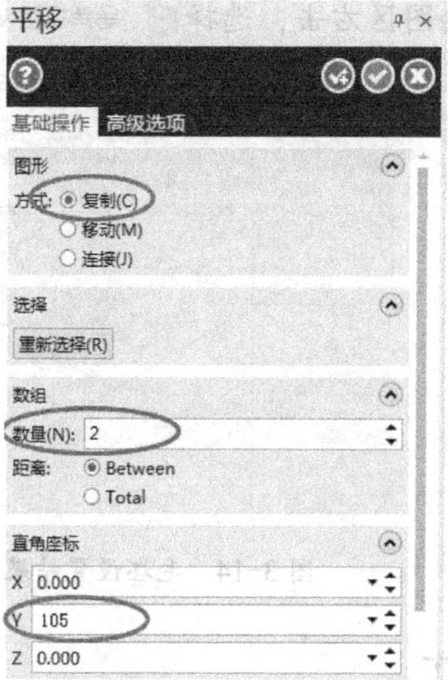

图 3-10 “平移”对话框

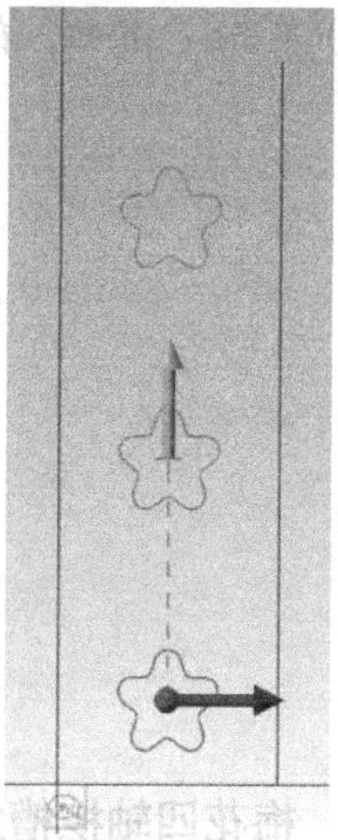

图 3-11　梅花图案复制

3.1.4　选择机床

选择菜单“机床”—“铣削”—“默认”，系统弹出“刀路”管理器对话框，单击“刀路”管理器对话框中的展开按钮，结果如图 3-12 所示。

3.1.5　材料设置

1）单击图 3-12 所示“刀路”管理器对话框中的毛坯设置，系统弹出“机床群组属性”对话框，按图 3-13 所示设置参数。

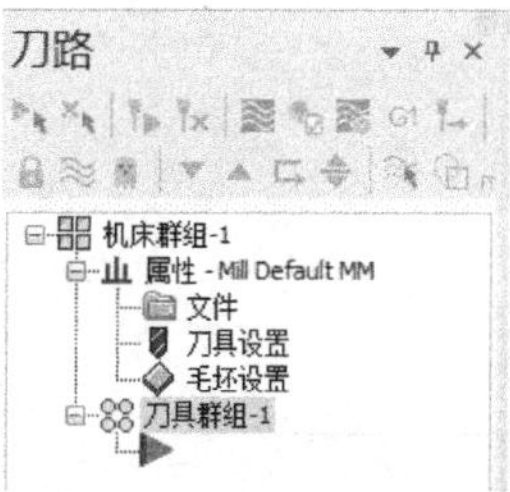

图 3-12 “刀路”管理器对话框

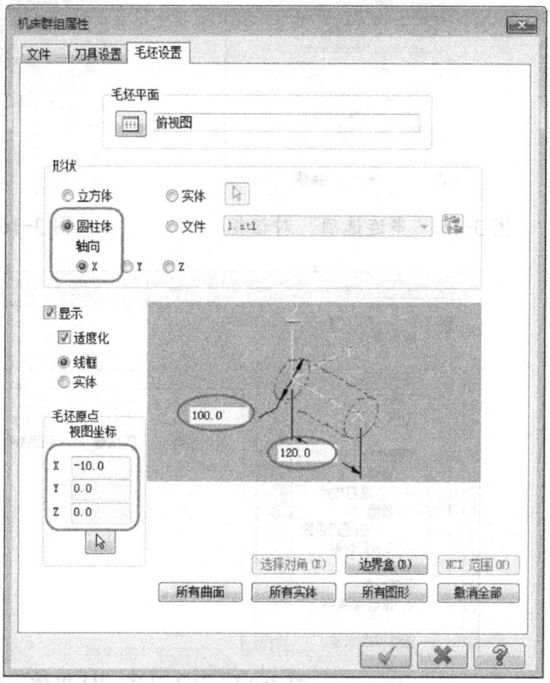

图 3-13　毛坯设置

2）单击 按钮，在绘图区右击，选择 等角视图(WCS)(I)，结果如图 3-14 所示。

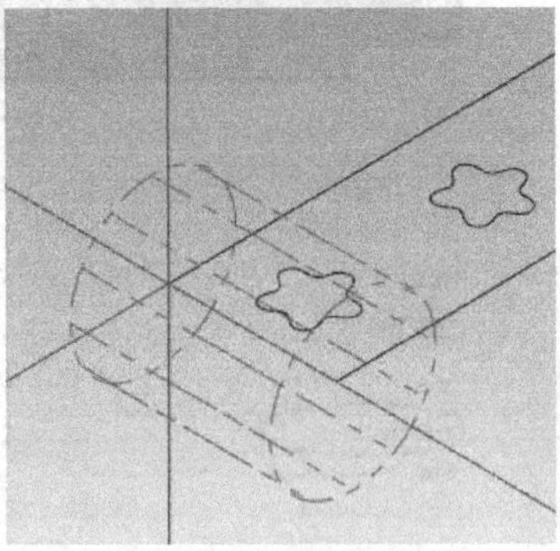

图 3-14 毛坯设置结果

3.1.6 梅花四轴挖槽加工

1）启动2D挖槽。单击 挖槽 按钮，系统弹出“串连选项”对话框，如图3-15所示。选择图3-16所示梅花图案，单击 按钮，系统弹出“2D 刀路 -2D 挖槽”对话框，如图 3-17 所示。

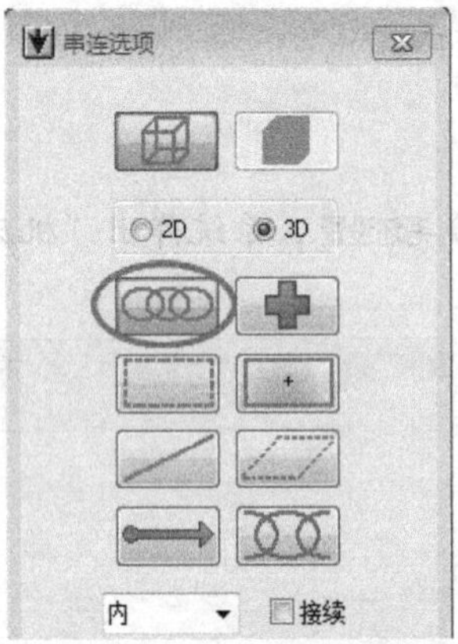

图 3-15 “串连选项”对话框

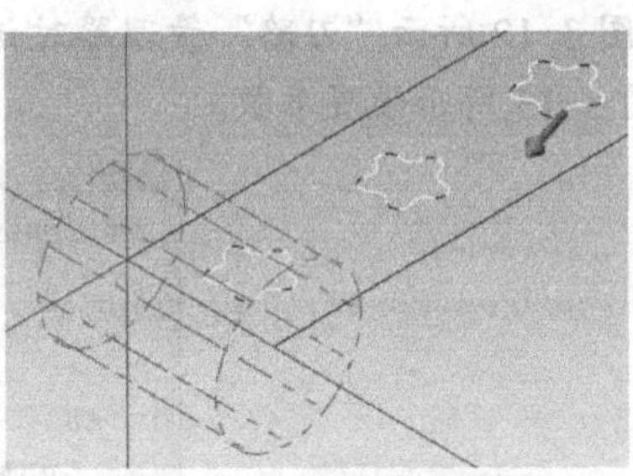

图 3-16 选择三个梅花图案

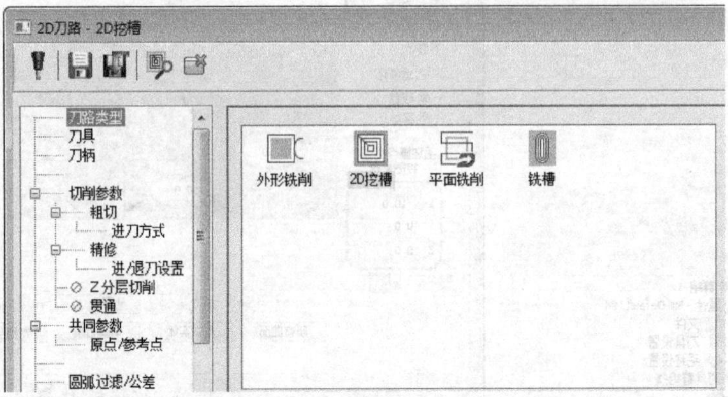

图 3-17 “2D 刀路 -2D 挖槽”对话框

2）选择刀具。单击图3-17参数类别列表中的“刀具”选项，单击[从刀库选择]，单击[刀具过滤(F)]，系统弹出“刀具过滤列表设置”对话框，如图3-18所示，单击[全关(N)]，选择平刀，设置“刀具直径”为“6.0”，单击[✓]按钮。

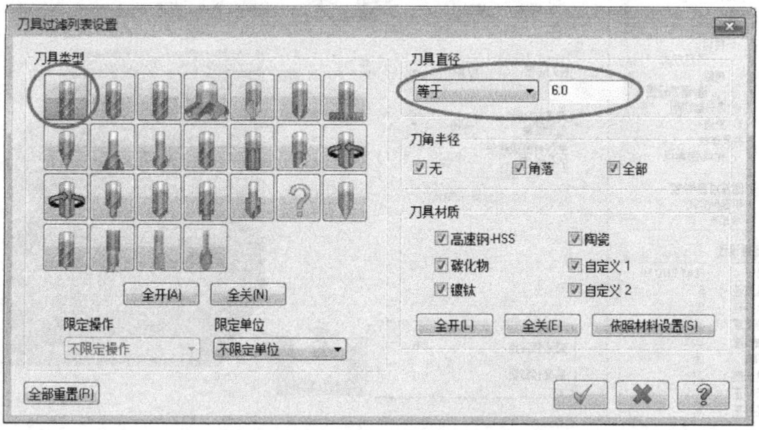

图3-18 “刀具过滤列表设置”对话框

系统弹出“选择刀具”对话框，选择对话框中的 1-6.0平底刀，单击[✓]按钮，系统返回“2D刀路-2D挖槽”对话框，如图3-19所示设置刀具参数。

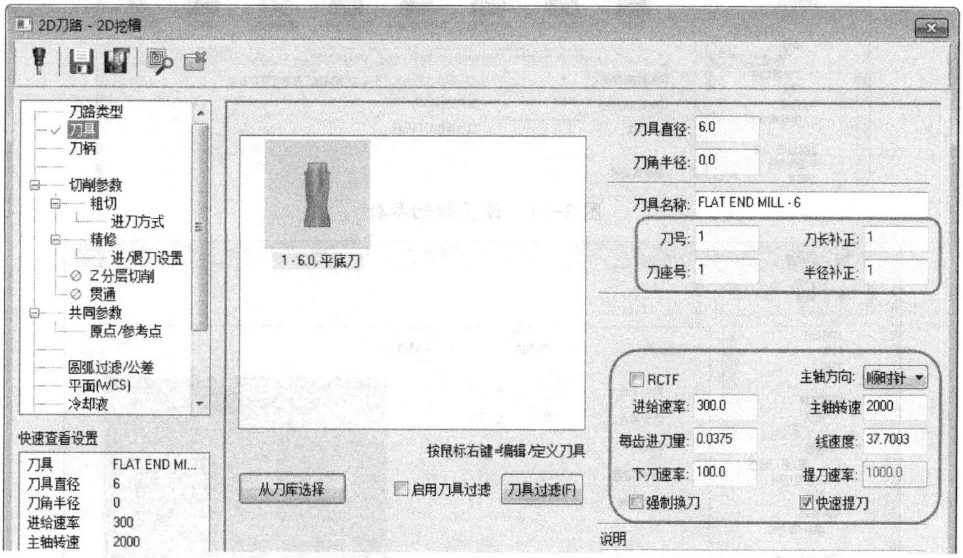

图3-19 设置刀具参数

3）设置切削参数。在左侧的参数类别列表中选择“切削参数”选项，如图3-20所示设置切削参数。

4）设置粗切参数。在左侧的参数类别列表中选择“粗切”选项，如图3-21所示设置粗切参数。

5）粗切进刀方式。在左侧的参数类别列表中选择“进刀方式”选项，如图3-22所示设置粗切进刀参数。

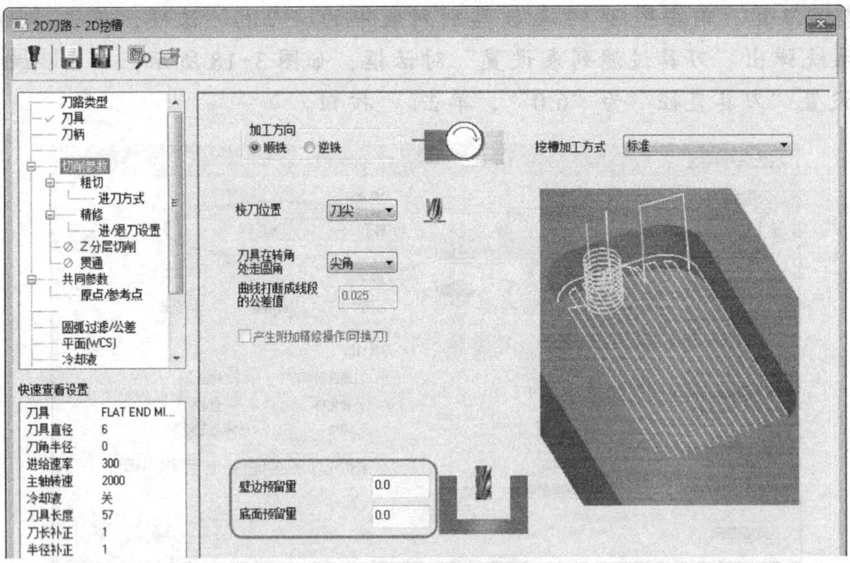

图 3-20 设置切削参数

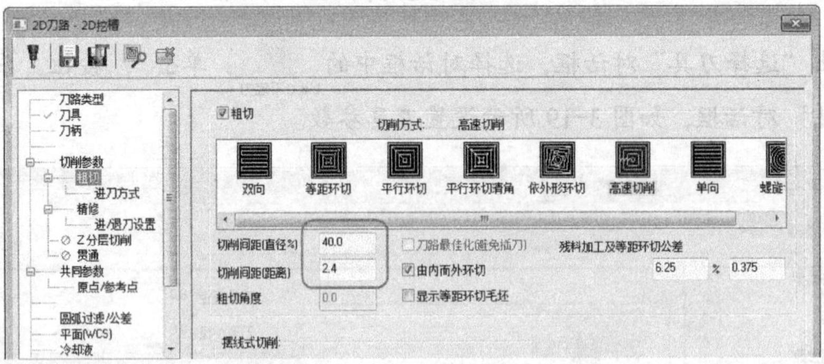

图 3-21 设置粗切参数

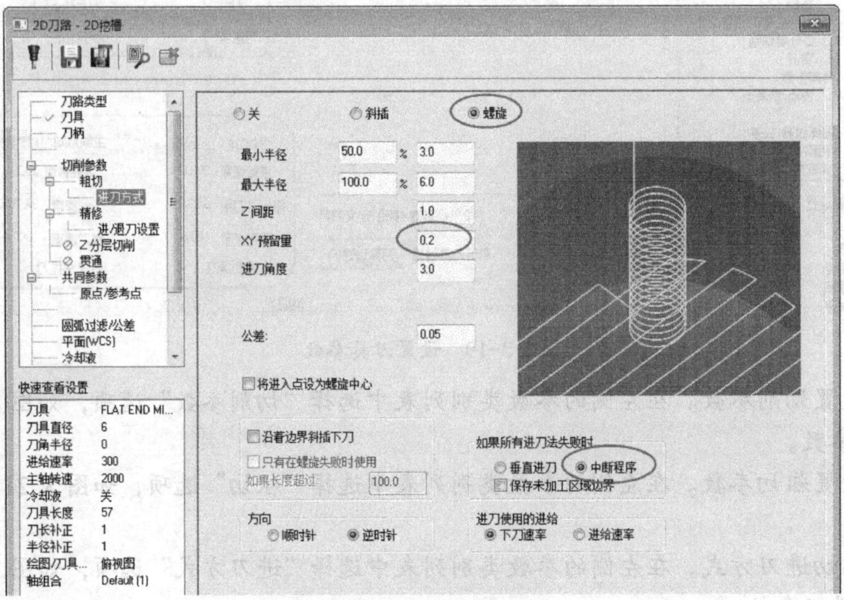

图 3-22 粗切进刀方式

6）设置精修参数。在左侧的参数类别列表中选择“精修”选项，如图3-23所示设置精修参数。

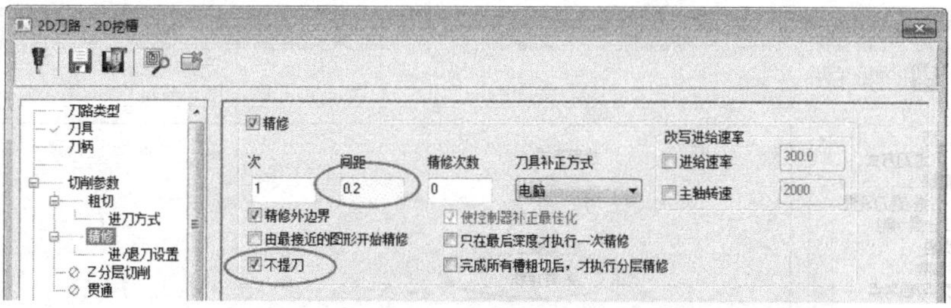

图3-23　设置精修参数

7）设置深度切削参数。在左侧的参数类别列表中选择“Z分层切削”选项，如图3-24所示设置参数。

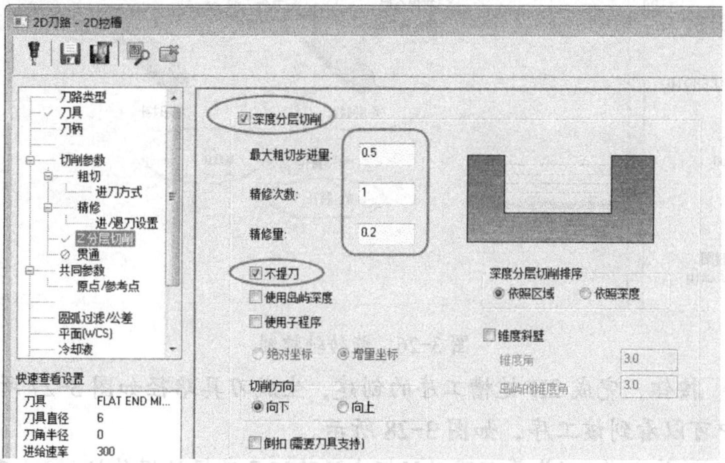

图3-24　设置深度切削参数

8）设置共同参数。在左侧的参数类别列表中选择“共同参数”选项，如图3-25所示设置参数。

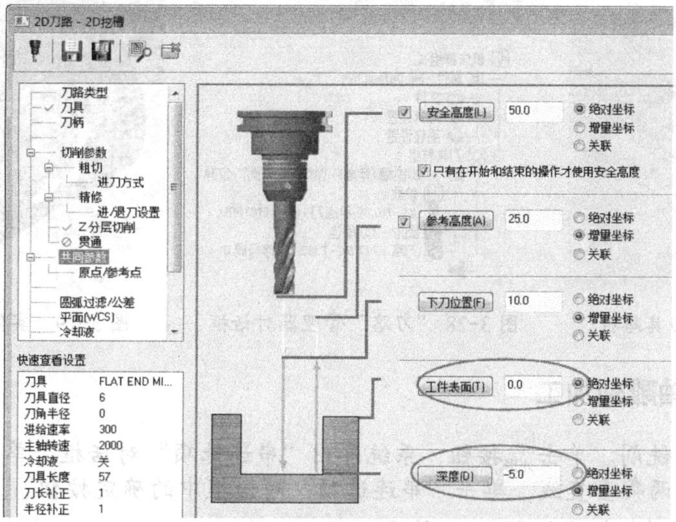

图3-25　设置共同参数

9）旋转轴控制。在左侧的参数类别列表中选择“旋转轴控制”选项，如图 3-26 所示设置参数。

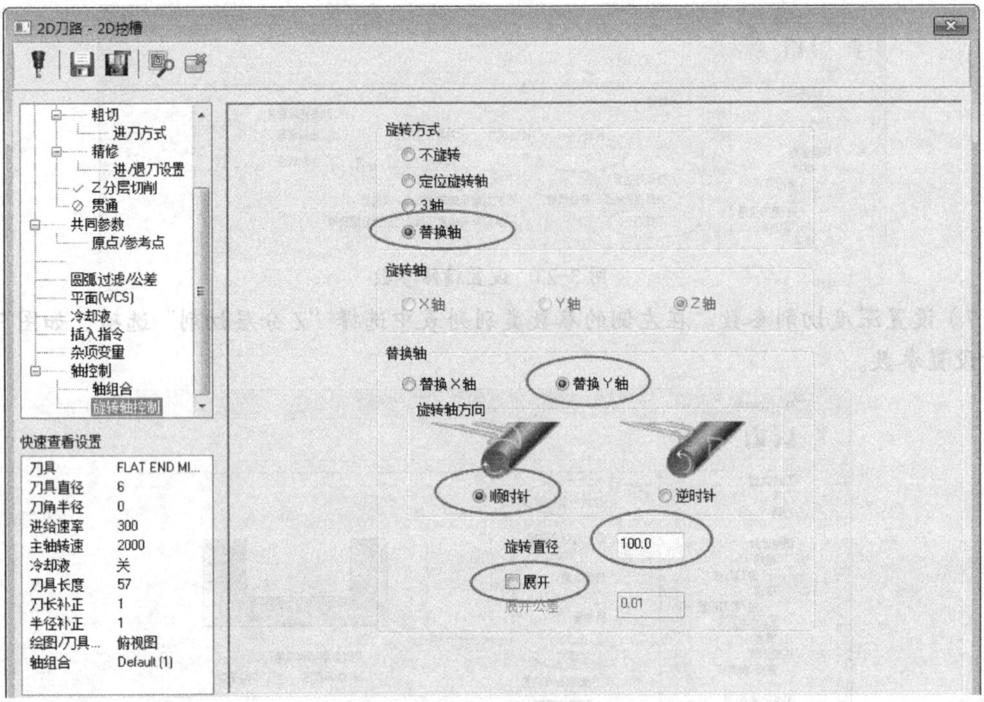

图 3-26 旋转轴控制

10）单击按钮，完成 2D 挖槽工序的创建，生成刀具路径如图 3-27 所示，在“刀路”管理器对话框中可以看到该工序，如图 3-28 所示。

11）实体验证。单击“刀路”管理器对话框中的验证已选择的操作按钮，系统弹出“验证”对话框，单击播放▶按钮，模拟结果如图 3-29 所示。单击×按钮，关闭模拟对话框。

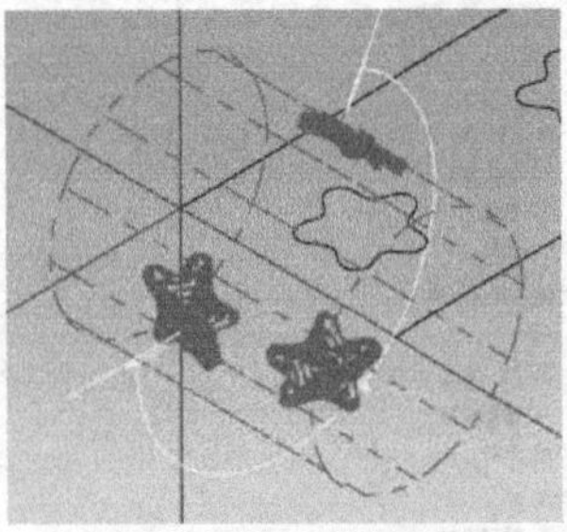

图 3-27 生成刀具路径

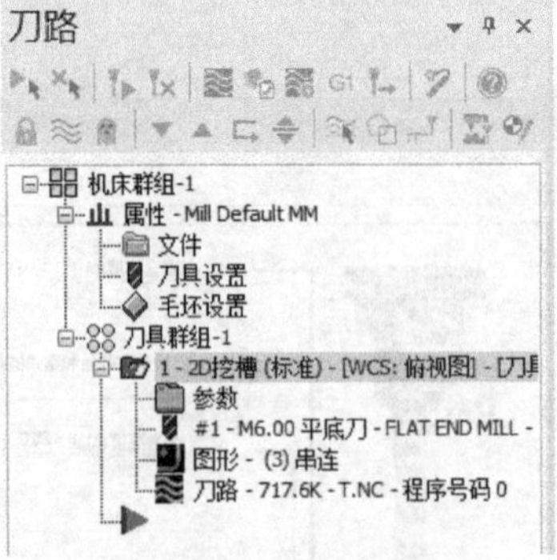

图 3-28 “刀路”管理器对话框

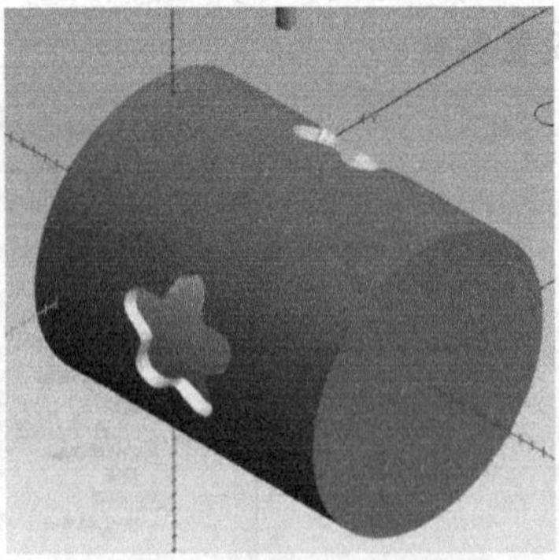

图 3-29 实体加工验证结果

3.1.7 环线四轴雕刻加工

1）启动外形铣削。单击外形按钮，系统弹出“串连选项”对话框，单击串连按钮，选择图 3-30 所示两条垂直线，单击“串连选项”对话框中的确定按钮，系统弹出“2D 刀路 - 外形铣削”对话框，如图 3-31 所示。

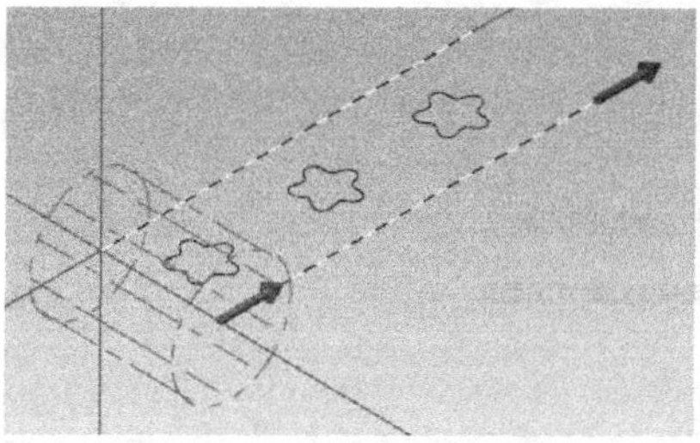

图 3-30　选择外形串连

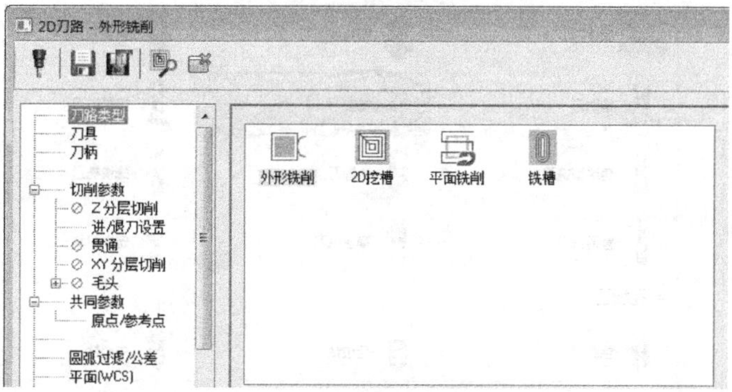

图 3-31 “2D 刀路 - 外形铣削”对话框

2）创建刀具。单击参数类别列表中的“刀具”选项，如图 3-32 所示，在对话框空白处右击，选择 创建新刀具(N) ，系统弹出刀具类型对话框，如图 3-33 所示，选择 锥度刀，单击 下一步 按钮，系统弹出定义锥度刀对话框，如图 3-34 所示设置刀具参数。单击 下一步 按钮，系统弹出其他属性对话框，如图 3-35 所示设置参数。单击 完成 按钮，系统返回“2D 刀路 - 外形铣削”对话框，选择锥度刀图标，右击，选择菜单 重新初始化进给速率及转速 ，结果如图 3-36 所示。

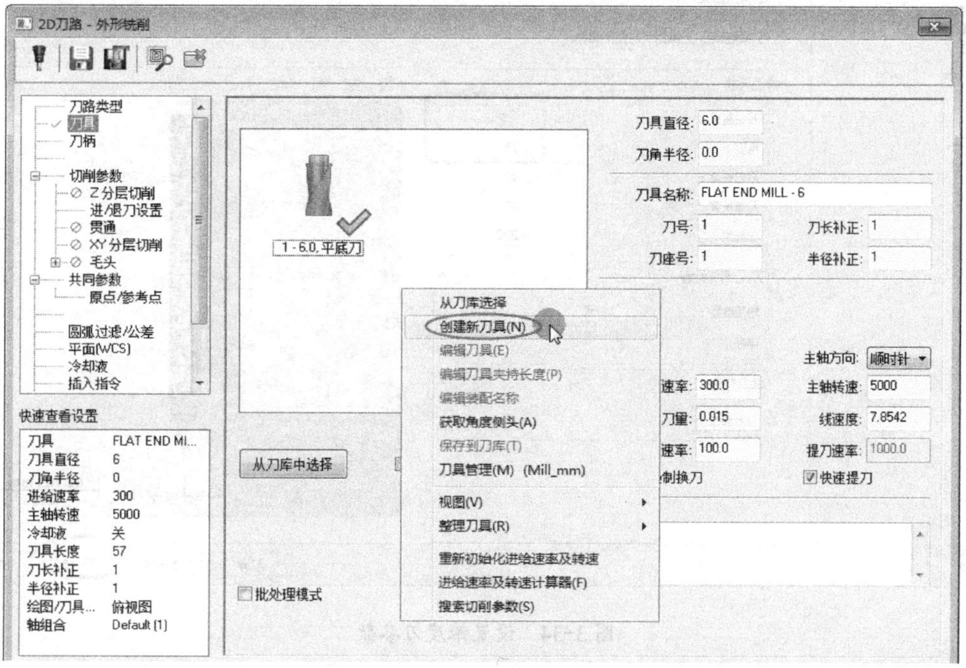

图 3-32　创建刀具

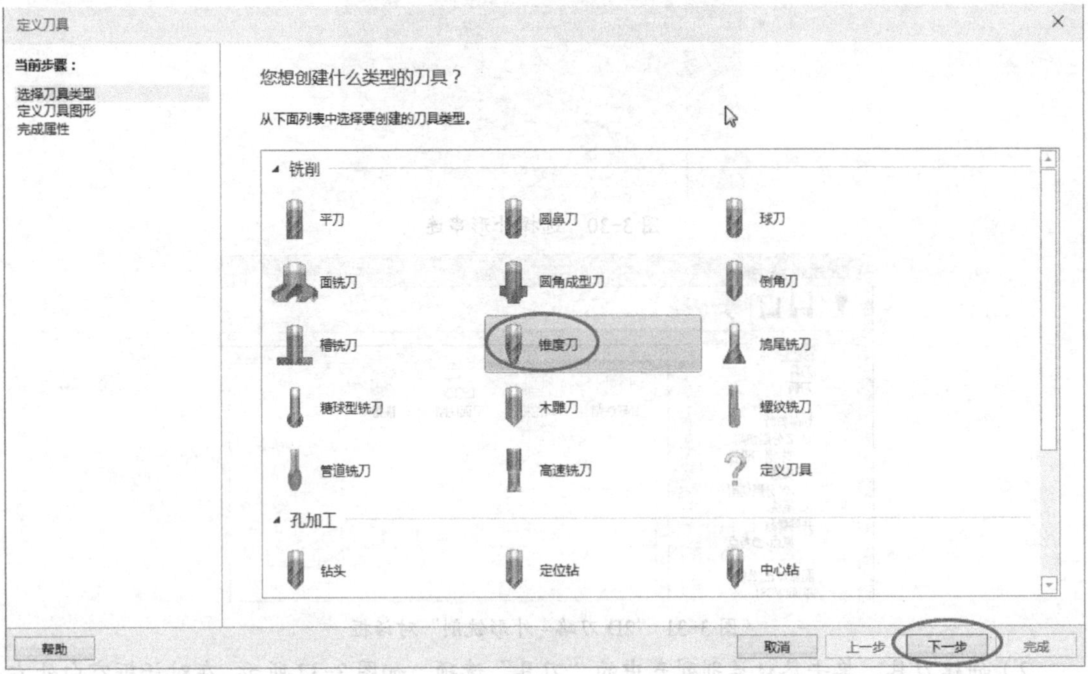

图 3-33　选择刀具类型

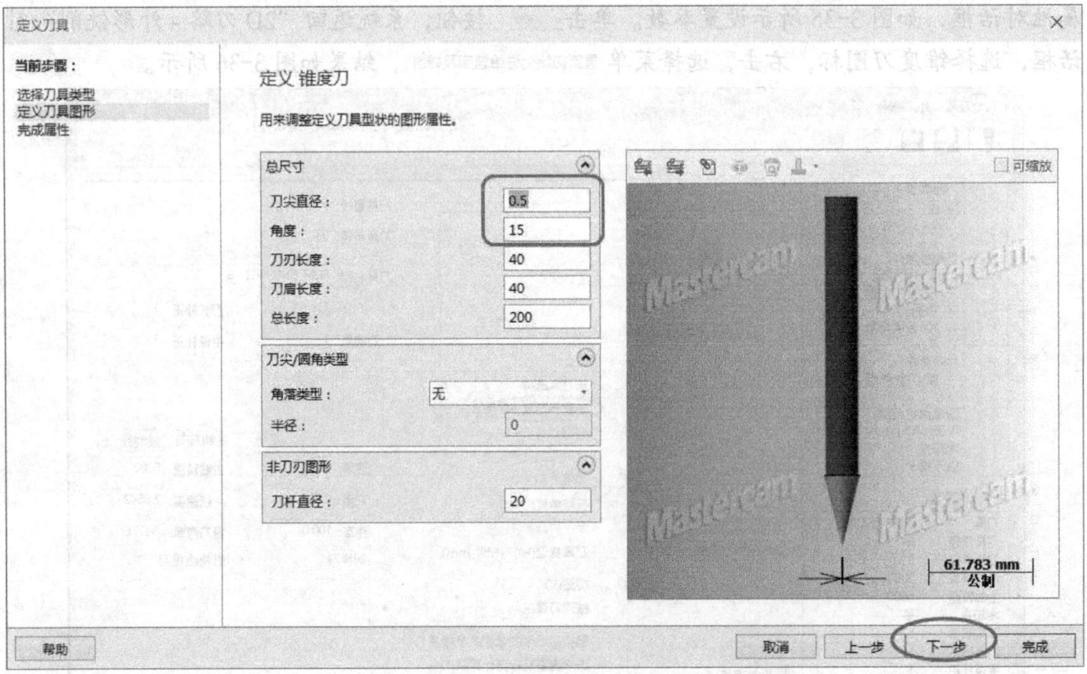

图 3-34　设置锥度刀参数

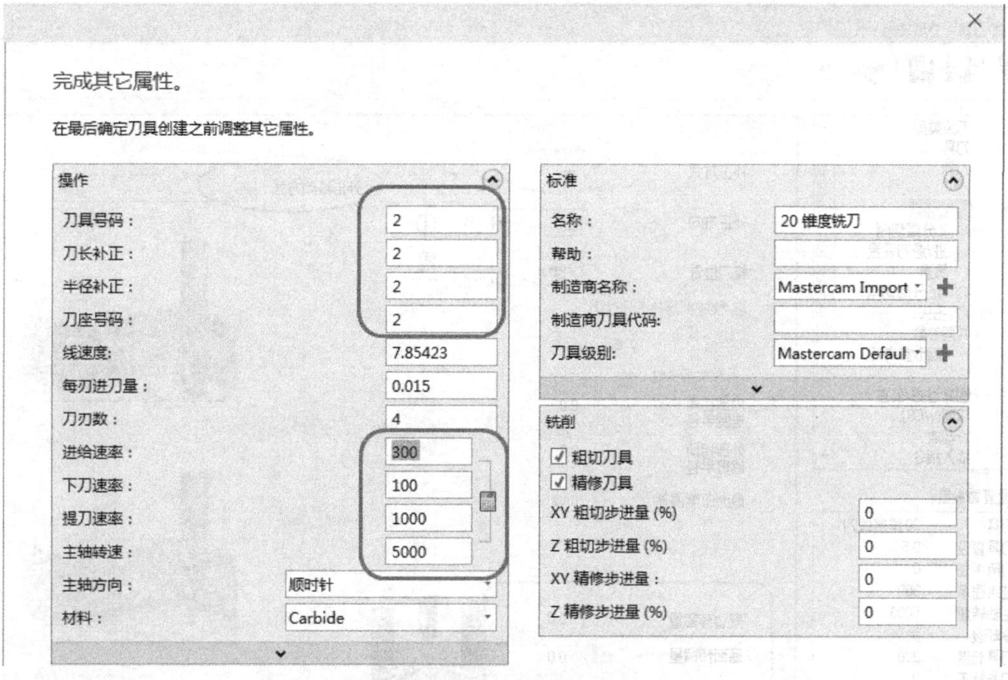

图 3-35　其他属性设置

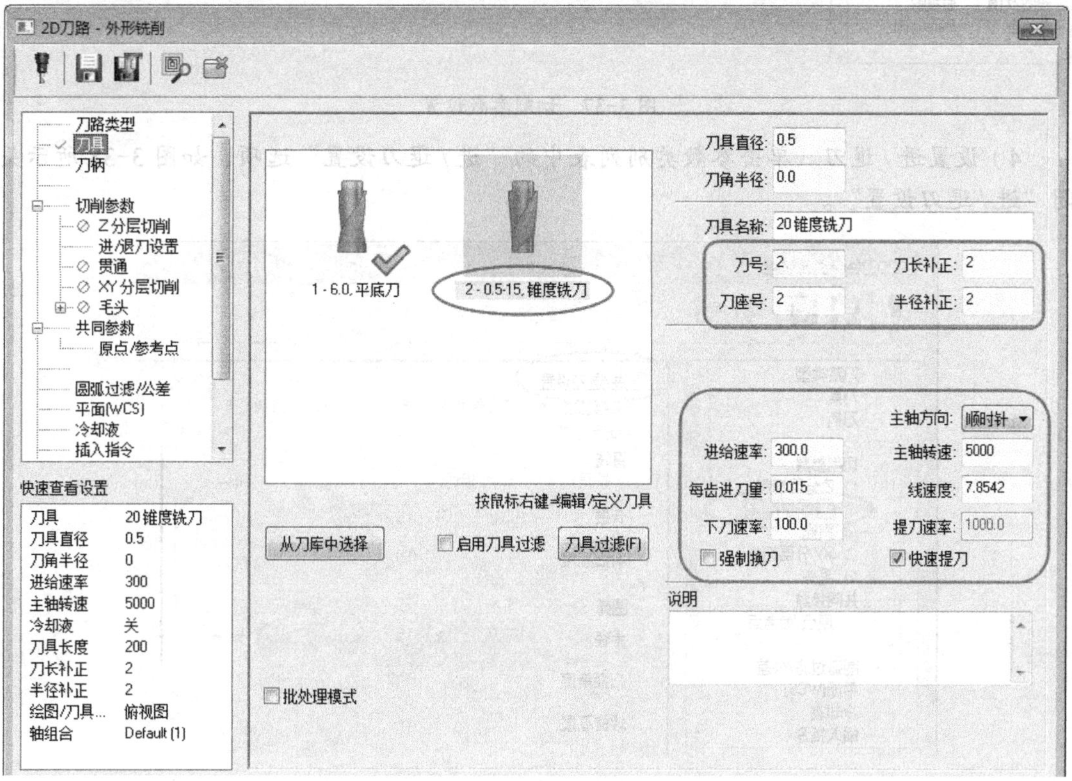

图 3-36　完成刀具创建和参数设置

3）设置切削参数。单击参数类别列表中的“切削参数”选项，如图 3-37 所示设置参数。

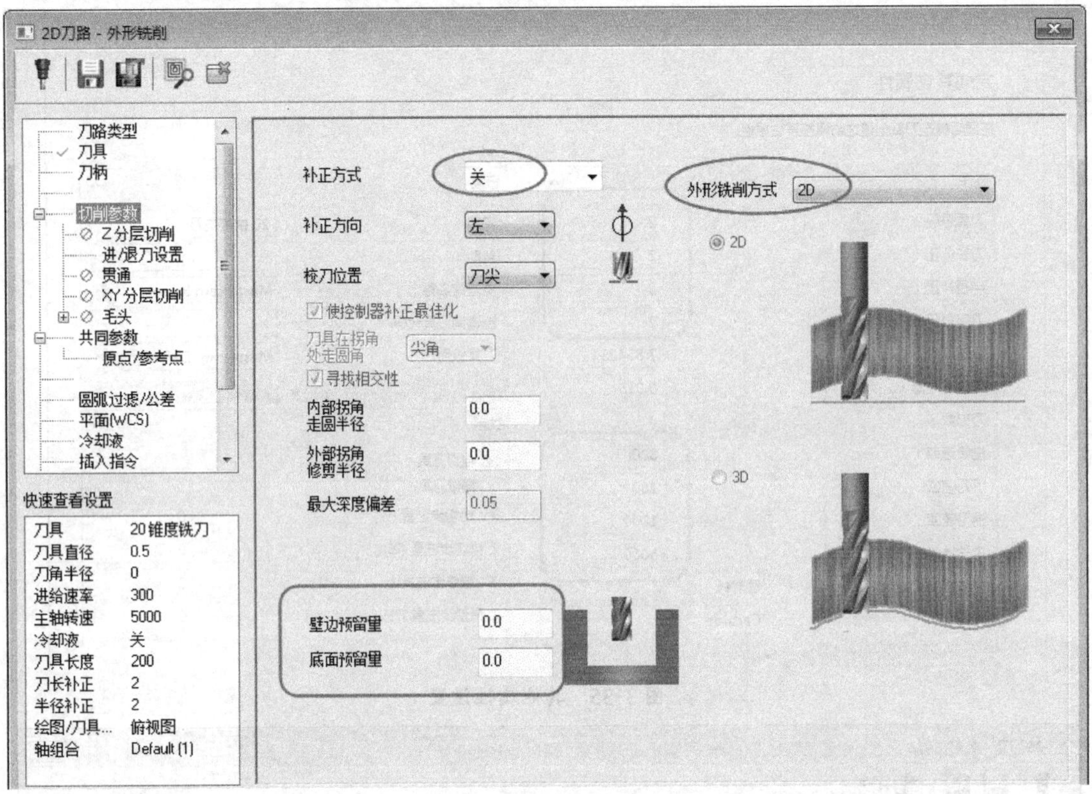

图 3-37 切削参数设置

4）设置进/退刀。单击参数类别列表中的“进/退刀设置”选项，如图 3-38 所示关闭“进/退刀设置”。

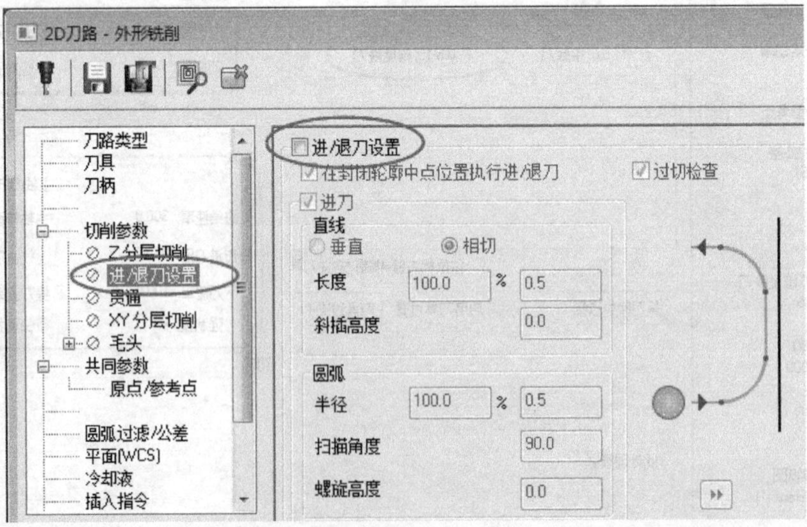

图 3-38 进/退刀设置

5）设置共同参数。在左侧的参数类别列表中选择“共同参数”选项，如图 3-39 所示设置参数。

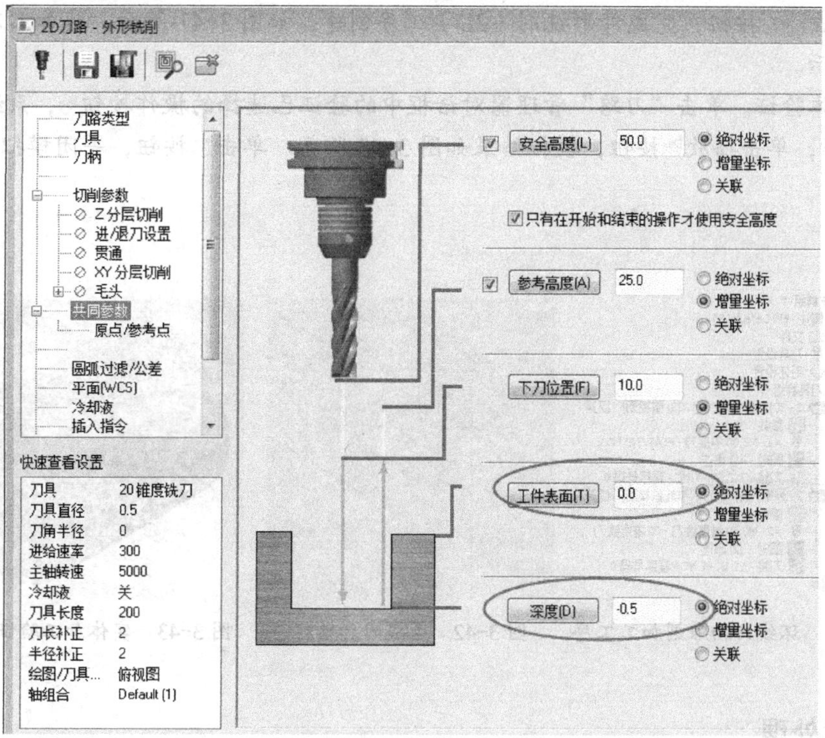

图 3-39 设置共同参数

6）旋转轴控制。在左侧的参数类别列表中选择“旋转轴控制”选项，如图 3-40 所示设置参数。

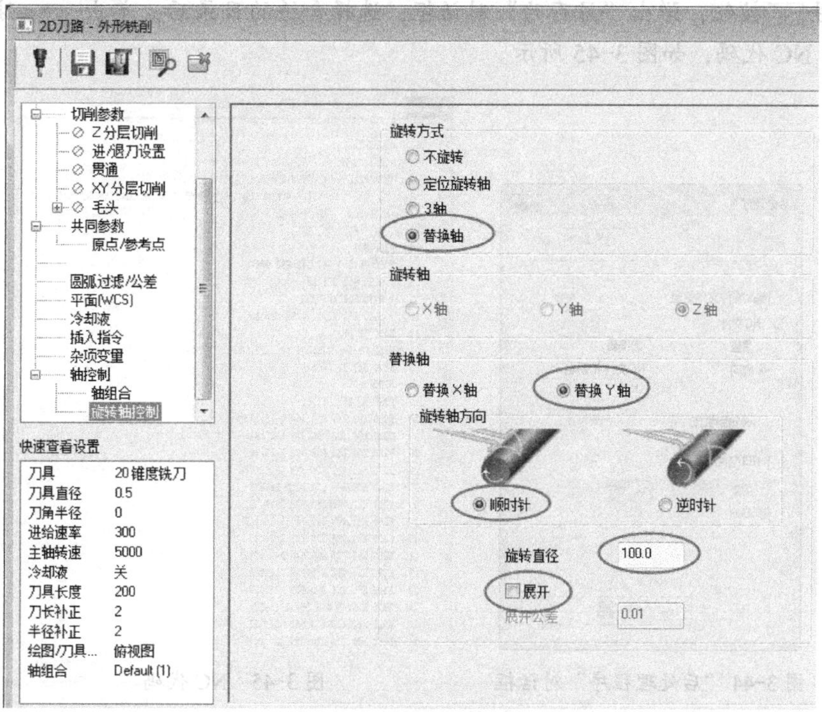

图 3-40 旋转轴控制

7）单击[✓]按钮，完成外形铣削（2D）工序创建，如图3-41所示，其加工刀具路径如图3-42所示。

8）实体验证。单击“刀路”管理器对话框中的验证已选择的操作按钮，系统弹出“验证”对话框，单击播放▶按钮，模拟结果如图3-43所示。单击×按钮，关闭模拟对话框。

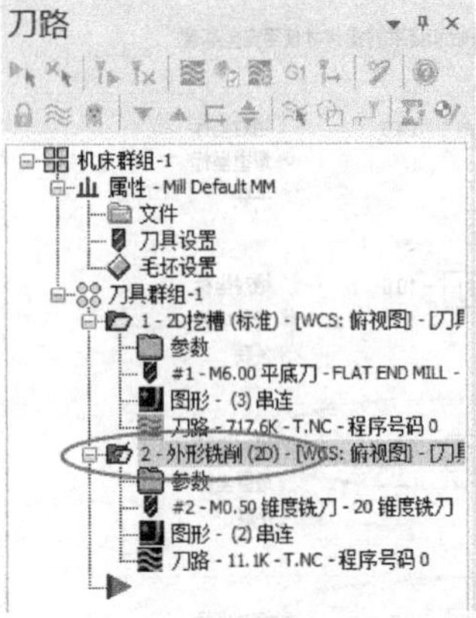

图3-41 环线四轴雕刻加工工序

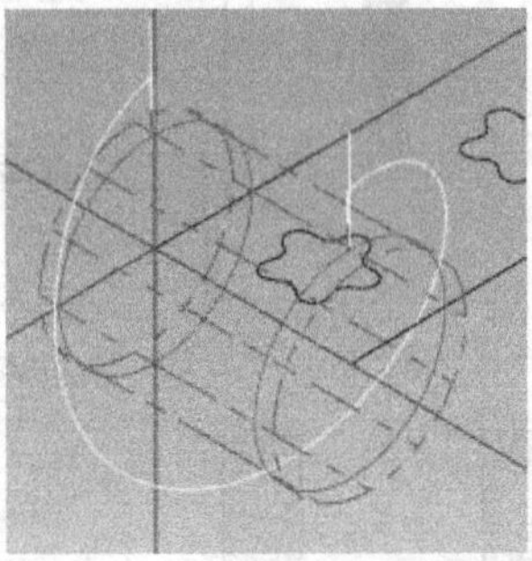

图3-42 生成刀具路径

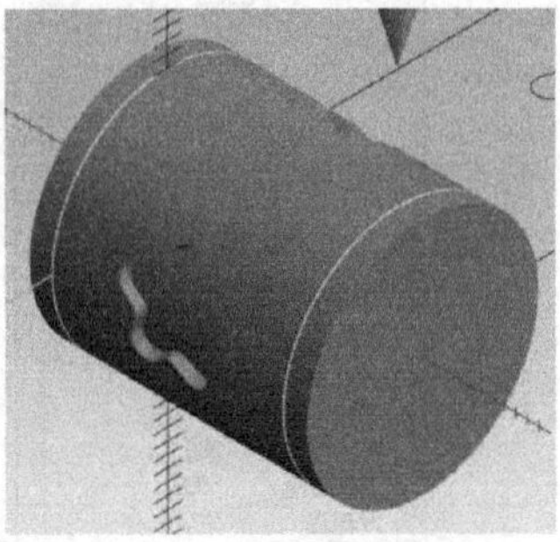

图3-43 实体加工验证结果

3.1.8 后处理

1）在“刀路”管理器对话框中单击按钮，选择所有的工序，单击后处理按钮G1，弹出“后处理程序”对话框，如图3-44所示设置参数。

2）单击[✓]按钮，弹出“另存为”对话框，选择合适的目录后，单击[保存(S)]按钮，即可得到所需的NC代码，如图3-45所示。

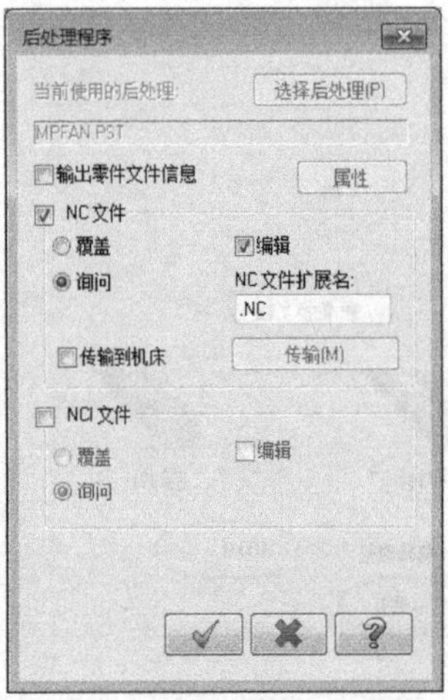

图3-44 “后处理程序”对话框

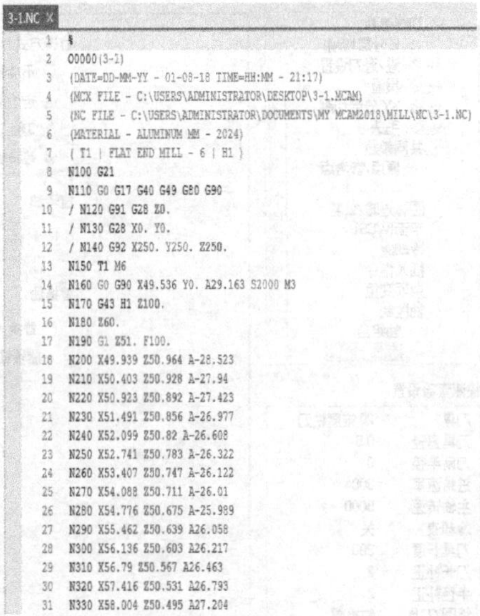

图3-45 NC代码

3）关闭NC代码页面，保存Mastercam文件，退出系统。

3.1.9 练习与思考

请完成图 3-46b 所示四轴钻孔加工。圆柱直径为 55mm、长为 170mm，孔展开图和尺寸如图 3-46a 所示，钻孔深度自定。

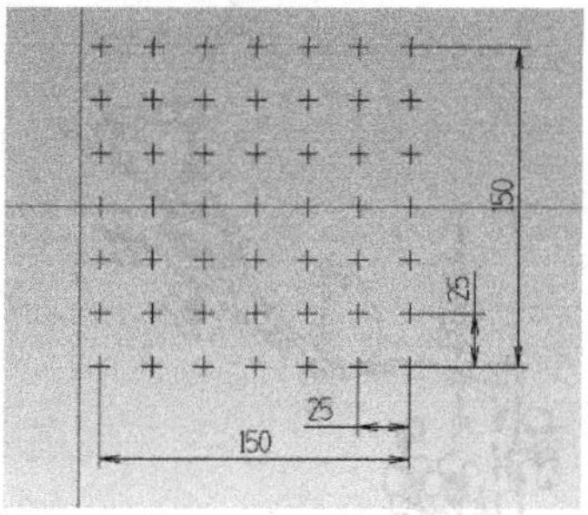

a）

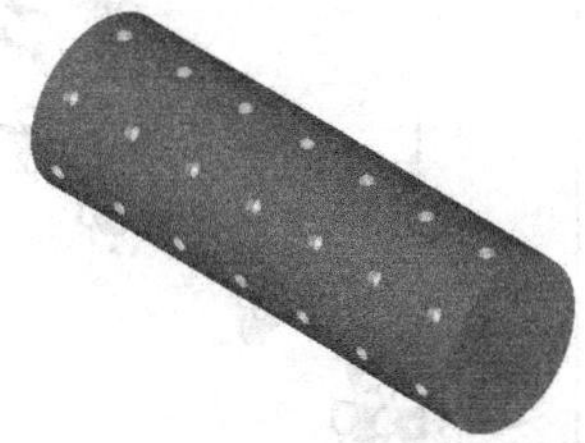

b）

图 3-46

3.2 实例 2——梅花图案的雕刻加工

3.2.1 零件介绍

本实例是在外圆柱表面上雕刻梅花图案和文字，如图 3-47 所示。梅花图案可以自行绘制，也可以将照片或截图转换成曲线进行雕刻加工，还可以利用 Mastercam 的文字功能插入文字进行加工。

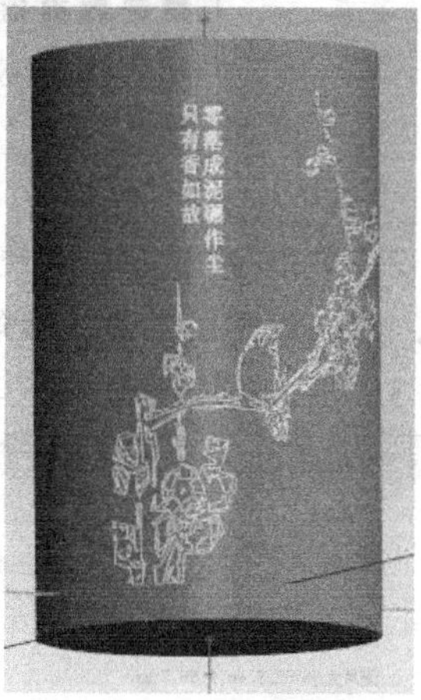

图 3-47 梅花图案

3.2.2 工艺分析

1. 零件形状和尺寸分析

该零件为圆柱体，圆柱表面有梅花图案和文字，雕刻深度为 0.2mm。

2. 毛坯尺寸

毛坯采用已精车加工的圆柱体，直径为 50mm，长度为 80mm（实际加工还需考虑装夹长度）。

3. 工件装夹

本工件在加工时可以直接装夹在四轴数控机床的 A 轴回转轴上，由于毛坯较短、直径较大，可以不采用顶尖装夹。

4. 加工方案

用刀尖直径为 0.2mm 的锥度刀进行雕刻加工。

3.2.3 转换文件

1）打开 Mastercam 软件，单击运行插件按钮，系统弹出“打开”对话框；选择文件 Rast2vec.dll，单击打开(O)按钮，系统弹出“打开”对话框；选择文件“梅花.BMP”，单击打开(O)按钮，系统弹出“黑色 / 转换成白色”对话框，如图 3-48 所示，调整临界值，至满意为止。

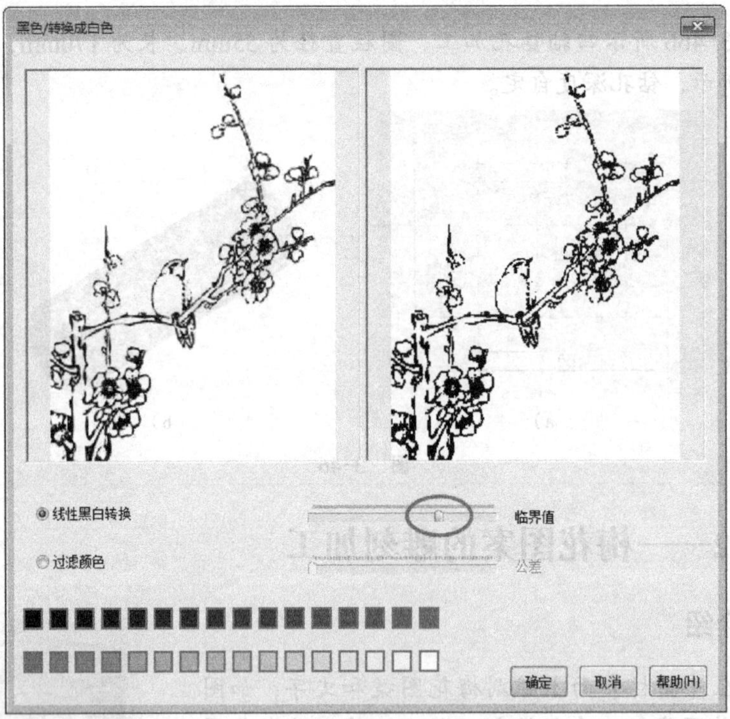

图 3-48 “黑色 / 转换成白色”对话框

2）单击确定按钮，系统弹出“Raster to Vector”对话框，如图 3-49 所示，单击确定按钮，系统创建图案曲线后弹出“调整图形”对话框，如图 3-50 所示。

3）单击确定按钮，单击是(Y)按钮，完成图形转换，结果如图 3-51 所示。

图 3-49 “Raster to Vector”对话框

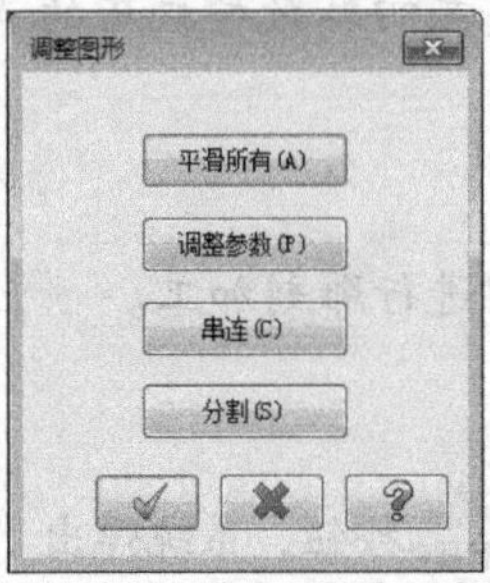

图 3-50 “调整图形”对话框

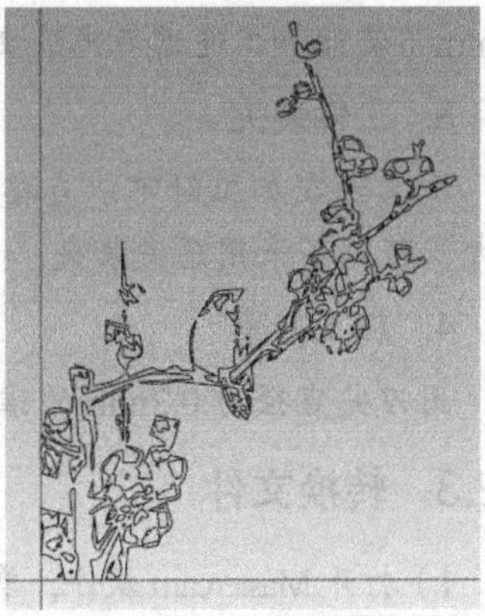

图 3-51 图形转换

3.2.4 绘制文字

1）单击文字按钮，系统弹出“文字”对话框，如图 3-52 所示设置和输入文字。
2）单击屏幕以确定文字位置，单击确定按钮，完成文字的绘制，结果如图 3-53 所示。

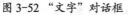

图 3-52 “文字”对话框

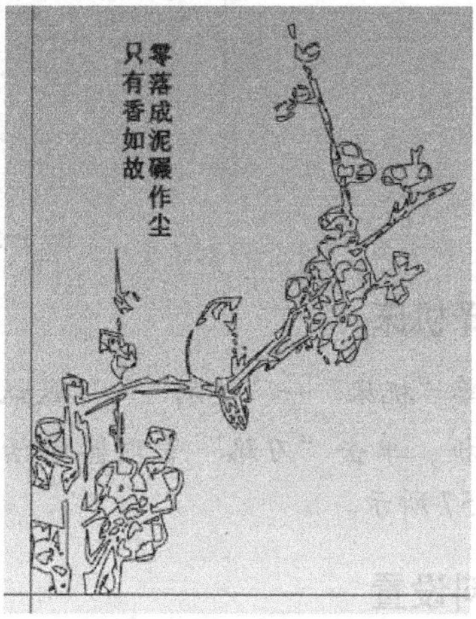

图 3-53 完成文字绘制

3.2.5 调整图案文字位置

1）画边界盒。单击边界盒按钮，系统弹出“边界盒”对话框，选择所有图案文字，回车，单击确定按钮，完成边界盒的绘制，结果如图 3-54 所示。

说明：

通过绘制边界盒，可以测量图形的尺寸，并为图形转换提供便利。

2）平移图形。单击移动到原点按钮，选择边界盒底边中点，系统移动所有图素，并将底边中点移动至原点，结果如图 3-55 所示。

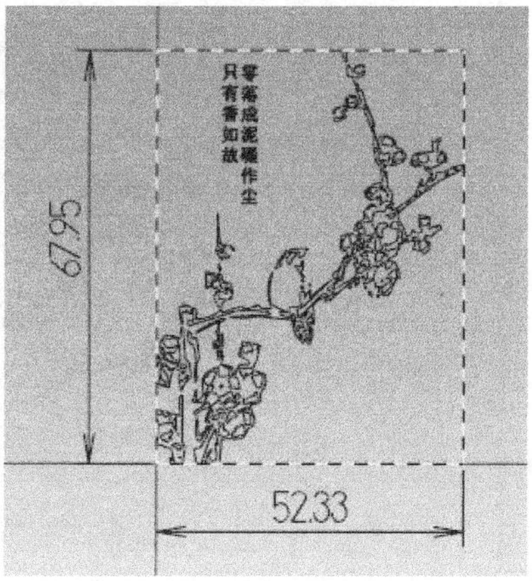

图 3-54 画边界盒

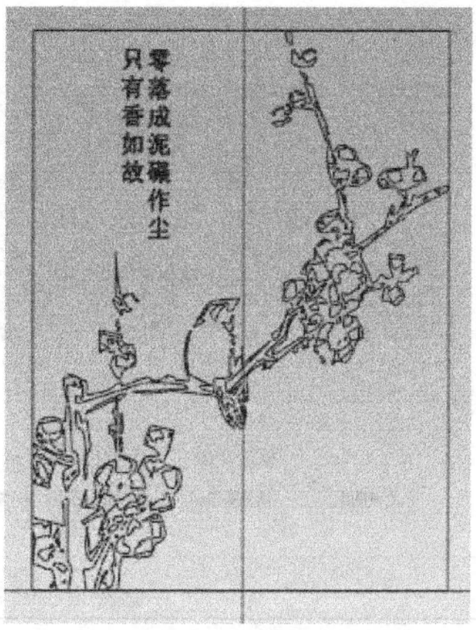

图 3-55 平移图形

3）旋转图形。单击旋转按钮，选择所有图素，将图形旋转 90°，结果如图 3-56 所示。

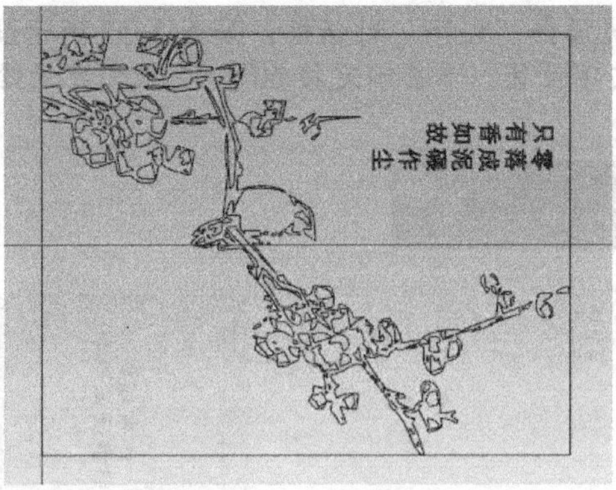

图 3-56 旋转图形

3.2.6 选择机床

选择菜单“机床”—“铣削”—“默认”，系统弹出“刀路”管理器对话框，单击“刀路”管理器对话框中的展开按钮⊞，结果如图 3-57 所示。

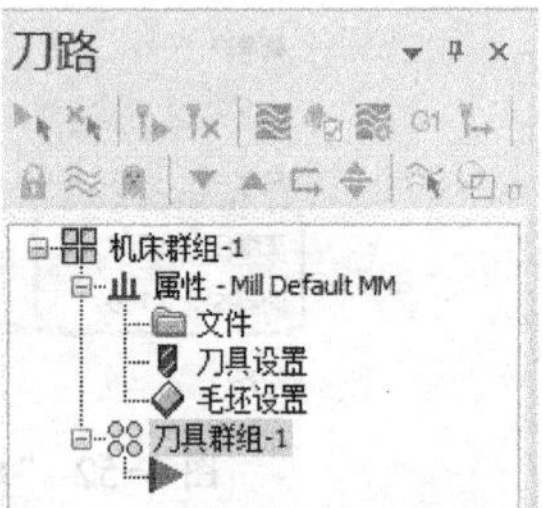

图 3-57 “刀路”管理器对话框

3.2.7 材料设置

1）单击图 3-57 所示“刀路”管理器对话框中的 毛坯设置，系统弹出“机床群组属性”对话框，按图 3-58 所示设置参数。

2）单击 ✓ 按钮，在绘图区右击，选择 等角视图(WCS)(I)，结果如图 3-59 所示，双点画线（红色）表示素材。

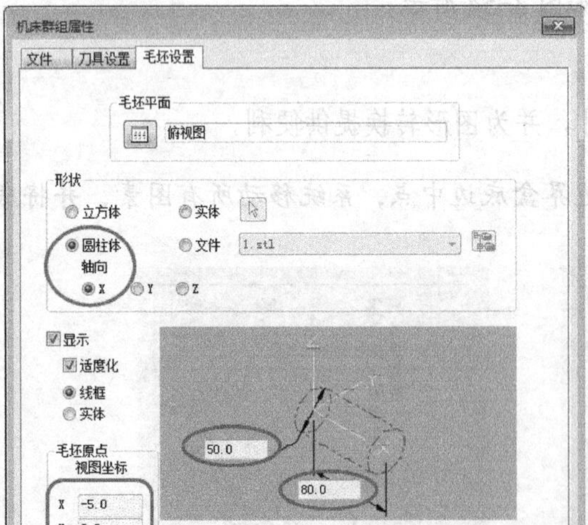

图 3-58 毛坯设置

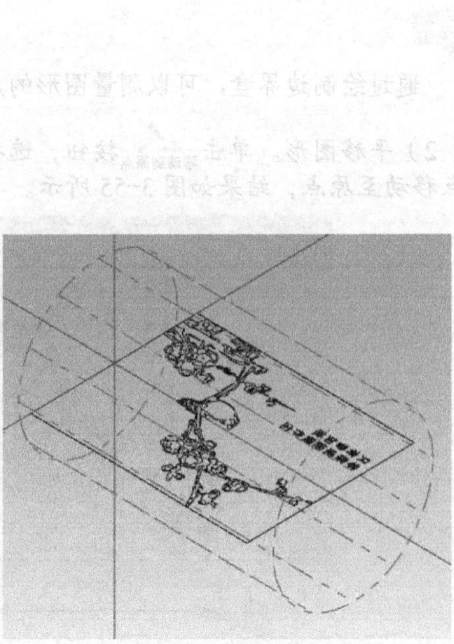

图 3-59 毛坯设置结果

3.2.8 梅花图案四轴雕刻加工

1）启动外形铣削。首先隐藏或删除边界盒的四条边，单击外形按钮，系统弹出“串连选项”对话框，单击窗选按钮，窗选所有图案文字，并指定切削起始点（任意图案文字上一点），单击“串连选项”对话框中的确定按钮，系统弹出“2D 刀具路径 - 外形铣削”对话框，如图 3-60 所示。

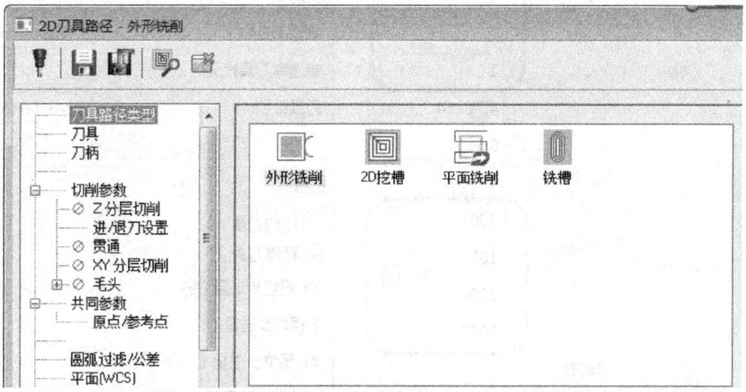

图 3-60 “2D 刀具路径 - 外形铣削”对话框

2）创建刀具。单击参数类别列表中的“刀具”选项，在对话框空白处右击，选择创建新刀具(N)，系统弹出刀具类型对话框，选择锥度刀。单击下一步按钮，系统弹出“定义 锥度刀”对话框，如图 3-61 所示设置刀具参数。单击下一步按钮，系统弹出其他属性对话框，如图 3-62 所示设置参数。单击完成按钮，系统返回“2D 刀路 - 外形铣削”对话框，选择锥度铣刀图标，右击，选择菜单重新初始化进给速率及转速，结果如图 3-63 所示。

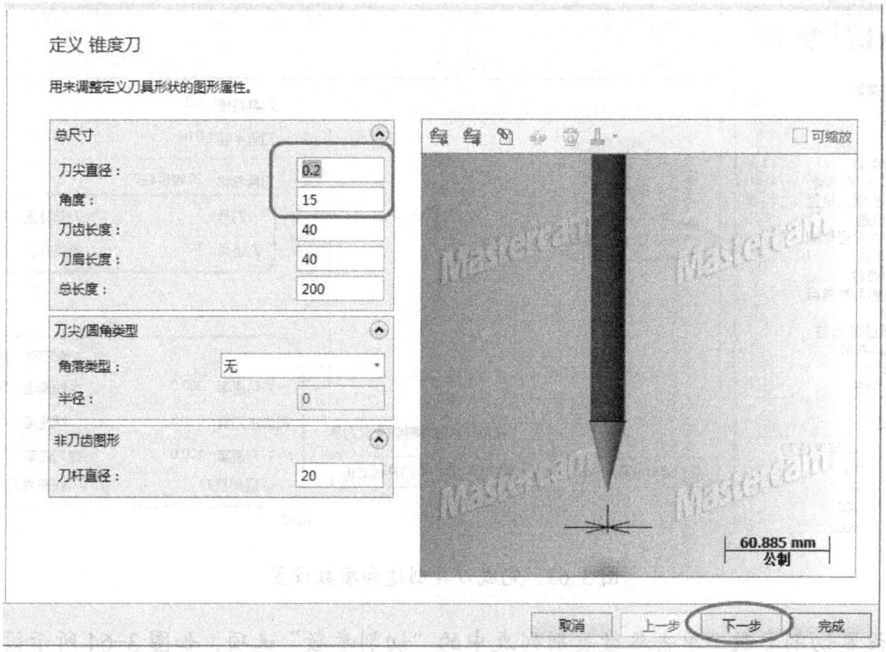

图 3-61 设置锥度刀参数

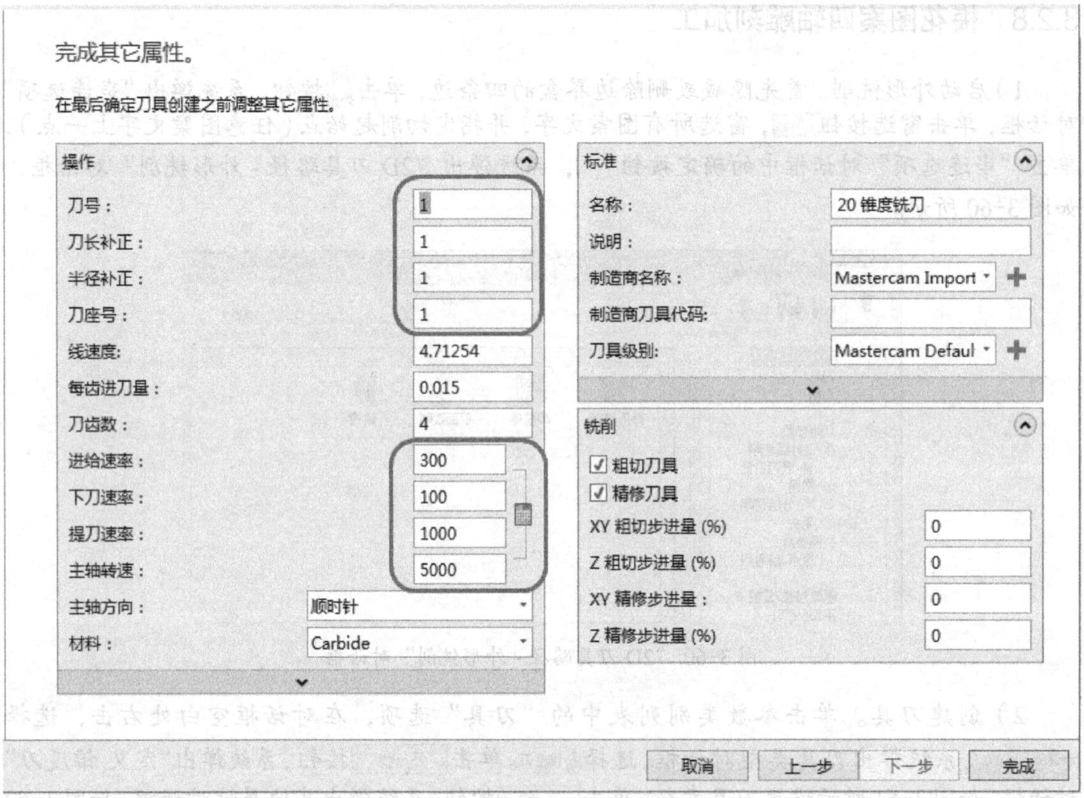

图 3-62　其它属性设置

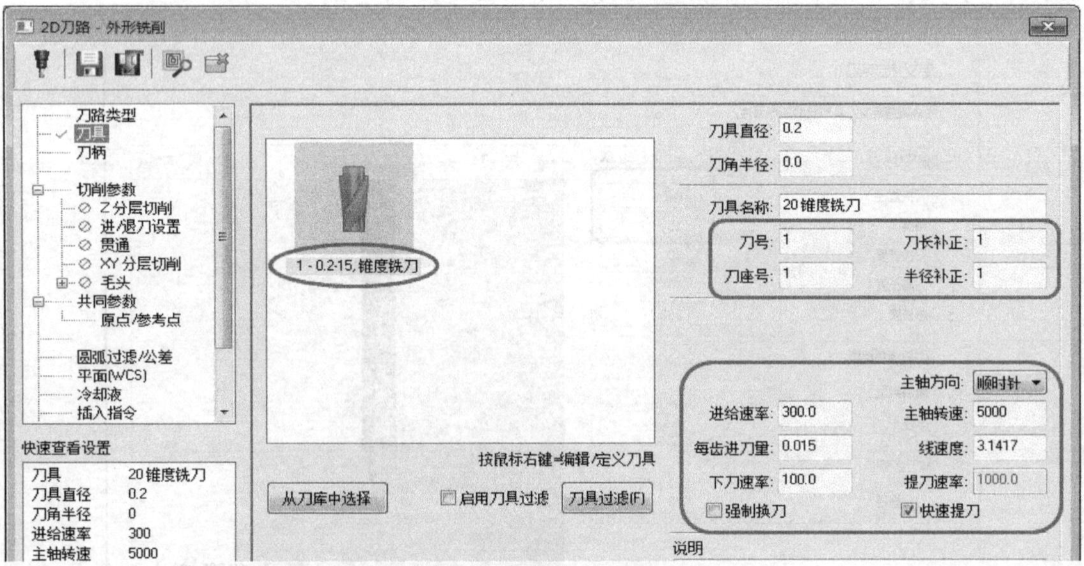

图 3-63　完成刀具创建和参数设置

3）设置切削参数。单击参数类别列表中的“切削参数”选项，如图 3-64 所示设置参数。

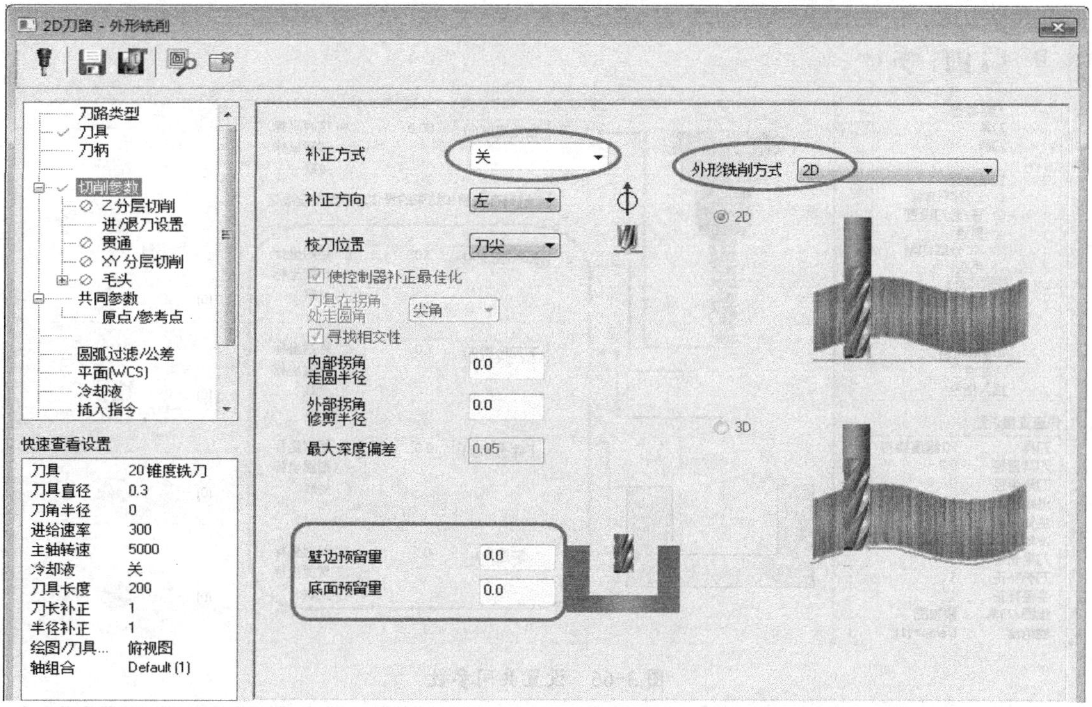

图 3-64　设置切削参数

4）进 / 退刀设置。如图 3-65 所示，取消“进 / 退刀设置”。

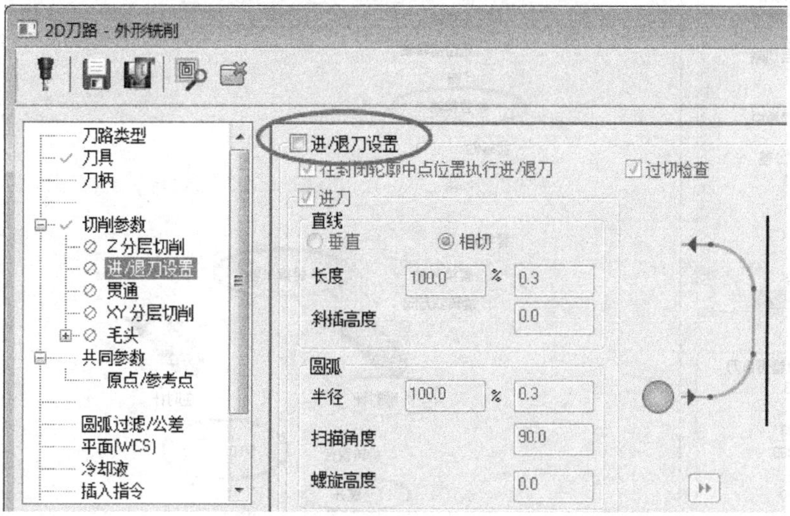

图 3-65　取消“进 / 退刀设置”

5）设置共同参数。在左侧的参数类别列表中选择“共同参数”选项，如图 3-66 所示设置参数。

6）旋转轴控制。在左侧的参数类别列表中选择“旋转轴控制”选项，如图 3-67 所示设置参数。

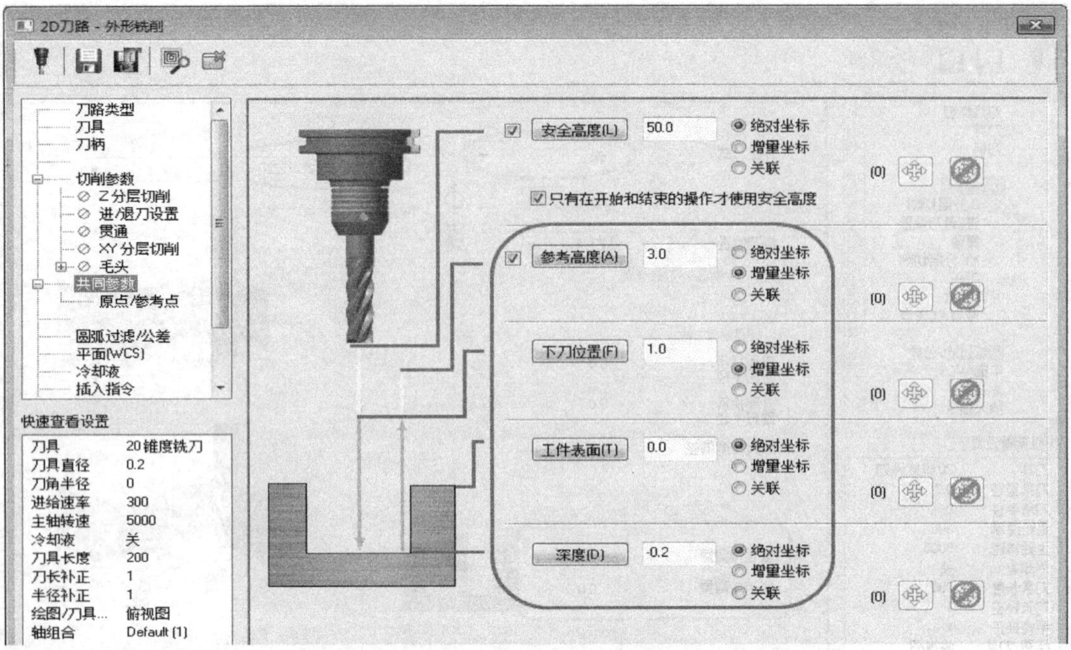

图 3-66 设置共同参数

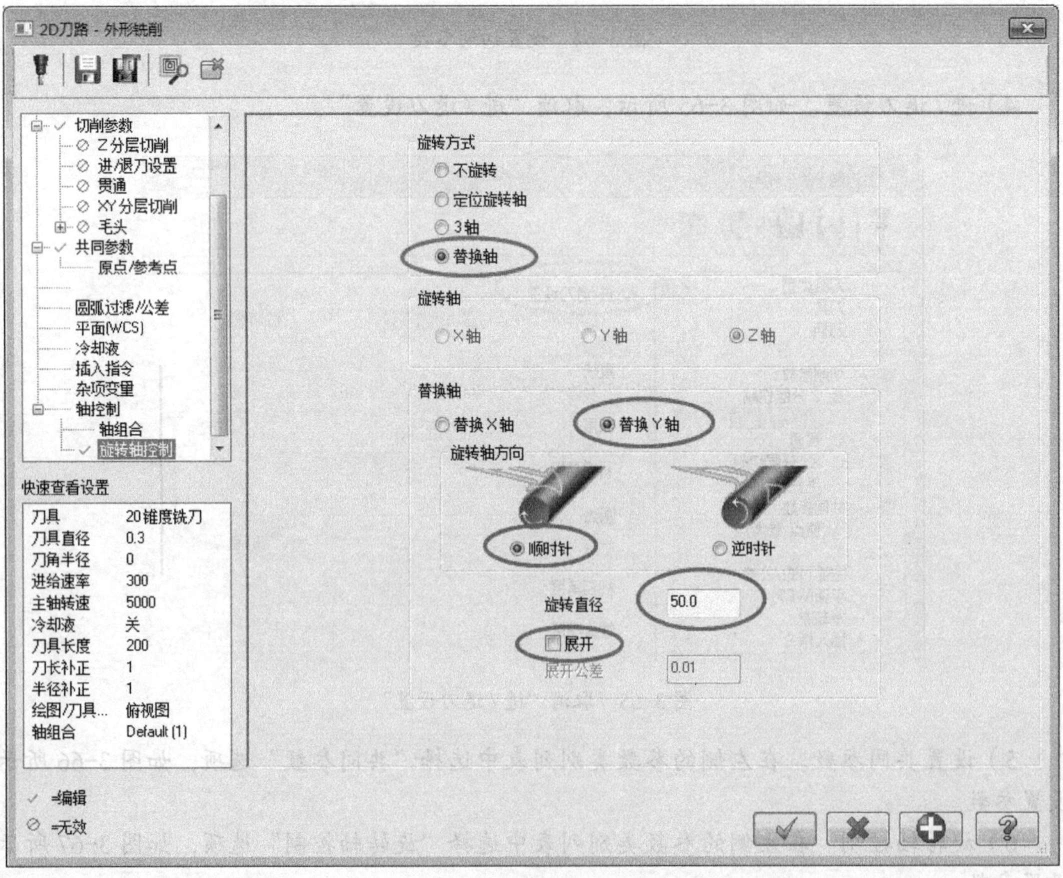

图 3-67 旋转轴控制

7）单击按钮，完成外形铣削（2D）工序创建，如图 3-68 所示，其加工刀具路径如图 3-69 所示。

8）实体验证。单击“刀路”管理器对话框中的验证已选择的操作按钮，系统弹出“验证”对话框，单击播放按钮，模拟结果如图 3-70 所示。单击×按钮，关闭模拟对话框。

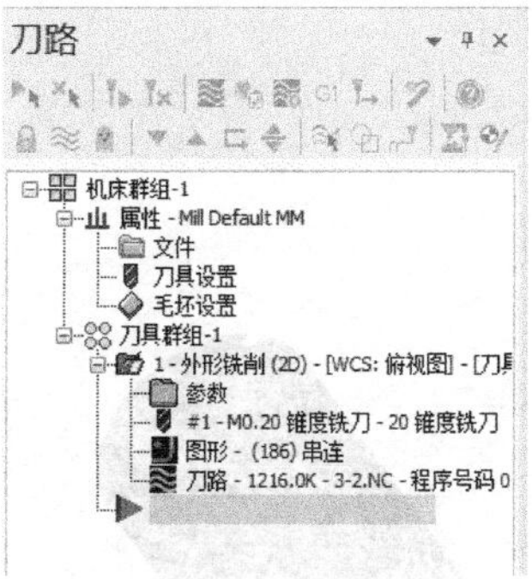

图 3-68　生成外形铣削（2D）工序

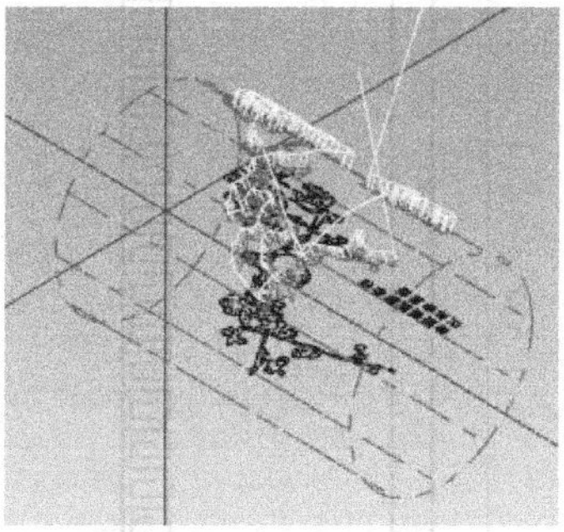
图 3-69　生成刀具路径

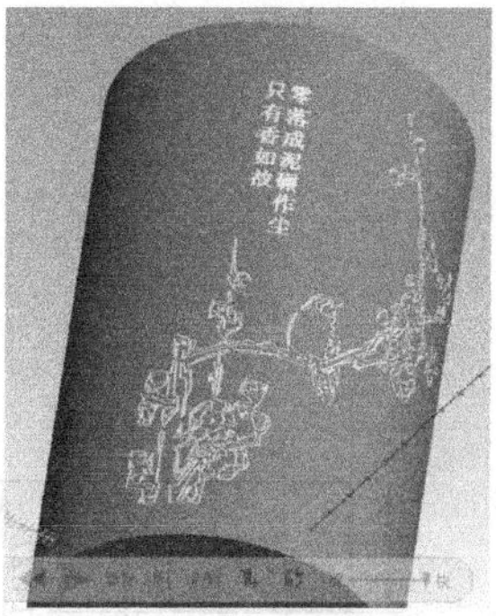
图 3-70　实体加工验证结果

3.2.9　后处理

1）在“刀路”管理器对话框中单击按钮，选择所有的工序，单击后处理按钮G1，弹出“后处理程序”对话框，如图 3-71 所示设置参数。

2）单击按钮，弹出“另存为”对话框，选择合适的目录后，单击按钮，即可得到所需的 NC 代码，如图 3-72 所示。

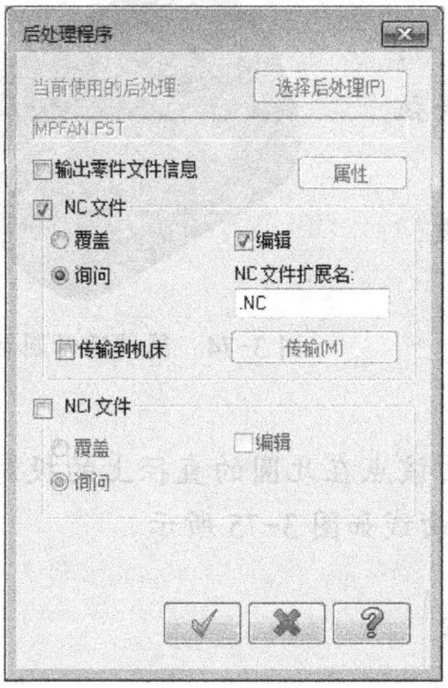

图 3-71　“后处理程序”对话框

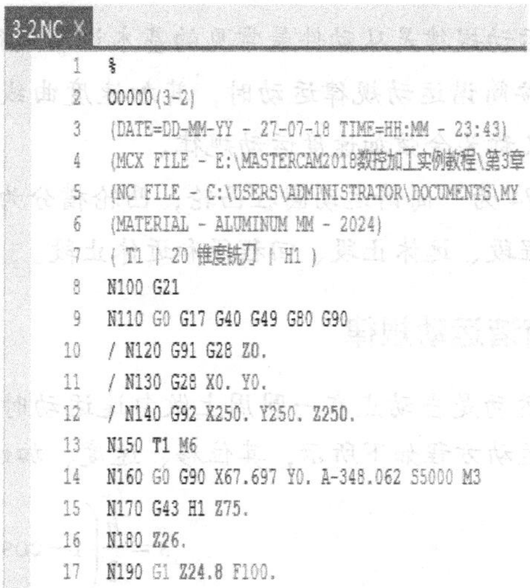
3-2.NC
```
%
O0000(3-2)
(DATE=DD-MM-YY - 27-07-18 TIME=HH:MM - 23:43)
(MCX FILE - E:\MASTERCAM2018数控加工实例教程\第3章
(NC FILE - C:\USERS\ADMINISTRATOR\DOCUMENTS\MY
(MATERIAL - ALUMINUM MM - 2024)
( T1 | 20 锥度铣刀 | H1 )
N100 G21
N110 G0 G17 G40 G49 G80 G90
/ N120 G91 G28 Z0.
/ N130 G28 X0. Y0.
/ N140 G92 X250. Y250. Z250.
N150 T1 M6
N160 G0 G90 X67.697 Y0. A-348.062 S5000 M3
N170 G43 H1 Z75.
N180 Z26.
N190 G1 Z24.8 F100.
```
图 3-72　NC 代码

3）关闭 NC 代码页面，保存 Mastercam 文件，退出系统。

3.2.10　练习与思考

完成笔筒的四轴雕刻加工。笔筒图案尺寸如图 3-73 所示，雕刻深度为 0.5mm（文字内容及字体大小自定）。

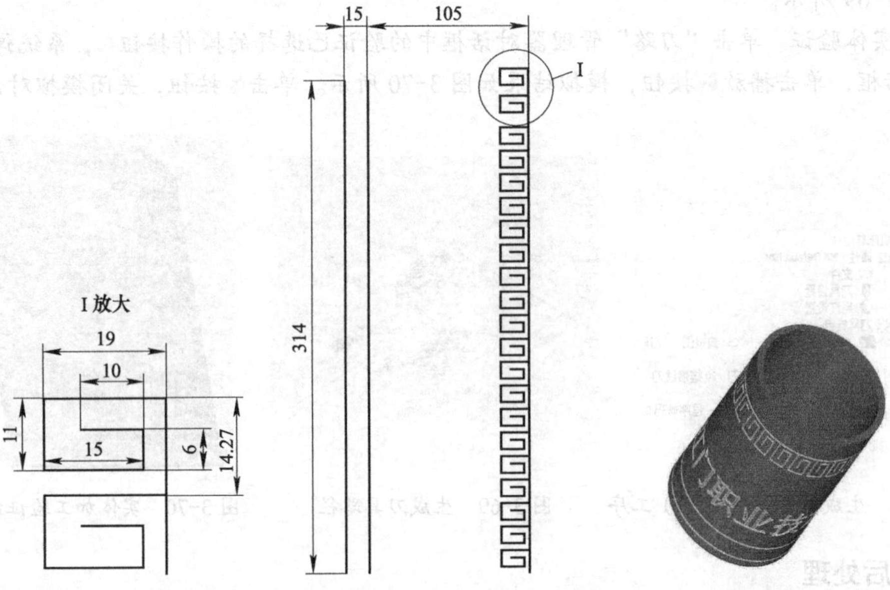

图 3-73

3.3 实例3——简谐运动圆柱凸轮的加工

3.3.1 零件介绍

简谐运动规律是从动件最常见的基本运动规律之一，当从动件按简谐运动规律运动时，其加速度曲线为余弦曲线，故又称为余弦加速度运动规律。

图 3-74 为一简谐运动圆柱凸轮，凸轮槽分为 4 段，分别是推程段、远休止段、回程段和近休止段。

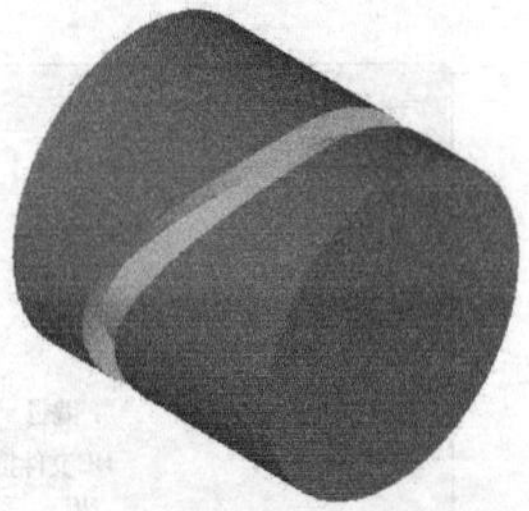

图 3-74 简谐运动圆柱凸轮

3.3.2 简谐运动规律

简谐运动是当动点在一圆周上做匀速运动时，由该点在此圆的直径上的投影所构成的运动。其运动方程如下所示，其位移、速度、加速度曲线如图 3-75 所示。

$$s=\frac{h}{2}\left(1-\cos\frac{\pi}{\delta_0}\delta\right)$$

$$v=\frac{h\pi\omega}{2\delta_0}\sin\frac{\pi}{\delta_0}\delta$$

$$a=\frac{h\pi^2\omega^2}{2{\delta_0}^2}\cos\frac{\pi}{\delta_0}\delta$$

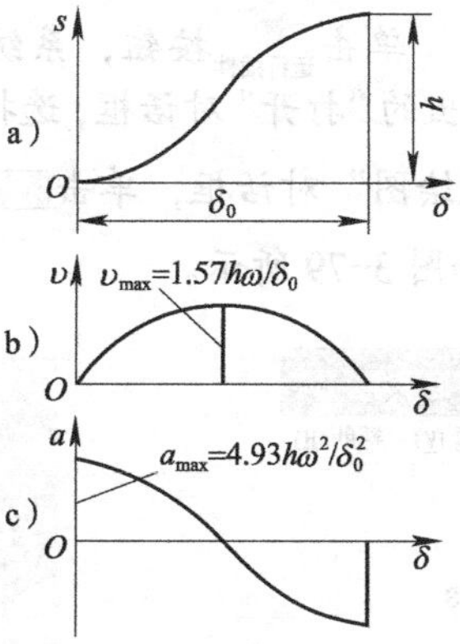

图 3-75 位移、速度、加速度曲线

3.3.3 圆柱凸轮轮廓曲线设计

设圆柱半径 r_0=50mm，圆柱高 H=100mm，从动件行程 h=40mm，曲线槽宽 b=12mm，槽深 v=8mm。从动件运动规律如下：

1）推程段：余弦加速度运动规律，推程角为 120°，推程为 h。

2）远休止段：休止角 60°，从动件不动。

3）回程段：余弦加速度运动规律，回程角为 120°，回程为 h。

4）近休止段：休止角为 60°，从动件不动。

1. 推程段轮廓曲线设计

（1）建立推程段轮廓曲线的参数方程　利用记事本建立推程段轮廓曲线的参数方程，如图 3-76 所示，并保存为方程式文件“圆柱凸轮推程.EQN”。

（2）绘制推程段轮廓曲线　启动 Mastercam 2018，单击运行插件按钮，系统弹出“打开”对话框，选择文件 fplot.dll。单击打开(O)按钮，系统弹出“打开”对话框，选择文件“圆柱凸轮推程.EQN”。单击打开(O)按钮，系统弹出“函数绘图”对话框，单击绘制(P)按钮，单击确定按钮，关闭“函数绘图”对话框，结果如图 3-77 所示。

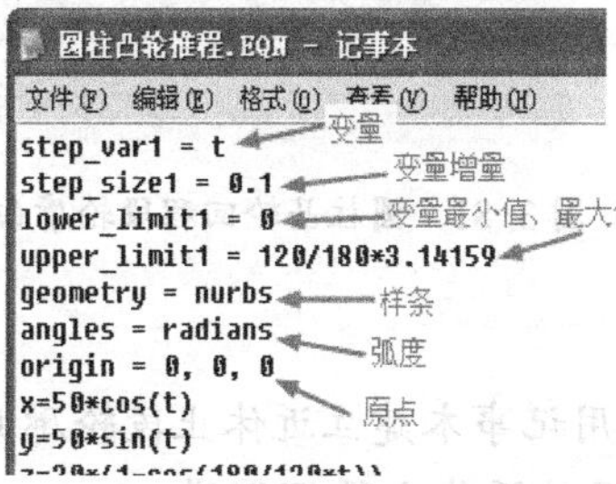

图 3-76 圆柱凸轮推程参数方程

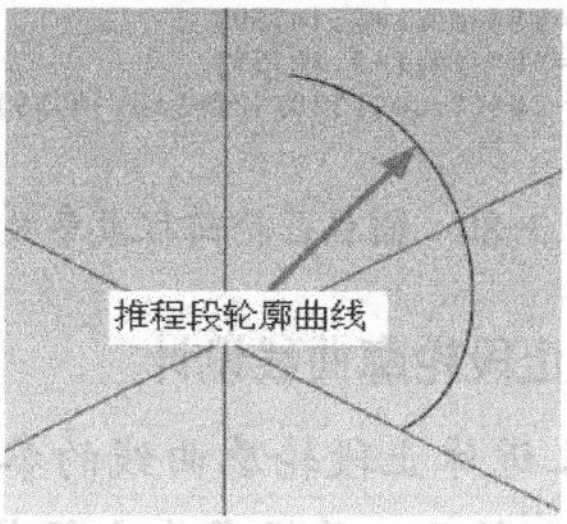

图 3-77 圆柱凸轮推程段轮廓曲线

2. 远休止段轮廓曲线设计

（1）建立远休止段轮廓曲线的参数方程　利用记事本建立远休止段轮廓曲线的参数方程，如图 3-78 所示，并保存为方程式文件“圆柱凸轮远休止段.EQN”。

（2）绘制远休止段轮廓曲线　单击运行插件按钮，系统弹出“打开”对话框，选择文件 fplot.dll。单击打开(O)按钮，系统弹出的“打开”对话框，选择文件“圆柱凸轮远休止段.EQN”。单击打开(O)按钮，系统弹出“函数绘图”对话框，单击绘制(P)按钮，单击确定按钮✓，关闭“函数绘图”对话框，结果如图 3-79 所示。

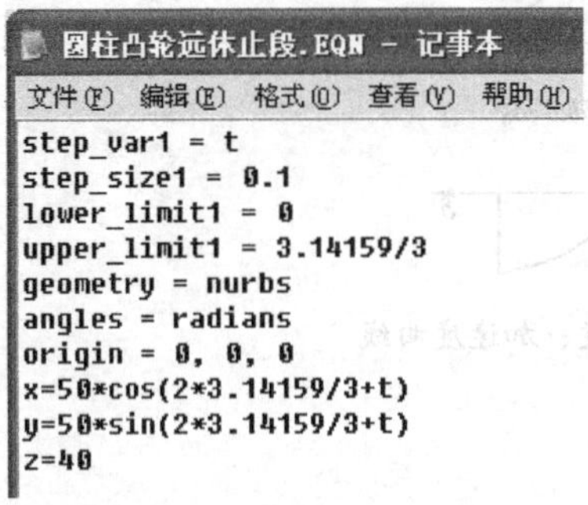
圆柱凸轮远休止段.EQN - 记事本
文件(F) 编辑(E) 格式(O) 查看(V) 帮助(H)

```
step_var1 = t
step_size1 = 0.1
lower_limit1 = 0
upper_limit1 = 3.14159/3
geometry = nurbs
angles = radians
origin = 0, 0, 0
x=50*cos(2*3.14159/3+t)
y=50*sin(2*3.14159/3+t)
z=40
```

图 3-78　圆柱凸轮远休止段参数方程

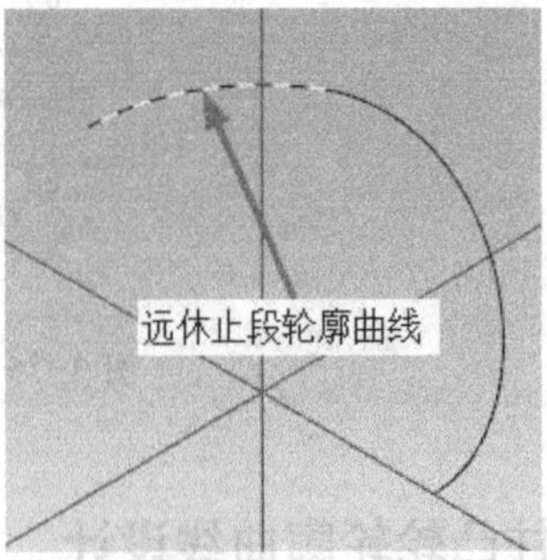

图 3-79　圆柱凸轮远休止段轮廓曲线

3. 回程段轮廓曲线设计

（1）建立回程段轮廓曲线的参数方程　利用记事本建立回程段轮廓曲线的参数方程，如图 3-80 所示，并保存为方程式文件“圆柱凸轮回程.EQN”。

（2）绘制回程段轮廓曲线　单击运行插件按钮，系统弹出“打开”对话框，选择文件 fplot.dll。单击打开(O)按钮，系统弹出的“打开”对话框，选择文件“圆柱凸轮回程.EQN”。单击打开(O)按钮，系统弹出“函数绘图”对话框，单击绘制(P)按钮，单击确定按钮✓，关闭“函数绘图”对话框，结果如图 3-81 所示。

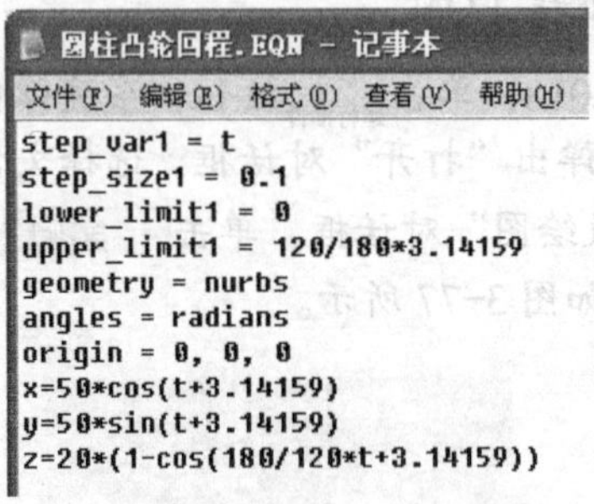
圆柱凸轮回程.EQN - 记事本
文件(F) 编辑(E) 格式(O) 查看(V) 帮助(H)

```
step_var1 = t
step_size1 = 0.1
lower_limit1 = 0
upper_limit1 = 120/180*3.14159
geometry = nurbs
angles = radians
origin = 0, 0, 0
x=50*cos(t+3.14159)
y=50*sin(t+3.14159)
z=20*(1-cos(180/120*t+3.14159))
```

图 3-80　圆柱凸轮回程段参数方程

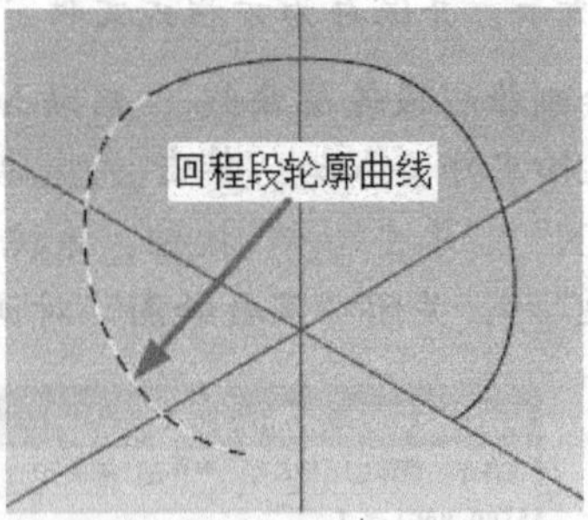

图 3-81　圆柱凸轮回程段轮廓曲线

4. 近休止段轮廓曲线设计

（1）建立近休止段轮廓曲线的参数方程　利用记事本建立近休止段轮廓曲线的参数方程，如图 3-82 所示，并保存为方程式文件“圆柱凸轮近休止段.EQN”。

（2）绘制近休止段轮廓曲线　单击运行插件按钮，系统弹出“打开”对话框，选择文件 fplot.dll。单击打开(O)按钮，系统弹出的“打开”对话框，选择文件“圆柱凸轮近休止段.EQN”。单击打开(O)按钮，系统弹出“函数绘图”对话框，单击绘制(P)按钮，单击确定按钮✓，关闭“函数绘图”对话框，结果如图 3-83 所示。

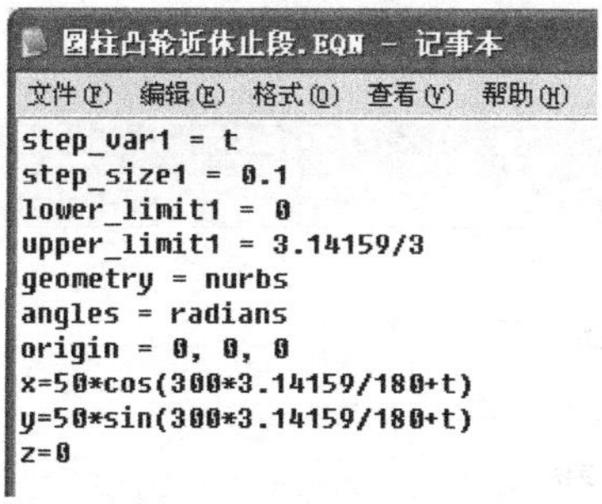

圆柱凸轮近休止段.EQN - 记事本

文件(F) 编辑(E) 格式(O) 查看(V) 帮助(H)

```
step_var1 = t
step_size1 = 0.1
lower_limit1 = 0
upper_limit1 = 3.14159/3
geometry = nurbs
angles = radians
origin = 0, 0, 0
x=50*cos(300*3.14159/180+t)
y=50*sin(300*3.14159/180+t)
z=0
```

图 3-82　圆柱凸轮近休止段参数方程

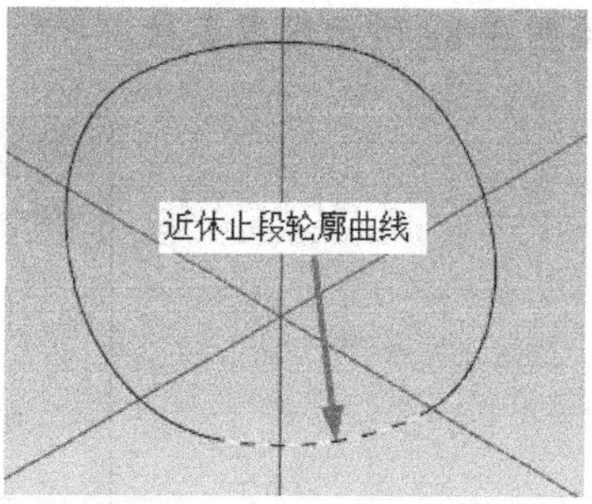

图 3-83　圆柱凸轮近休止段轮廓曲线

3.3.4　绘制圆柱体、平移图形、旋转图形

1. 绘制圆柱体

单击圆柱体按钮，系统弹出“基本圆柱体”对话框，输入基准点坐标（0，0，-30），在“基本圆柱体”对话框中输入半径 50、高 100，单击确定按钮，结果如图 3-84 所示。

2. 平移图形

单击平移按钮，选择所有图形元素，回车，系统弹出“平移”对话框，“方式”选“移动”，输入 Z 30.000，单击确定按钮，图形向上平移 30mm，圆柱底面中心位于坐标原点，结果如图 3-85 所示。

3. 旋转图形

“绘图平面”更改为“前视图”，单击旋转按钮，选择所有图形元素，回车，系统弹出“旋转”对话框，“方式”选“移动”，输入角度(G): -90.000，单击确定按钮，图形旋转 90°，圆柱轴线与 X 轴一致，原点位于左端面中心，结果如图 3-86 所示，旋转图形后“绘图平面”更改为“俯视图”。

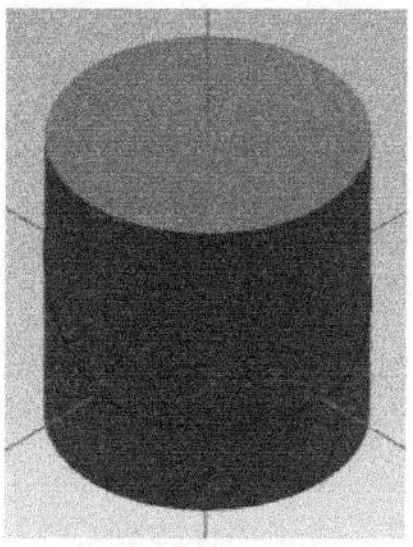

图 3-84　绘制圆柱体

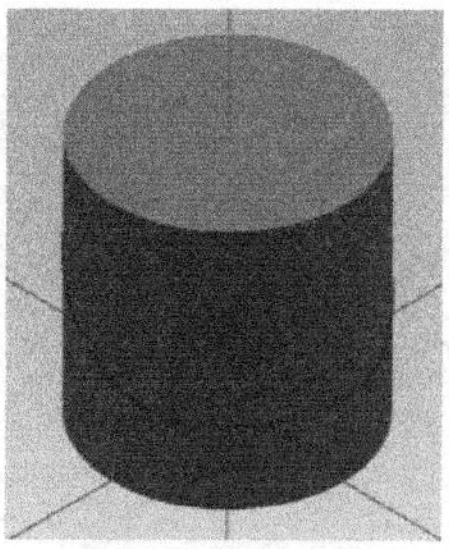

图 3-85　平移图形

图 3-86　旋转图形

3.3.5　选择机床

选择菜单“机床”—“铣削”—“默认”，系统弹出“刀路”管理器对话框，单击“刀路”管理器对话框中的展开按钮⊞，结果如图 3-87 所示。

3.3.6　材料设置

1）单击图 3-87 所示“刀路”管理器对话框中的 毛坯设置，系统弹出“机床群组属性”

对话框，按图 3-88 所示设置参数。

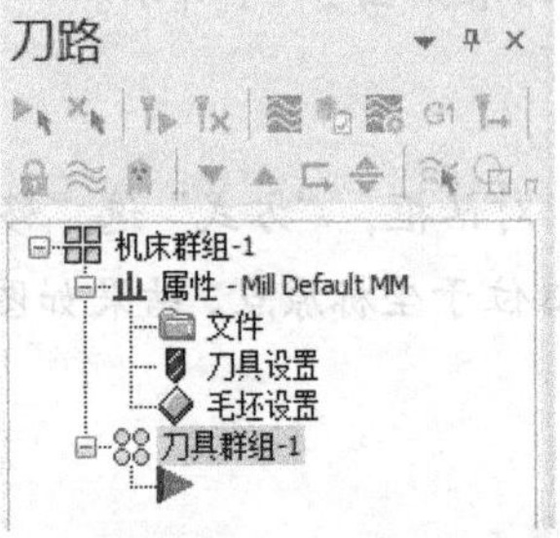

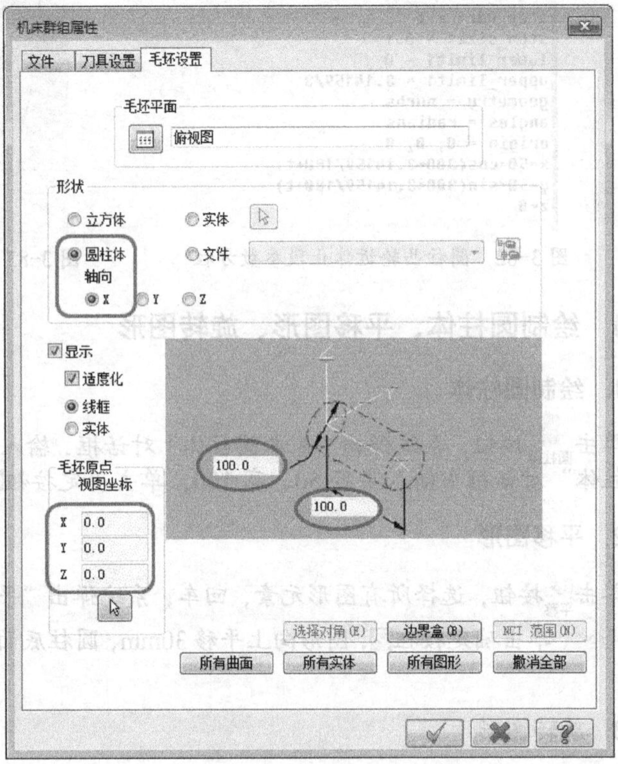

图 3-87 “刀路”管理器对话框　　　　图 3-88 毛坯设置

2）单击 按钮，在绘图区右击，选择 等角视图(WCS)(I)，隐藏圆柱体，结果如图 3-89 所示，双点画线（红色）表示毛坯。

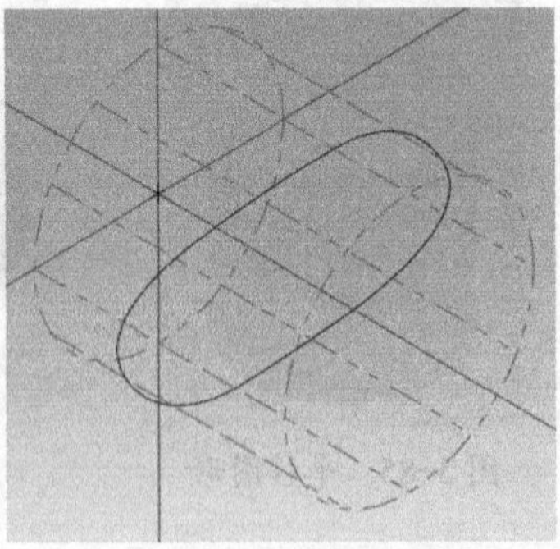

图 3-89 毛坯设置结果

3.3.7 外形铣削

1）启动外形铣削。单击外形按钮，系统弹出“串连选项”对话框，单击串连按钮，选择如图 3-90 所示凸轮轮廓曲线，单击“串连选项”对话框中的确定按钮，系统弹出“2D 刀路 - 外形铣削”对话框，如图 3-91 所示。

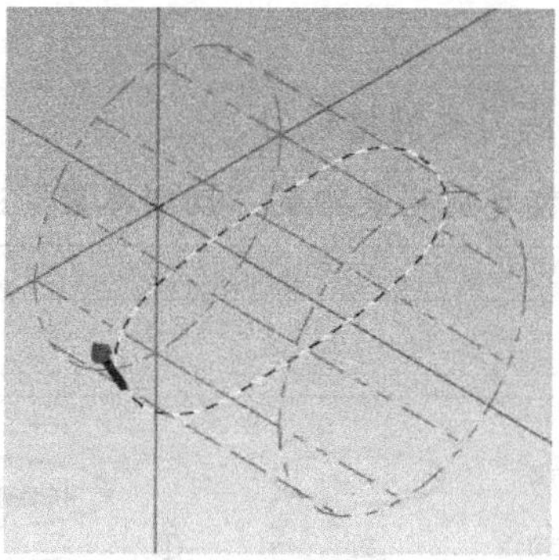

图 3-90　选择外形串连

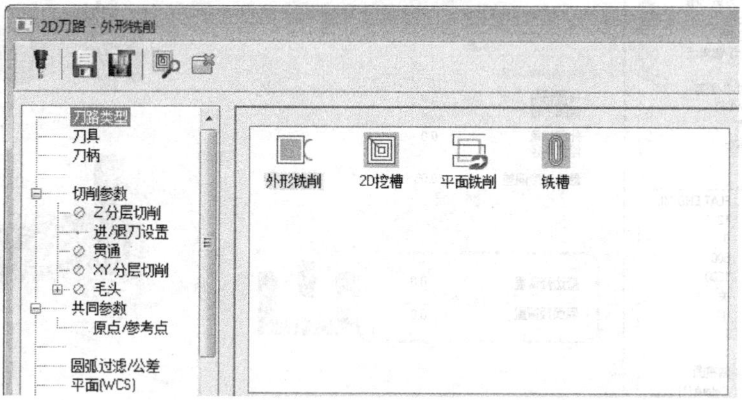

图 3-91 “2D 刀路 - 外形铣削”对话框

2）选择刀具。单击参数类别列表中的“刀具”选项，如图 3-92 所示选择刀具和设置切削参数。

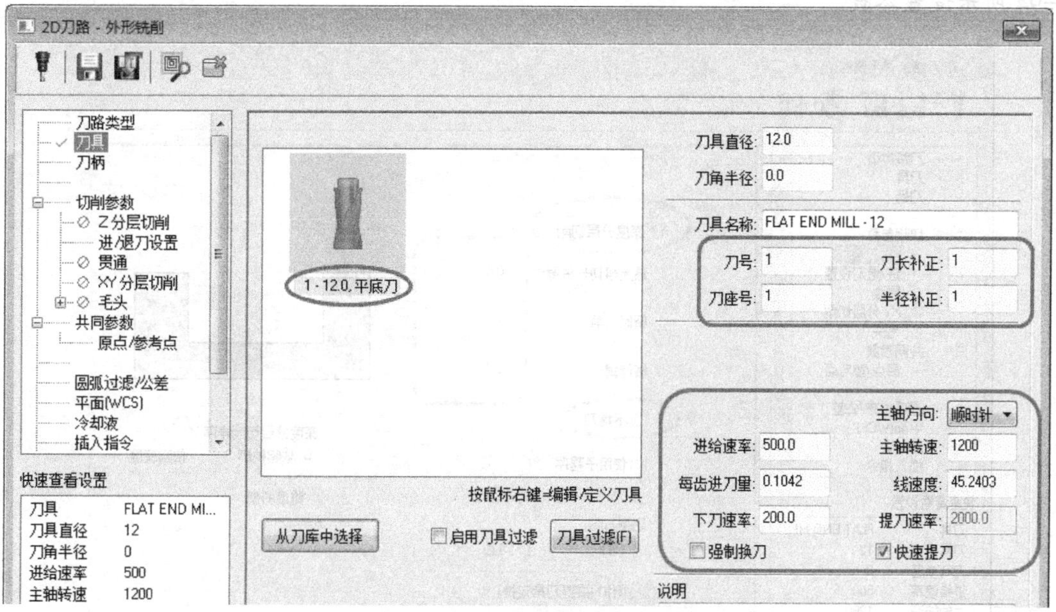

图 3-92　选择刀具和设置切削参数

说明：

请选择切削刃过中心的平底刀或键槽铣刀。

3）设置切削参数。单击参数类别列表中的"切削参数"选项，如图3-93所示设置参数。

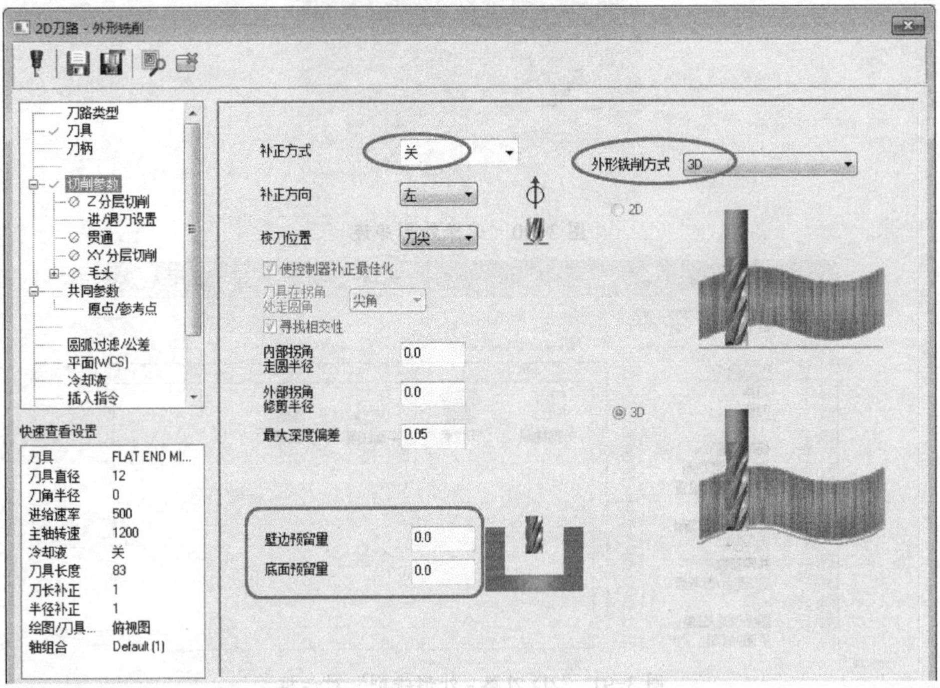

图3-93 设置切削参数

4）设置深度分层切削参数。在左侧的参数类别列表中选择"Z分层切削"选项，如图3-94所示设置参数。

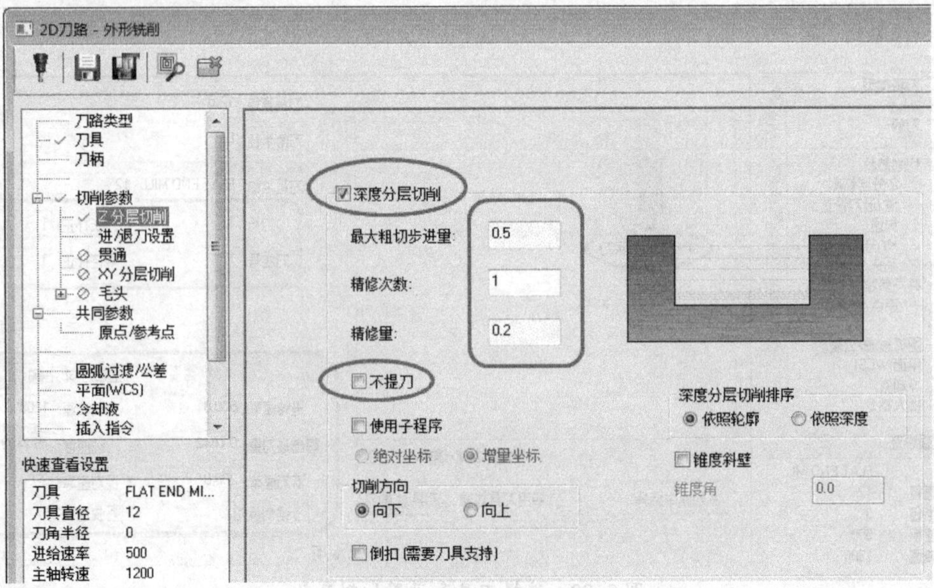

图3-94 设置深度分层切削参数

5）进 / 退刀设置。如图 3-95 所示，取消“进 / 退刀设置”。

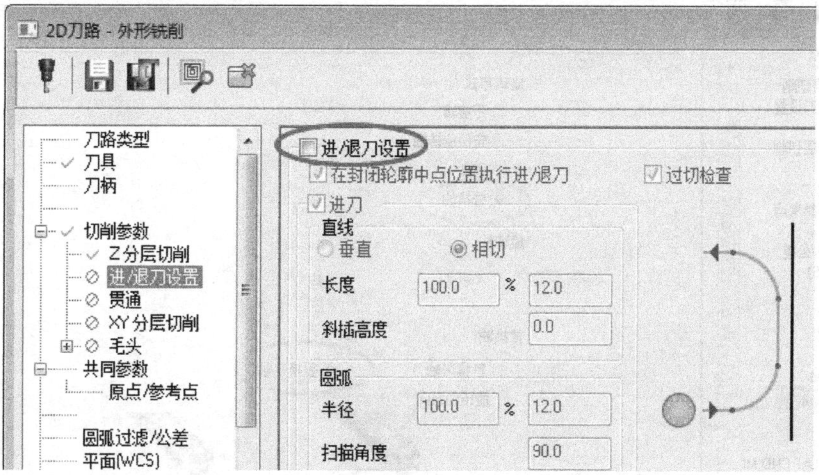

图 3-95　取消“进 / 退刀设置”

6）设置共同参数。在左侧的参数类别列表中选择“共同参数”选项，如图 3-96 所示设置参数。

7）旋转轴控制。在左侧的参数类别列表中选择“旋转轴控制”选项，如图 3-97 所示设置参数。

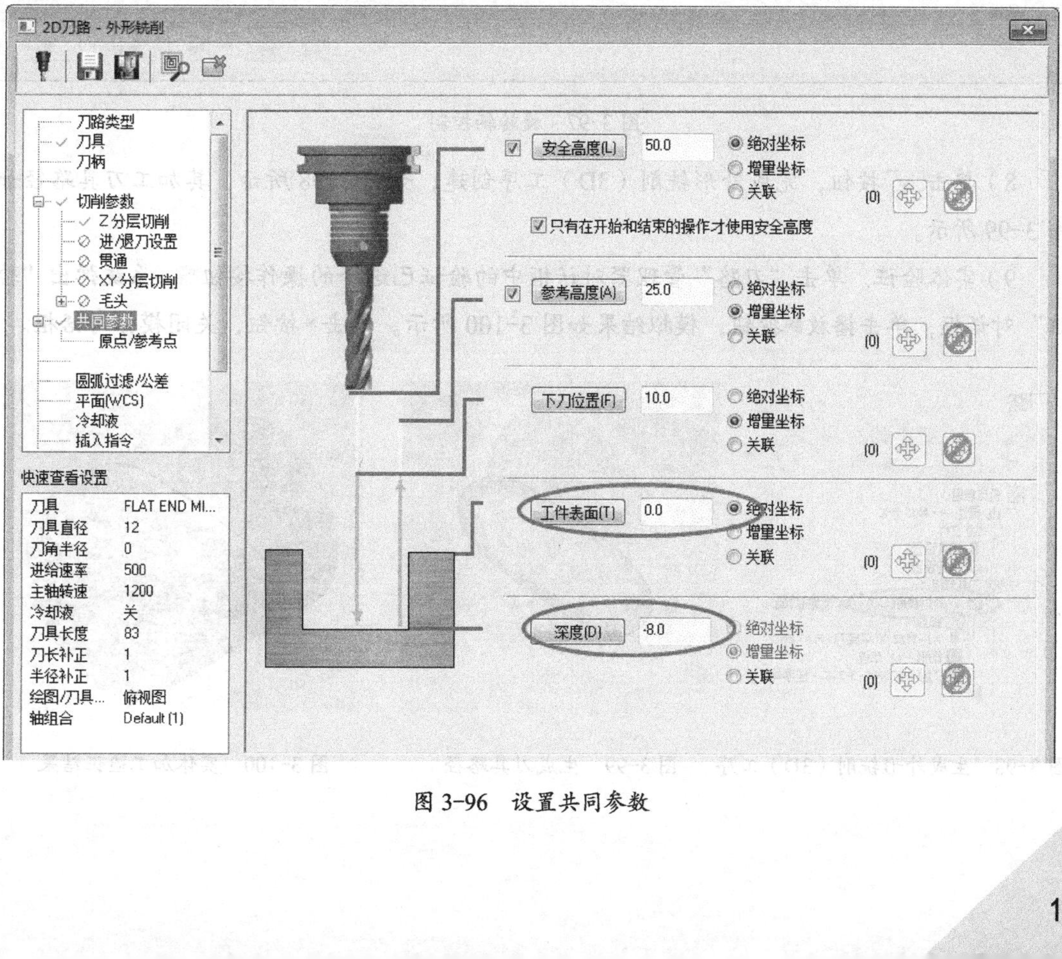

图 3-96　设置共同参数

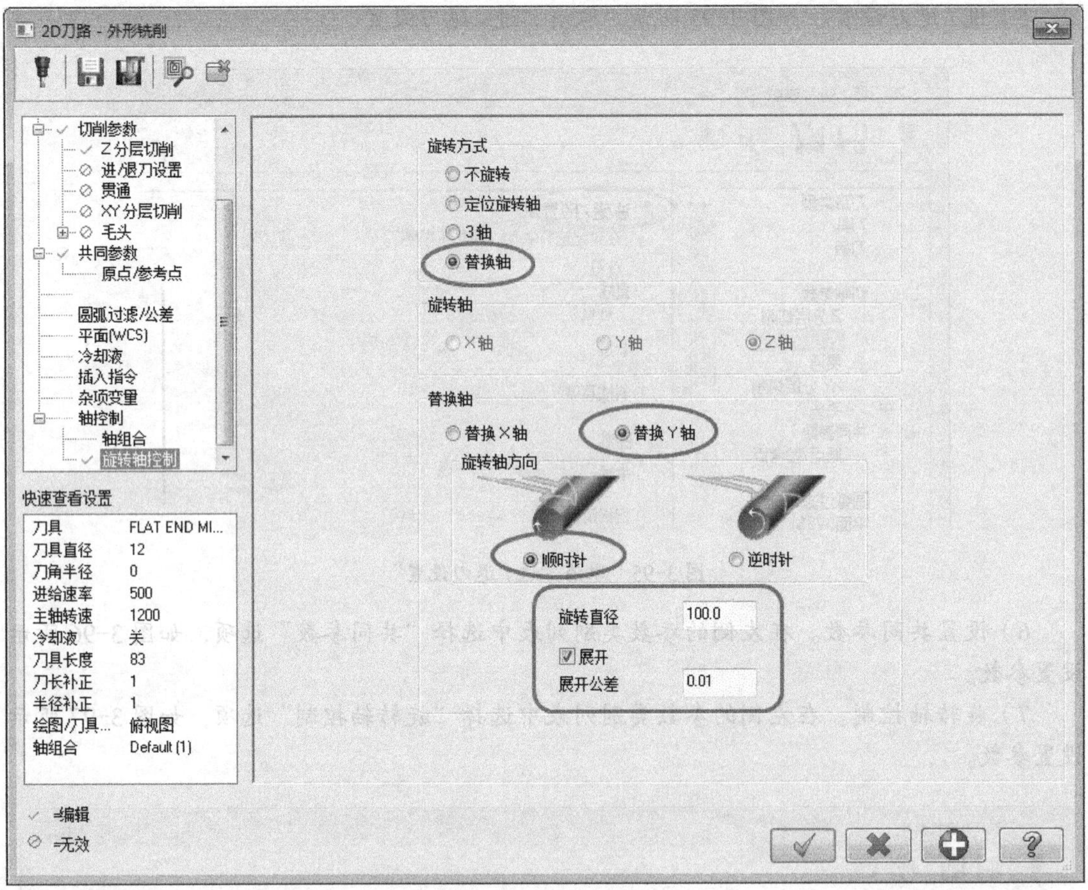

图 3-97　旋转轴控制

8）单击☑按钮，完成外形铣削（3D）工序创建，如图 3-98 所示，其加工刀具路径如图 3-99 所示。

9）实体验证。单击“刀路”管理器对话框中的验证已选择的操作按钮，系统弹出“验证”对话框，单击播放▶按钮，模拟结果如图 3-100 所示。单击×按钮，关闭模拟对话框。

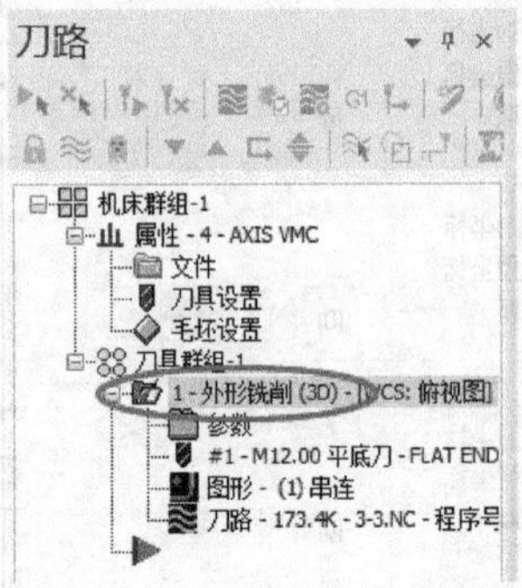

图 3-98　生成外形铣削（3D）工序

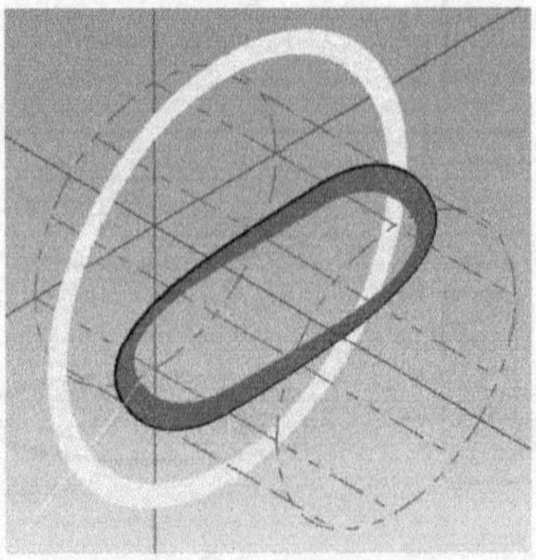

图 3-99　生成刀具路径

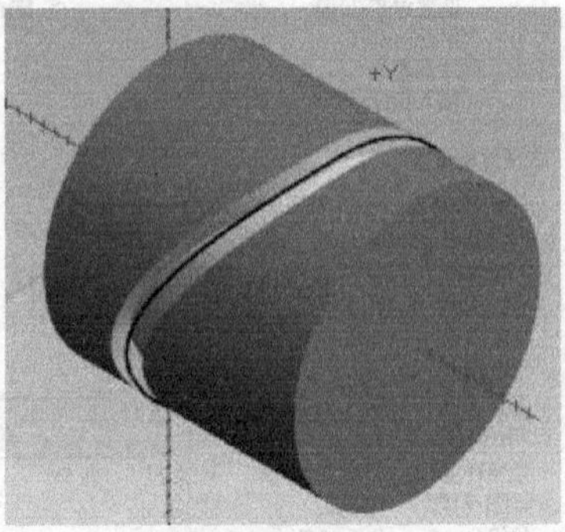

图 3-100　实体加工验证结果

3.3.8 后处理

1）在“刀路”管理器对话框中单击按钮，选择所有的工序，单击后处理按钮G1，弹出“后处理程序”对话框，如图 3-101 所示设置参数。

2）单击按钮，弹出“另存为”对话框，选择合适的目录后，单击保存(S)按钮，即可得到所需的 NC 代码，如图 3-102 所示。

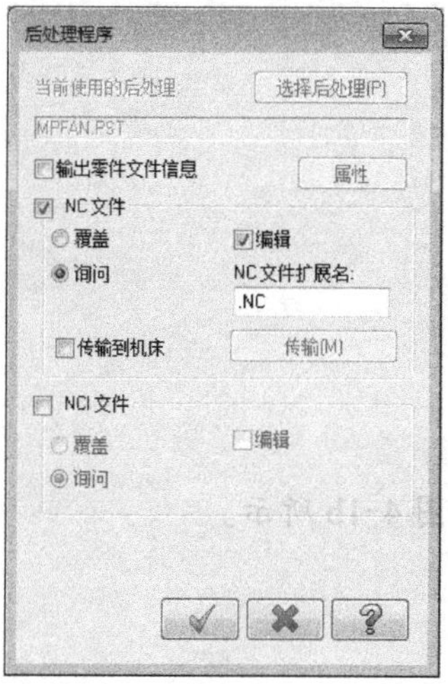

图 3-101 “后处理程序”对话框

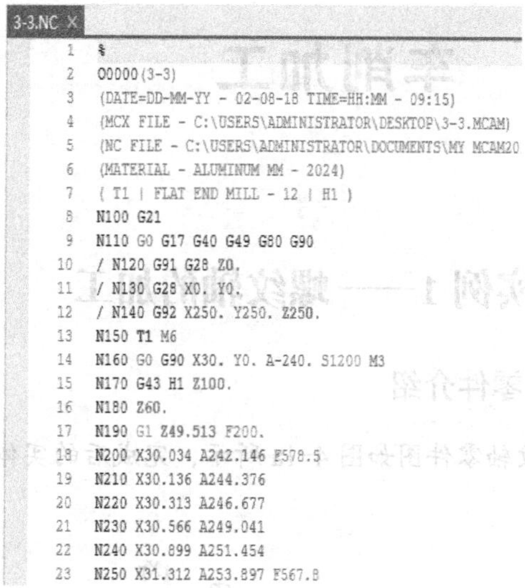

```
3-3.NC
%
O0000(3-3)
(DATE=DD-MM-YY - 02-08-18 TIME=HH:MM - 09:15)
(MCX FILE - C:\USERS\ADMINISTRATOR\DESKTOP\3-3.MCAM)
(NC FILE - C:\USERS\ADMINISTRATOR\DOCUMENTS\MY MCAM20
(MATERIAL - ALUMINUM MM - 2024)
( T1 | FLAT END MILL - 12 | H1 )
N100 G21
N110 G0 G17 G40 G49 G80 G90
/ N120 G91 G28 Z0.
/ N130 G28 X0. Y0.
/ N140 G92 X250. Y250. Z250.
N150 T1 M6
N160 G0 G90 X30. Y0. A-240. S1200 M3
N170 G43 H1 Z100.
N180 Z60.
N190 G1 Z49.513 F200.
N200 X30.034 A242.146 F578.5
N210 X30.136 A244.376
N220 X30.313 A246.677
N230 X30.566 A249.041
N240 X30.899 A251.454
N250 X31.312 A253.897 F567.8
```

图 3-102 NC 代码

3）关闭 NC 代码页面，保存 Mastercam 文件，退出系统。

3.3.9 练习与思考

1）尝试用 ϕ10mm 的平底刀粗加工，然后用 ϕ12mm 的平底刀进行精加工。

提示：复制本实例加工工序，然后选择 ϕ10mm 的平底刀重建刀路即可。

2）尝试用 ϕ10mm 的平底刀沿凸轮槽中心粗加工，再用 ϕ10mm 的平底刀对凸轮槽两侧进行精加工。

提示：单击刀具路径转换按钮，将沿凸轮槽中心加工的工序平移 1mm 得到侧面精加工工序。

3）尝试完成图 3-103 所示变螺距圆柱凸轮的加工。

提示：利用光盘内参数方程（变螺距螺旋线 .EQN）绘制螺旋线。

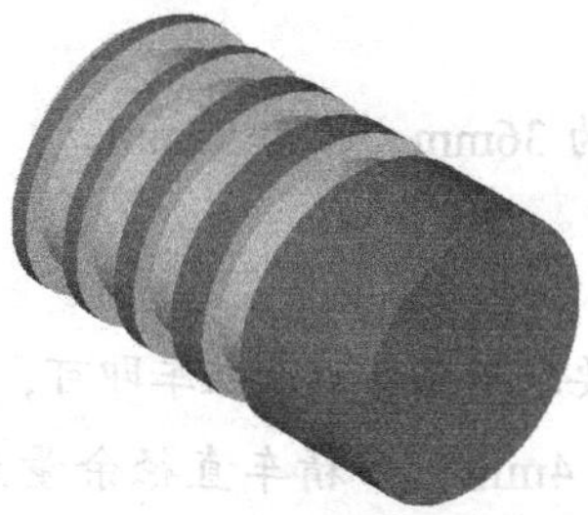

图 3-103

第 4 章 车削加工

4.1 实例 1——螺纹轴的加工

4.1.1 零件介绍

螺纹轴零件图如图 4-1a 所示，完成后的实体模型如图 4-1b 所示。

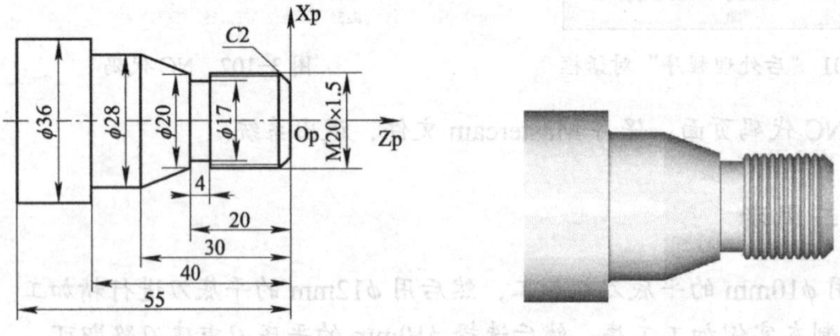

a）　　　　b）

图 4-1　螺纹轴零件

a）零件图　b）实体模型

4.1.2 工艺分析

1. 零件形状和尺寸分析

该零件为回转体，最大直径为 36mm、长为 55mm。

2. 毛坯尺寸

该零件尺寸未注公差，精度要求不高，端面粗车即可，外圆可分为粗车和精车。

一般粗车直径余量为 1.5 ～ 4mm，半精车直径余量为 0.5 ～ 2.5mm，精车直径余量为 0.2 ～ 1.0mm，根据毛坯直径 = 工件直径 + 粗加工余量 + 精加工余量，可确定毛坯直径为 40mm。

端面余量取 2mm 比较合适，同时考虑卡盘装夹长度约 15mm，截断尺寸为 4mm，根据毛坯长度 = 工件长度 + 端面余量 + 卡盘夹持部分长度 + 截断宽度，可确定毛坯长度为 77mm。

故毛坯尺寸为 ϕ40mm×77mm。

3. 工件装夹

由于工件尺寸不大，可采用自定心卡盘（即三爪卡盘）装夹。

4. 刀具选择

端面车刀车端面，外圆粗车刀粗车外圆，槽刀切槽，精车刀精车外圆，螺纹刀具车螺纹，切断刀切断。

5. 加工方案

首先根据毛坯尺寸下料，然后在数控车床上进行加工，具体数控加工工艺路线如下：

1）车端面。

2）粗车外圆。

3）切槽。

4）精车外圆。

5）车螺纹。

6）切断。

4.1.3 选择机床

1）启动 Mastercam。启动 Mastercam 2018，按 F9 键，显示轴线。

2）选择菜单“机床”—“车床”—“默认”，单击“刀路”管理器对话框左侧的展开按钮 ⊞，结果如图 4-2 所示。

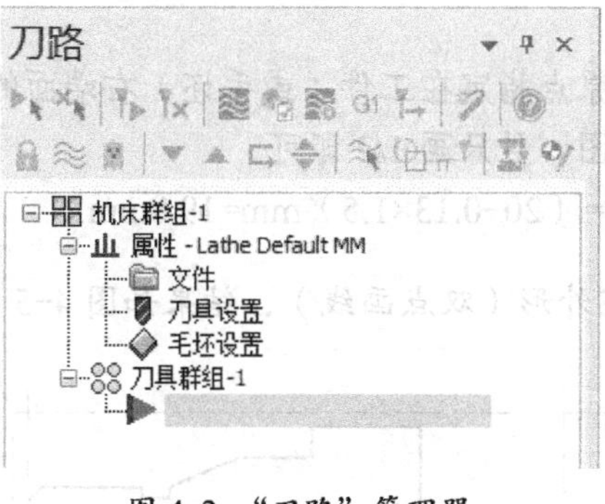

图 4-2 “刀路”管理器

4.1.4 绘制二维图形

1）直径编程。如图 4-3 所示设置直径编程，方便绘图。

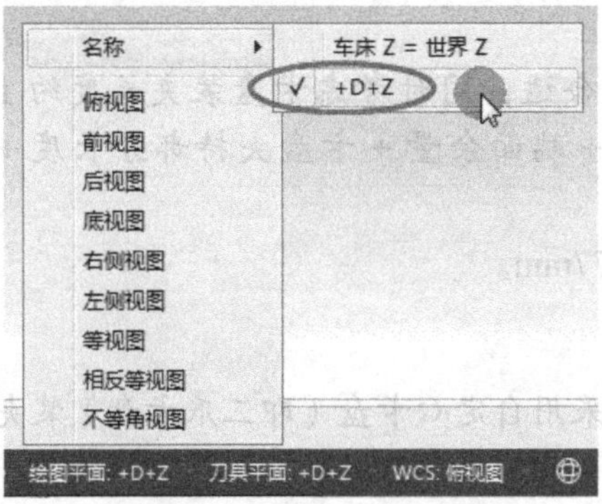

图 4-3 设置直径编程

说明：

设置直径编程绘图时可避免尺寸换算，对后续操作以及数控加工程序（NC代码）无影响。

2）绘制螺纹轴外形。除螺纹部位的圆杆尺寸外，其余均按图 4-1a 尺寸绘制螺纹轴外形图，绘图过程略，结果如图 4-4 所示。

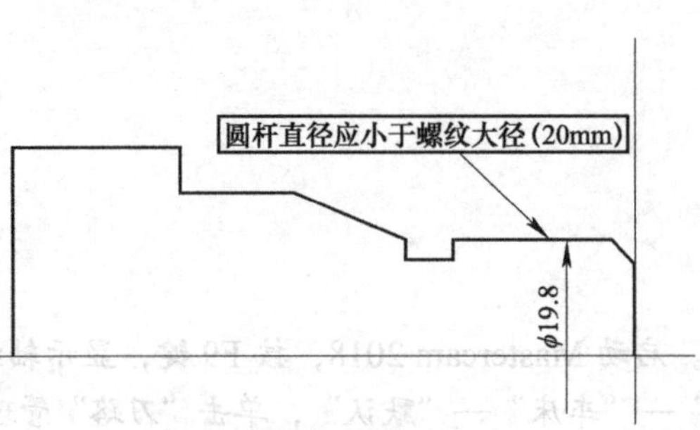

图 4-4 绘制螺纹轴外形

说明：

1）通常将工件坐标系原点指定在工件（或毛坯）右端面的中心。

2）只需绘制二维外形图，且只画 1/2 即可。

3）圆杆直径 $=d-0.13P=$（20−0.13×1.5）mm=19.8mm。

3）绘制毛坯。绘制毛坯外形（双点画线），结果如图 4-5 所示。

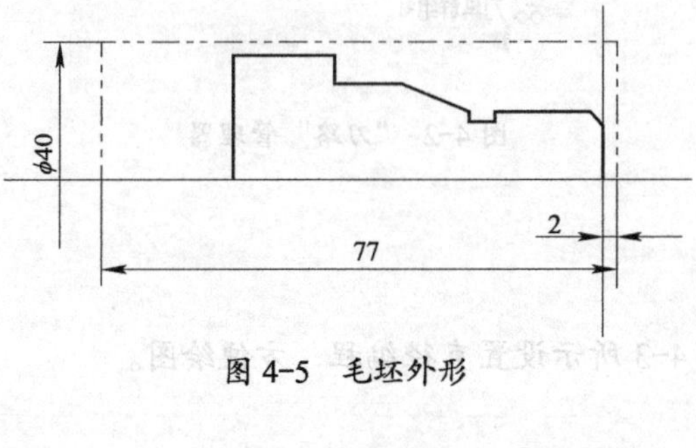

图 4-5 毛坯外形

4.1.5 材料设置

1）单击图 4-2 所示“刀路”管理器对话框中的◈毛坯设置，系统弹出“机床群组属性”对话框，如图 4-6 所示单击 参数 按钮，系统弹出“机床组件管理 - 毛坯”对话框，如图 4-7 所示，单击 由两点产生(2) 按钮。

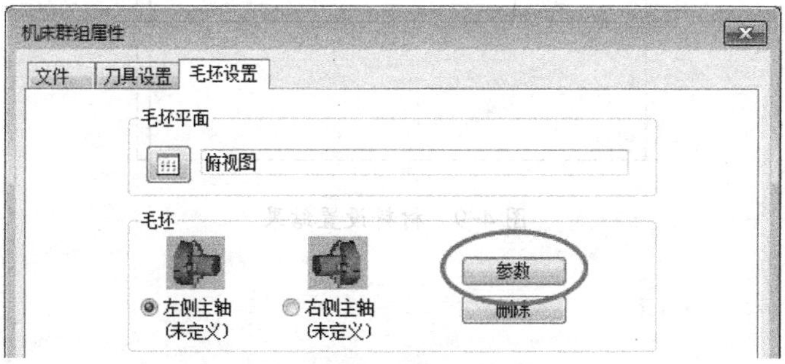

图 4-6 “机床群组属性”对话框

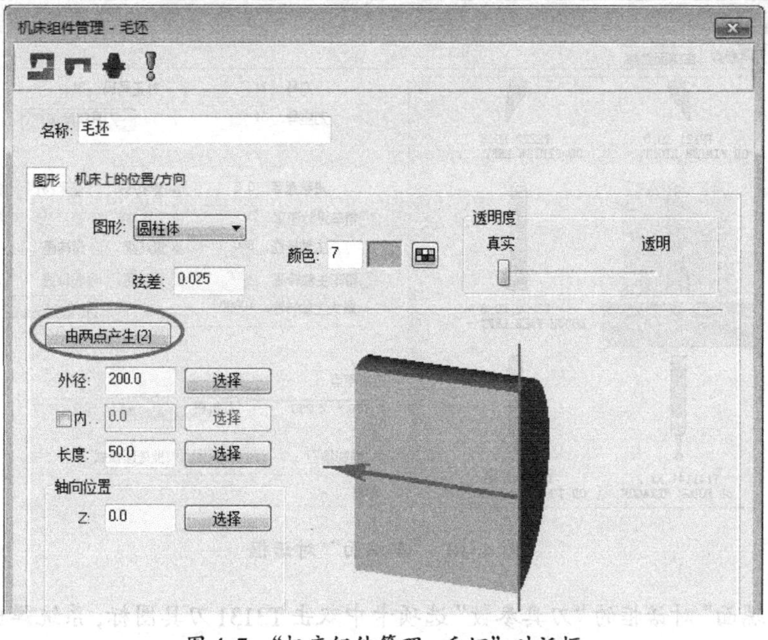

图 4-7 “机床组件管理 - 毛坯”对话框

2）根据屏幕提示，依次选择定义圆柱体的第一点、第二点，如图 4-8 所示。

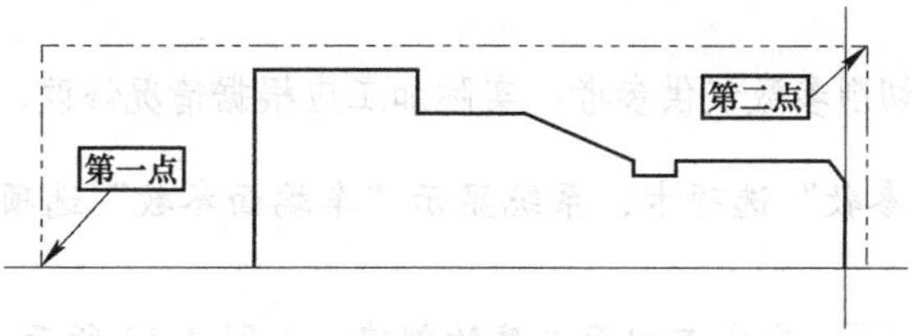

图 4-8 定义圆柱体的两点

3）系统返回“机床组件管理 - 毛坯”对话框，单击确定按钮，系统返回“机床群组属性”对话框，单击确定按钮，完成材料设置，结果如图 4-9 所示。

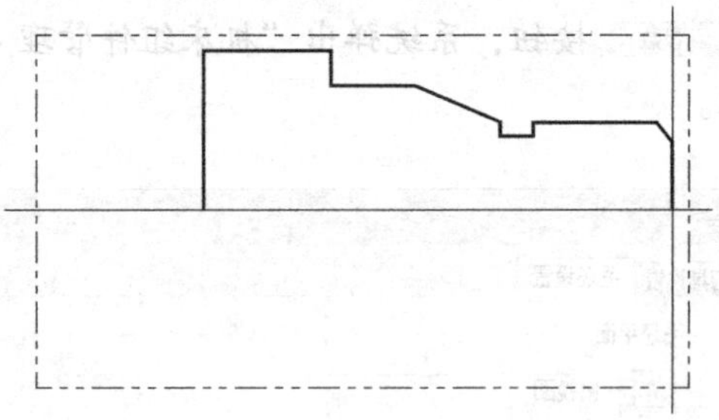

图 4-9 材料设置结果

4.1.6 车端面

1）单击 车端面 按钮，系统弹出“车端面”对话框，如图 4-10 所示。

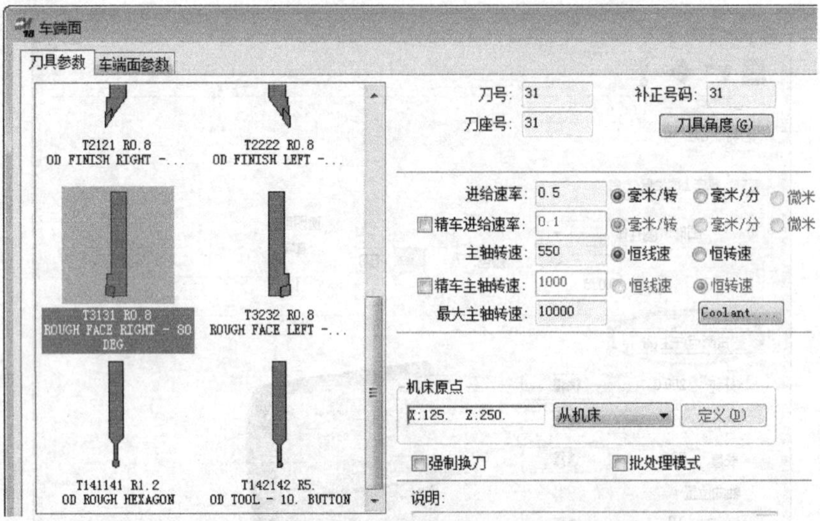

图 4-10 “车端面”对话框

2）在“车端面”对话框的“刀具参数”选项卡中双击 T3131 刀具图标，系统弹出“定义刀具 - 机床群组 -1”对话框，单击“参数”选项卡，如图 4-11 所示设置参数；单击 根据材料计算(C) 按钮，系统自动计算切削参数，单击确定按钮，返回“车端面”对话框。

说明：

系统自动计算的切削参数仅供参考，实际加工应根据情况修改。

3）单击“车端面参数”选项卡，系统显示“车端面参数”选项卡对话框，按图 4-12 所示设置参数。

4）单击确定按钮，完成车端面工序的创建，如图 4-13 所示，产生加工刀具路径，如图 4-14 所示。

5）实体验证。单击“刀路”管理器对话框中的验证已选择的操作按钮，系统弹出“验证”对话框，单击▶按钮，模拟结果如图 4-15 所示，单击确定按钮✓，结束实体验证。

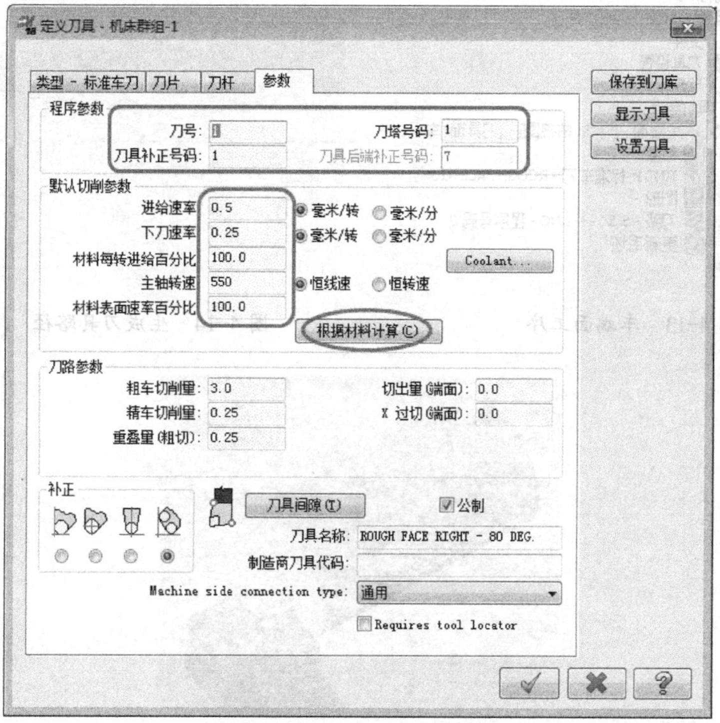

图 4-11 设置刀具参数

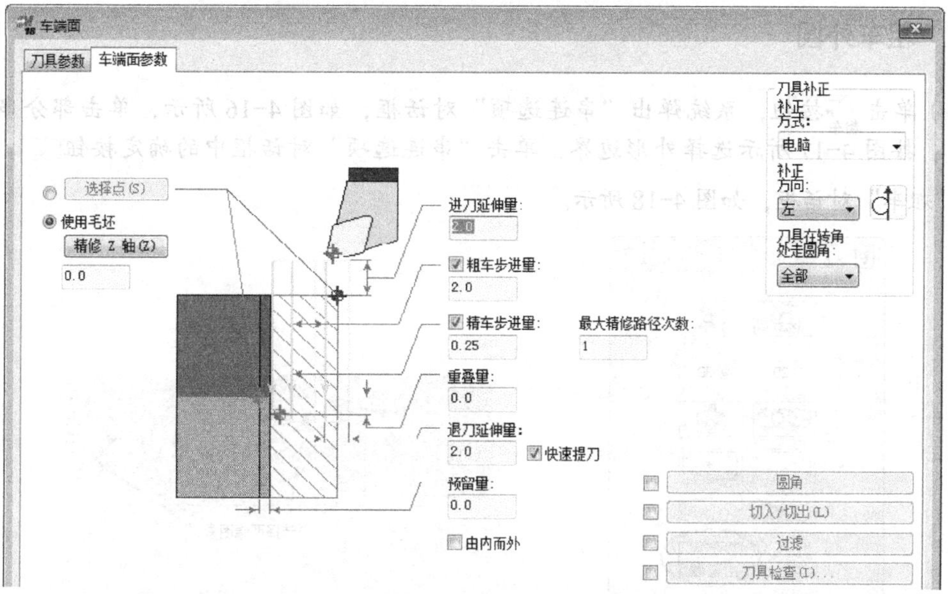

图 4-12 “车端面参数”选项卡对话框

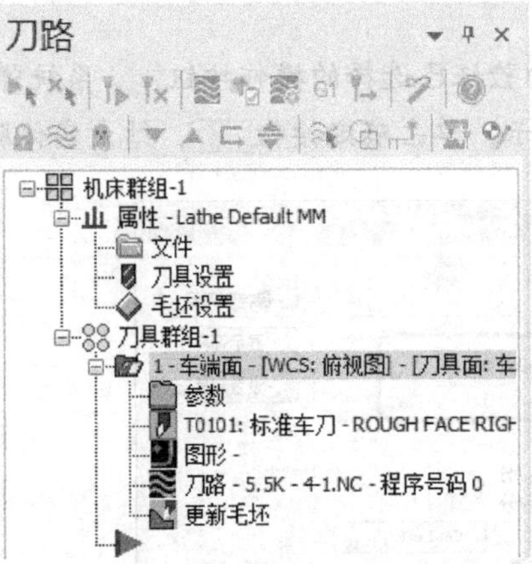

图 4-13　车端面工序

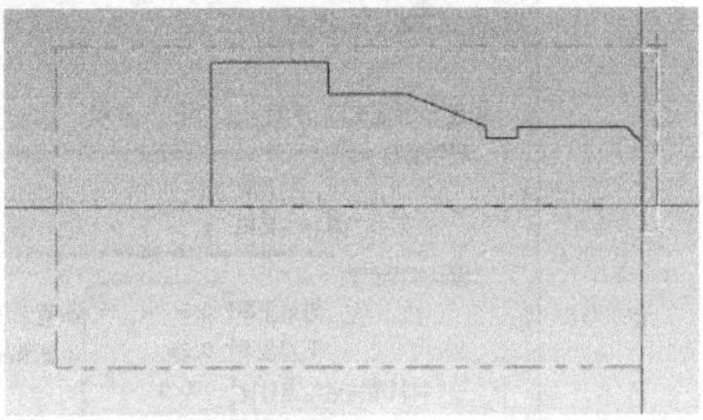

图 4-14　生成刀具路径

图 4-15　实体加工验证结果

4.1.7　粗车外圆

1）单击粗车按钮，系统弹出“串连选项”对话框，如图 4-16 所示，单击部分串连按钮，按图 4-17 所示选择外形边界，单击“串连选项”对话框中的确定按钮，系统弹出“粗车”对话框，如图 4-18 所示。

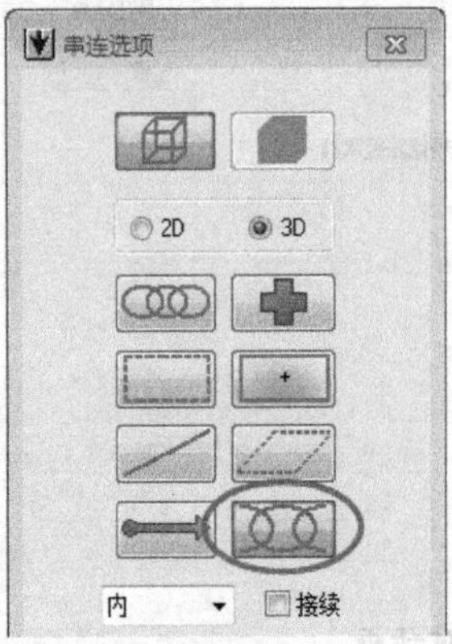

图 4-16 “串连选项”对话框

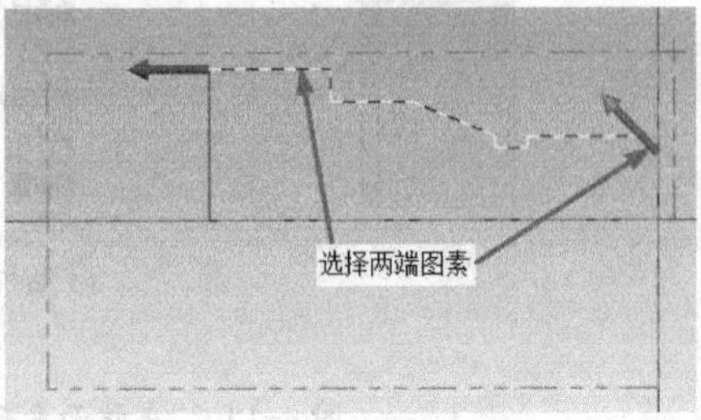

图 4-17　串连外形

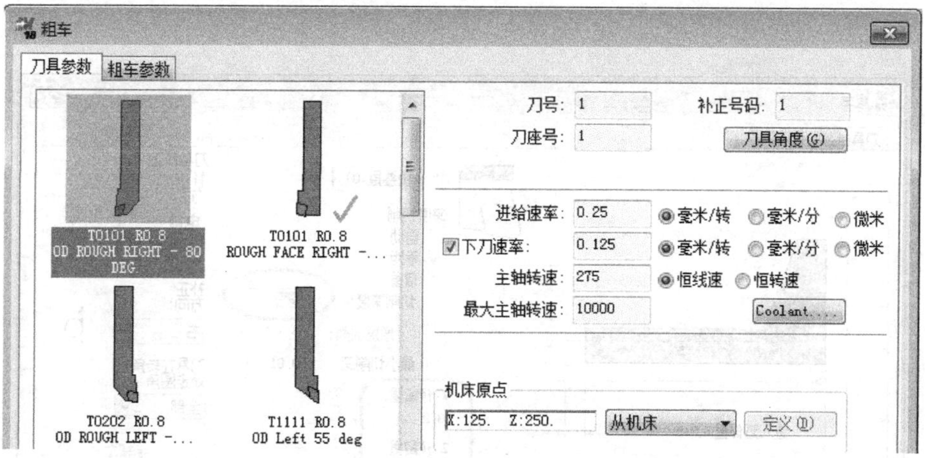

图 4-18 “粗车”对话框

2）在“粗车”对话框的“刀具参数”选项卡中双击 T0101 外圆车刀图标，系统弹出“定义刀具”对话框，单击“参数”选项卡，如图 4-19 所示设置参数，单击 根据材料计算(C) 按钮，系统自动计算切削参数，单击确定按钮 ✓，返回“粗车”对话框。

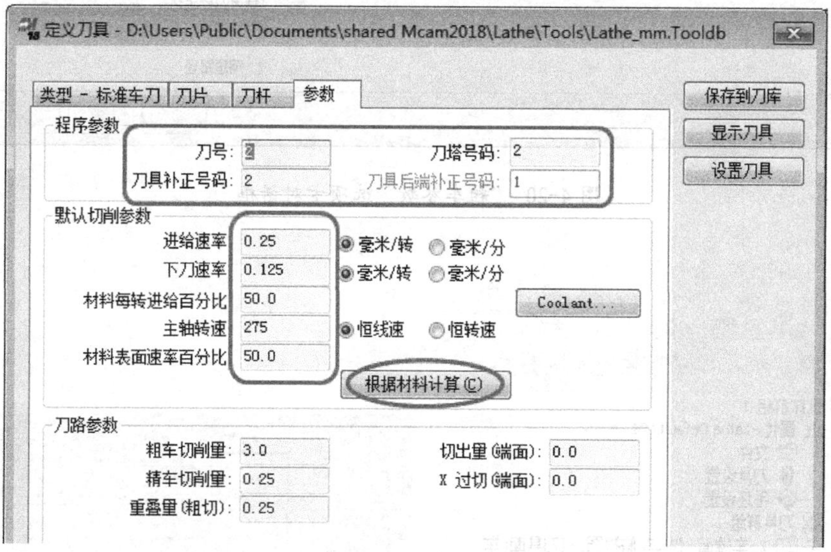

图 4-19 设置刀具参数

3）单击“粗车参数”选项卡，按图 4-20 所示设置参数。

说明：

若第一刀切削深度过大，应启用毛坯识别。

4）单击确定按钮 ✓，完成粗车工序的创建，如图 4-21 所示，生成刀具路径如图 4-22 所示。

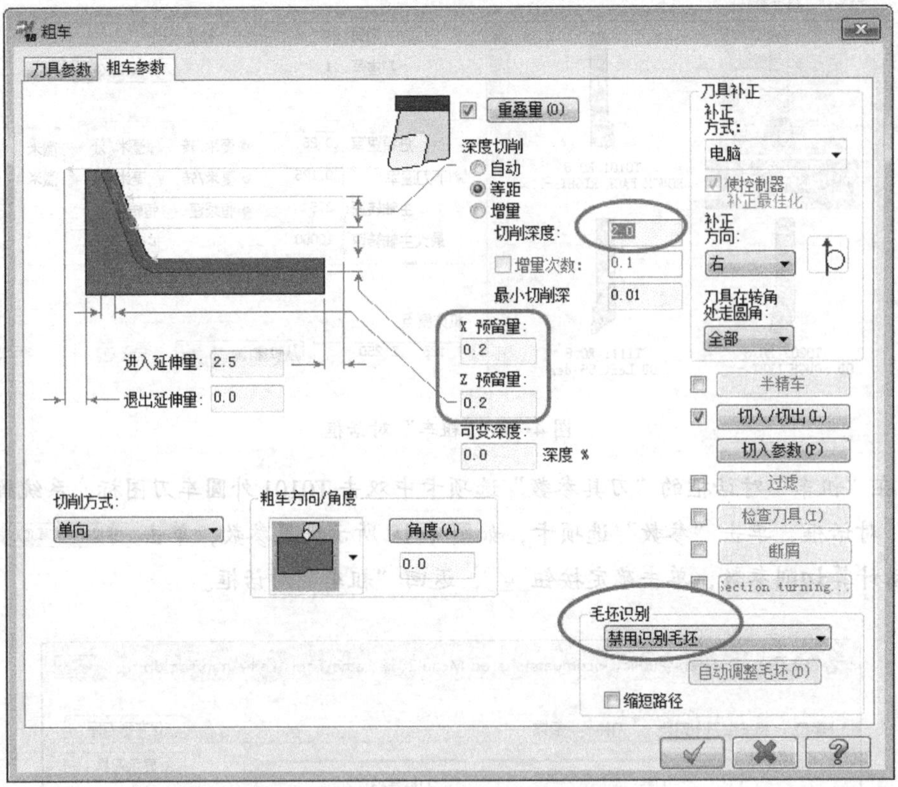

图 4-20 “粗车参数”选项卡对话框

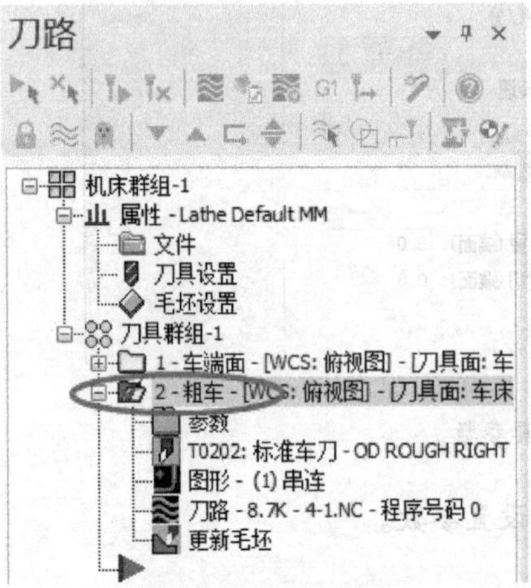

图 4-21 粗车外圆工序

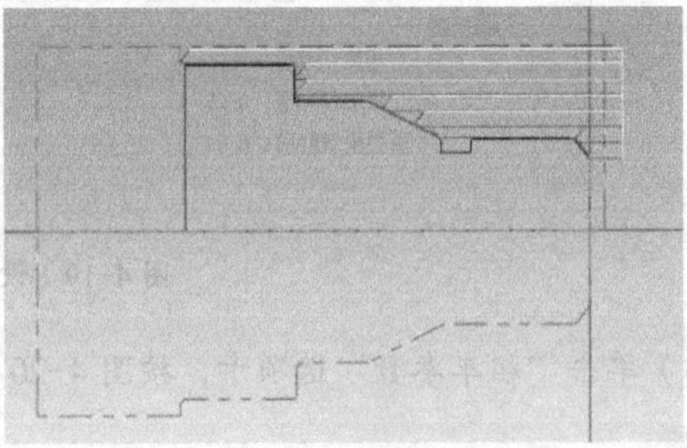

图 4-22 粗车刀具路径

5）实体验证。单击“刀具”管理器对话框中的验证已选择的操作按钮，系统弹出“验证”对话框，单击▶按钮，模拟结果如图 4-23 所示，单击确定按钮，结束实体验证。

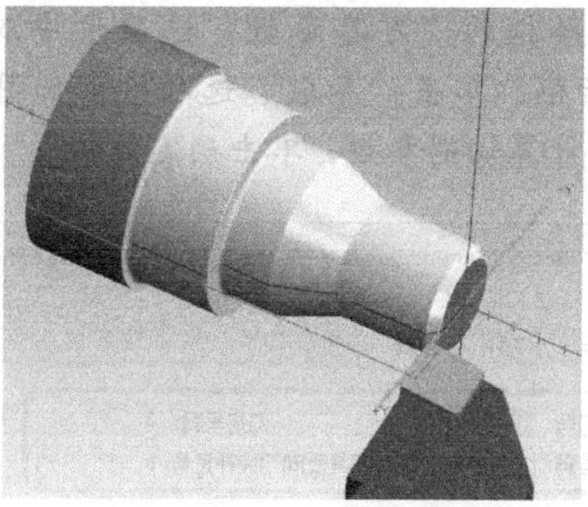

图 4-23　实体加工验证结果

4.1.8　切槽

1）单击沟槽按钮，系统弹出“沟槽选项”对话框，按图 4-24 所示设置参数，单击确定按钮。

2）系统弹出“串连选项”对话框，选择部分串连按钮，按图 4-25 所示选择外形边界。单击“串连选项”对话框中的确定按钮，系统弹出“沟槽粗车”对话框，如图 4-26 所示。

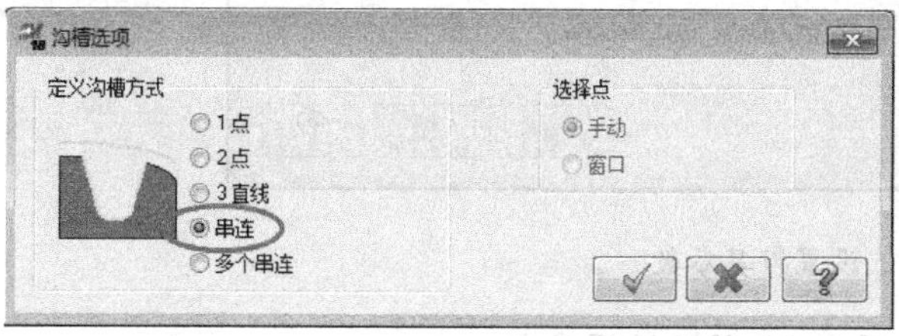

图 4-24　“沟槽选项”对话框

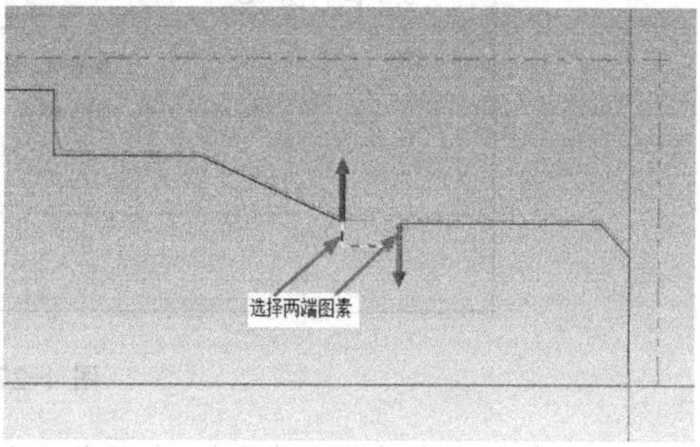

图 4-25　串连外形

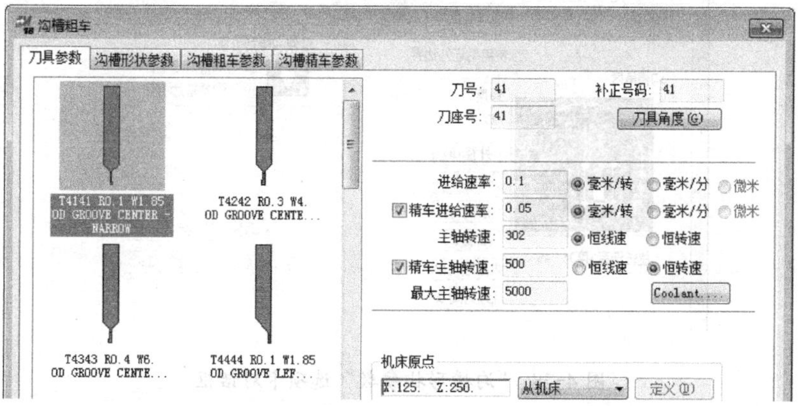

图 4-26　“沟槽粗车”对话框

3）在“沟槽粗车”对话框的“刀具参数”选项卡中双击T4141外圆槽刀图标，系统弹出“定义刀具”对话框，单击“参数”选项卡，如图4-27所示设置参数，单击[根据材料计算(C)]按钮，系统自动计算切削参数，单击确定按钮[✓]，返回“沟槽粗车”对话框。

图4-27 设置刀具参数

4）单击“沟槽形状参数”选项卡，如图4-28所示设置参数。

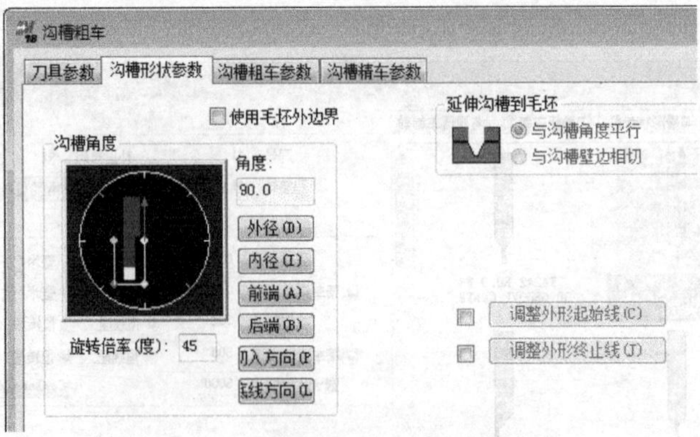

图4-28 “沟槽形状参数”选项卡对话框

5）单击“沟槽粗车参数”选项卡，如图4-29所示设置参数。

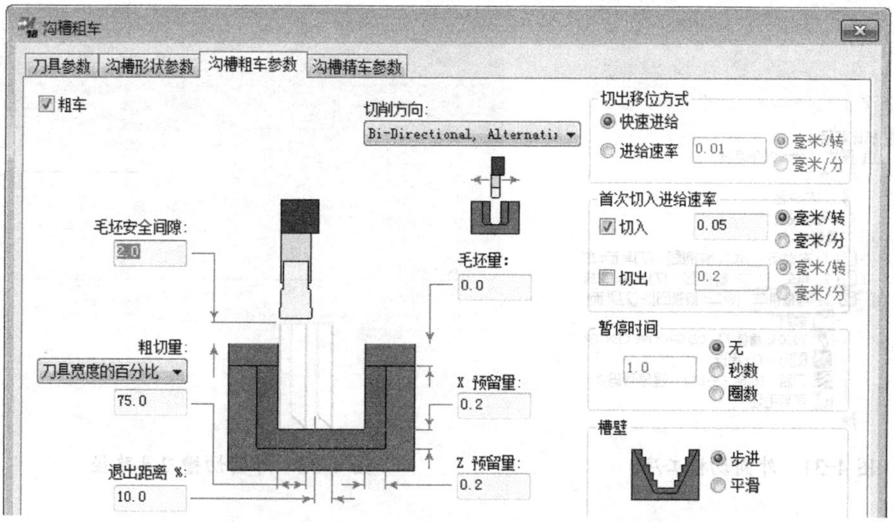

图 4-29 “沟槽粗车参数”选项卡对话框

6）单击“沟槽精车参数”选项卡，如图 4-30 所示设置参数。

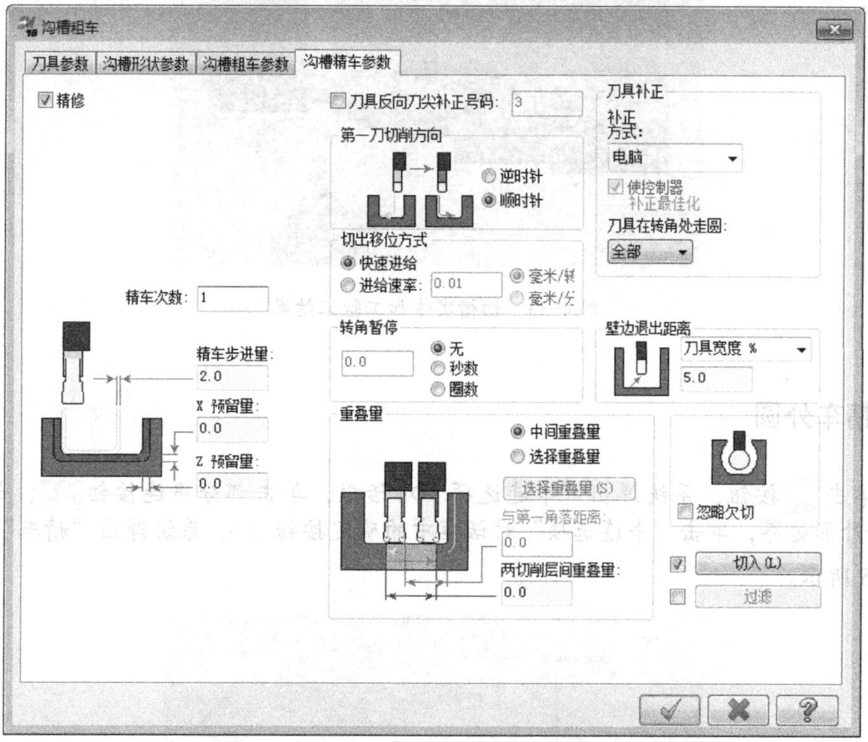

图 4-30 “沟槽精车参数”选项卡对话框

7）单击确定按钮，完成外圆切槽工序创建，如图 4-31 所示，外圆切槽刀具路径如图 4-32 所示。

8）实体验证。单击“刀具”管理器对话框中的验证已选择的操作按钮，系统弹出“验证”对话框，单击按钮，模拟结果如图 4-33 所示，单击确定按钮，结束实体验证。

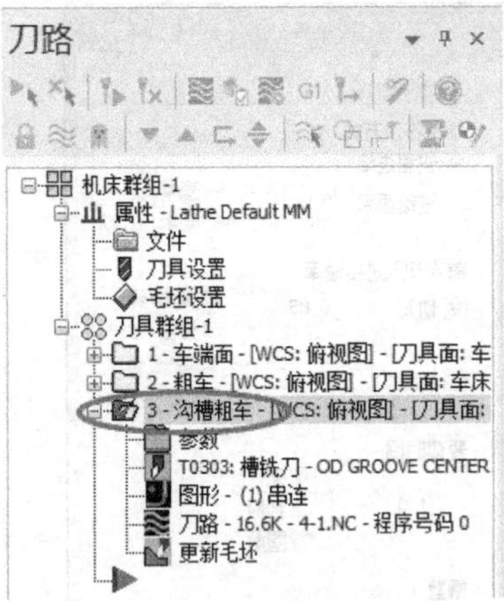

图 4-31　外圆切槽工序

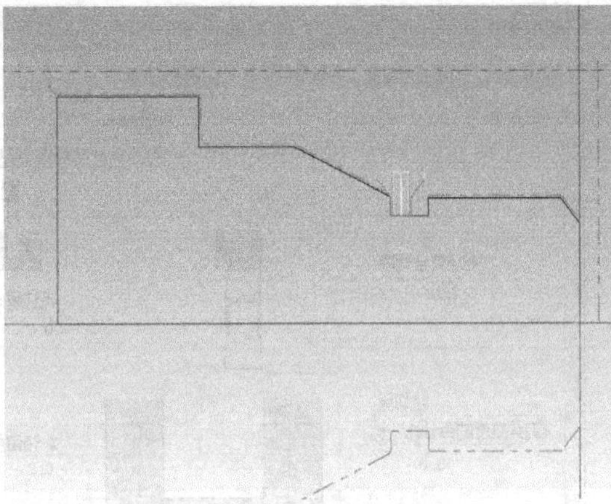

图 4-32　外圆切槽刀具路径

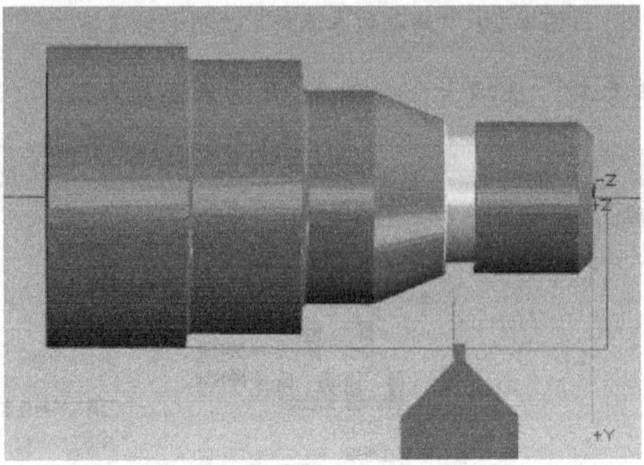

图 4-33　切槽实体加工验证结果

4.1.9　精车外圆

1）单击精车按钮，系统弹出“串连选项”对话框，单击部分串连按钮，如图 4-34 所示选择外形边界，单击“串连选项”对话框中的确定按钮，系统弹出“精车”对话框，如图 4-35 所示。

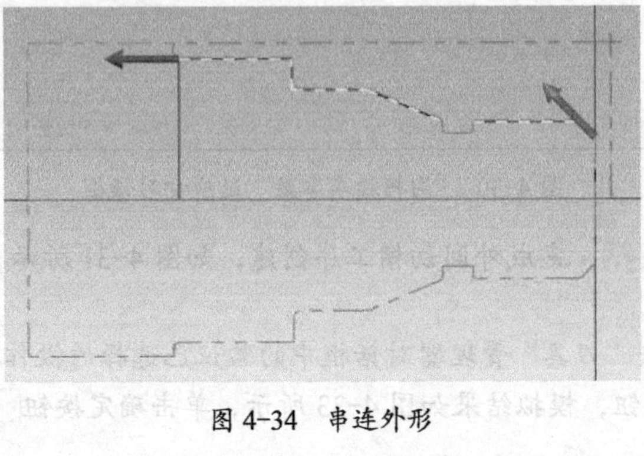

图 4-34　串连外形

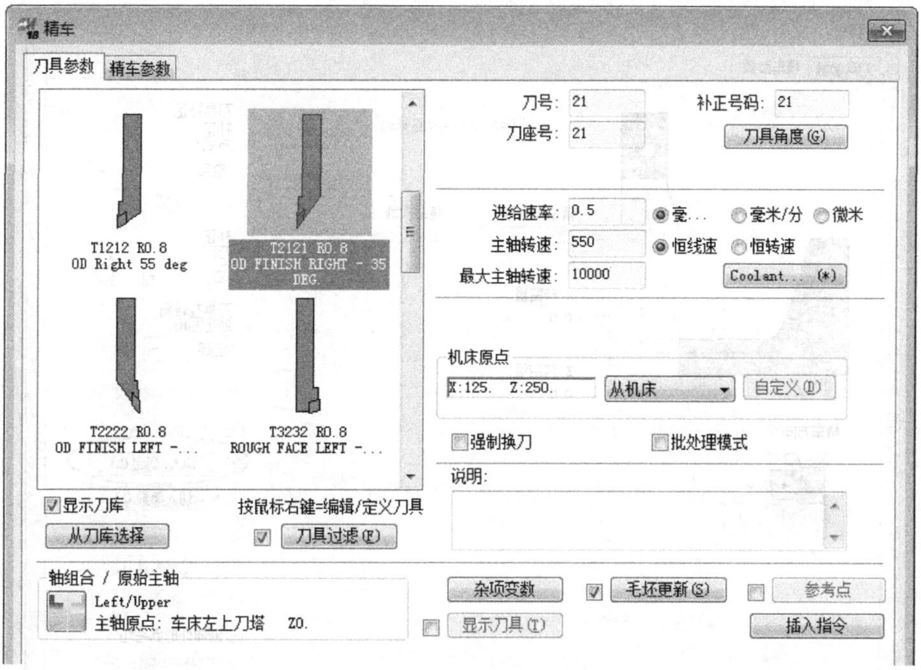

图 4-35 “精车”对话框

2)在“精车”对话框的“刀具参数”选项卡中双击 T2121 外圆精车刀图标，系统弹出“定义刀具”对话框，单击“参数”选项卡，如图 4-36 所示设置参数，单击 根据材料计算(C) 按钮，系统自动计算切削参数，单击确定按钮 ✓ ，返回“精车”对话框。

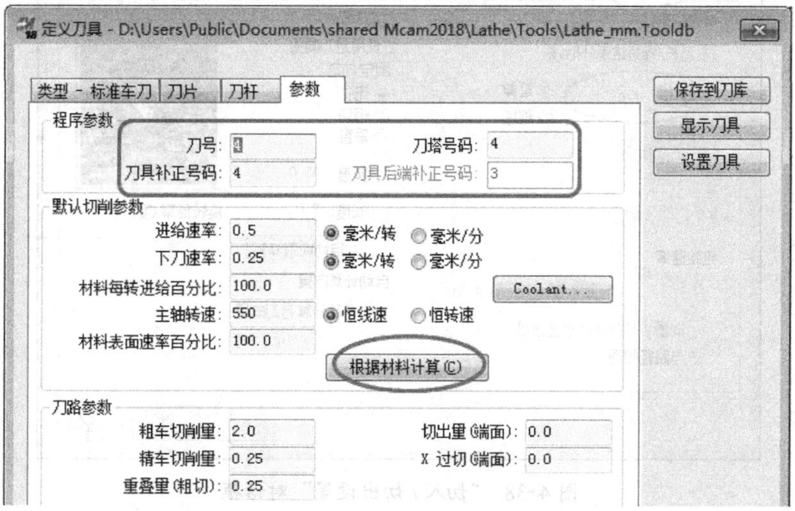

图 4-36 设置刀具参数

3) 单击“精车参数”选项卡，如图 4-37 所示设置参数。

4) 单击 切入/切出(L) 按钮，系统弹出“切入/切出设置”对话框，如图 4-38 所示设置参数，单击确定按钮 ✓ ，返回“精车”对话框。

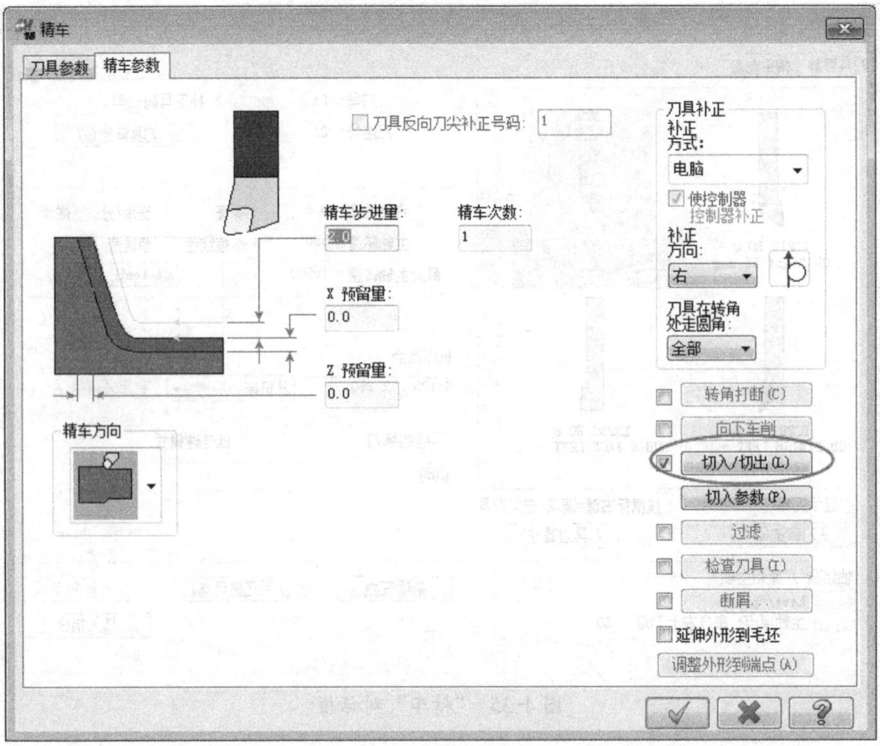

图4-37 “精车参数”选项卡对话框

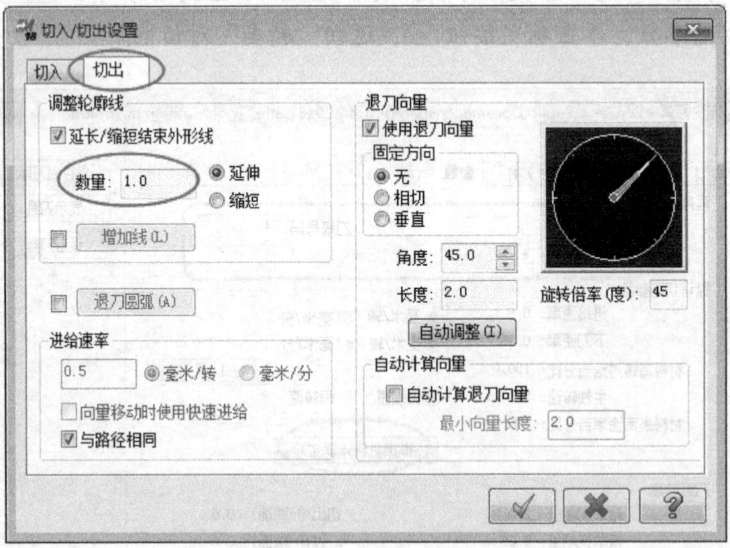

图4-38 “切入/切出设置”对话框

说明:

因为车刀刀尖有圆角，增加切出长度是为了保证切断后外圆表面平整。

5）单击确定按钮✓，完成精车外圆工序创建，如图4-39所示，精车刀具路径如图4-40

所示。

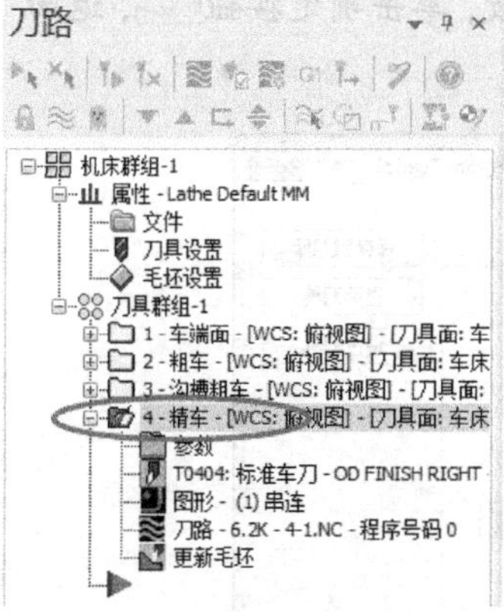

图 4-39　精车外圆操作

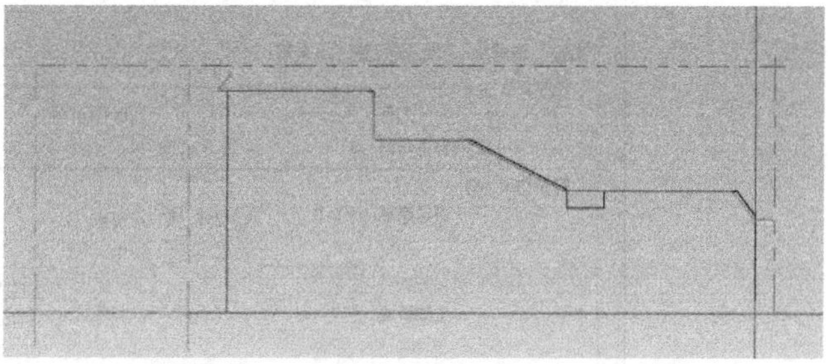

图 4-40　精车刀具路径

6）实体验证。单击“刀路”管理器对话框中的验证已选择的操作按钮，系统弹出“验证”对话框，单击▶按钮，模拟结果如图 4-41 所示，单击确定按钮，结束实体验证。

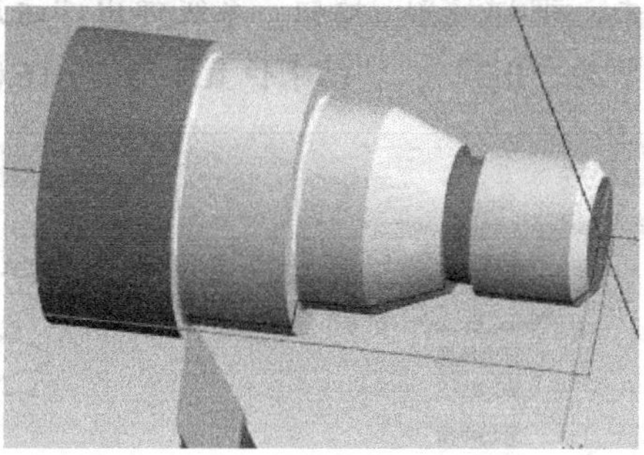

图 4-41　实体加工验证结果

4.1.10　车螺纹

1）单击车螺纹按钮，系统弹出“车螺纹”对话框，如图 4-42 所示。

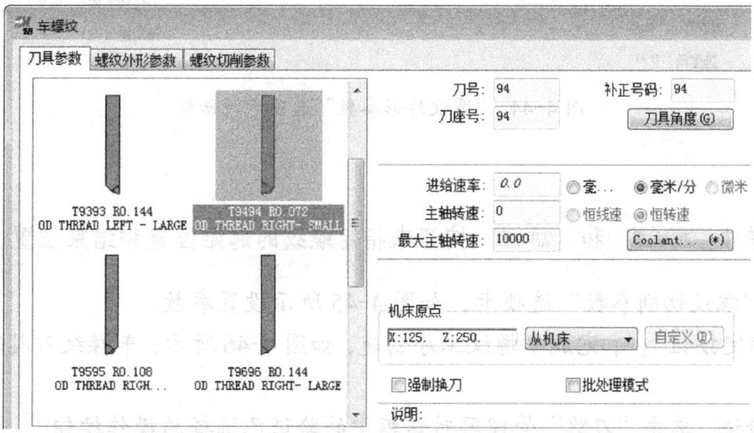

图 4-42　“车螺纹”对话框

2）在“车螺纹”对话框的“刀具参数”选项卡中双击T9494外圆螺纹车刀，系统弹出“定义刀具”对话框，单击“参数”选项卡，如图4-43所示设置参数，单击确定按钮，返回“车螺纹”对话框。

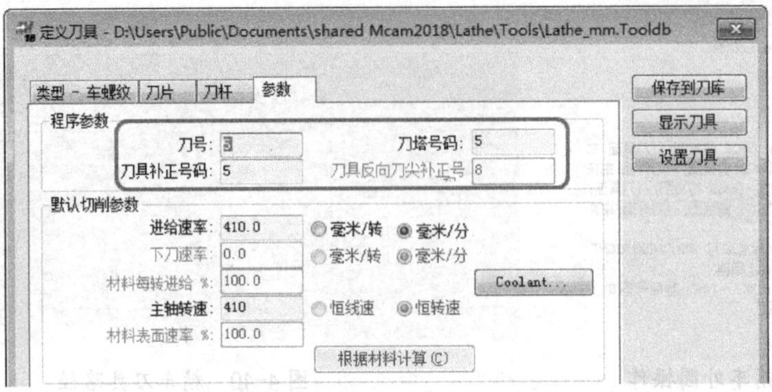

图4-43　设置刀具参数

3）单击“螺纹外形参数”选项卡，如图4-44所示，输入“导程”为“1.5”、“大径（螺纹外径）”为“20.0”，单击 运用公式计算(F) 按钮，系统弹出“运用公式计算”对话框，单击按钮，输入“起始位置”为“0.0”、“结束位置”为“-16.0”。

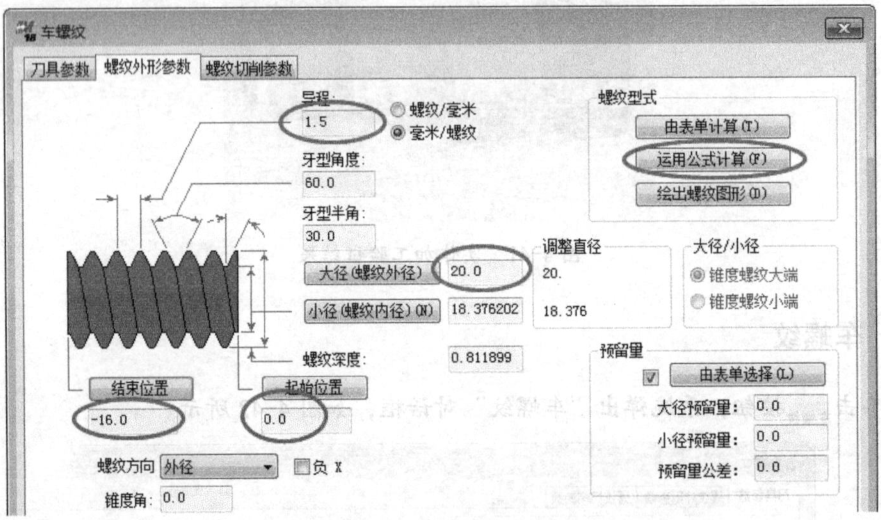

图4-44　“螺纹外形参数”选项卡对话框

说明：

也可以单击 起始位置 和 结束位置 按钮来指定螺纹的起始位置和结束位置。

4）单击“螺纹切削参数”选项卡，如图4-45所示设置参数。

5）单击确定按钮，完成车螺纹工序创建，如图4-46所示，车螺纹刀具路径如图4-47所示。

6）实体验证。单击“刀路”管理器对话框中的验证已选择的操作按钮，系统弹出“验证”对话框，单击▶按钮，模拟结果如图4-48所示，单击确定按钮，结束实体验证。

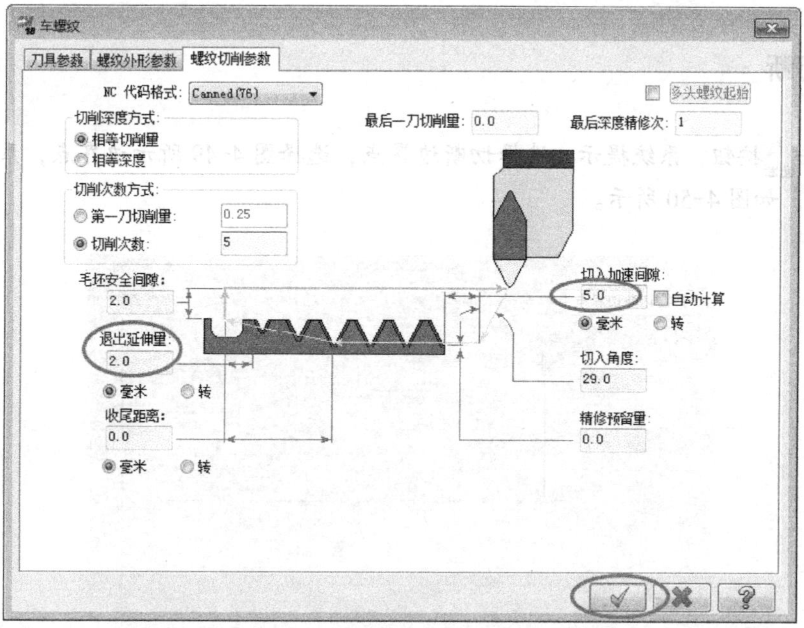

图 4-45 “螺纹切削参数”选项卡

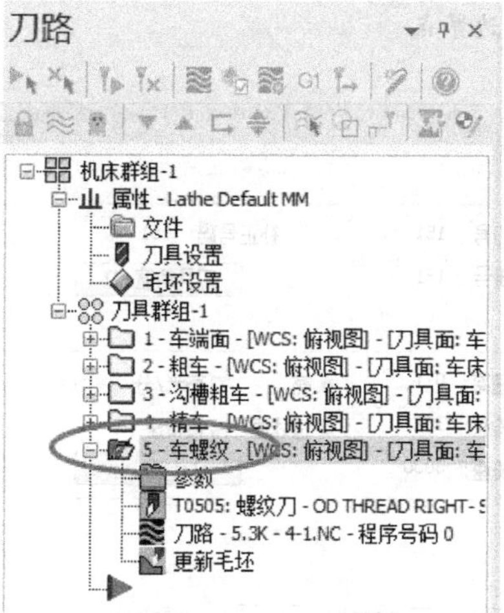

图 4-46 车螺纹工序

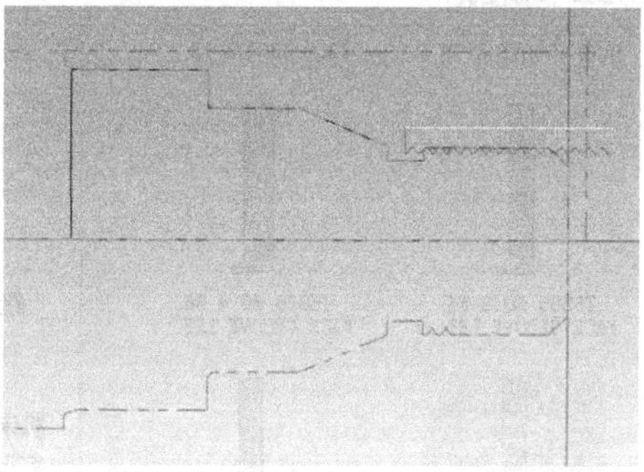

图 4-47 车螺纹刀具路径

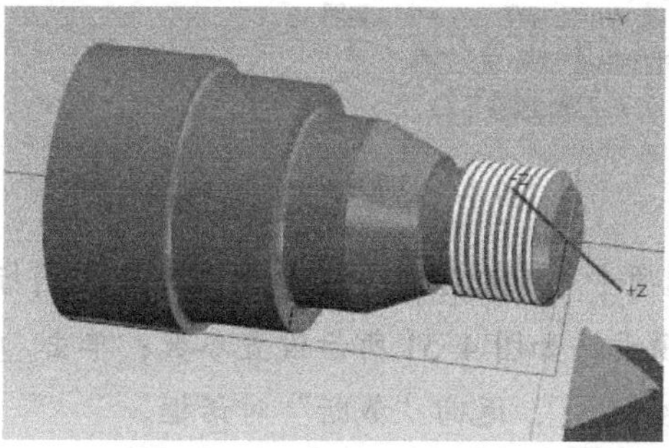

图 4-48 实体加工验证结果

4.1.11 切断

1）单击切断按钮，系统提示：选择切断边界点，选择图4-49所示边界点，系统弹出“截断”对话框，如图4-50所示。

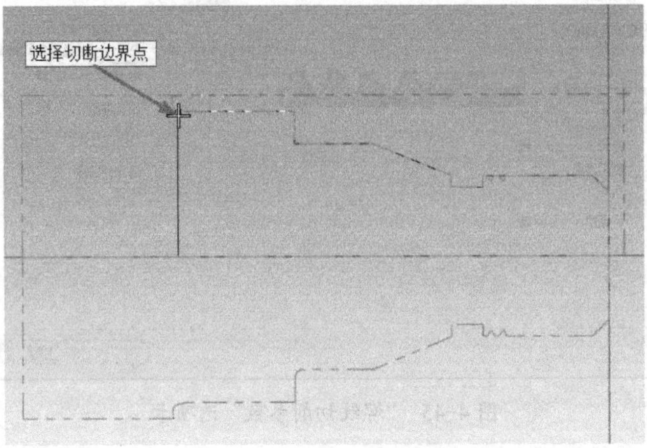

图4-49 选择切断边界点

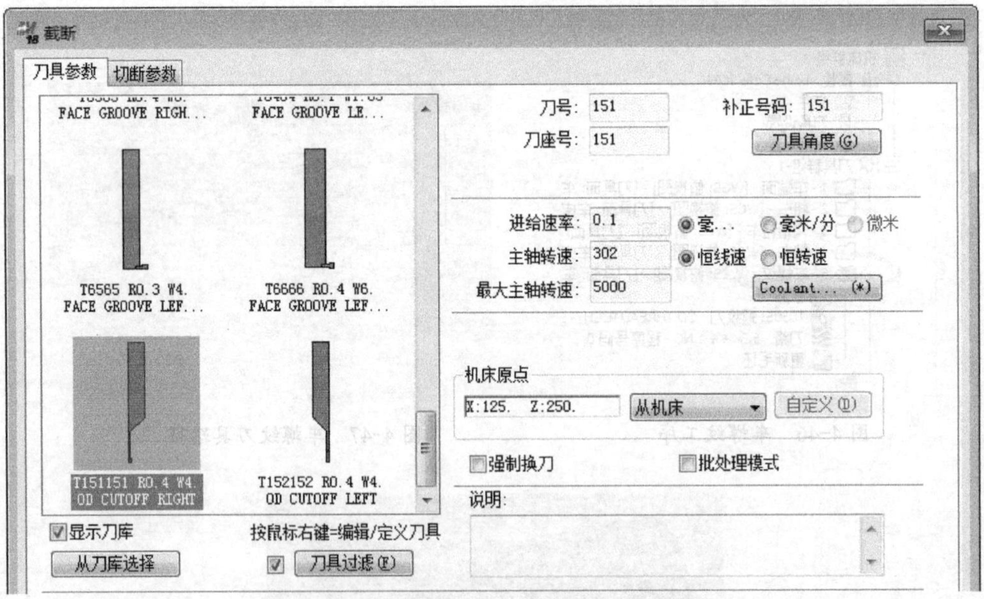

图4-50 “截断”对话框

2）在“刀具参数”选项卡中双击T151151外圆截断车刀图标，系统弹出“定义刀具”对话框，单击“参数”选项卡，如图4-51所示设置参数；单击根据材料计算(C)按钮，系统自动计算切削参数，单击确定按钮，返回“截断”对话框。

3）单击“切断参数”选项卡，如图4-52所示设置参数。

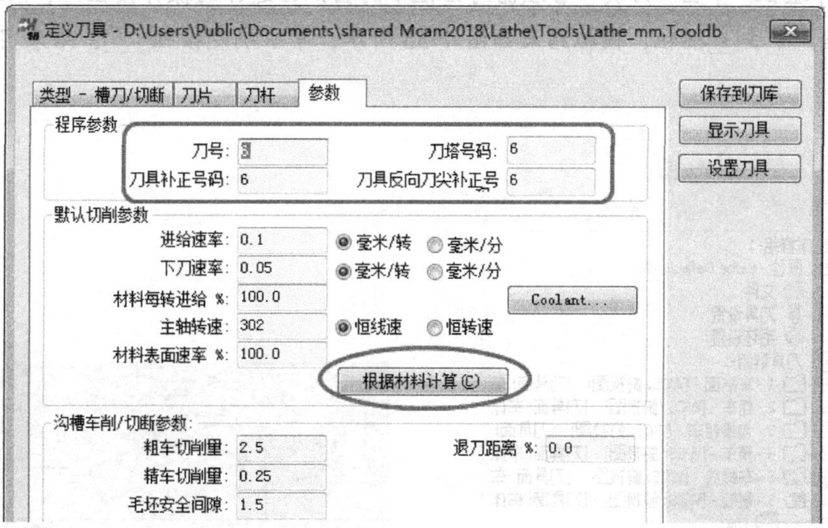

图 4-51　设置刀具参数

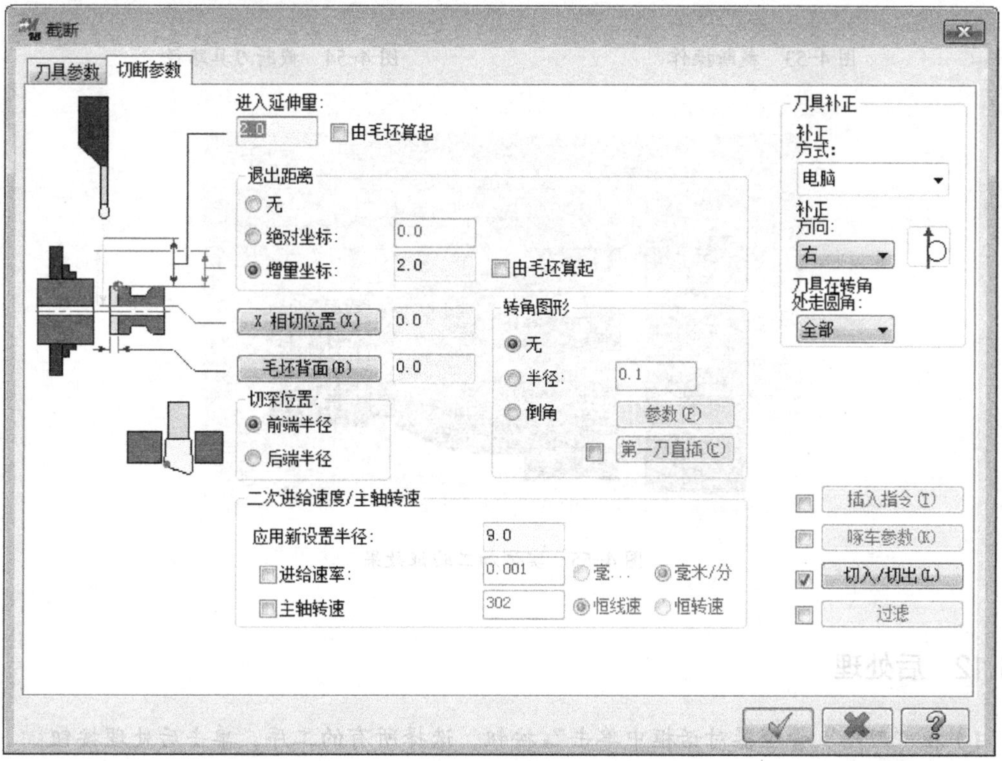

图 4-52　“切断参数”选项卡

4）单击确定按钮，完成截断工序创建，如图 4-53 所示，产生加工刀具路径如图 4-54 所示。

5）实体验证。单击“刀具”管理器对话框中的验证已选择的操作按钮，系统弹出“验证”对话框，单击按钮，模拟结果如图4-55所示，单击确定按钮，结束实体验证。

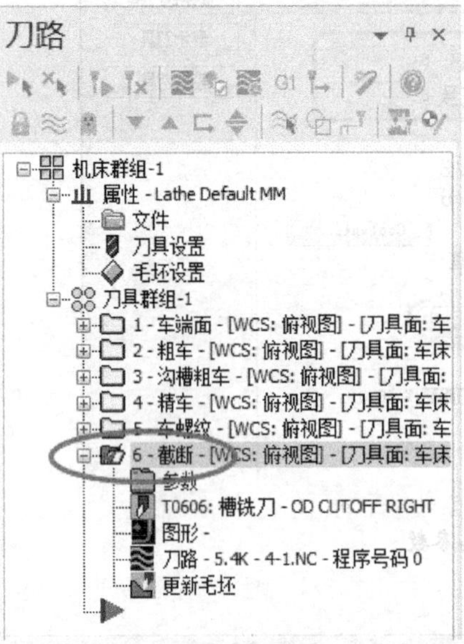

图4-53　截断操作

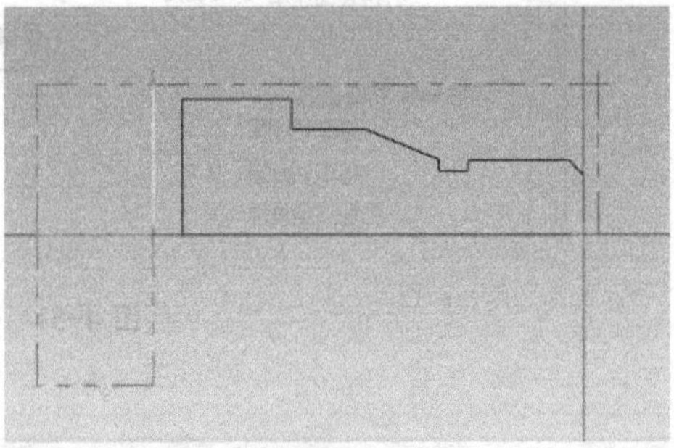

图4-54　截断刀具路径

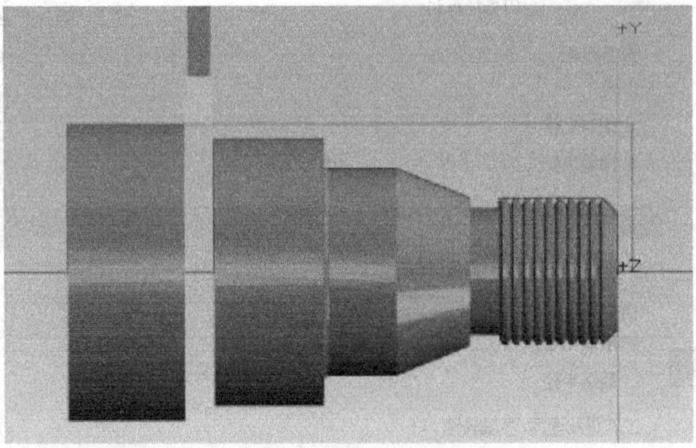

图4-55　实体加工验证效果

4.1.12 后处理

1）在“刀路”管理器对话框中单击按钮，选择所有的工序，单击后处理按钮G1，弹出“后处理程序”对话框，如图4-56所示设置参数。

2）单击按钮，弹出“另存为”对话框，选择合适的目录后，单击保存(S)按钮，即可得到所需的NC代码，如图4-57所示。

3）关闭NC代码页面，保存Mastercam文件，退出系统。

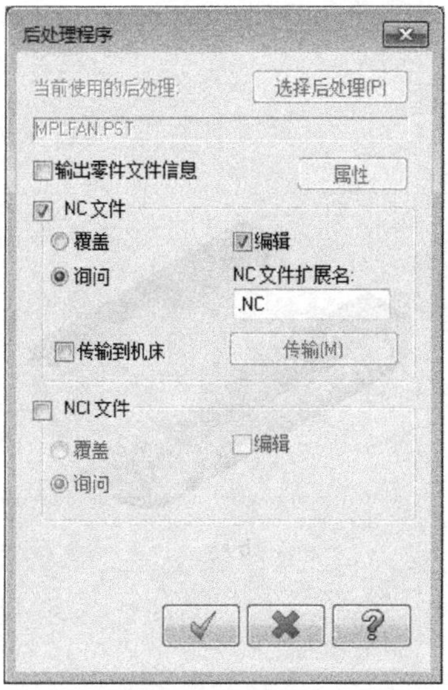

图 4-56 “后处理程序”对话框

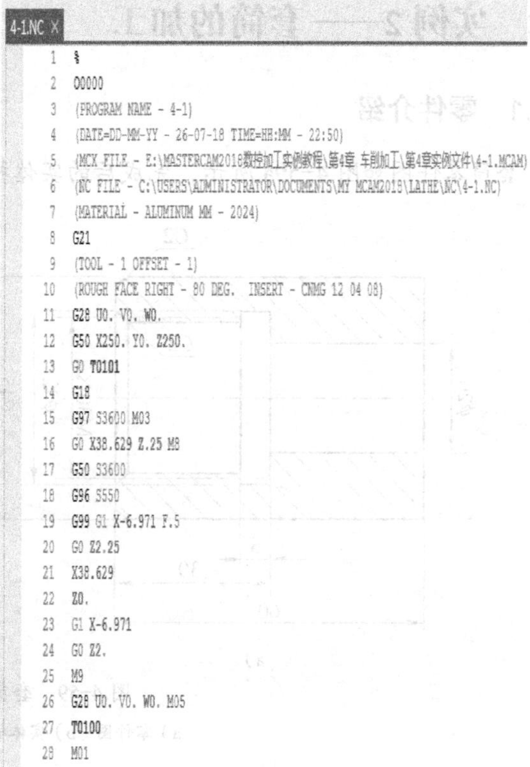

```
4-1.NC
%
O0000
(PROGRAM NAME - 4-1)
(DATE=DD-MM-YY - 26-07-18 TIME=HH:MM - 22:50)
(MCX FILE - E:\MASTERCAM2018数控加工实例教程\第4章 车削加工\第4章实例文件\4-1.MCAM)
(NC FILE - C:\USERS\ADMINISTRATOR\DOCUMENTS\MY MCAM2018\LATHE\NC\4-1.NC)
(MATERIAL - ALUMINUM MM - 2024)
G21
(TOOL - 1 OFFSET - 1)
(ROUGH FACE RIGHT - 80 DEG.  INSERT - CNMG 12 04 08)
G28 U0. V0. W0.
G50 X250. Y0. Z250.
G0 T0101
G18
G97 S3600 M03
G0 X38.629 Z.25 M8
G50 S3600
G96 S550
G99 G1 X-6.971 F.5
G0 Z2.25
X38.629
Z0.
G1 X-6.971
G0 Z2.
M9
G28 U0. V0. W0. M05
T0100
M01
```

图 4-57 NC 代码

4.1.13 练习与思考

完成图 4-58 所示零件的粗、精车削加工。要求：

1）绘制其二维图形。

2）确定合理的毛坯形状和尺寸。

3）选用合适的加工方法加工零件。

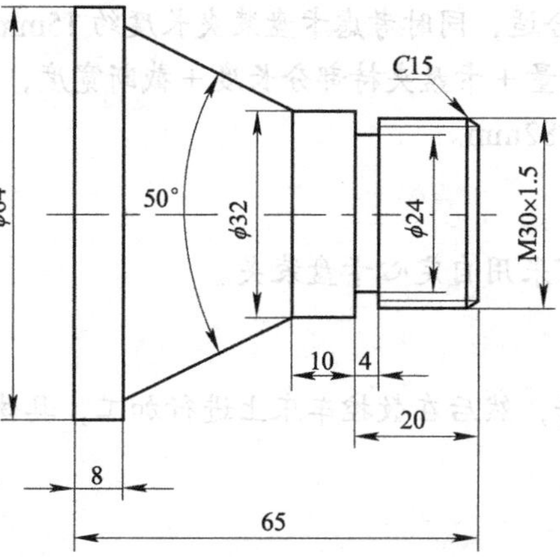

图 4-58

4.2 实例2——套筒的加工

4.2.1 零件介绍

套筒零件图如图4-59a所示，完成后的实体模型（剖视）如图4-59b所示。

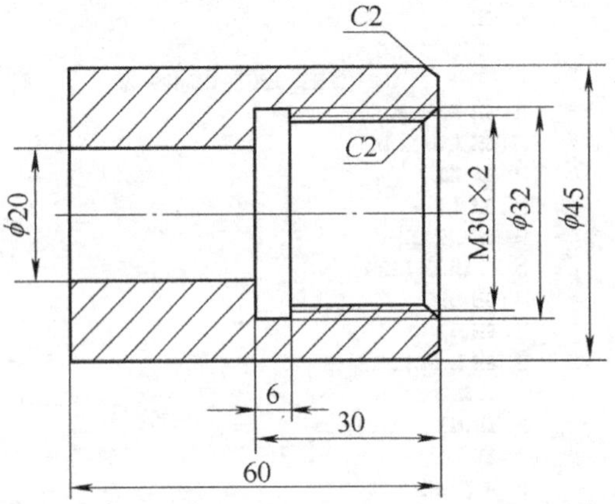

a）

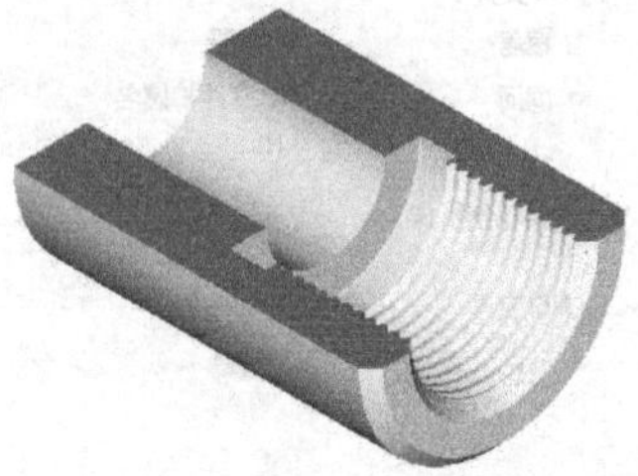

b）

图4-59 套筒零件

a）零件图 b）实体模型（剖视）

4.2.2 工艺分析

1. 零件形状和尺寸分析

该零件为回转体，直径为45mm，长60mm，通孔直径为20mm，内螺纹为M30mm×2mm。

2. 毛坯尺寸

该零件尺寸未注公差，精度要求不高，端面粗车即可，外圆可分粗车和精车。

一般粗车直径余量为1.5～4mm，半精车直径余量为0.5～2.5mm，精车直径余量为0.2～1.0mm，根据毛坯直径=工件直径+粗加工余量+精加工余量，可确定毛坯直径为50mm。

端面余量取2mm比较合适，同时考虑卡盘装夹长度约15mm，截断尺寸为4mm，根据毛坯长度=工件长度+端面余量+卡盘夹持部分长度+截断宽度，可确定毛坯长度为82mm。

故毛坯尺寸为ϕ50mm×82mm。

3. 工件装夹

由于工件尺寸不大，可采用自定心卡盘装夹。

4. 加工方案

首先根据毛坯尺寸下料，然后在数控车床上进行加工，具体数控加工工艺路线如下：

1）车端面。

2）钻中心孔。

3）钻孔。

4）粗车外圆。
5）粗镗内孔。
6）切槽。
7）精车外圆。
8）精镗内孔。
9）车螺纹。
10）切断。

4.2.3 选择机床

1）启动 Mastercam。启动 Mastercam 2018，按 F9 键，显示轴线。

2）选择菜单“机床”—“车床”—“默认”，单击“刀路”管理器对话框中左侧的展开按钮[+]，结果如图 4-60 所示。

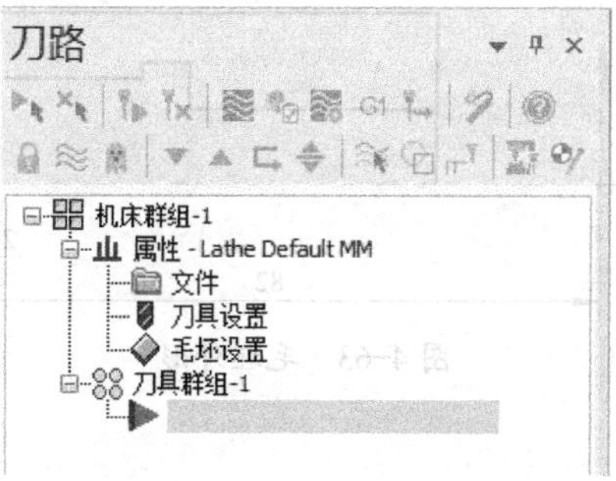

图 4-60 “刀路”管理器对话框

4.2.4 绘制二维图形

1）直径编程。如图 4-61 所示设置直径编程。

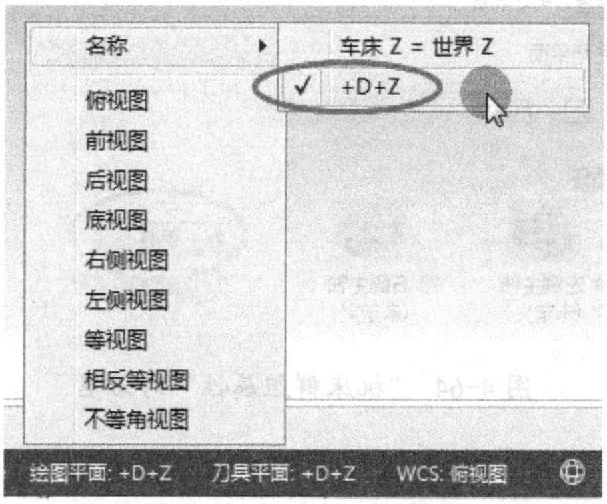

图 4-61 直径编程设置

2）绘制套筒外形。除螺纹部位的底孔尺寸外，其余均按图 4-59a 尺寸绘制，绘图过程略，结果如图 4-62 所示。

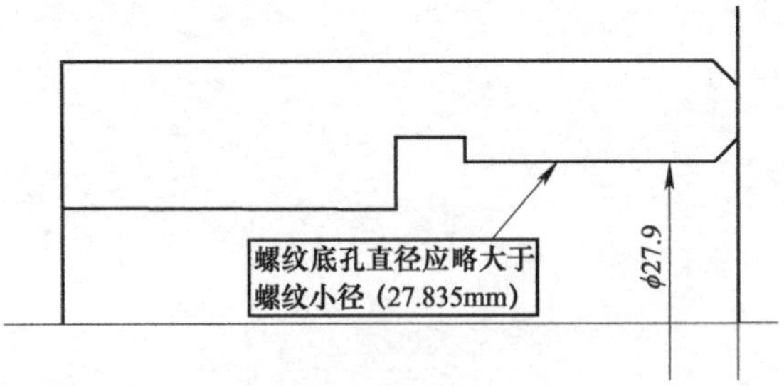

图 4-62 绘制套筒外形

说明：

查表可知螺纹 M30mm×2mm 底孔（钻头）直径为 27.9mm。

3）绘制毛坯。绘制毛坯外形（双点画线），结果如图 4-63 所示。

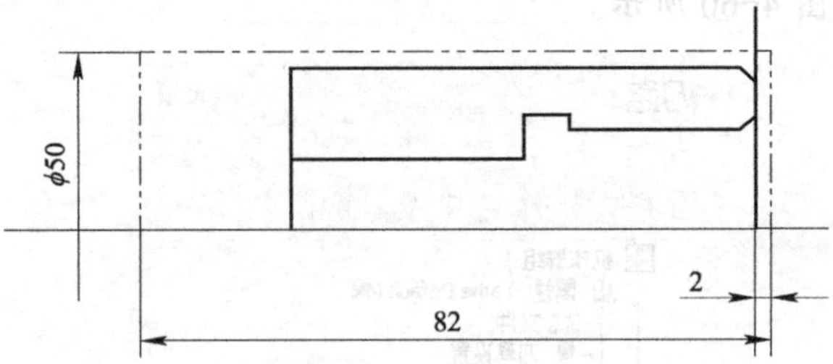

图 4-63 毛坯外形

4.2.5 材料设置

1）单击图 4-60 所示“刀路”管理器对话框中的 毛坯设置，系统弹出“机床群组属性”对话框，如图 4-64 所示。

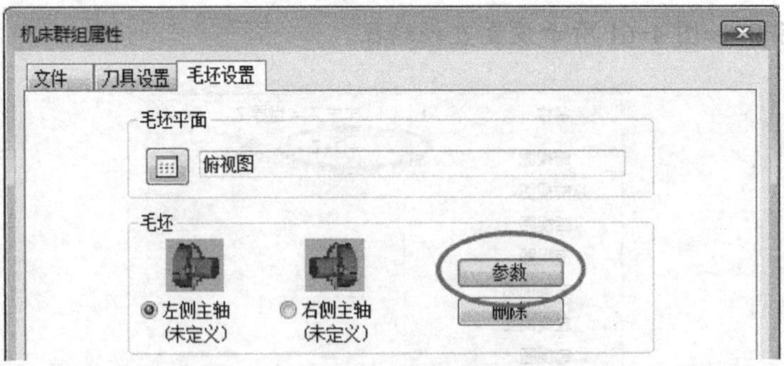

图 4-64 “机床群组属性”对话框

2）单击 参数 按钮，弹出“机床组件管理 - 毛坯”对话框，如图 4-65 所示。

3）单击 由两点产生(2) 按钮，根据屏幕提示，依次选择定义圆柱体的第一点、第二点，如图 4-66 所示。

4）系统返回“机床组件管理 - 毛坯”对话框，单击确定按钮 ，系统返回“机床群组属性”对话框，单击确定按钮 ，完成材料设置，结果如图 4-67 所示。

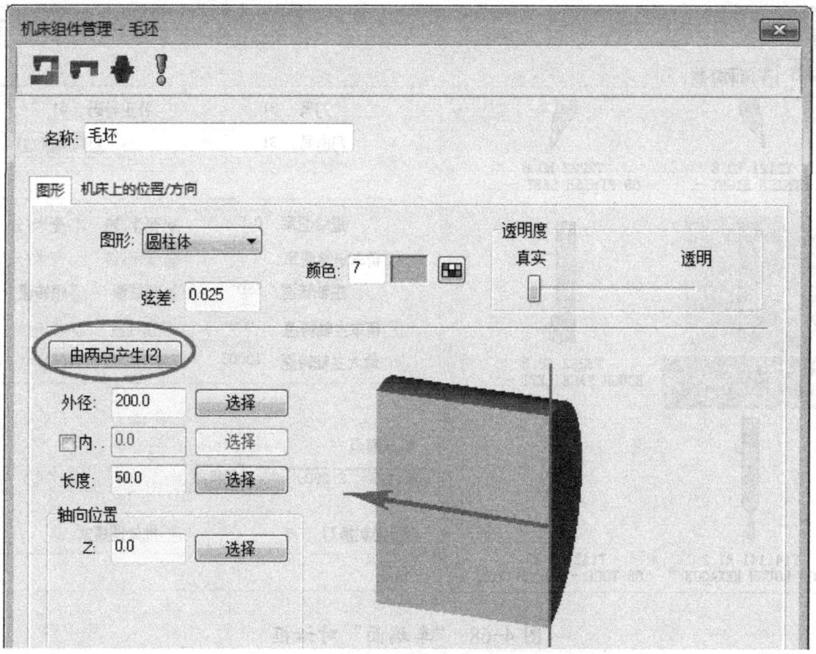

图 4-65 “机床组件管理 - 毛坯”对话框

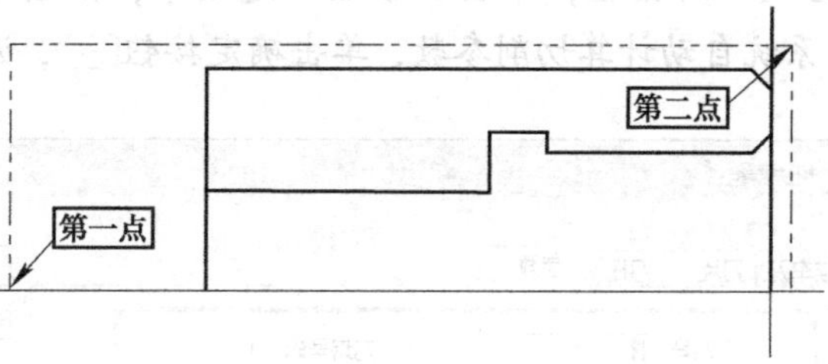

图 4-66 选择定义圆柱毛坯的两点

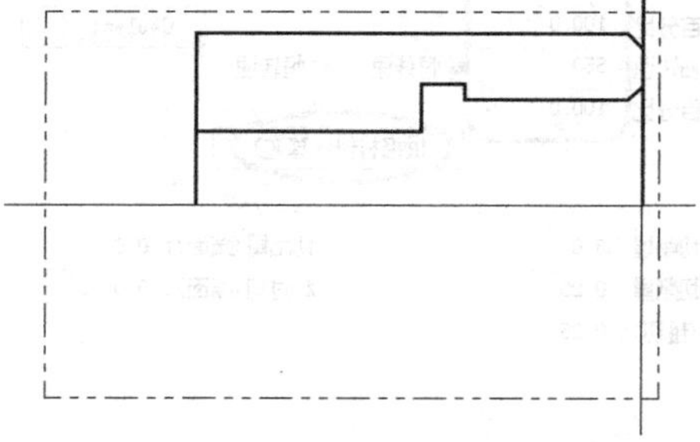

图 4-67 材料设置结果

4.2.6 车端面

1）单击车端面按钮，系统弹出“车端面”对话框，如图 4-68 所示。

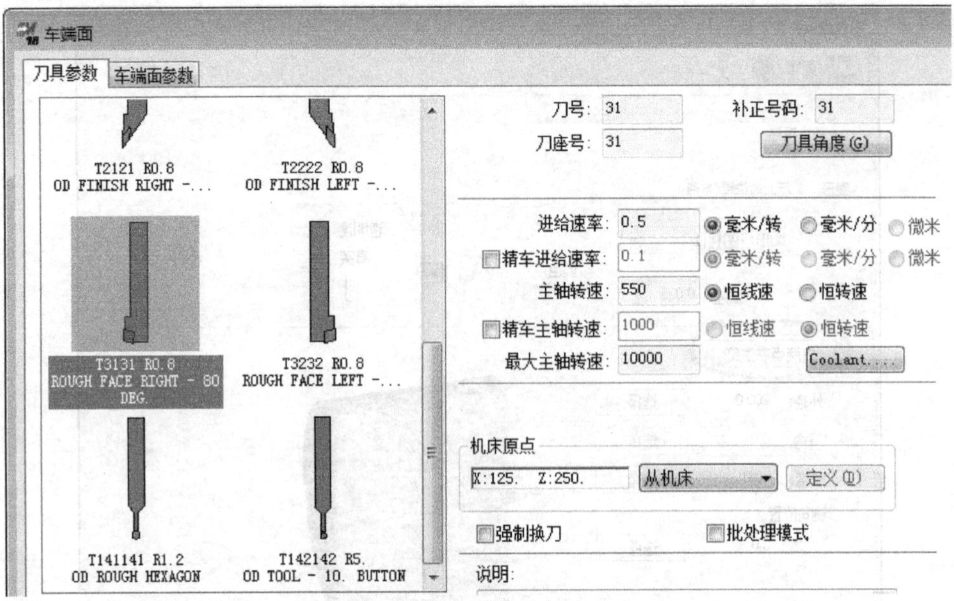

图 4-68 “车端面”对话框

2）在“车端面”对话框的“刀具参数”选项卡中双击T3131刀具图标，系统弹出“定义刀具-机床群组-1”对话框，单击“参数”选项卡，如图4-69所示设置参数；单击 根据材料计算(C) 按钮，系统自动计算切削参数，单击确定按钮 ✓ ，返回“车端面”对话框。

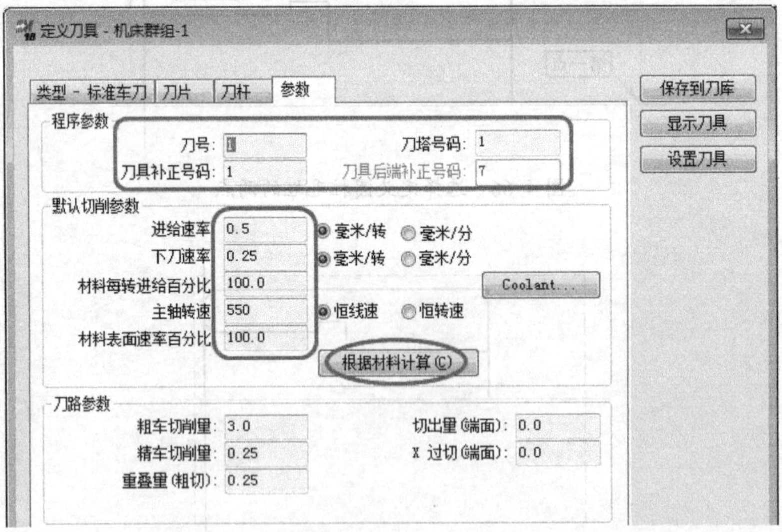

图 4-69 设置刀具参数

3）单击“车端面参数”选项卡，系统显示“车端面参数”选项卡对话框，按图4-70所示设置参数。

4）单击确定按钮 ✓ ，完成车端面工序的创建，如图4-71所示，产生加工刀具路径，如图4-72所示。

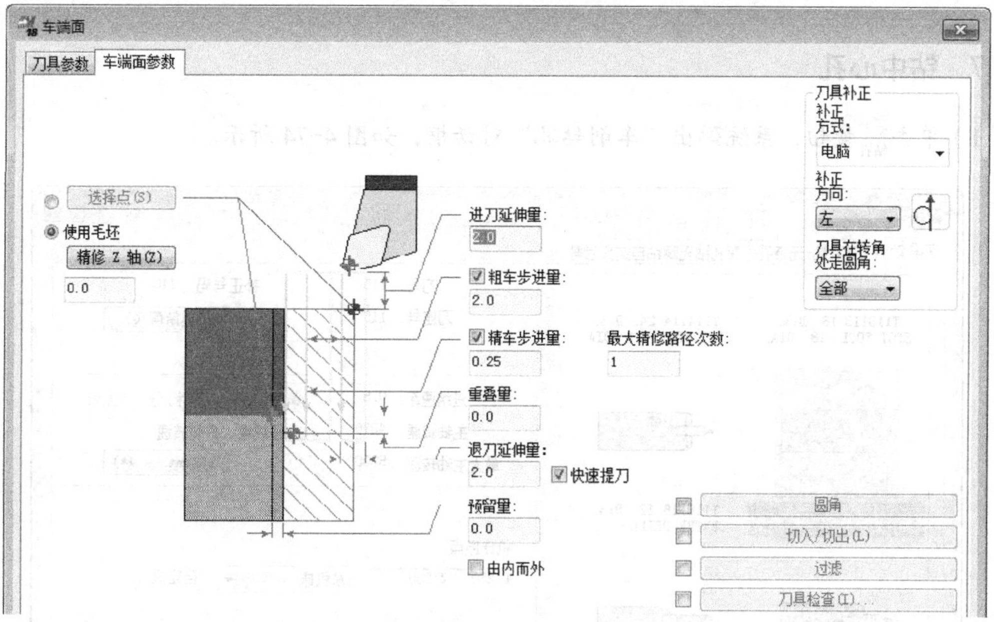

图 4-70 “车端面参数”选项卡对话框

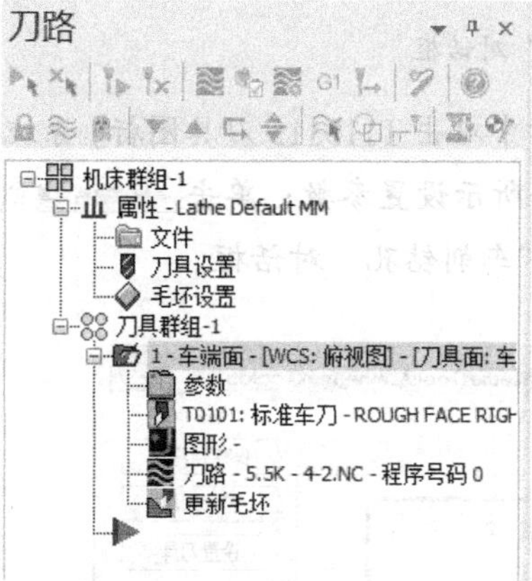

图 4-71 车端面工序

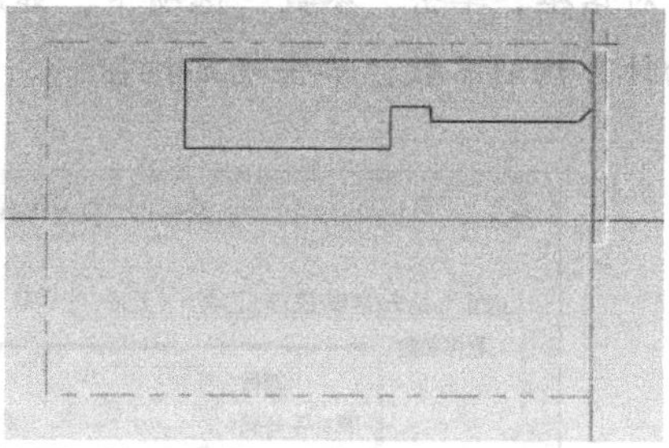

图 4-72 生成刀具路径

5）实体验证。单击“刀路”管理器对话框中的验证已选择的操作按钮，系统弹出“验证”对话框，单击按钮，模拟结果如图 4-73 所示，单击确定按钮，结束实体验证。

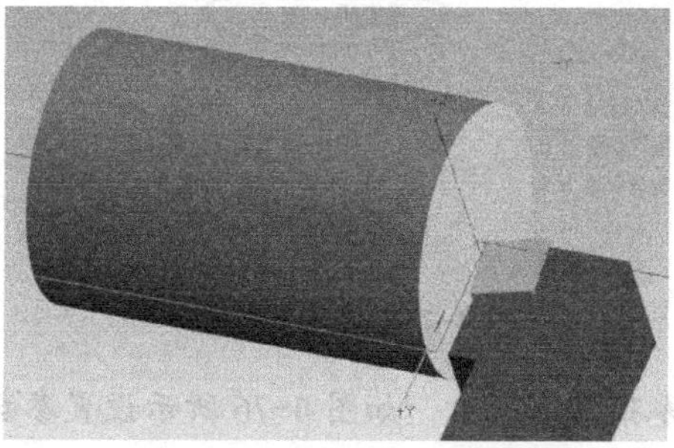

图 4-73 实体加工验证结果

4.2.7 钻中心孔

1）单击钻孔按钮，系统弹出“车削钻孔”对话框，如图4-74所示。

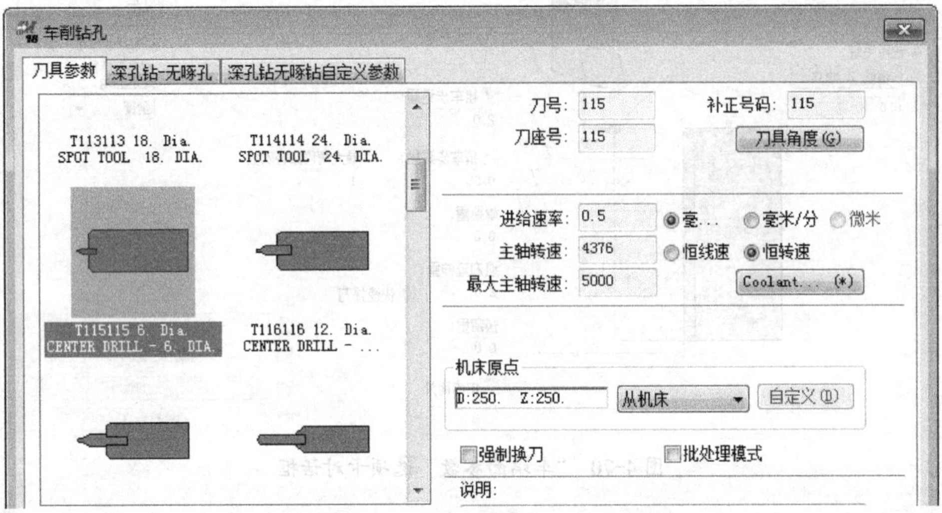

图4-74 “车削钻孔”对话框

2）在“车削钻孔”对话框的“刀具参数”选项卡中双击T115115刀具图标，系统弹出“定义刀具”对话框，单击“参数”选项卡，如图4-75所示设置参数；单击 根据材料计算(C) 按钮，系统自动计算切削参数，单击确定按钮，返回“车削钻孔”对话框。

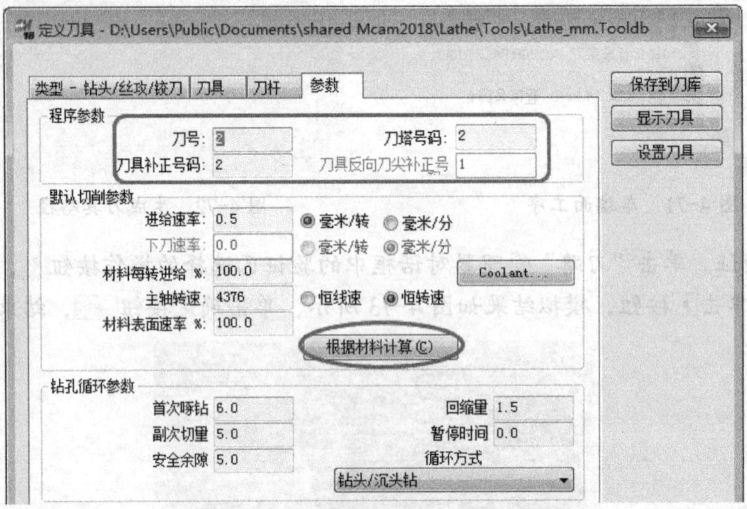

图4-75 设置刀具参数

3）单击“深孔钻-无啄孔”选项卡，如图4-76所示设置参数，单击确定按钮。

4）完成钻中心孔工序创建，如图4-77所示，产生加工刀具路径，如图4-78所示。

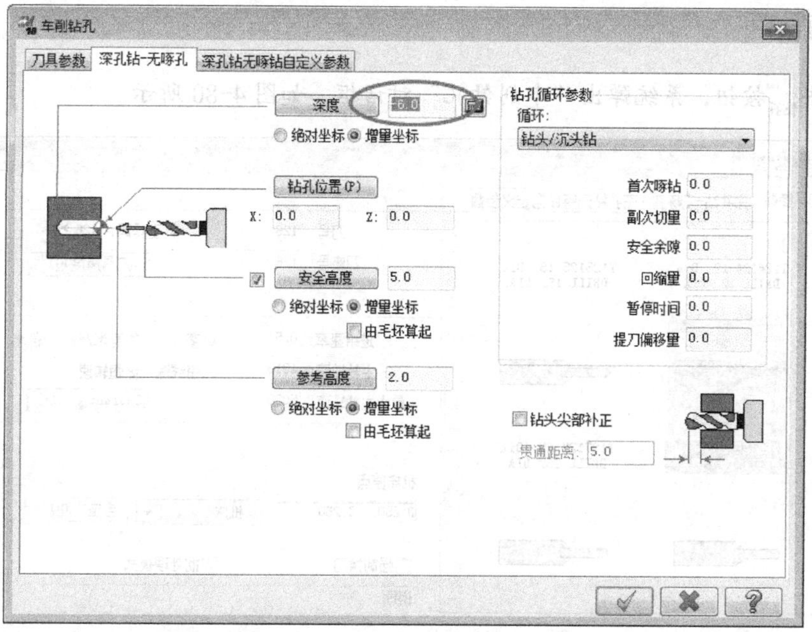

图 4-76 “深孔钻 - 无啄孔”选项卡对话框

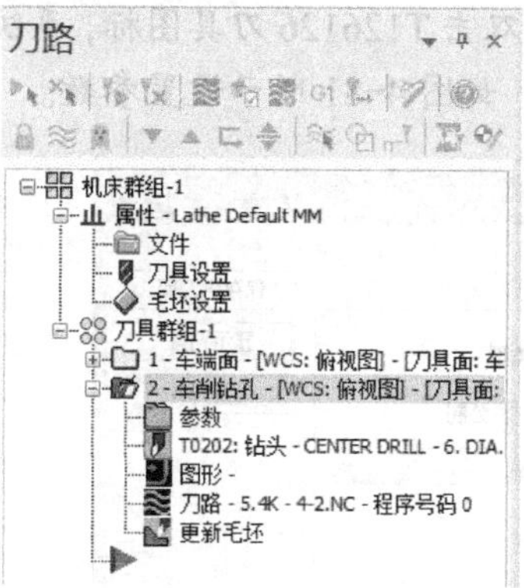

图 4-77 钻中心孔工序

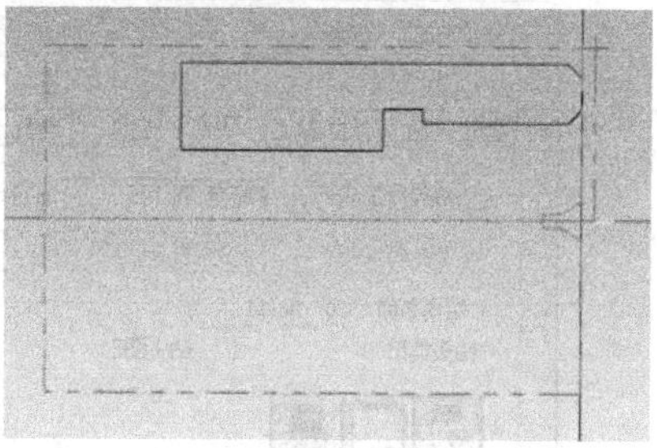

图 4-78 钻中心孔刀具路径

5）实体验证。单击“刀路”管理器对话框中的验证已选择的操作按钮，系统弹出“验证”对话框，单击机床按钮，模拟结果如图 4-79 所示，单击确定按钮，结束实体验证。

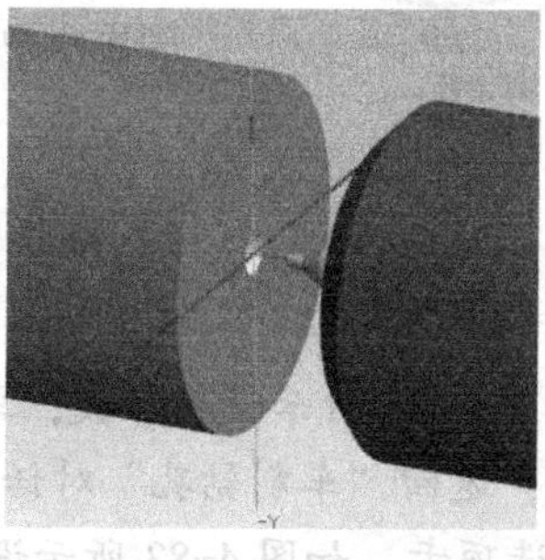

图 4-79 实体加工验证结果

4.2.8 钻孔

1）单击钻孔按钮，系统弹出“车削钻孔”对话框，如图 4-80 所示。

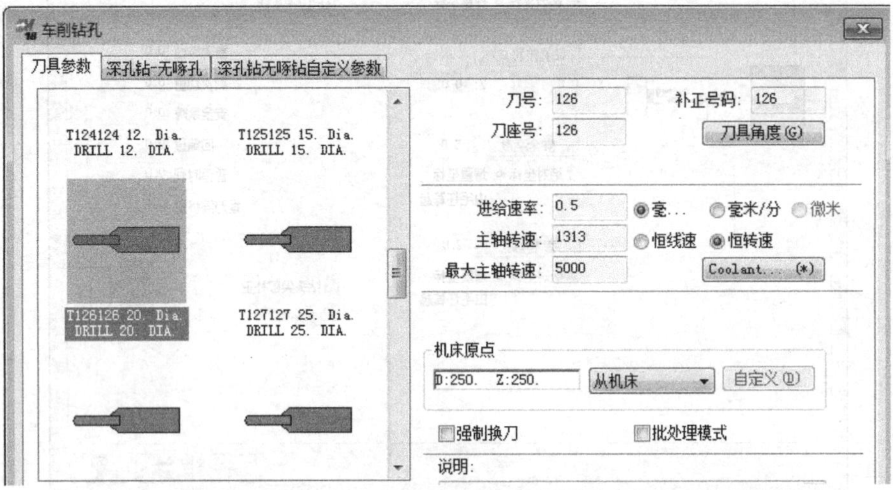

图 4-80 “车削钻孔”对话框

2）在“车削钻孔”对话框的“刀具参数”选项卡中双击 T126126 刀具图标，系统弹出“定义刀具 - 机床群组 -1”对话框，单击“刀具”选项卡，如图 4-81 所示设置参数。

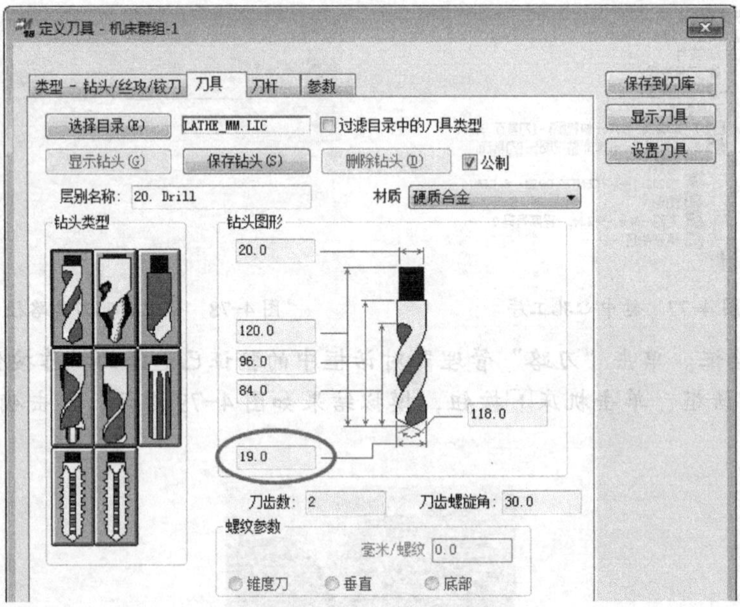

图 4-81 “刀具”选项卡

3）单击“参数”选项卡，如图 4-82 所示设置参数；单击根据材料计算(C)按钮，系统自动计算切削参数，单击确定按钮，返回“车削钻孔”对话框。

4）单击“深孔钻 - 无啄孔”选项卡，如图 4-83 所示设置参数。

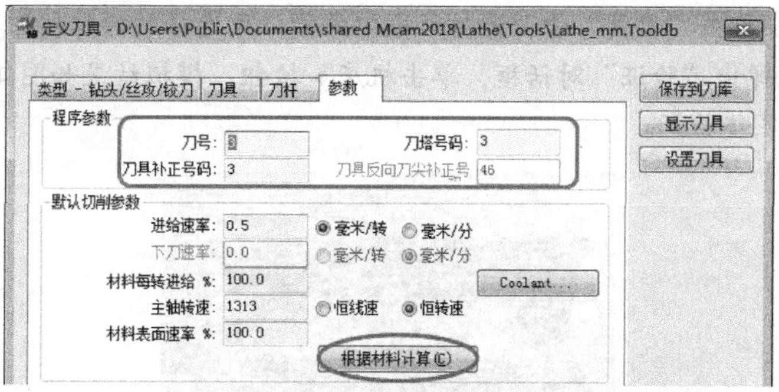

图 4-82 设置刀具参数

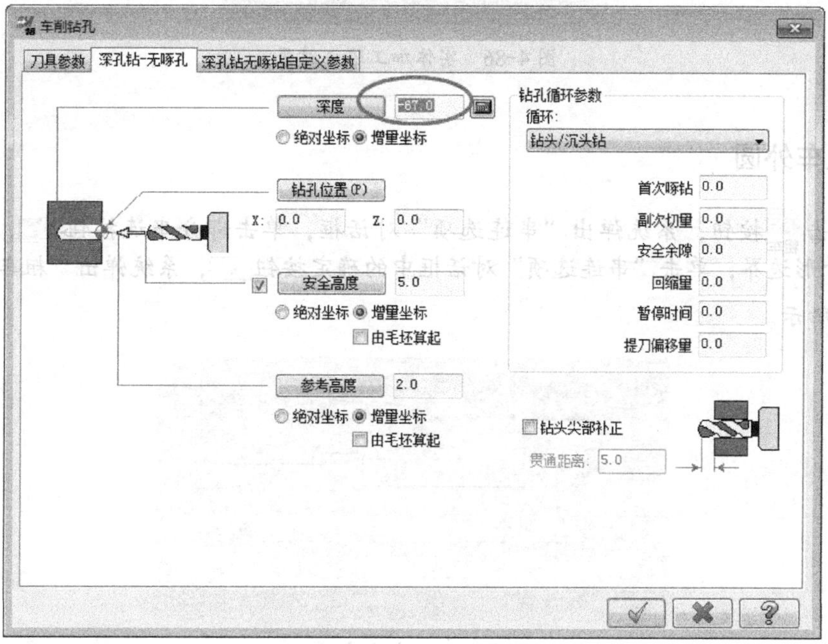

图 4-83 “深孔钻 - 无啄孔”选项卡对话框

5）单击确定按钮[✓]，完成钻孔工序创建，如图 4-84 所示，产生加工刀具路径，如图 4-85 所示。

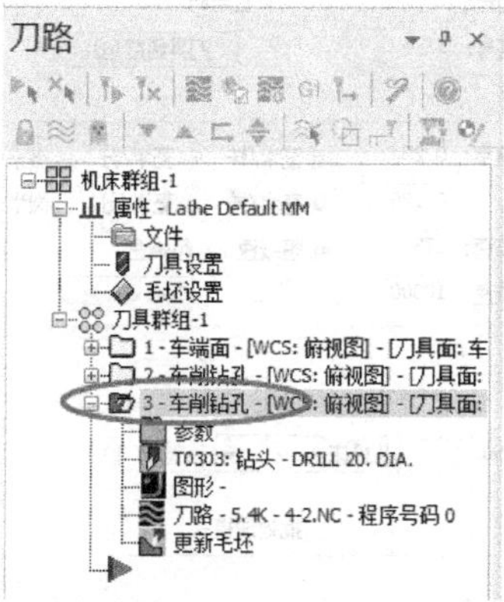

图 4-84 钻孔工序

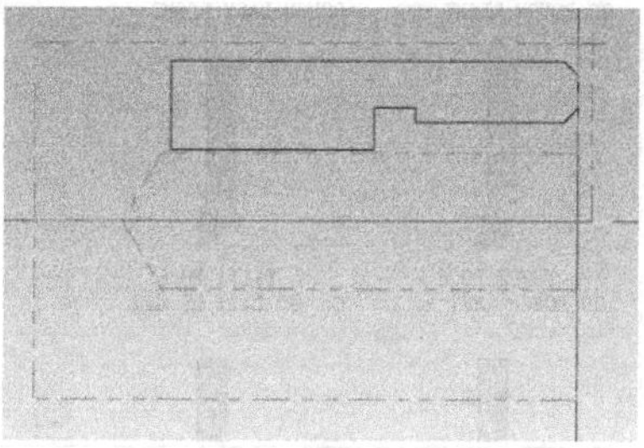

图 4-85 钻孔刀具路径

6）实体验证。单击“刀具”管理器对话框中的验证已选择的操作按钮，单击实体加工验证按钮，系统弹出“验证”对话框，单击机床按钮，模拟结果如图 4-86 所示，单击确定按钮，结束实体验证。

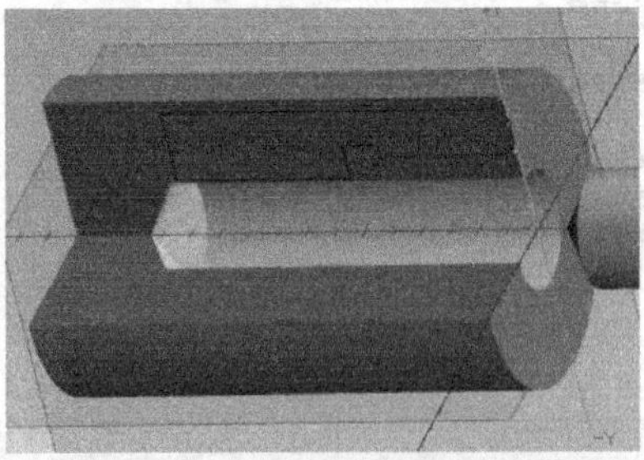

图 4-86　实体加工验证结果

4.2.9　粗车外圆

1）单击粗车按钮，系统弹出“串连选项”对话框，单击部分串连按钮，按图 4-87 所示选择外形边界，单击“串连选项”对话框中的确定按钮，系统弹出“粗车”对话框，如图 4-88 所示。

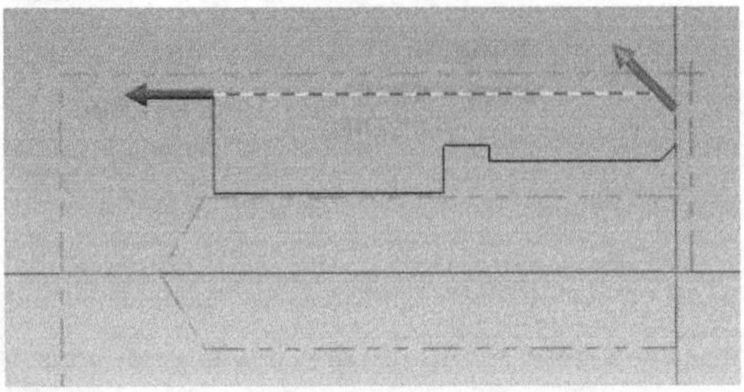

图 4-87　串连外形

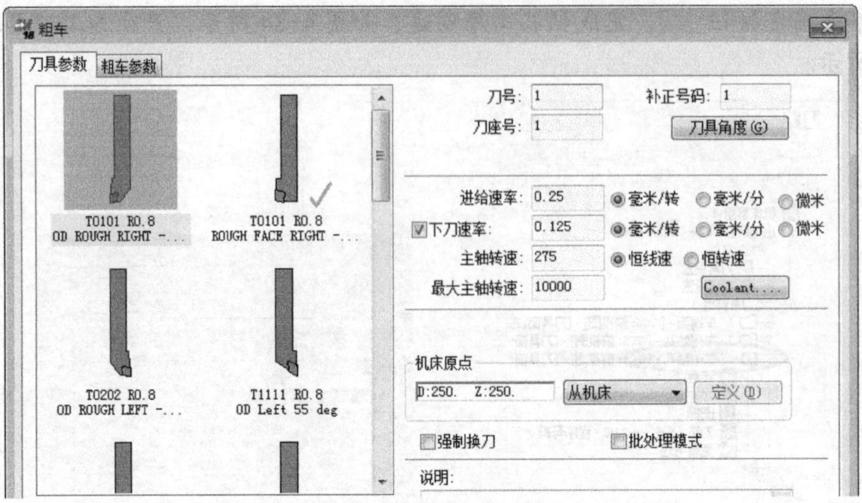

图 4-88　“粗车”对话框

2）在“粗车”对话框的“刀具参数”选项卡中双击 T0101 外圆车刀图标，系统弹出“定义刀具”对话框，单击“参数”选项卡，如图 4-89 所示设置参数；单击[根据材料计算(C)]按钮，系统自动计算切削参数，单击确定按钮[✓]，返回“粗车”对话框。

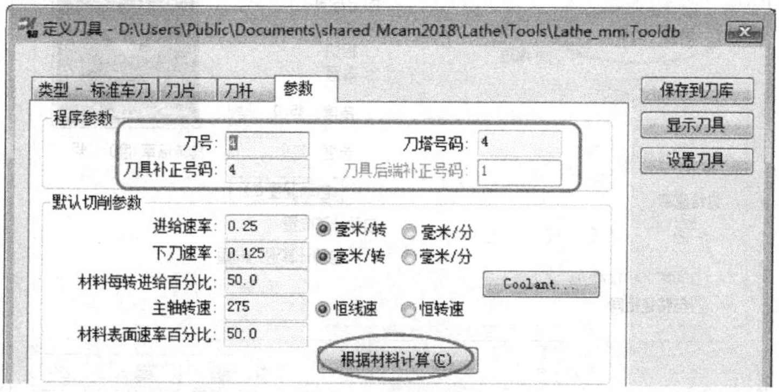

图 4-89　设置刀具参数

3）单击“粗车参数”选项卡，按图 4-90 所示设置参数。

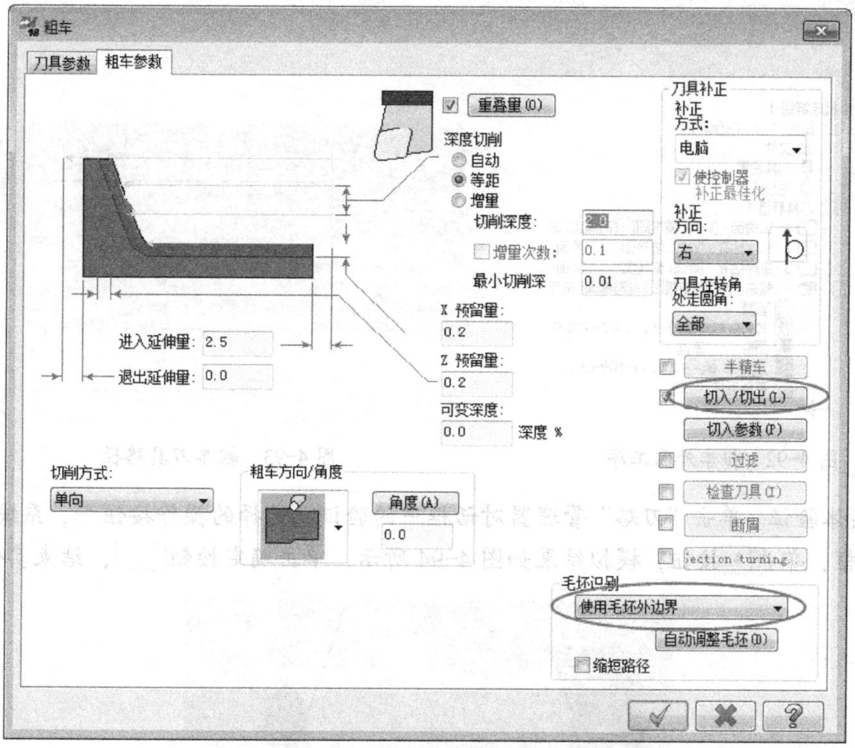

图 4-90　“粗车参数”选项卡

4）单击[切入/切出(L)]按钮，系统弹出“切入 / 切出设置”对话框，如图 4-91 所示设置参数，单击确定按钮[✓]，返回“粗车”对话框。

5）单击确定按钮[✓]，完成粗车工序的创建，如图 4-92 所示，生成刀具路径如图 4-93 所示。

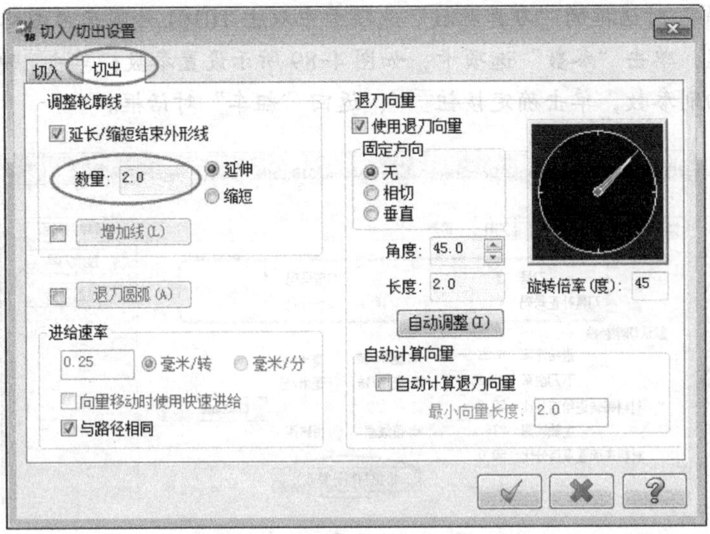

图 4-91 “切入/切出设置”对话框

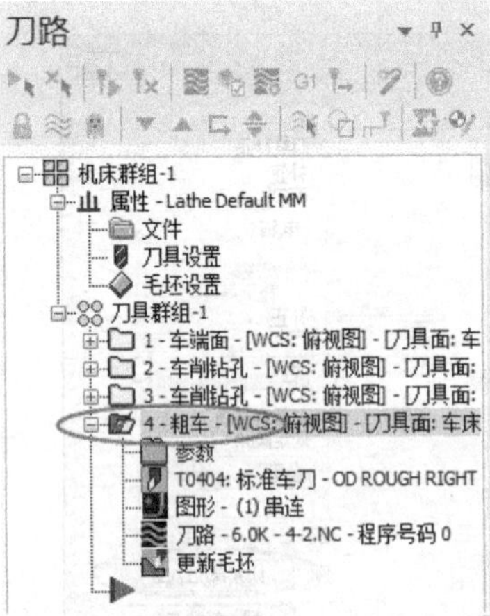

图 4-92 粗车外圆工序

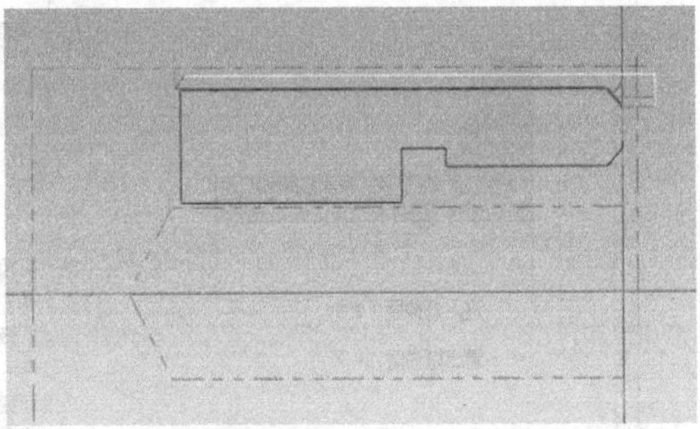

图 4-93 粗车刀具路径

6）实体验证。单击“刀路”管理器对话框中的验证已选择的操作按钮，系统弹出“验证”对话框，单击▶按钮，模拟结果如图 4-94 所示，单击确定按钮，结束实体验证。

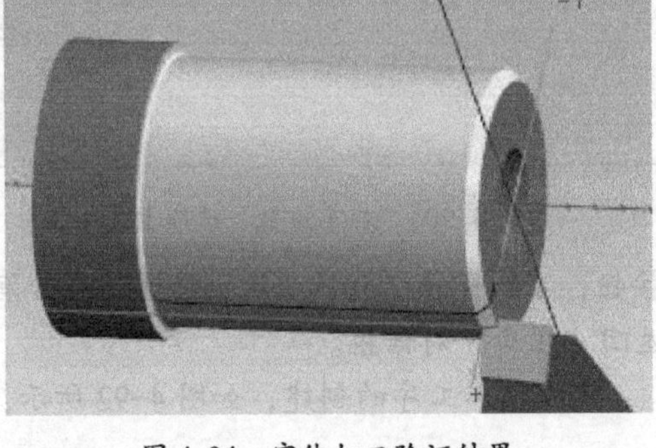

图 4-94 实体加工验证结果

4.2.10 粗镗内孔

1）单击粗车按钮，系统弹出“串连选项”对话框，单击部分串连按钮，按图4-95所示选择外形边界，单击“串连选项”对话框中的确定按钮，系统弹出“粗车”对话框，如图4-96所示。

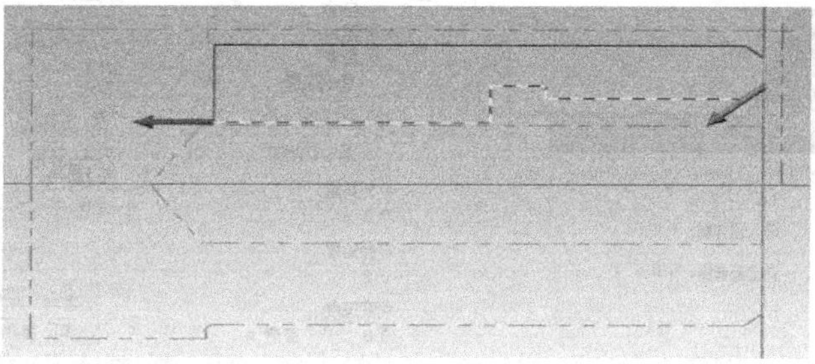

图4-95　串连外形

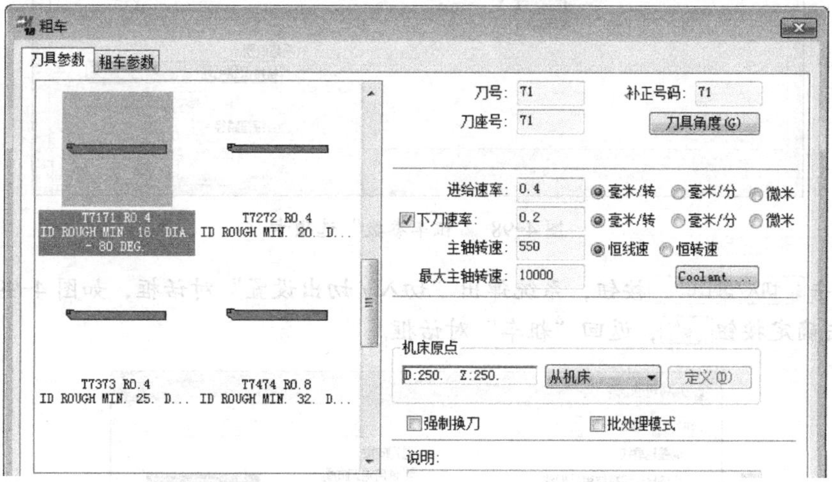

图4-96　“粗车”对话框

2）在“粗车”对话框的“刀具参数”选项卡中双击T7171内孔车刀图标，系统弹出“定义刀具”对话框，单击“参数”选项卡，如图4-97所示设置参数；单击根据材料计算(C)按钮，系统自动计算切削参数，单击确定按钮，返回“粗车”对话框。

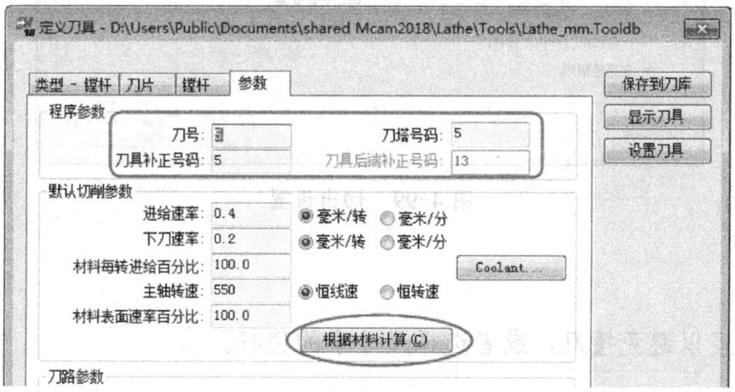

图4-97　设置刀具参数

3）单击“粗车参数”选项卡，按图4-98所示设置参数。

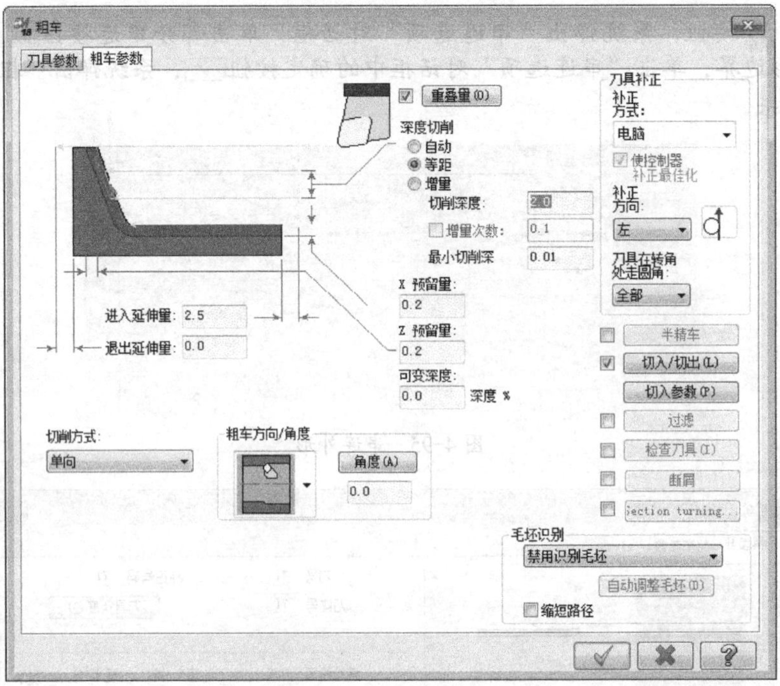

图4-98 “粗车参数”选项卡

4）单击 切入/切出(L) 按钮，系统弹出“切入/切出设置”对话框，如图4-99所示设置参数，单击确定按钮，返回“粗车”对话框。

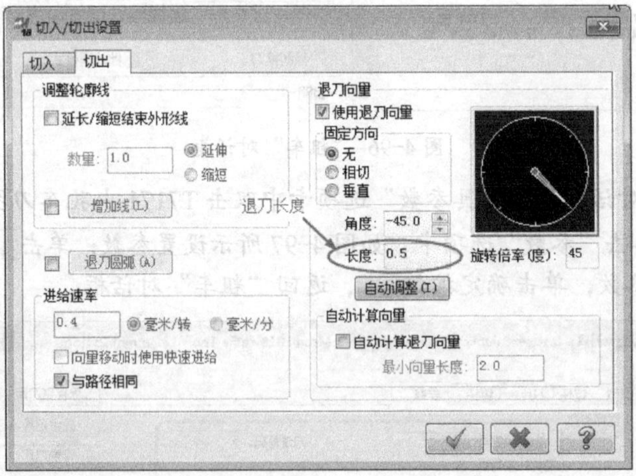

图4-99 切出设置

说明：

减小退刀长度以避免撞刀，或者选择尺寸小的镗杆。

5）单击确定按钮，完成粗车工序的创建，如图4-100所示，生成刀具路径如图4-101

所示。

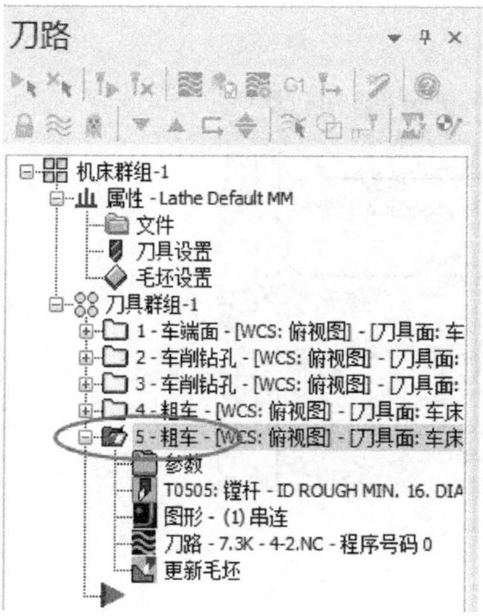

图 4-100　粗镗内孔工序

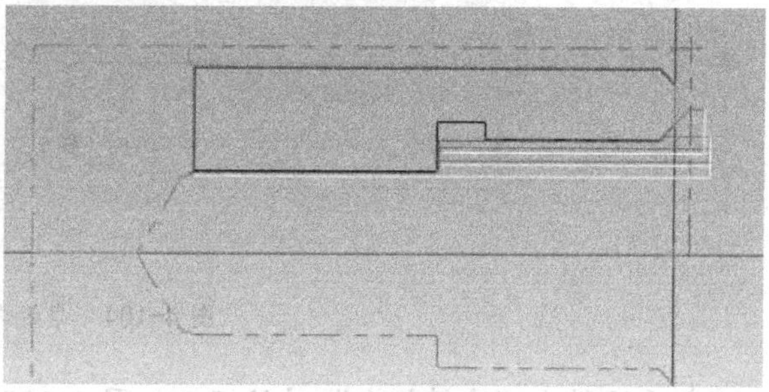

图 4-101　粗镗内孔刀具路径

6）实体验证。单击“刀路”管理器对话框中的验证已选择的操作按钮，系统弹出“验证”对话框，单击▶按钮，模拟结果如图 4-102 所示，单击确定按钮✓，结束实体验证。

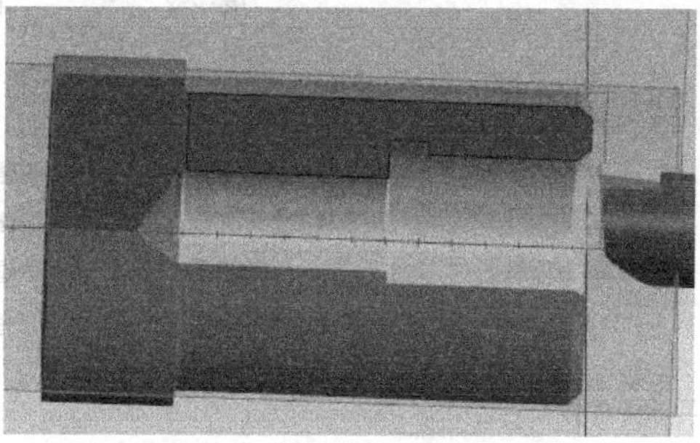

图 4-102　实体加工验证结果

4.2.11　切槽

1）单击沟槽按钮，系统弹出“沟槽选项”对话框，按图 4-103 所示设置参数，单击确定按钮✓。

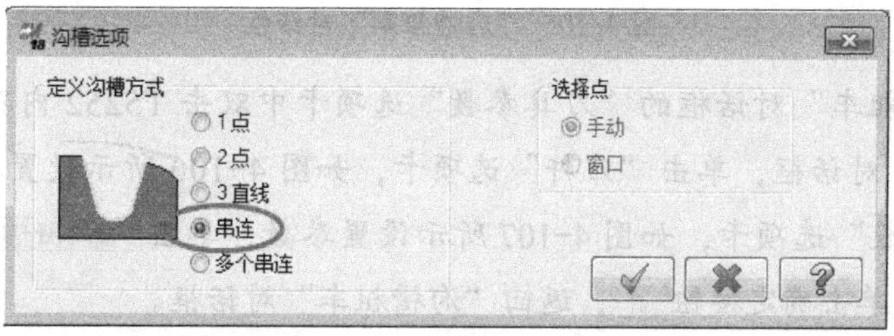

图 4-103“沟槽选项”对话框

2）系统弹出“串连选项”对话框，选择部分串连按钮，按图4-104所示选择外形边界，单击“串连选项”对话框中的确定按钮。

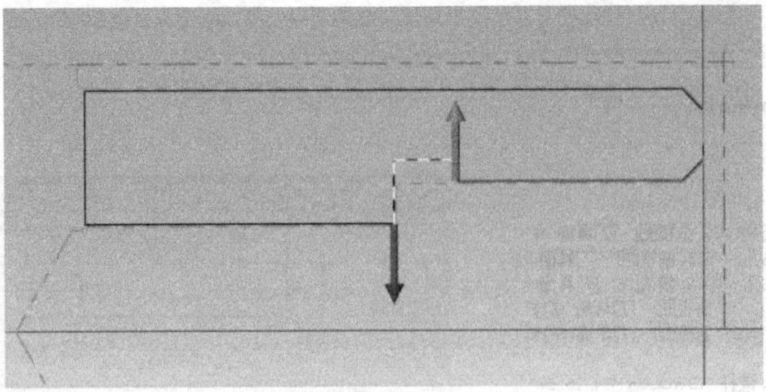

图4-104 串连外形

3）系统弹出“沟槽粗车”对话框，如图4-105所示。

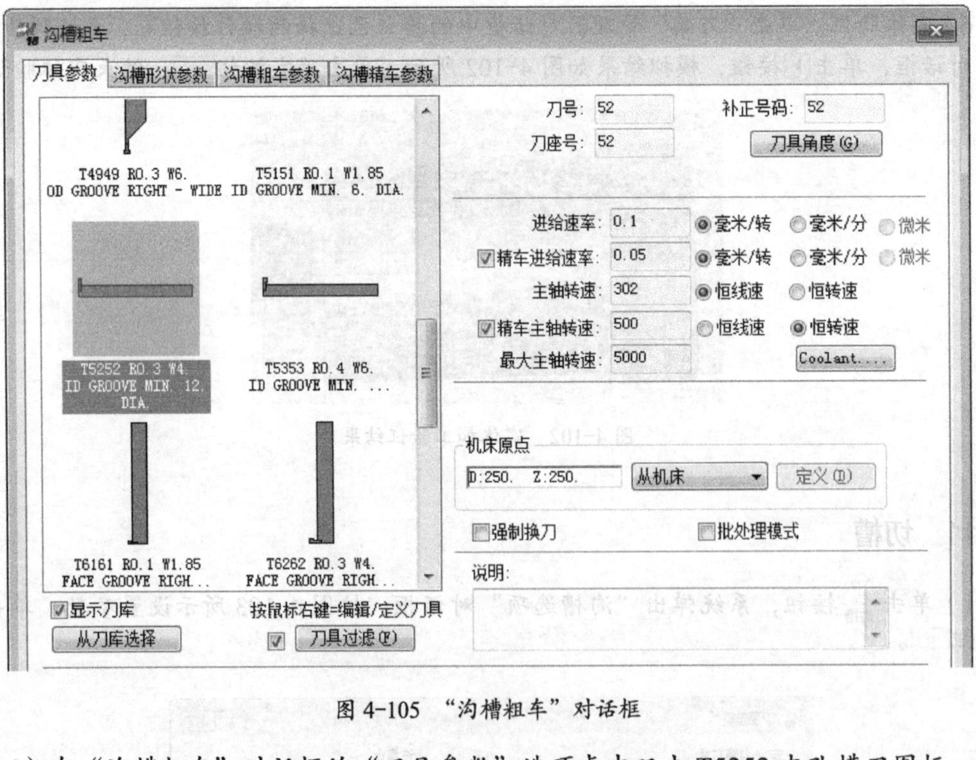

图4-105 “沟槽粗车”对话框

4）在“沟槽粗车”对话框的“刀具参数”选项卡中双击T5252内孔槽刀图标，系统弹出“定义刀具”对话框，单击“刀杆”选项卡，如图4-106所示设置参数。

5）单击“参数”选项卡，如图4-107所示设置参数，单击根据材料计算(C)按钮，系统自动计算切削参数，单击确定按钮，返回“沟槽粗车”对话框。

6）单击“沟槽形状参数”选项卡，如图4-108所示设置参数。

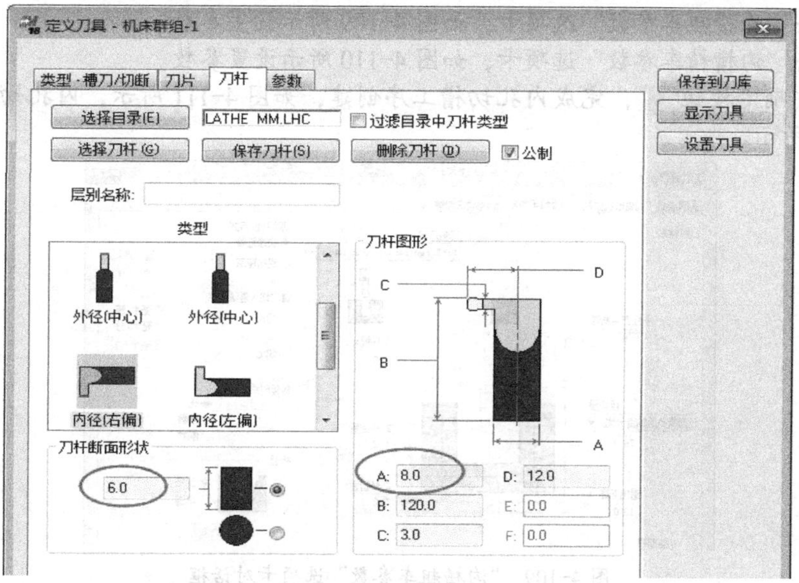

图 4-106　修改刀杆尺寸

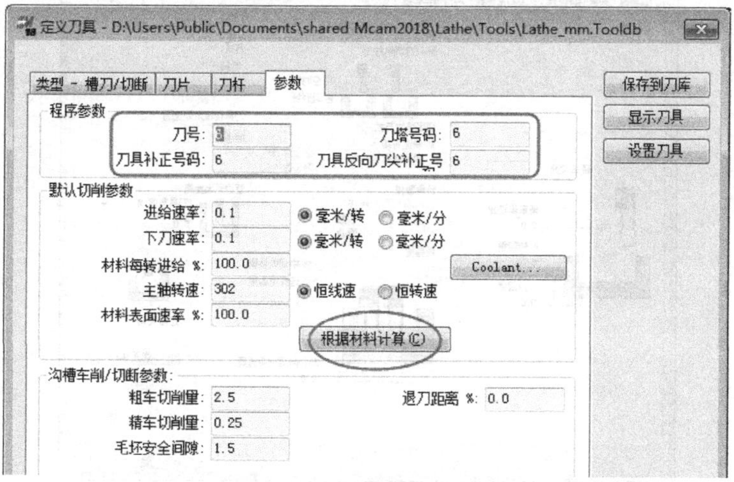

图 4-107　设置刀具参数

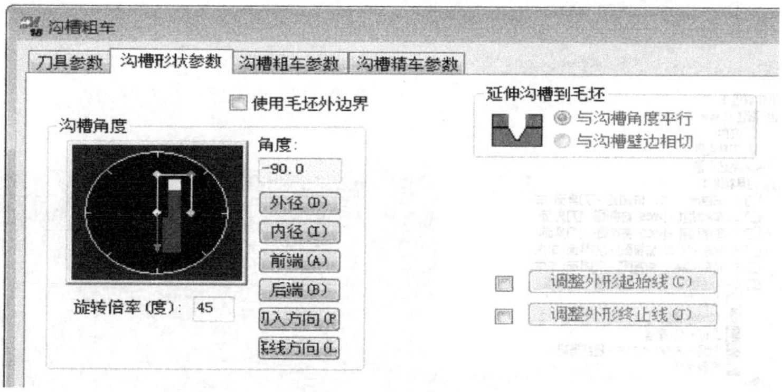

图 4-108　“沟槽形状参数”选项卡对话框

7）单击“沟槽粗车参数”选项卡，如图4-109所示设置参数。

8）单击“沟槽精车参数”选项卡，如图4-110所示设置参数。

9）单击确定按钮，完成内孔切槽工序创建，如图4-111所示，内孔切槽刀具路径如图4-112所示。

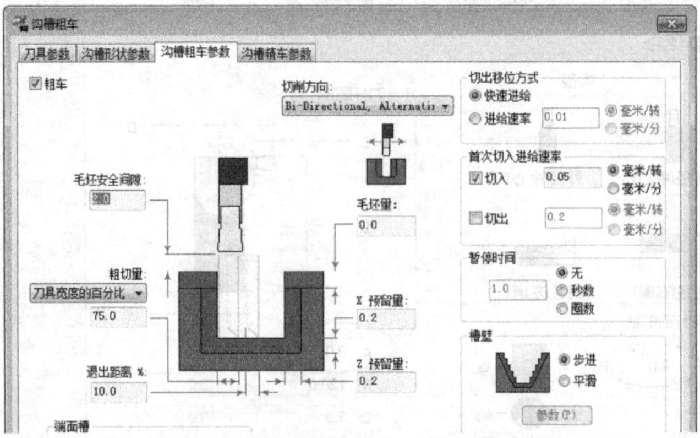

图4-109 “沟槽粗车参数”选项卡对话框

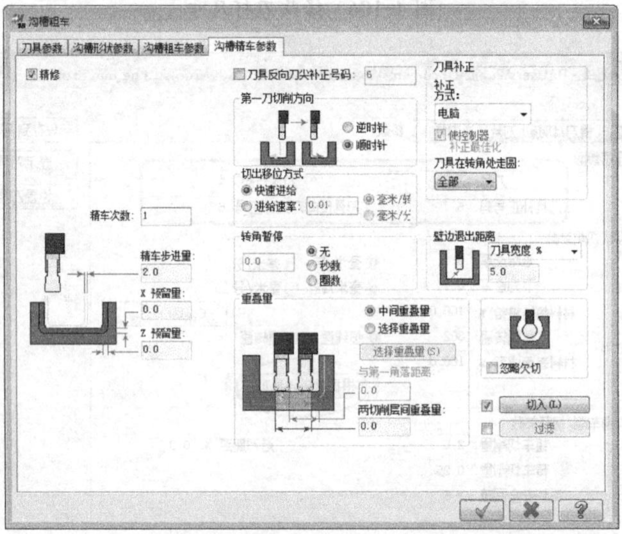

图4-110 “沟槽精车参数”选项卡对话框

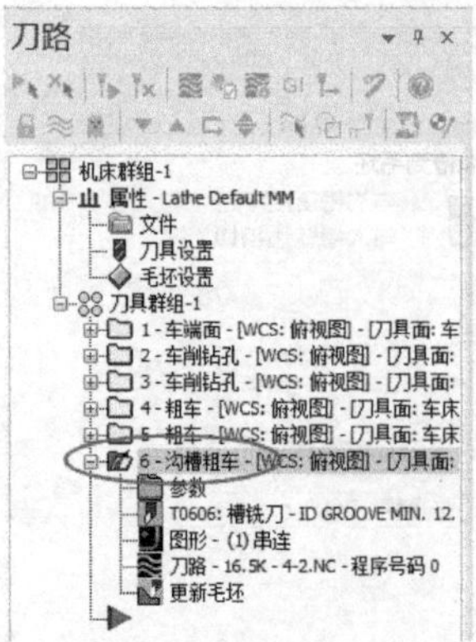

图4-111 内孔切槽工序

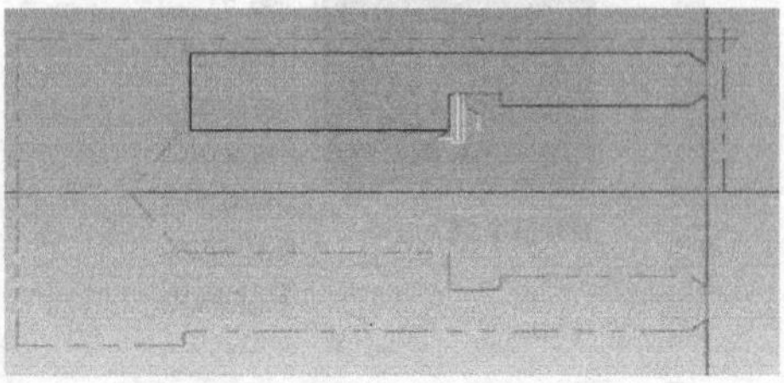

图4-112 内孔切槽刀具路径

10）实体验证。单击“刀路”管理器对话框中的验证已选择的操作按钮，系统弹出“验证”对话框，单击▶按钮，模拟结果如图4-113所示，单击确定按钮，结束实体验证。

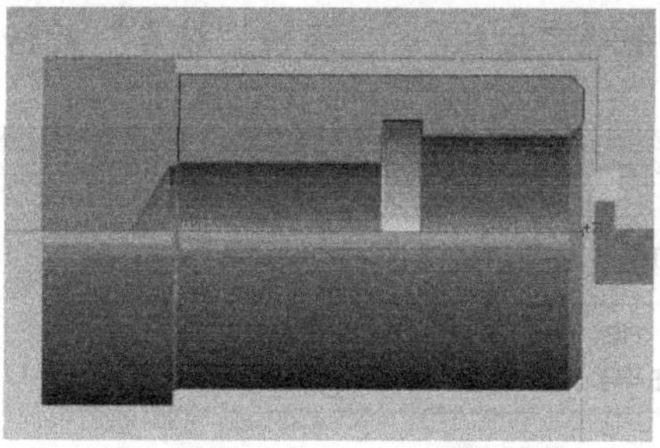

图4-113 实体加工验证结果

4.2.12 精车外圆

1）单击精车按钮，系统弹出“串连选项”对话框，单击部分串连按钮，如图4-114所示选择外形边界，单击“串连选项”对话框中的确定按钮，系统弹出“精车”对话框，如图4-115所示。

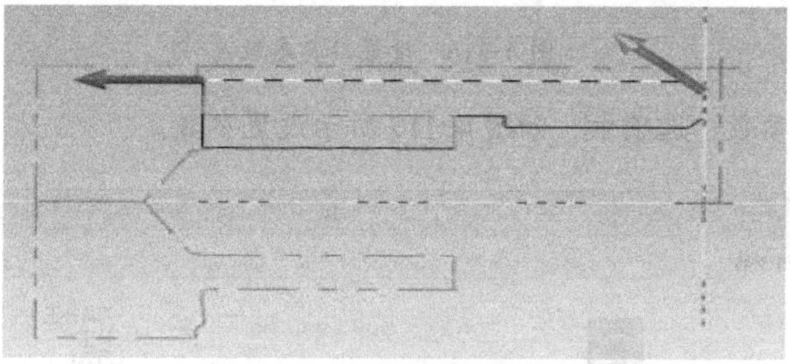

图4-114 串连外形

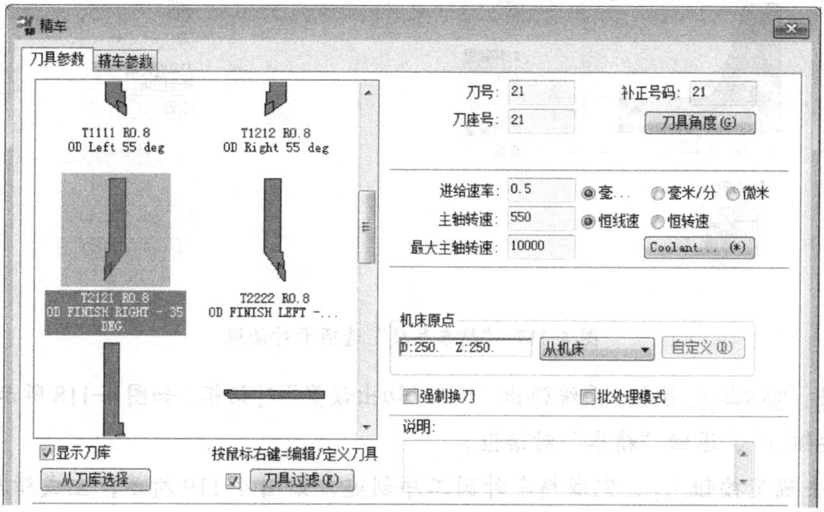

图4-115 “精车”对话框

2）在“精车”对话框的“刀具参数”选项卡中双击 T2121 外圆精车刀图标，系统弹出“定义刀具”对话框，单击“参数”选项卡，如图 4-116 所示设置参数；单击 根据材料计算(C) 按钮，系统自动计算切削参数，单击确定按钮 ✓，返回“精车”对话框。

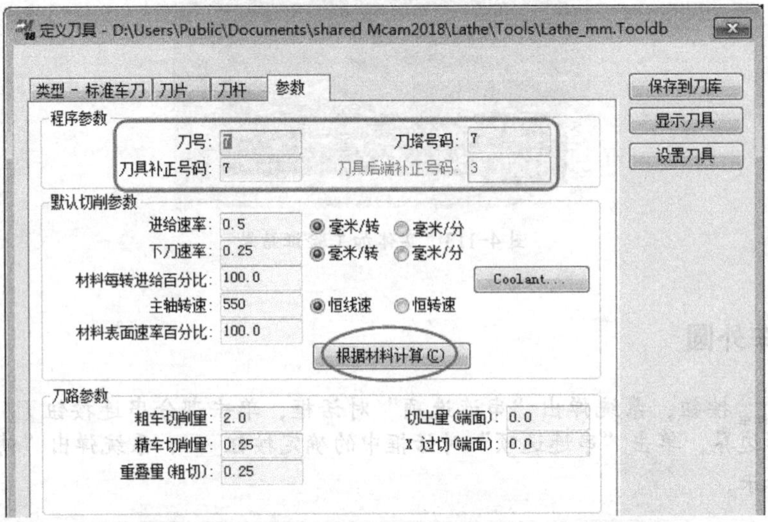

图 4-116　设置刀具参数

3）单击“精车参数”选项卡，如图 4-117 所示设置参数。

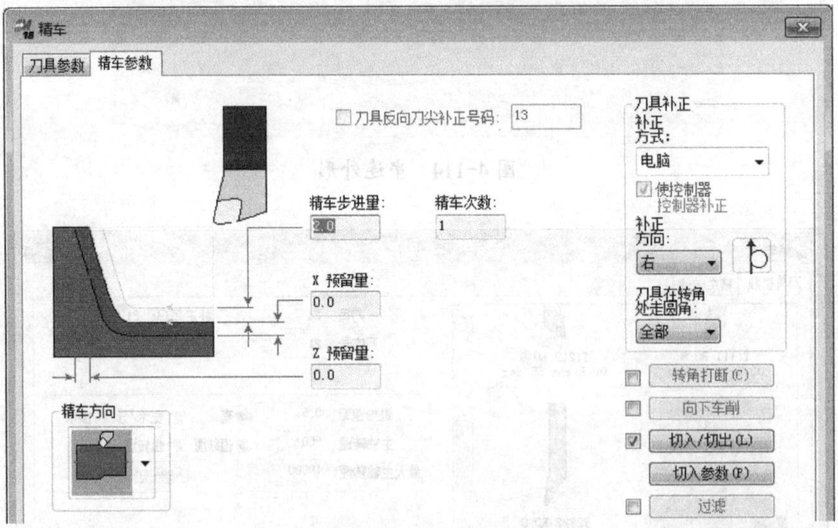

图 4-117　“精车参数”选项卡对话框

4）单击 切入/切出(L) 按钮，系统弹出“切入/切出设置”对话框，如图 4-118 所示设置参数，单击确定按钮 ✓，返回“精车”对话框。

5）单击确定按钮 ✓，完成精车外圆工序创建，如图 4-119 所示，生成精车刀具路径如图 4-120 所示。

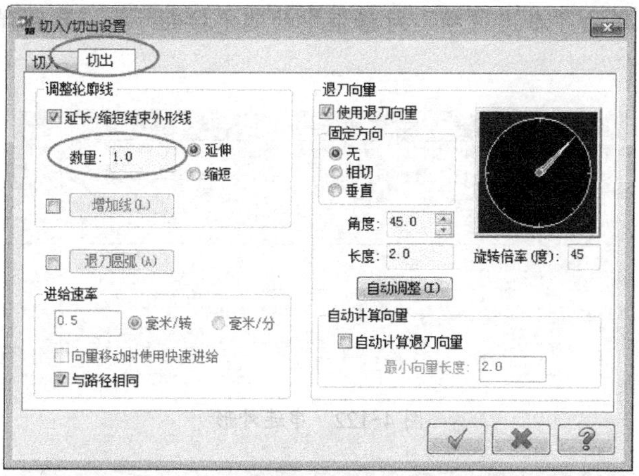

图 4-118 “切入 / 切出设置”对话框

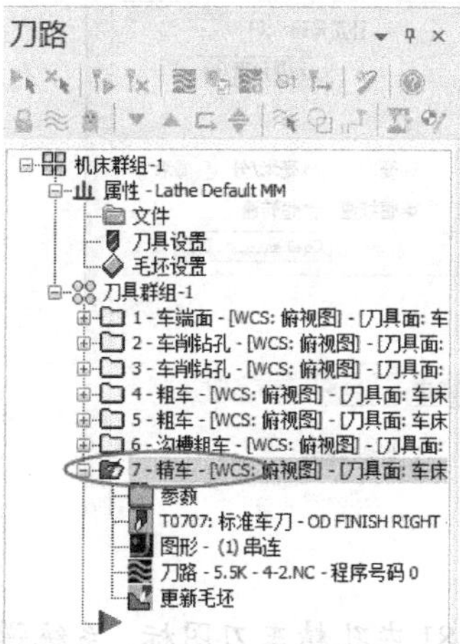

图 4-119 精车外圆工序

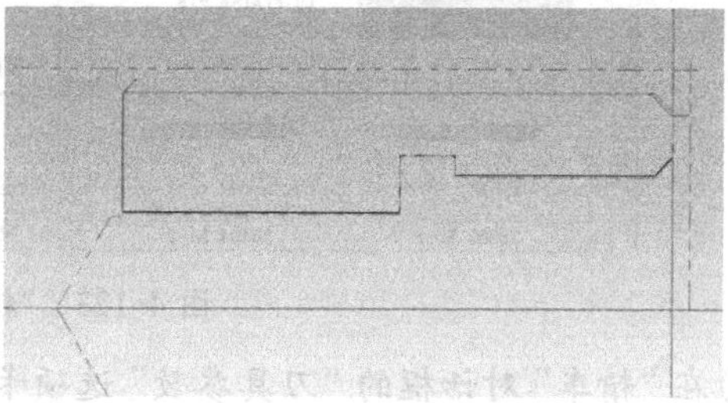
图 4-120 精车外圆刀具路径

6）实体验证。单击“刀路”管理器对话框中的验证已选择的操作按钮，系统弹出“验证”对话框，单击按钮，模拟结果如图 4-121 所示，单击确定按钮，结束实体验证。

图 4-121 实体加工验证结果

4.2.13 精镗内孔

1）单击精车按钮，系统弹出“串连选项”对话框，单击部分串连按钮，如图 4-122

所示选择外形边界，单击“串连选项”对话框中的确定按钮，系统弹出“精车”对话框，如图 4-123 所示。

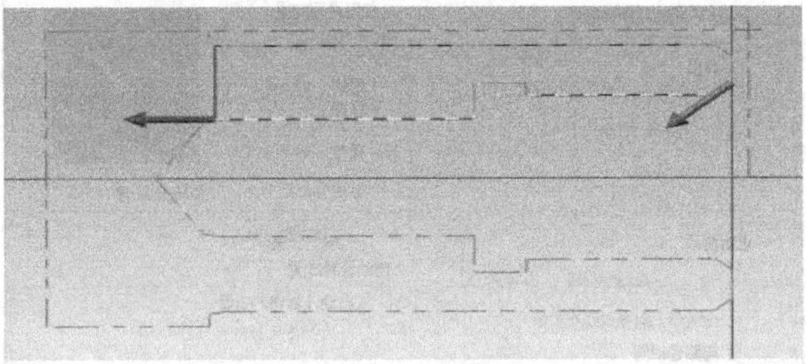

图 4-122　串连外形

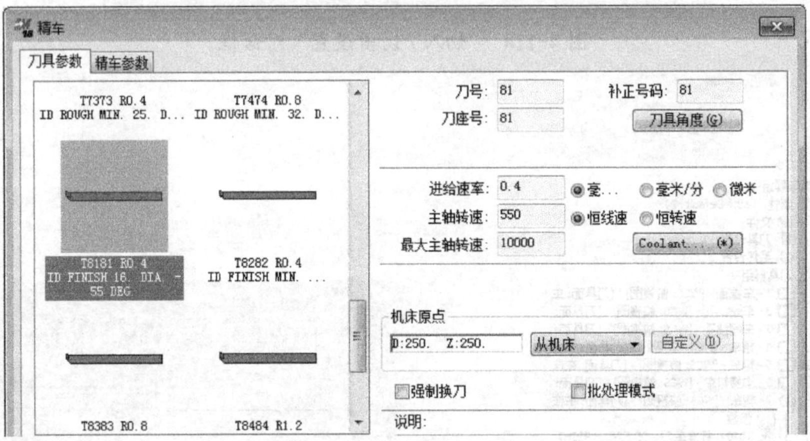

图 4-123　“精车”对话框

2）在“精车”对话框的“刀具参数”选项卡中双击 T8181 内孔精车刀图标，系统弹出“定义刀具”对话框，单击“参数”选项卡，如图 4-124 所示设置参数；单击 根据材料计算(C) 按钮，系统自动计算切削参数，单击确定按钮，返回“精车”对话框。

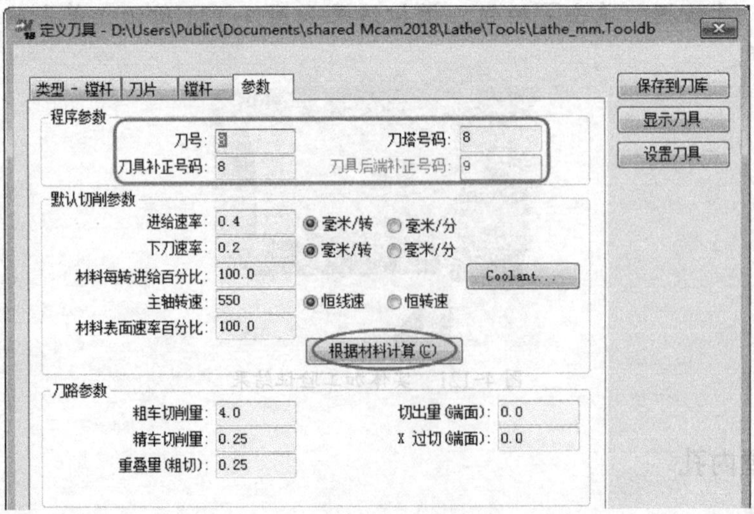

图 4-124　设置刀具参数

3）单击“精车参数”选项卡，如图4-125所示设置参数。

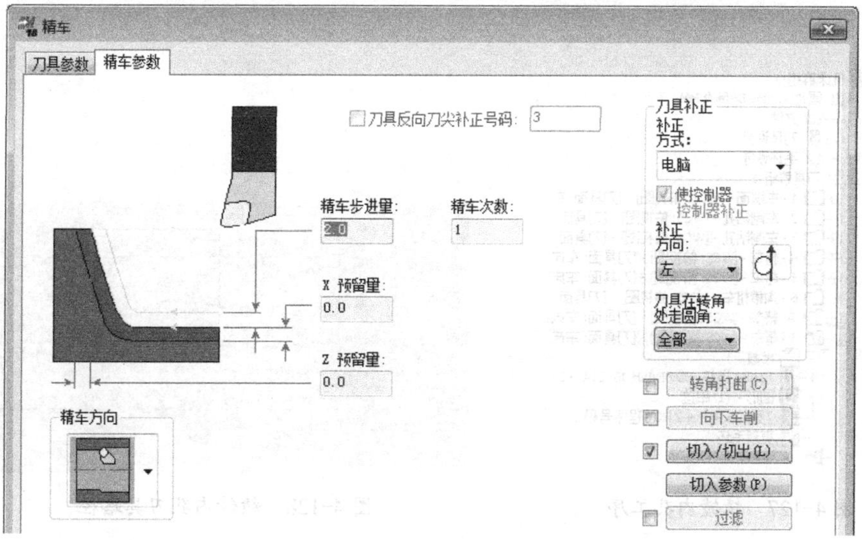

图4-125 “精车参数”选项卡对话框

4）单击切入/切出(L)按钮，系统弹出“切入/切出设置”对话框，如图4-126所示设置参数，单击确定按钮，返回“精车”对话框。

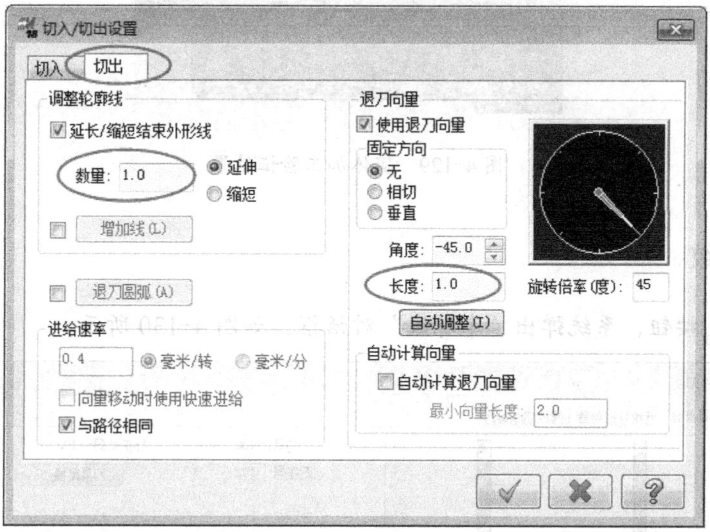

图4-126 切出设置

5）单击确定按钮，完成精镗内孔工序创建，如图4-127所示，精车刀具路径如图4-128所示。

6）实体验证。单击“刀路”管理器对话框中的验证已选择的操作按钮，系统弹出“验证”对话框，单击▶按钮，模拟结果如图4-129所示，单击确定按钮，结束实体验证。

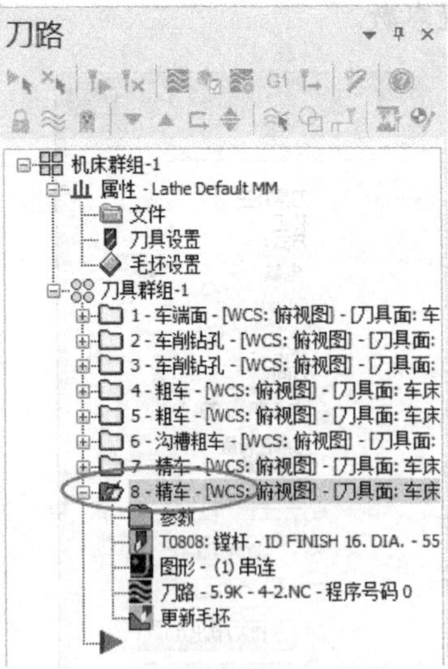

图 4-127　精镗内孔工序

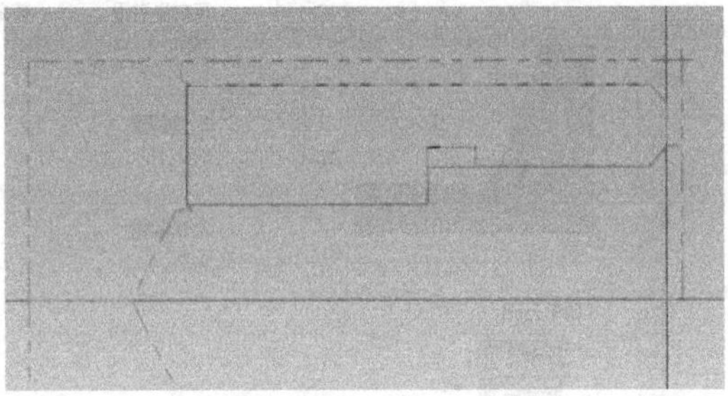

图 4-128　精镗内孔刀具路径

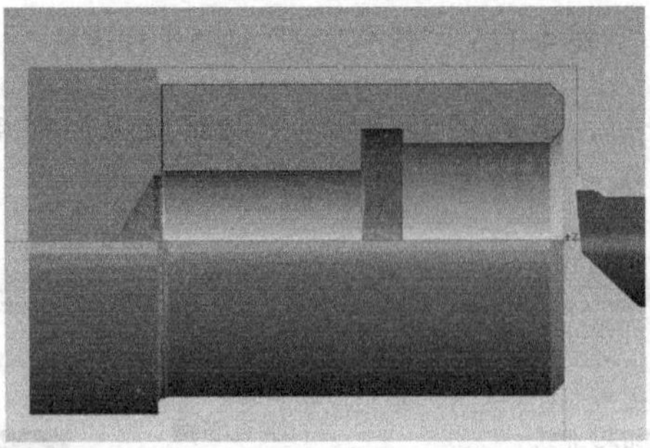

图 4-129　实体加工验证结果

4.2.14　车螺纹

1）单击车螺纹按钮，系统弹出“车螺纹”对话框，如图 4-130 所示。

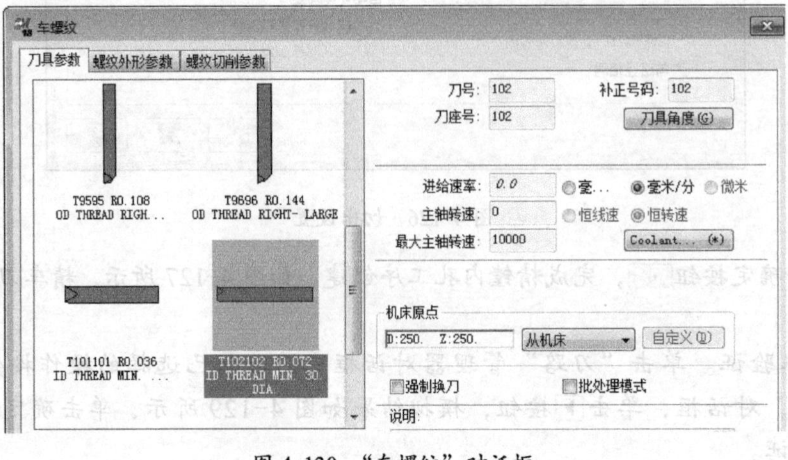

图 4-130　“车螺纹”对话框

2）在“车螺纹”对话框的“刀具参数”选项卡中双击 T102102 内孔螺纹车刀，系统弹出“定义刀具 - 机床群组 -1”对话框，单击“刀片”选项卡，如图 4-131 所示设置参数。

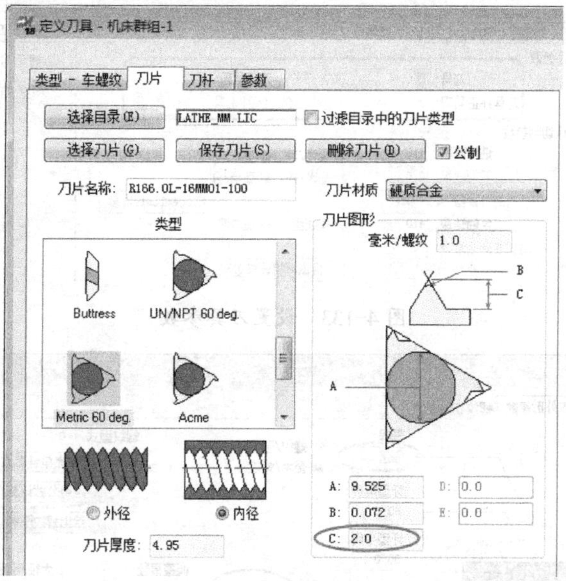

图 4-131 修改刀片尺寸

3）单击“刀杆”选项卡，如图 4-132 所示设置参数。

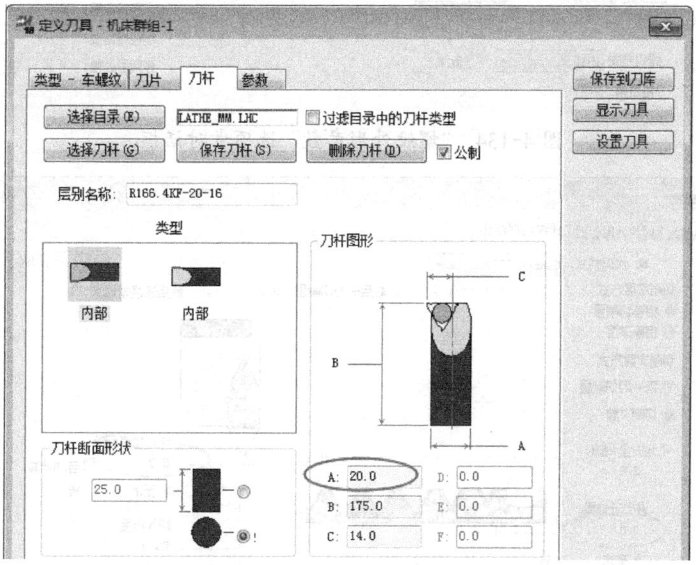

图 4-132 修改刀杆尺寸

4）单击“参数”选项卡，如图 4-133 所示设置参数，单击确定按钮，返回“车螺纹”对话框。

5）单击“螺纹外形参数”选项卡，如图 4-134 所示，输入“导程”为“2.0”、“大径（螺纹外径）”为“30.0”，单击运用公式计算(F)按钮，系统弹出“运用公式计算”对话框，单击按钮，输入其起始位置为“0.0”、结束位置为“-24.0”。

6）单击“螺纹切削参数”选项卡，如图 4-135 所示设置参数。

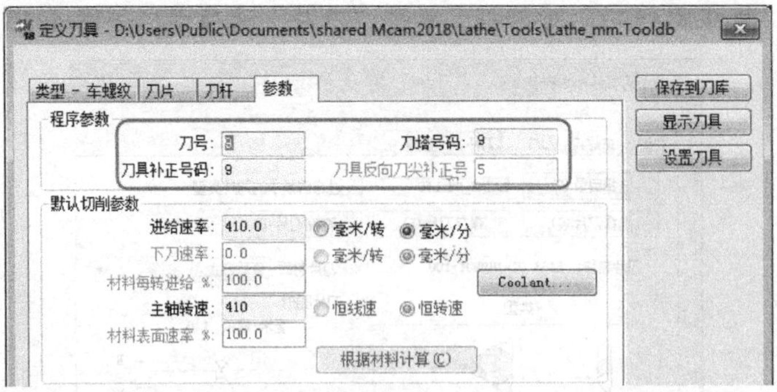

图 4-133 设置刀具参数

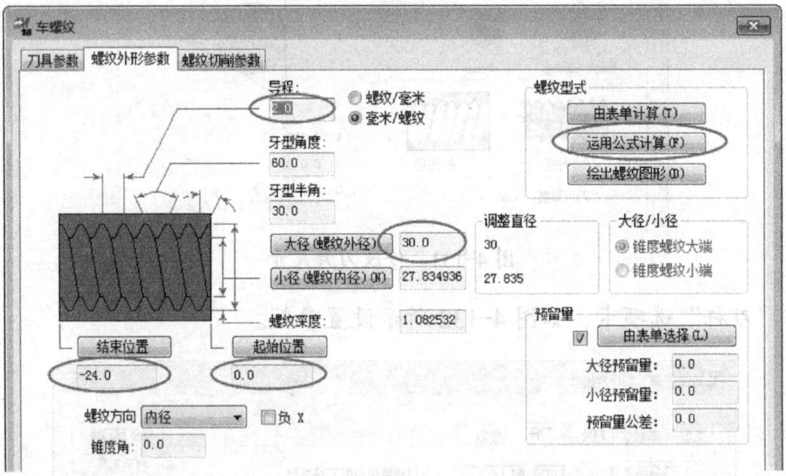

图 4-134 “螺纹外形参数”选项卡对话框

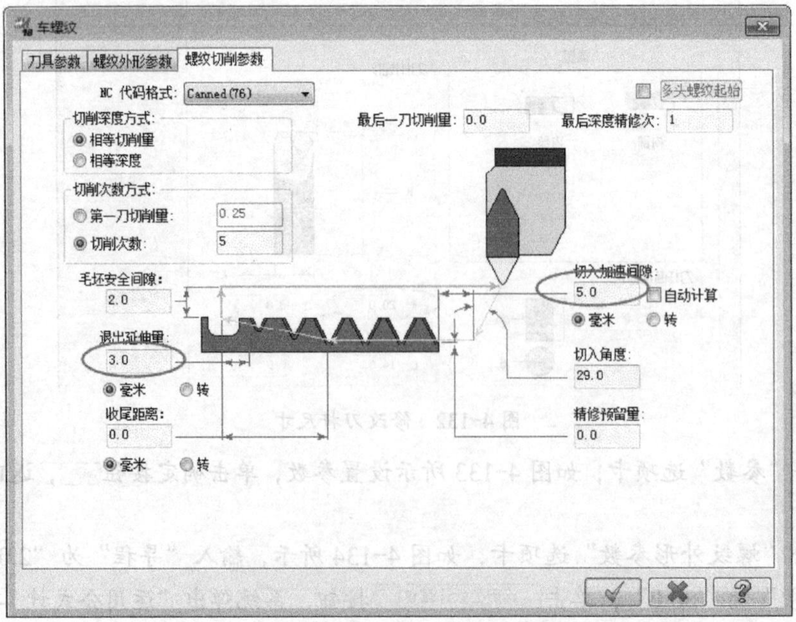

图 4-135 “螺纹切削参数”选项卡对话框

7）单击确定按钮，完成车螺纹工序创建，如图 4-136 所示，车螺纹刀具路径如图 4-137 所示。

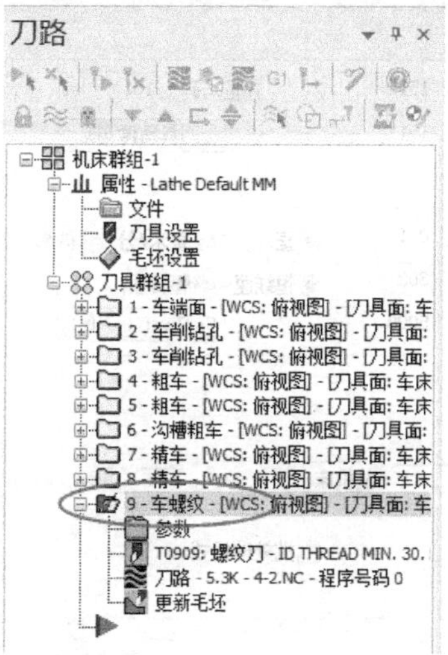

图 4-136　车螺纹工序

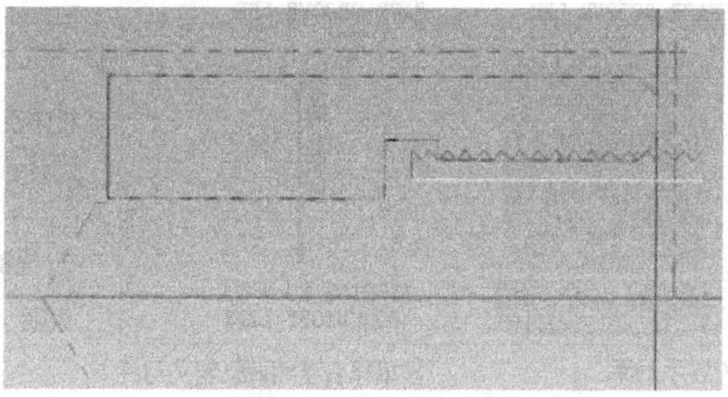

图 4-137　车螺纹刀具路径

8）实体验证。单击“刀路”管理器对话框中的验证已选择的操作按钮，系统弹出“验证”对话框，单击按钮，模拟结果如图 4-138 所示，单击确定按钮，结束实体验证。

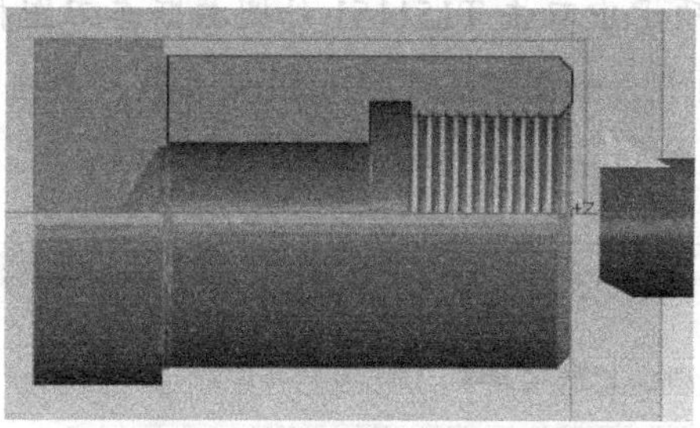

图 4-138　实体加工验证结果

4.2.15　切断

1）单击切断按钮，系统提示：选择切断边界点，选择图 4-139 所示边界点，系统弹出“截断”对话框，如图 4-140 所示。

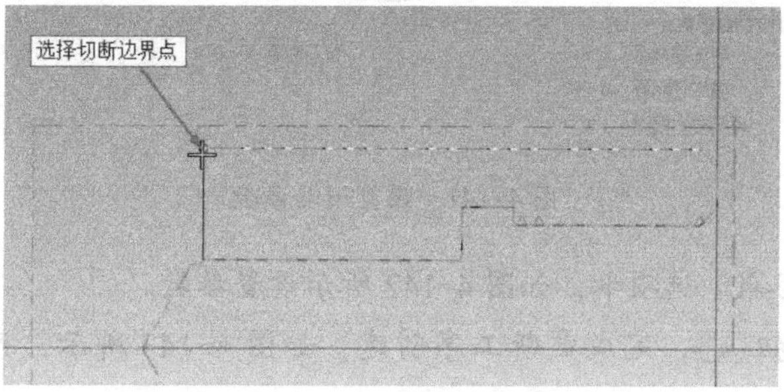

图 4-139　选择切断边界点

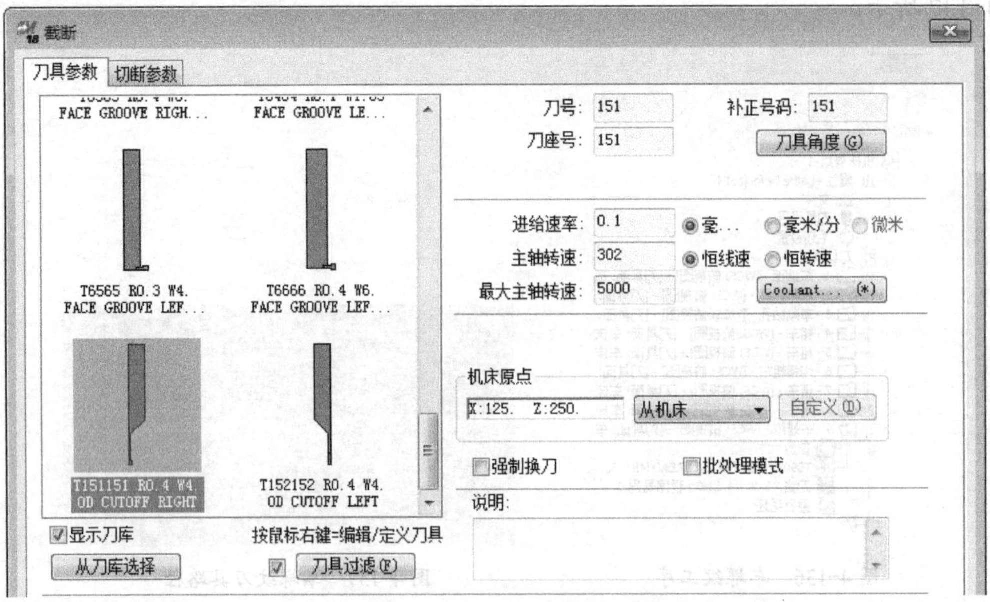

图 4-140 “截断”对话框

2）在“刀具参数”选项卡中双击 T151151 外圆截断车刀图标，系统弹出“定义刀具”对话框，单击“参数”选项卡，如图 4-141 所示设置参数；单击[根据材料计算(C)]按钮，系统自动计算切削参数，单击确定按钮[✓]，返回“截断”对话框。

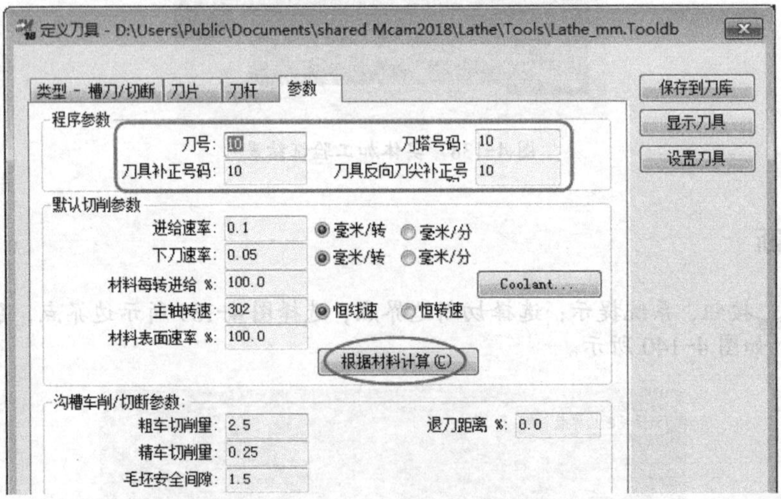

图 4-141 设置刀具参数

3）单击“切断参数”选项卡，如图 4-142 所示设置参数。

4）单击确定按钮[✓]，完成截断工序创建，如图 4-143 所示，产生加工刀具路径如图 4-144 所示。

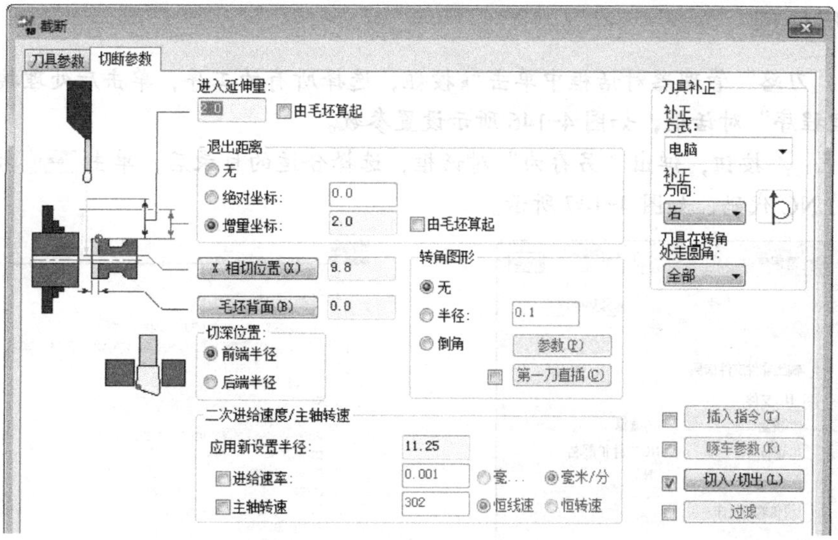

图 4-142 “切断参数”选项卡对话框

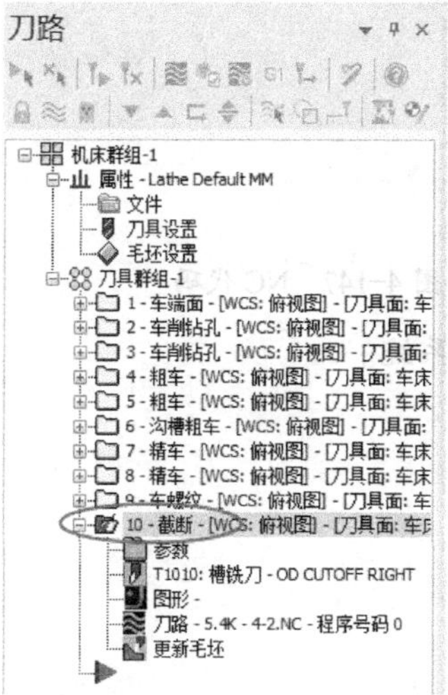

图 4-143 截断操作

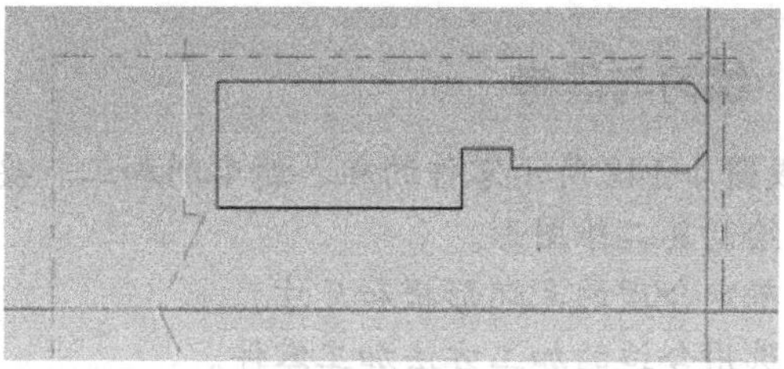

图 4-144 截断刀具路径

5）实体验证。单击“刀具”管理器对话框中的验证已选择的操作按钮，系统弹出“验证”对话框，单击▶按钮，模拟结果如图 4-145 所示，单击确定按钮✓，结束实体验证。

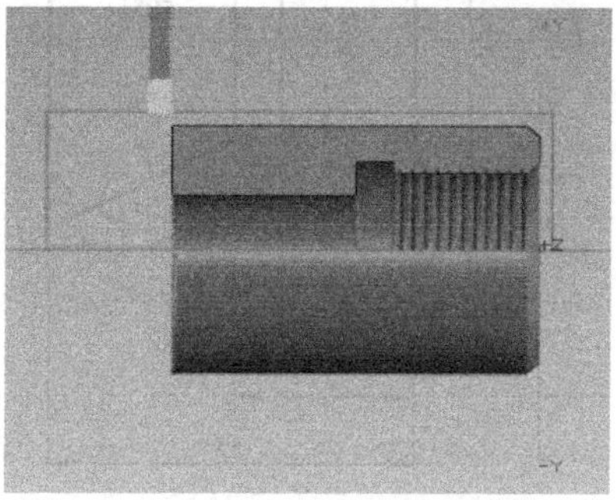

图 4-145 实体加工验证结果

4.2.16 后处理

1）在“刀路”管理器对话框中单击按钮，选择所有的工序，单击后处理按钮G1，弹出“后处理程序”对话框，如图4-146所示设置参数。

2）单击按钮，弹出“另存为”对话框，选择合适的目录后，单击保存(S)按钮，即可得到所需的NC代码，如图4-147所示。

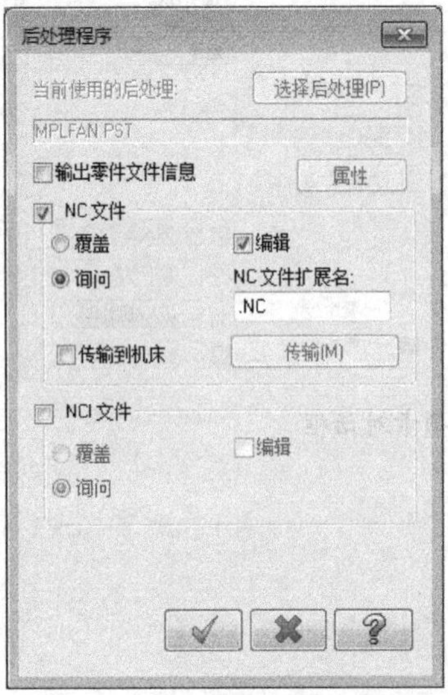

图4-146 “后处理程序”对话框

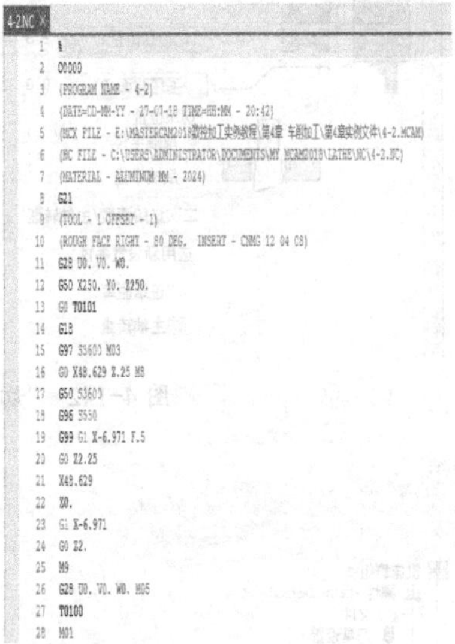

图4-147 NC代码

3）关闭NC代码页面，保存Mastercam文件，退出系统。

4.2.17 练习与思考

完成图4-148所示零件的粗、精车削加工。要求：

1）绘制其二维图形。

2）确定合理的毛坯形状和尺寸。

3）选用合适的加工方法加工零件。

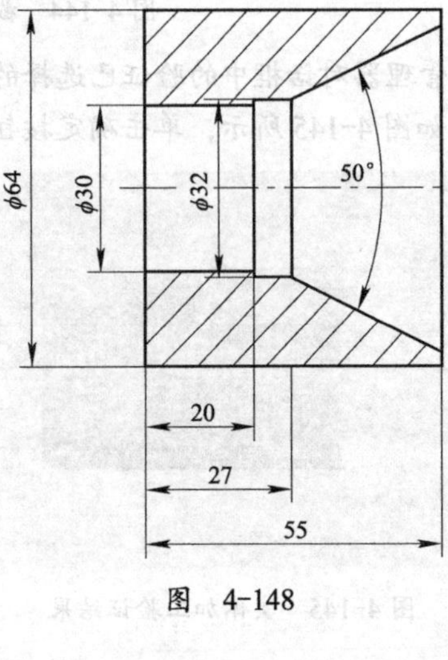

图 4-148

参 考 文 献

[1] 李万全，高长银，刘红霞．Mastercam X4 多轴数控加工基础与典型范例 [M]．北京：电子工业出版社，2011.

[2] 王树勋．Mastercam X2 实用教程 [M]．北京：电子工业出版社，2009.

[3] 郑金，邓晓阳．Mastercam X2 应用与实例教程 [M]．北京：人民邮电出版社，2009.

[4] 何满才．Mastercam X 数控编程与加工实例精讲 [M]．北京：人民邮电出版社，2007.

[5] 何满才．Mastercam X 习题精解 [M]．北京：人民邮电出版社，2008.

[6] 贺建群，徐宝林．Mastercam X4 数控加工经典实例教程 [M]．北京：机械工业出版社，2012.

[7] 贺建群．Mastercam 数控加工实例教程 [M]．北京：机械工业出版社，2015.